NF文庫
ノンフィクション

都道府県別
陸軍軍人列伝

藤井非三四

潮書房光人新社

はじめに――人間に迫る戦記を

日本人ならば、「信長、秀吉、家康」と聞いて、その姓がすぐに出ない人はまずいない。「謙信、信玄」もまたしかり。四百五十年の昔、元亀・天正の戦史が、ごく一般的な知識として広く定着している証左であろう。

ところが、明治以降の戦争となると、そうはいかない。たとえば、太平洋戦争の緒戦時、南方攻略に向かった五つの軍の番号と軍司令官の姓名はと問われると、戸惑う人の方が多いはずだ。六十年前の大きな出来事が、身近な知識として定着していないのだ。

鉄砲伝来のころの話をしっかり記憶しながら、父や祖父の時代の出来事を忘れるとは、いったいどうしたことか。

偏向教育のせいだ、歴史教育の授業時間が足りず現代史まで及ばないからとか語られてきた。それを否定するつもりはないが、戦史に興味が持てないという理由が根底にあるように思えてならない。

教える側も、教わる側も興味がないから、教えられない、覚えないという結果になる。だから現代の戦争の知識は、一般的なものとして定着しない。

では、戦国時代の話が、なぜ幅広く興味を集めるのか。それは、人間中心で語られてきたからだ。関ヶ原の合戦にしろ、戦闘の経過よりも徳川家康と石田三成の個性と意思のぶつかり合い、この二人を取り巻く人間模様に重点を置いて語られてきたから、だれもが興味を持ったのである。

ヒトの興味の対象で最大のものはヒトであり、社会的な動物である以上、人間と人間の関係を知ろうという欲求が強いことは自然なことだ。だから恋愛は人生の大きな部分を占め、小説の永遠なテーマになっているのではないだろうか。

ところが、この人物を中心に置いて歴史を見ることは、史学の世界では忌避されているようだ。それはエピソードであって、歴史の本質ではないという。

国際環境にはじまり経済情勢、思想的な動きまでを総合して、その中で事象を位置づけて記録するのが歴史であり、それも文書や文献で確認できる事柄を元にするものだと説教を垂れられる。

ようするに面白おかしくしてはいけないようだ。学問とは聖なる苦行だから、人の興味を徒《いたずら》にくすぐるようなまねは慎めということなのだろう。

学問の方法論としては、それが正しい。しかし、関ヶ原の合戦をそのように扱ってきたならば、おそらく一般的な知識として定着しなかったはずだ。関ヶ原と言うだけでたがいに何であるのか了解し合えなければ、この合戦について論じ合う土俵がないことを意味する。

今日、明治からの戦争について語るとき、それらについての共通した認識が欠けているため、土俵が準備できないでいる。土俵がなければ勝負にならず、論争したところで結論が出るはずがない。その顕著な例が南京事件や靖国神社の問題をめぐる論争で、最後は罵《ののし》り合いで終わるのを常とする。

もちろん、正統派の史家による戦史の研究が進むことは強く望まれる。またその一方で、近代日本が直面した事変、戦争についての一般的な共通認識を構築するような努力も必要である。その方法の一つに、「信長、秀吉、家康」といった人物に焦点を当てたような読み物を作ることがある。そんな観点でまとめてみたのが、この拙著である。

人物論にもさまざまな手法があるが、風土記風に地方別に分けて紹介してみた。

ここで扱う陸軍の軍人は、主に明治三十年代までに生まれている。戊辰戦争の記憶が生々しい世代だろう。自分の藩が官軍に属したか、それとも朝敵となったか、これはあの時代に生きた人の深層心理に大きな影響をあたえている。

一時期、『現役停年名簿』から出身地の記載を除いたそうだが、藩閥意識が色濃く残っていたからだろう。そのような意味もあって、都道府県別としてみた。「彼と奴とは同郷だったのか、どうりで……」と新たな見方ができたということも多いはずである。

各人の出身地は、「陸海軍将官人事総覧』（芙蓉書房出版刊）を主に参考とし、一部は各年度に陸軍省が調製した「現役停年名簿』で補備した。

これは本籍地であり、かならずしも出身地とは一致しない。転籍したり、養子に行ったり、父親の勤務の関係でまったく別な土地で生まれ育ったケースも多い。極端な場合、兄弟で異なっていることすらある。これを細かく追跡できなかった。あくまで目安と考えてもらいたい。

将官の数も確定できず、概数にとどまった。これは終戦前後の混乱期に戦死して進級された方が、はっきりと記録されていないからである。将官の人数すらはっきりしないということは、この分野が未だ真に開拓されていないことを意味するように思う。
最後になったが、出版に当たってさまざまお世話になった光人社ご一同様には、深甚なる謝意を申し述べたい。

著者

都道府県別　陸軍軍人列伝——目次

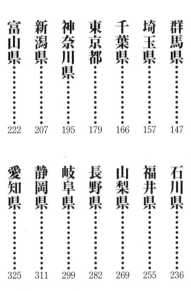

天皇と皇族 p.19
大元帥3人
大将9人
中将1人
少将2人
秋田県 p.78
将官約20人
（大将1人）
青森県 p.43
将官約20人
（大将1人）
山形県 p.87
将官約60人（大将1人）
岩手県
p.52
将官約20人
（大将2人）
石川県 p.236
将官120人以上
（大将5人）
新潟県 p.207
将官約70人
（大将1人）
福井県
p.255
将官約60人
（大将1人）
富山県
p.222
将官約25人
（大将1人）
滋賀県
p.359
将官
約40人
（大将3人）
宮城県 p.63
将官約70人（大将4人）
福島県 p.104
将官50人超
（大将4人）
栃木県 p.134
将官約35人（大将1人）
長野県
p.282
将官80人超
（大将5人）
岐阜県
p.299
将官約45人
（大将0人）
群馬県 p.147
将官40人弱（大将0人）
茨城県 p.121
将官約60人（大将2人）
埼玉県 p.157
将官30人以下（大将1人）
千葉県 p.166
将官約40人（大将1人）
愛知県 p.325
将官約140人
（大将4人）
山梨県 p.269
将官約30人
（大将0人）
東京都 p.179
将官約380人（大将4人）
神奈川県 p.195
将官30人弱（大将1人）
三重県 p.344
将官50数人
（大将2人）
静岡県 p.311
将官50人弱（大将2人）
奈良県 p.416
将官24人（大将0人）
沖縄県 p.697
将官1人（大将0人）

作図・佐藤輝宣

各都道府県の出身陸軍将官人数

北海道 p.29
将官約25人
(大将0人)
京都府 p.371
将官50人超
(大将2人)
兵庫県 p.395
将官100人弱(大将4人)
鳥取県 p.440
将官約40人弱
(大将2人)
大阪府 p.382
将官27人
(大将2人)
山口県 p.503
将官300人弱
(大将19人)
島根県 p.454
将官40人弱
(大将0人)
佐賀県 p.595
将官約130人
(大将4人)
福岡県 p.577
将官約170人
(大将7人)
広島県 p.485
将官約140人
(大将1人)
岡山県 p.465
将官約80人
(大将4人)
長崎県 p.615
将官約30人
(大将1人)
香川県
p.534
将官約40人
(大将0人)
熊本県 p.630
将官約120人
(大将2人)
愛媛県 p.544
将官90人超
(大将3人)
徳島県 p.523
将官約40人(大将2人)
高知県 p.560
将官100人超(大将4人)
大分県 p.646
将官約60人
(大将5人)
鹿児島県 p.680
将官約140人
(大将15人)
和歌山県 p.429
将官80人(大将0人)
宮崎県 p.668
将官30人弱
(大将1人)

都道府県別　陸軍軍人列伝

天皇と皇族

軍務は皇族の義務

明治維新は軍事革命だったとの認識からか、早くから明治天皇は「皇族の男子は軍務に服するべし」と指示していた。皇族は「藩屏中の藩屏」であるべきで、徴兵制の国で模範となれということだ。

その趣旨は法令化されて、明治四十三年三月制定の皇族身位令となる。それによると、「皇太子、皇太孫は満十年に達したる後、陸軍及び海軍の武官に任ず」とあり、また「親王は満十八年に達したる後、特別な事由ある場合を除く外、陸軍又は海軍の武官に任ず」とあった。

そもそも天皇自身、終生軍籍にあった。昭和天皇は大正元年九月に陸軍、海軍の少尉に任官し、以後、累進して十四年十月に大佐となった。そして百二十四代天皇に即位した時点で陸海軍を統率する大元帥となる。日本軍には元帥の階級がなかったため、天皇は三つ星の大将の階級章を付けた。終戦のその日まで公式の席上では、軍服を着用するのを常とした。

国破れてからの昭和二十年九月二十七日、昭和天皇はダグラス・マッカーサー元帥と面会した。このとき、昭和天皇はモーニング姿であった。同年十一月三十日まで帝国陸海軍は存続していたのだから、軍服を着用すべきであったと愚考する。それが国際的にも正統な慣習であり、敗者としての最後の誇りを示せた。出先の司令官とは格が違うのだともアピールできたのにと残念に思う。

皇族の親王の場合、学習院の中等科から陸軍幼年学校、陸軍士官学校もしくは海軍兵学校へと進み、進級に必要な実役停年（ある階級での勤務年限）を最小限でクリアーし、臣下の同期よりも六年ほど差をつけて大将になるのが通例だった。天皇三人を除き、皇族は陸軍大将九人、中将一人、少将二人を生んだ。ちなみに海軍大将は二人である。

陸士二十期の三人

皇位継承者を「男系の男子」と限定しているため、その裾野を広げる必要があり、明治に入ってからいくつかの宮家が生まれた。伏見宮家からは、北白川宮家と久邇宮家が分家した。さらに久邇宮家からは、朝香宮家と東久邇宮家が分かれた。

北白川宮成久《きたしらかわのみやなるひさ》には明治天皇の七女、朝香宮鳩彦《あさかのみややすひこ》には八女、東久邇宮稔彦《ひがしくにのみやなるひこ》には九女が嫁ぎ、皇統の血を濃くして権威を高めたわけである。なお、久邇宮朝彦《あさひこ》の第八子が朝香宮鳩彦、第九子が東久邇宮稔彦で、二人は異母兄弟となる。

この三人ともに陸士二十期であり、「藩屛中の藩屛」のそのまた中核としておおいに期待された。朝香宮鳩彦と東久邇宮稔彦は陸大二十六期、北白川宮成久は陸大二十七期であり、陸大卒業後は三人そろってフランスに留学し、西欧の先端軍事技術を習得するとともに国際センスを磨くこととなった。結構な施策だったが、これが災いした。大正十二年四月、北白川宮成久と朝香宮鳩彦はパリ郊外をドライブ中、事故に遭って北白川宮は死亡してしまった。

北白川宮家の初代、智成《さとなり》は早世したため兄の能久《よしひさ》が継いだ。能久こそ幕末に奥羽越列藩同盟の盟主に祭り

朝香宮鳩彦

東久邇宮稔彦

上げられた輪王寺門跡その人であった。戊辰戦争後は謹慎し、プロシャに留学してから東京鎮台司令官などを務めている。日清戦争中、能久は近衛師団長として台湾に出征したが、明治二十八年十月、台南でマラリアに倒れた。

智成、能久、成久と悲劇がつづいたが、それで終わりではなかった。成久の長男、永久《ながひさ》（43期）は昭和十五年九月、内蒙の張家口で空地連絡の演習中、低空飛行の航空機と接触して殉職した。この四代にわたる非業の死は、なにか因縁すら感じさせる。

東久邇宮稔彦は、大正十一年にフランス軍の陸軍大学を卒業したが、それからもフランスに居を構えて帰国しようとしない。ヨーロッパに派遣される者の頭の痛い任務は、東久邇宮の所に立ち寄って帰国を勧めることだったそうだ。

では、なにをされていたのか。フランスの外交文書によれば、美術の研究に明け暮れていたという。これもフランス留学が災いしたと言うほかはない。そして大正天皇の崩御でようやく帰国することとなった昭和十一年の二・二六事件当時、朝香宮鳩彦と東久邇宮稔彦は、ともに中将で軍事参議官であった。参謀総長は閑院宮載仁《ことひと》（草創期）、軍令部総長は伏見宮博恭《ひろやす》（海兵16期）であった。絶大な権威を有する皇族が四人もいたのだから、どうにかならなかったのか。

天皇と鎮圧軍、決起軍との間に入って事態の収拾をはかれば、「天皇が激怒した」など身内の恥をさらすこともなかったろうにと思う。そのような努力が一切うかがえないことは、なんとも惜しまれる。

日華事変がはじまり、朝香宮鳩彦は昭和十二年十二月に出征して四ヵ月間、上海派遣軍司令官を務めた。ここで問題の南京攻略戦となる。さまざま語られるなか、朝香宮については、「超然としていた」とか、酒乱の旅団長を一喝したとかぐらいしか伝えられていない。フランス留学で培った国際センスを、ここ南京で発揮してもらいたかった。凱旋後は終戦まで軍事参議官のままで、そのほかの軍務に就かなかったことも不思議に思う。

閑院宮載仁

東久邇宮稔彦は、昭和十三年四月から第二軍司令官として出征し、徐州作戦に参加している。凱旋後はふたたび軍事参議官となり、十四年八月に朝香宮とともに大将に昇進した。太平洋戦争開戦時から本土防衛の防衛総司令官を兼務していた。

戦争も押し詰まった昭和二十年三月、本土を二分して決戦を挑むことになり、東の第一総軍司令官には東久邇宮、西の第二総軍司令官には朝香宮が予定された。

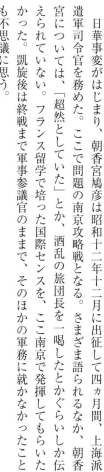

ところが二人とも、本土を二分する構想そのものに強く反対した。「これまで陸軍は勝手なことばかりしておいて、いまになって国土を二分して戦うと言って、それを皇族にやらせるとは何事だ」ということらしいが、軍人として与えられた任務を拒否するというのはいかがなものか。とにかく二人が強く拒否したため、杉山元（福岡、12期）と畑俊六（福島、12期）の登板となった。

そして敗戦。昭和二十年九月一日の第八十八臨時議会が召集され、終戦処理内閣の首班となった東久邇宮稔彦が演説をした。「一億総懺悔」で有名な演説だが、各方面からの悪評をかった。そのほかにも反軍的言辞がちりばめられ、軍人ばかりか一般国民からも「藩屏中の藩屏」が口にすることかと反発された。じつは演説の草稿を見た陸士同期で陸相の下村定（高知、20期）が必死に説得し、ようやくあの程度におさまったのだそうだ。

期待の星だった宮様

大正天皇の次男、秩父宮雍仁《ちちぶのみややすひと》（34期）は大正六年四月に学習院中等科から中央幼年学校予科二年に編入され、軍歴のスタートを切った。第二位の皇位継承者を迎えて、陸軍はおおいに盛り上がった。

防衛庁が市ヶ谷駐屯地に移るまで、靖国通りからも古色蒼然とした建物が見えたが、あれが皇族舎であり、秩父宮入校に合わせて建てられたものだった。

秩父宮雍仁の兵科は歩兵科、幼年学校本科を卒業後、東京・麻布の歩兵第三連隊で隊付の後、大正九年十月に陸士入校となった。入校時の陸士校長は白川義則（愛媛、1期）、十一年七月卒業時の校長は皇室と縁の深い鈴木貫太郎（千葉、海兵14期）の実弟、鈴木孝雄（千葉、2期）であったから、陸軍の力の入れようが伝わってくる。

陸軍大学校は昭和三年十二月入校、六年十一月卒業の四十三期であった。この間の陸大校長は、荒木貞夫（東京、9期）、多門次郎（静岡、11期）、牛島貞雄（熊本、12期）と精神家として有名な人をそろえ、殿下を超一流の軍人に育てるのだという意気込みが現われている。

秩父宮もその期待によく応え、陸大の成績は優秀だったという。そこで成績上位六人の「恩賜の軍刀組」に加えるべきだとの意見も出た。しかし、兄が弟に軍刀をあたえるのはどうかということで、この話はさた止みとなった。

ラグビー場にもその名がついているように、秩父宮雍仁はスポーツを好む活発な人であった。そこで「殿下はゴルフもおやりになるか」と尋ねられると、「あれは貴族のやるものだ。僕はやらない」と答えるように、庶民的であったという。

軍務も臣下とまったく同じにこなし、この人こそ明治天皇の遺志を体現する皇族で、大元帥にふさわしいとの雰囲気が広まって行く。そこに「昭和維新」なる革新運動の波が押し寄せ、話が複雑になる。

陸士在学中、二・二六事件で刑死した同期の西田税（鳥取、34期）に短刀で脅かされ、国家革新に協力すると誓約したとの話が残っている。その場所は運動場の端、鉄棒の所だったと妙にリアリティーがあるものの、ご学友に選ばれてもそのような機会はあり得ないという人もいる。

歩兵第三連隊に勤務していたとき、秩父宮雍仁の連絡将校であり、これまた二・二六事件で刑死した坂井直（三重、44期）に、「昭和維新の時は一個中隊を率いて迎えに来い」と言ったというが、坂井が嘘を言うはずがないものの、本当だと言うには事が重大すぎる。

北一輝の思想に共鳴し、これも刑死した安藤輝三（岐阜、38期）らとともに何度か北の自宅を訪れ、北先生と呼んだという話も残っている。これも確認する術《すべ》はない。

昭和十一年に起きた二・二六事件と秩父宮雍仁の関係は、あれこれ言えるにしろ、確認できることはつぎのことだけだ。

在京の革新派将校から隔離するためだったのだろうが、昭和十年八月の定期異動で秩父宮雍仁は弘前の歩兵第三十一連隊の大隊長となり、事件当日は東京にいなかった。二月二十七日に上京した秩父宮は、翌日夕刻に「令旨《りょうじ》」を示した。その内容は、

『一、今次事件の首謀者は当然自決すべき。
二、事件が遷延すればするほど皇軍への信頼並びに国威は失墜する。
三、部下を有せざる指揮官あるは誠に遺憾なり。
四、今後の指導に留意する』
というものであった。これによって、六七二年の「壬申の乱」の再現は防止されたことになる。

二・二六事件後、秩父宮雍仁は参謀本部第二課（作戦課）の部員であった。作戦課の激務で健康を害したということで、大佐に進級のうえ、昭和十三年八月の定期異動で奈良の歩兵第三十八連隊長に転出と予定され、天皇の認可も得ていた。

ところが、秩父宮本人は、中佐をまだ二年やっていないので、歩兵科の自分には大佐進級の資格はないと、この話を断った（航空科ならば進級は二年未満でも認められていた）。いかにも秩父宮らしい清々しいエピソードである。

この話がすむとすぐに、参謀本部の希望として、秩父宮雍仁を参謀総長に推戴するという話が持ち上がった。当時の人事局長は阿南惟幾（大分、18期）であった。阿南

は、参謀総長は中将または大将と決められていることを理由に拒否したため、この奇妙な話は消えた。

秩父宮雍仁は結核を罹《わずら》っていたという話だが、雲上人のことだから、これも定かではない。ともかく健康状態が悪化したため、静岡県御殿場で療養生活に入る。正式には昭和十六年三月から病気のため軍務免除となっている。それからも陸軍期待の星とする声も部内に根強くあったようだが、表面に出ることはなかった。

昭和十九年二月、東條英機（岩手、17期）首相兼陸相は、参謀総長まで兼務することとなった。これでは「東條幕府ではないか」「憲法上も疑義あり」と反発の声が上がり、それを強く代弁したのが秩父宮雍仁であった。これにはさすがの東條もまいって、「お聞き届けにならなければ、俺は御殿場に行って腹を切る」とまで語ったという。

そして終戦となるが、この激動のとき、秩父宮がどう動いたかさだかではない。そして長い療養生活ののち、昭和二十八年一月に薨去《こうきょ》された。

北海道

寄り合い所帯の新開地

北海道人と言えば、進歩的で都会的、そのため革新傾向が強いとなるようだが、これは三代、四代と住み着いて形作られた気質だろう。

ここで扱う陸軍の軍人は、明治生まれの道産子二代目で、移住してきた父親の出身地の気風を受け継いでおり、北海道出身だからこうだと言えるものがないようだ。ただ、郷土の先輩、後輩といったしがらみが薄いので、比較的自由に振る舞えたということはあったとされる。

長らく北海道には、福山の松前藩三万石のみであり、明治初年の人口は約十万人だったとされる。明治政府は移住を奨励し、大正末には約二百五十万人にまで膨れ上がるが、石川県、山形県、宮城県からの移住者が多いと聞いている。

明治二年八月、函館警備の「函衛隊」が設けられ、これが明治政府による北辺防衛施策の最初となる。この要員には、取りつぶされた会津の松平藩藩士が当てられた。七年十月、屯田兵の制度が設けられた。当初は東北地方の士族を対象に募集したが、それだけでは足りないので平民も応募できるようになった。

明治二十九年には北海道の人口も五十万人を超え、毎年六千人を徴集し、三年在営で師団一個を維持できる計算となり、同年二月、旭川に第七師団が創設された。

そして沖縄県と同じく、明治三十一年一月に徴兵令が全道で施行された。それまでは、松前、江差、函館を除く地域では、兵役が免除されていた。そのため兵役を忌避する者は、北海道に戸籍を移したという。明治期の東京大学卒業生には、北海道出身者が異常に多いのは、このためと言う人もいる。

このような新開地の上に、土地が広く中学校の整備が遅れたため、どうしても士官学校や兵学校など武窓に進む者は少なくなる。北海道が生んだ大将は陸軍、海軍ともおらず、陸軍将官は合計二十五人ほどにとどまっている。

しかし、数こそ少ないが、キラリと光った人がいる。作戦の中枢を担うのは参謀本部第一部長で、太平洋戦争中にこのポストを務めた人は四人だった。そのうち二人、田中新一《たなかしんいち》（25期）と真田穣一郎《さなだじょういちろう》（31期）が北海道出身だったのだから、たいしたものである。

猛勇の第一部長

田中新一は新潟県出身とされているが、生まれ育ちは釧路だった。おそらく祖先は漁業か海運に従事し、海産物を求めて北海道に渡ってきたのだろう。この手合いは積極進取というか、気性が激しいのが通り相場だ。

田中の性格もまったくそのとおりで、仙台幼年学校のときから勇名をはせ、酒が入ると見境なく罵声を発する奇癖があり、見ず知らずの通行人と乱闘になるのも珍しくなかったそうだ。

田中新一

真田穣一郎

昭和十一年の二・二六事件後、軍紀・風紀の取り締まりを強化するため、兵務局が新設されるが、その兵務課長に田中新一を当てるとは、陸軍も変わったことをするものだ。毒をもって毒を制するということなのか。

陸大恩賜を逃したものの、

対ソ作戦屋として重く見られた田中新一は栄進をかさね、陸軍省軍事課長のとき、昭和十二年七月の盧溝橋事件が突発した。

参謀本部のカウンターパートとなる第三課長（当時は作戦課長）は、田中と陸士同期で親友の武藤章（熊本、25期）であり、武藤も強気で有名であった。この二人が連帯して中国一撃論を主張し、省部（陸軍省と参謀本部）を引っ張った。不拡大方針であった第一部長の石原莞爾（山形、21期）も、この猛勇コンビにはかなわなかったということになる。

太平洋戦争前夜、またこの猛勇コンビが登場する。田中新一は参謀本部第一部長、武藤章は陸軍省軍務局長だ。

今度はこの二人、徹底的に対立する。閣僚である陸相の参謀長役となる武藤は、難航する日米交渉を政治外交的に妥結させようとして、開戦決意を先送りにする。一方、田中は作戦の中枢を担っているから、早く開戦の決断をしてもらわないと準備に困る。そこで対立が激化し、あわや中将同士の殴り合いかという場面もたびたびあった。

そして終戦。東京裁判となり、武藤章は被告席、田中新一は証人席と明暗が分かれた。これを見た事情通は、「この裁判は少しおかしい、あの二人、座る席が逆ではないか」ともっぱらだったそうだ。

つぎの場面では、田中新一の鉄拳が炸裂した。ガダルカナル戦をどうするか、省部で激論が交わされていた。陸軍省は撤収に傾き、徴用船舶を引き上げることで、作戦続行を強くもとめる統帥部を諦《あきら》めさせようとした。昭和十七年十二月五日に開かれた省部会議で陸軍省側は、その旨を統帥部に通告した。

するとと田中新一は、武藤章の後任の軍務局長であった佐藤賢了（石川、29期）を、「この野郎、生意気だ」と怒鳴りつけて、鉄拳を振るった。これまた強気な佐藤も、「この野郎とは何だ、このヤロー、殴ったな」と応戦した。「やれやれ、殴り合いになっちゃった」と止めに入った温厚な参謀次長の田辺盛武（石川、22期）だったが、とばっちりを受けて参謀飾緒が千切れ飛ぶ始末。

さて翌日、首相兼陸相の東條英機（岩手、17期）が、「何事ぞ」と次官の木村兵太郎（東京、20期）を引き連れて市ヶ谷の大本営に現われた。

ところが、怖い者なしの田中新一は持論を繰り返し、徴用船舶の引き上げ反対どころか、その増加を強くもとめた。これを受け流されて激高した田中の一言が、「このバカヤロー」。正気にもどった田中は、東條に向かって、「閣下に言ったのではありません、木村さんに言ったのです」と弁解したのだから傑作だ。

もちろん許されるはずもなく、田中新一は重謹慎のうえ、南方軍付に飛ばされた。

木村兵太郎は昭和十九年八月にビルマ方面軍司令官となるが、すぐにその参謀長に第十八師団長であった田中を拾ったというのだから面白い。さほど評価されない木村だが、この人事で見直されたというのだから、軍人の世界はわからないものだ。

「〇〇少佐」とは

田中新一の実弟が田中清《たなかきよし》（29期）で、太平洋戦争中に大佐で予備役となった。軍歴について語ることもないが、昭和の陸軍を探るうえで避けて通れない人物だ。

彼の文才は早くから有名で、その才能を伸ばしてやろうと、陸大卒業後の昭和六年から三年間、東京大学の派遣学生として西欧哲学を学ぶ機会もあたえられた。

東大に派遣される前、田中清は陸軍省調査班にいたが、その班長が「桜会」の発起人の一人、坂田義朗（岐阜、21期）であった。福岡県の項を参照にしてもらいたいが、橋本欣五郎（福岡、23期）や長勇（福岡、28期）ら「桜会」の連中は、口と腕力は凄いものの、筆は立たない。そこで田中に目をつけて、祐筆になるよう坂田に口説かせた。名文で有名な「桜会」の趣意書や綱領宣言は、田中の手によるものとされる。

昭和六年、「桜会」によるクーデター「十月事件」は未遂に終わった。この直後、真崎甚三郎（佐賀、9期）に近い石丸志都磨（佐賀、11期）は、以前に部下であった田中清に「陸軍部内の内情」をレポートにまとめるよう依頼した。これが『昭和七年一月○○少佐手記』であり、昭和六年の「三月事件」以来の出来事が赤裸々に記されている。今日でも昭和陸軍を知るうえで一級の資料となっている。

約束では「多見無用」であったのだが、石丸志都磨はこれを東京憲兵隊長の持永浅治（佐賀、16期）に渡してしまった。持永はこれを憲兵情報として各方面に配布して問題が大きくなった。

田中清の主張によれば、持永浅治が真崎甚三郎に有利なように改竄したという。兄譲りの強気な田中は、のちに持永を文書偽造で告発したものの、逆に出版法違反で起訴され罰金刑に処せられた。それでも軍を追われなかったのだから、昭和の陸軍は不思議な世界だ。

この文書を有名にしたのは、同じく北海道出身の村中孝次《むらなかこうじ》（37期）だったというのも奇遇である。二・二六事件で処刑された村中と磯部浅一（山口、38期）は、停職中の昭和十年七月に「粛軍に関する意見書」を怪文書として配布するが、その付録五がこの『昭和七年一月　○○少佐手記』だった。これで村中と磯部は免官となり、二・二六事件は不可避となった。

田中清に言わせれば、この怪文書付録五は、持永浅次が改竄したものを、村中孝次がさらに手を入れたもので、自分が書いたものとはまるで違うということだった。だから、この手記が東京裁判でも検察側証拠として提出されたとき、証言をもとめられた田中は、「自分が書いたものではない」と証言を拒否したわけである。

愚兄賢弟

北海道は全国各地の寄り合い所帯だから気風も幅広く、波風を立てながら突き進んだ田中兄弟のような人もいれば、万事如才なく歩んだ人もいる。

如才ないと言えば、その代表が有末兄弟となる。兄は有末精三《ありすえせいぞう》（29期）、弟は有末《ありすえ》次《やどる》（31期）、弟は戦死後の昇進にしろ、兄弟そろって陸軍中将だ。

有末兄弟の父は、加賀の前田藩の士族であり、屯田兵の幹部として移住した人である。もとをただせば石川県人ということは、この兄弟の性格によく現われており、またそれが幸いし、そろって中将になれた秘密でもある。

有末精三は、陸士二十八期であったが、病気で一年遅れて卒業した。留年すると同期が倍いて顔が広くなり、軍隊のような閉鎖的な社会では意外と役立つ武器となる。また、陸士には偶数期優勢という神話があり、有末が順調に二十八期のまま進めば、歩兵科恩賜はものにできなかったかも知れない。

ともかく彼は秀才で、陸大三十期でも恩賜であった。陸士、陸大ともに恩賜となれば、それだけで注目される存在となり、荒木貞夫（東京、9期）と林銑十郎（石川、8期）が陸相のとき、有末精三は陸軍省副官兼陸相秘書官に抜擢されて軍政の本流に乗った。

二・二六事件の半年前、昭和十年八月の定期異動で軍事課外交班長に転出したのだから、彼は運の強い人だ。そして外国語のセンスを買われて駐イタリア武官となり、ムッソリーニの親友となったと自称するようになった。

昭和十四年三月、帰国した有末精三は軍務局軍務課長となり、親友のムッソリーニに義理立てのつもりか、三国同盟締結へ向けて策動する。「軽躁」という表現が適当と思うが、軍刀を引きずるようにして駆け回る小柄で口数の多い彼を見て、心ある人は、「あのオッチョコチョイで大丈夫か」と心配したそうだ。

最後には昭和天皇まで頭を痛めて、有末精三を中央から放逐するため、陸相の

有末精三

有末次

板垣征四郎（岩手、16期）を更迭し、後任に梅津美治郎（大分、15期）か畑俊六（福島、12期）にするよう指示したとも言われる。課長を更迭するのに、陸相を替えなければならないというのも珍妙な話だが、とにかく『昭和天皇独白録』にはそう記載されている。

大元帥に睨《にら》まれた有末精三は、北支那方面軍に飛ばされ、昭和十七年七月まで北京にいた。その年の八月、なんと参謀本部第二部長（情報）で中央官衙《かんが》に返り咲いた。片言ながら数ヵ国語を操ると自称しているものの、第二部長というポストは不可解だ。前任の第二部長、岡本清福（石川、27期）の推薦があったことは確実だが、それ以外ははっきりしない。

そして終戦。日本政府と統帥部を代表し、厚木飛行場で占領軍を受け入れる将官、いわゆる厚木委員長となったのが有末精三であった。それビールだ、軽食だ、やれ現金が足りないと奔走した。マッカーサー元帥は八月三十日、厚木に到着したが、日本側の出迎えを拒否した。有末閣下の面目丸潰れだが、そんなことは気にする彼ではない。

すぐさま横浜に向かい、これまたあれこれ働く。戦犯容疑者の検挙がはじまると、その世話に走り回る。暇を持て余していた人が、災害に出くわし、喜々として働くさまを思い浮かべる。その後、米軍に取り入った有末精三の言動は批判されたが、すでに軍人ではないのだから、ここであれこれすることもないだろう。

弟の有末次は、人当たりの良いところは兄譲りだが、落ち着いていて騒々しくはなかったという。また、政治将校の兄とは違って軍令系統一筋であった。

有末次が参謀本部の主流、作戦屋のコースに乗れたのには、兄の助力があった。弟を第二課に引っ張ってくれと、課長の鈴木重康（石川、17期）に頼み込んだのだそうだ。ここにも石川閥の影が見える。

参謀本部の主流を歩んだ華やかな経歴ながら、有末次の場合は大きな問題が起きた場所へ急行して火消しをする損な役回りとなった。ノモンハン事件中の昭和十四年六月末、関東軍は独断でタムスク爆撃を強行したが、これを中止させるべく東京から現地に飛んだのが作戦班長であった有末である。

ノモンハン事件後の関東軍司令部第一課（作戦課）長、北部仏印進駐後の大本営第二十班（戦争指導班）長、ガダルカナル戦では第八方面軍司令部第一課長と、有末次は問題の多いポストを歩いた。そして孤立しつつあった第八方面軍の参謀副長のとき、昭和十八年八月、内地との連絡の帰途、行方不明となり戦死、中将が遺贈された。

空前の記録

もう一人の第一部長である真田穣一郎は、軍事課長、軍務課長、第二課長、第一部長、軍務局長と省部中枢の職務をそうなめにした。これは空前の軍歴であった。どんな天才か、秀才かと思えば、そうでもない。陸大も恩賜ではないし、中隊長を終えてから東京警備司令部付、つづいて陸軍省副官だから、それほど期待された人ではなかった。

満州事変がはじまり、昭和七年八月に真田は軍務局軍事課の編制班に異動した。参謀本部側のカウンターパートとなる第一課（編制動員課）の課長が東條英機である。東條も陸軍省副官から中央官衙勤務をはじめているし、メモ魔という共通点もある。人脈だけを見れば、真田の空前の栄達は、ここに糸口があったようだ。

そして昭和十一年の二・二六事件。真田穣一郎は東京警備司令部参謀部付であった。二月二十七日午前三時、戒厳司令部が編成され、真田は第二課の参謀に補された。ここで抜群の手腕を発揮して高く評価された。

以前に東京警備司令部の勤務があり、さらに軍事課編制班で勤務した折に戦時編制を担当し、非常事態時の対処を研究していたから、テキパキと動けたのであろう。ここから空前の軍歴がはじまった。二・二六事件は皆を不幸にしたと言われるが、それによって芽を出した人もいたのである。

空前の記録と言えば、皇族もふくめ最年少の将官も北海道が生んだ。加藤隼戦闘隊（飛行第六十四戦隊）の隊長、加藤建夫《かとうたけお》（37期）である。彼は昭和十七年五月、ビルマ戦線で戦死して、二階級特進し、三十九歳で少将となった。三十代の将官は、各国軍では珍しくないが、年功序列の厳格な人事管理をしていた日本では、よくぞ将官にしたものと思う。

加藤建夫

加藤建夫の父は京都の出身だが、彼もまったりした性格で軍人に向いているとは思えなかったそうだ。仙台幼年学校在学中、要領の悪い生徒で上級生に一番殴られた人だったと聞いている。

あの人が空中戦の達人になるとはと、昔を知る人ほど驚いたという。「軍神になると知っていたら殴らなかったのに」と反省しきりの人がいたのには失笑させられた。

軍歌にもあるように、飛行第六十四戦隊は七度も部隊感状に輝き、これも空前の記録であろう。これは、加藤建夫自身の空中戦の腕もさることながら、統率力のある人であったことを証明している。

それは彼の努力と研鑽の結果であることは言うまでもないが、先輩にも恵まれた。加藤を手取り足取りして空中戦の真髄を教えたのは、同じく飛行第六十四戦隊長を務めた寺西多美弥（神奈川、36期）である。第十四飛行団長であった寺西は、昭和十八年十月にニューギニア戦線の空中戦で散った。

ちなみに、今も歌われている士官学校校歌は、寺西の作詞による。

青森県

国宝師団の所在地

幕末、二十一個の藩に分かれていた陸奥の国のうち、弘前の津軽藩十万石と八戸の南部藩一万石が合わさって青森県となった。八戸の南部藩は盛岡の支藩なのだから、東南部は本来、岩手県に組み入れられるのが自然だ。

そうならなかったのには、幕末の事情がある。戊辰戦争中、津軽藩は早々に恭順の意を表したが、南部藩は徹底抗戦の姿勢をなかなか崩さなかった。そこで懲罰の意味もあって、南部藩の一部が津軽藩に組み入れられたのだそうだ。そんなことで、明治生まれの青森県人には、津軽と南部の微妙な違いがあり、その気質も一概にこうだと言えなかったという。

県庁は津軽と南部の中間の青森に置かれ、明治三十一年十月に開庁した第八師団司令部は弘前に持ってきた。弘前には城があり、また第八師団は秋田県まで管轄するのでこうなったのだろう。第八師団は日露戦争中、黒溝台戦で勇戦して有名となり、兵員の体格も良く、戦略単位として頼りにされて「国宝師団」と呼ばれていた。

師団司令部が置かれると普通、武窓を志望する者が増えるものだ。ところが、青森県だけは例外だった。大正時代、幼年学校や士官学校に進む青森県人が、年に一人もいればニュースになった。

大正末の青森県の人口は八十一万人ほどと少ないこともあり、言葉の壁も関係しているのだろう。武窓に進む者が少なければ、当然のこと将官も少ない。青森県が生んだ陸軍の将官は二十人ほど、秋田県と並んで全国最下位になる。それでも陸軍大将には一戸兵衛《いちのへひょうえ》（草創期）、海軍大将では中村良三（海兵27期）がいる。

雪国らしい「この道一筋」

藩閥のバックもなく、先輩の引きもないとなれば、新天地を見つけてコツコツと一筋にやって行くしかない。それはまた忍耐強い雪国育ち、青森県人に合っている。そんな典型的な青森県出身の軍人が、戦車の木村民蔵《きむらたみぞう》（21期）、船舶の田辺助友《たなべすけとも》（26期）、航空の藤田雄蔵《ふじたゆうぞう》（33期）となる。

昭和十五年五月から九月にかけてのノモンハン事件で、関東軍は大損害をこうむった。壊滅寸前にまで追い込まれた第二十三師団が有名だが、増援に向かった戦車七十三両からなる第一戦車団も四割におよぶ戦車を失った。このままでは虎の子部隊が全滅しかねないので、まだ交戦中にもかかわらず引き上げとなり、団長の安岡正臣（鹿児島、18期）は更迭された。

その後任が木村民蔵である。木村は歩兵科出身であるが、戦車第二連隊長、戦車学校幹事も務めており、戦車の運用に関してはパイオニアであった。その経歴を見込まれ、第一戦車団を立て直し、これを中核に関東軍の戦車部隊を拡充する大役を仰せつかったことになる。

一戸兵衛

ノモンハン事件の教訓は、どれも衝撃的なものばかりであったが、ではどうするかと具体的な対策をもとめられても、運用、技術双方の関係者は困惑するばかりであったろう。そもそも陸戦における戦車の地位についてコンセンサスが得られていなかった。歩兵の直協に徹するか、機甲衝撃力を重視するかである。

また、いくら運用面で妙案を得ても、冶金技術が追いつかなければ運用の進歩に見合ったハードが手に入らない。木村民蔵がどのような立場であったかは、はっきりしないものの、第一戦車団長に就任して一年半ほどで待命、予備役編入となったことから、およそのことはわかるような気がする。

太平洋戦争を船舶一筋で戦い抜いたのが田辺助友である。田辺は歩兵科出身で、太平洋戦争開戦を第二揚陸団長で迎えた。独立工兵第十一連隊、同第十四連隊を主力とする第二揚陸団は、マレー方面の上陸作戦を支えた。世界的に見ても田辺は、水陸両用作戦の先駆者といえるだろう。

外征専門で上陸作戦を長年やってきた英米軍を見ると、洋上はもちろん、汀線（水際）までは海軍の責任で陸兵とその装備を輸送する。日本では陸軍自体が揚陸艦艇を保有しており、徴用船舶も陸軍向けをA船、海軍向けをB船、民需用をC船とし、それぞれが運用する。海軍は上陸船団の護衛をするぐらいだった。

満州の広漠地での作戦を想定して建設されてきた陸軍が、畑違いの大洋に乗り出したのだから、その苦労は並大抵のものではなかった。それが敗因の一つともなった。

田辺助友は、昭和十八年八月から第一船舶輸送司令官、そして終戦時には門司輸送統制部長を兼務していた。関門海峡は空中投下された機雷によって封鎖され、大陸とのリンクを断たれ、これが日本に止めを刺した。沈船のマストが林立する海を見て、海上輸送の専門家である田辺はなにを考えていたのだろうか。

陸、海とつづけば空となり、有名な航研機の操縦手が藤田雄蔵である。藤田は長く航空技術研究所の研究員を務めたが、昭和十三年五月に東大航空研究所機を操縦して、周回航続距離の世界記録を樹立した（一万一六五一キロ）。惜しいことに藤田は、翌十四年二月に華中で戦死した。

北辺の熱血漢

青森県人は、「正直な一徹者」とされ、それに熱血を加えるとお国言葉で「ジョッパリ」となるのだろう。陸軍大将の一戸兵衛、二・二六事件で刑死した対馬勝雄《つしまかつお》（41期）、終戦時に中野学校で生徒隊長を務めた佐々木《ささき》勘之丞《かんのじょう》（28期）の三人は、たしかに青森県人らしい一徹者の熱血漢であった。

明治三十七年十月末、旅順要塞に対する第二回総攻撃。第九師団の第六旅団は、師団の左翼隊となって要塞の中央部を攻撃することとなった。この第六旅団長が一戸兵衛である。

第六旅団は、盤龍山東堡塁と東鶏冠山北堡塁とを連接するP堡塁に突っ込み、いったんはこれを占領したものの、すぐさま奪還されてしまった。これを見た一戸旅団長は軍刀を抜いて、一個中隊の先頭に立ってP堡塁に突撃して、これを確保した。

これが第二次総攻撃での数少ない戦果であり、P堡塁は一戸堡塁と呼ばれることとなる。肉弾の戦いといわれた旅順要塞攻略戦であったが、少将の旅団長が白刃を振って敵中に突っ込むということは滅多にあるものではなく、この一戸少将と第三回総攻撃で白襷隊を率いて突撃した中村覚少将（滋賀、草創期）の二例だけだと思う。

一戸兵衛は、明治七年に戸山学校に入り、十年には西南戦争に従軍して負傷している。負傷したことがあると、反射的に体が動いて危険を避けようとするものだそうだ。そういう恐怖感を圧し殺しての突撃なのだから、一戸は心根のすわった人であることがわかる。

一戸兵衛は小隊長から師団長まですべての指揮官職を経験しているが、連隊長二回、師団長三回というのはほかに例がないだろう。さらには師団参謀長、軍参謀長も経験し、教育総監在職中に大将に昇進した。大将の軍歴とは、こうあるべきだ。

二・二六事件に加わった将校は、社会の矛盾を是正しなければと思い詰め、決起に至ったとされる。昭和初期、そんな状況が絶望的にまで深まっていたのが東北地方であった。銃殺に処せられた現役将校十三人のうち、東北に生まれ育ってその実情を肌で知っていたのが対馬勝雄であった。彼は青森市内に生まれ、仙台幼年学校をへて士官学校に進み、初任部隊は弘前の歩兵第三十一連隊であった。昭和七年からは満州事変に出征し、二・二六事件当時は豊橋の教導学校付であった。

娘を売らなければならないほど困窮している東北地方の農村は、一等師団の仙台第二師団と国宝師団の弘前第八師団を構成する精強な兵士の供給源でもある。

それを引き連れて満州で戦い、帰国後はそんな農村から脱出しようと下士官を志望する者を教育する教導学校に勤務した対馬勝雄は、二十八年の短い一生で日本が抱える大きな矛盾を知ってしまったのである。彼が早くから直接行動に訴えるべきだと主張したのには、それなりの理由があったのだ。

クーデターに類似するが、終戦の大命が下ってからも、「俺はまだ負けてはいない、徹底抗戦するんだ」と怪気炎を上げるのも、ジョッパリらしいと言える。

昭和二十年八月十五日の前後、さまざまな動きがあったのだが、謀略や諜報を教えていた中野学校でも不穏な動きがあった。皇居に押しかけて戦争継続を強訴するといったことではなく、さすがは特殊工作の本家だけあって、なかなか手の込んだ計画を立てていたようだ。細かいことは知るかぎりではないが、中野学校の組織を温存し、水面下で戦いをつづけようということだったらしい。そのためには軍資金が必要となる。

当時、中野学校の校長であった山本敏（石川、32期）は、参謀本部第二部長の有末精三（北海道、29期）を訪ねて、学生のため六百万円出してもらいたいと要請した。山本はチャンドラ・ボースらとインド独立運動に関与した特殊工作の専門家だが、軍資金を強請するようなタイプの人ではない。周囲から言われて渋々と参謀本部に出向いて、頭を下げたのだろう。

では、軍資金強奪を思いついたのはだれかと考えると、当時、中野学校の学生隊長であった佐々木勘之丞のほかにいない。

有末精三は病気で陸士一期遅れているから、佐々木勘之丞と仙台幼年学校の同期となる。いまは有末が中将、佐々木は少将となっているが、幼年学校時代は佐々木の方が威張っていただろうし、陸士は一期先輩になる。山本敏は四期も後輩だから遠慮は無用。

「校長、二部長に佐々木が金を出せと言っていると伝えて下さい。俺の名前を出せば、奴はかならず金を出します」と煽《あお》ったのだろう。

いかに軽い性格の有末精三でも、六百万円と聞いて渋っていたが、「佐々木って、仙幼の勘之丞じゃないだろうな。えっ、やはり奴か」と観念し、「金六百万円也、帳簿外支出」となった。さて、この金がどこに消えたのか。中野学校の組織がどんな形で温存されたのか。これはまったく不明だ。

ともあれ、昭和二十一年二月に旧円は封鎖されたから、キャッシュの六百万円の行方も、それほど詮索しなくてもよくなった。

岩手県

大将七人、総理五人の快挙

陸奥の国の中央部を占めるのが岩手県で、面積は約一万五千平方キロと都府県としては第一位だ。面積こそ広いが、平野部は北上川の流域だけで、幕末の配置は盛岡の南部藩十八万石、一関の田村藩二万七千石が主なところである。大正末の人口は約九十万人で、秋田県よりも少なかった。

軍事については、弘前の第八師団の管区で、盛岡に騎兵第三旅団と工兵第八大隊が置かれていた。旅団といっても騎兵は規模が小さく、盛岡を軍都とは呼べない。

軍隊が身近になく、人口も少ない、朝敵の藩、そして言葉の壁や東北の風土とくれば、軍窓に進む者も少なくなる。大正九年から十五年までの七年間で、幼年学校と士官学校に進んだ岩手県出身者は、わずか九人であり、陸軍の将官は合計で二十人ほどと寂しい。

これほど少ない軍人の中から、昭和期を代表する陸軍大将を二人輩出したのだから不思議なものだ。ともにA級戦犯として刑死した板垣征四郎《いたがきせいしろう》（16期）と東條英機《とうじょうひでき》（17期）である。この二人は、奇妙に絡み合いながら日本の運命を左右した。

海軍に目を転じると驚かされる。斎藤実（海兵6期）、山屋他人（海兵12期）、栃内曽次郎（海兵13期）、米内光政（海兵29期）、及川古志郎（海兵31期）と五人の海軍大将を生んでいる。これは鹿児島県に次ぎ、佐賀県と並ぶ堂々の二位だ。冷静でねちっこい岩手県の気質が海軍にマッチしたと言うほかはない。

さらに政界に広げると、これがまたすごい。原敬、斎藤実、米内光政、東條英機、鈴木善幸と五人の総理だ。これは山口県の八人に次ぐ二位。地味な東北人というイメージで岩手県人を見てはいけないようだ。

独特な粘り腰

満州事変と言えば、関東軍の高級参謀の板垣征四郎

板垣征四郎

東條英機

いたい。

と作戦主任の石原莞爾（山形、21期）ということになる。省部の中堅幕僚は、満蒙問題の武力解決を画策し、この仙台幼年学校コンビを関東軍に送り込んだとすれば面白いのだが、じつはそうではなかったようだ。石原については、山形県の項を見てもらいたい。

昭和二年六月からの第一次山東出兵に参加した板垣征四郎は、帰国して大佐に進級した昭和三年三月に久居の歩兵第三十三連隊長となった。この連隊が属する京都の第十六師団は、昭和四年度、五年度に駐箚《ちゆうさつ》師団として満州に赴く予定だった。本人の希望もあったであろうし、正統派「支那屋」の起用となったのであろう。連隊が奉天に入ったのは、四年四月であった。

ちょうどこのころ、昭和三年六月の張作霖爆殺事件の全貌が明らかになり、関係者を処分することとなった。首謀者であった関東軍高級参謀の河本大作（兵庫、15期）は更迭、内地に召還された。さて後任はとなると、河本更迭の理由からも人選が難しい。結局は奉天にいる板垣征四郎がよかろうとなり、河本も「板垣ならば安心して任せられる」となったのだろう。

この人事は、参謀本部庶務課長の篠塚義男（東京、17期）と陸軍省補任課長の沖直道（高知、14期）によるものだ。満蒙問題解決を掲げた一夕会で板垣征四郎と同志の岡村寧次（東京、16期）が補任課長になるのは、この人事の直後、昭和四年八月のことだから、中堅幕僚の策謀だとは言えないようだ。

満州事変のポイントは、遼東半島租借地（関東州）、長春から大連までの満鉄幹線とその支線の旅順線、安東から奉天までの安奉線などの線路そのものと、それに沿う幅六十二メートルの土地、および駅などの付属地の外に独断で出たことにある。その第一撃が昭和六年九月二十一日からの吉林派兵であった。

朝鮮軍の独断越境問題の陰に隠れたが、じつはこの吉林進出の方が重大である。朝鮮軍の満州進出は、日本の権益がおよんでいる地域を伝ってのもので、昭和三年五月の第二次山東出兵時にも朝鮮軍の部隊は、奉勅命令なしで奉天に入っている。しかし、付属地の外に出るとなると海外出兵となり、大元帥の命令、いわゆる「大命」が必要となる。

吉林が不穏な情勢だと伝えられても、本庄繁（兵庫、9期）軍司令官としては、すぐさま派兵に踏み切れないのは当然だ。これを好機と満州全土の制圧を目論む板垣征四郎らは、奉勅命令を待っていれば吉林の邦人九百人を見殺しにしかねないから、すぐにも出動しなければならないと血相を変える。だが、慎重な本庄は同意しない。東北人ながら粘りのない石原莞爾も諦めてしまうなかで板垣は頑張った。

興奮する幕僚を押し止めた板垣征四郎は、軍司令官とさしの勝負に出た。それも議論ではない。板垣は本庄繁の前に座り、吉林派兵の認可が出るまで動かないという姿勢を示した。黙って座っていただけという話もあるし、板垣の口癖「とにかく、とにかく」を連発したとも言われる。

二時間とも、三時間ともいうが、結局は岩手県人の粘りに兵庫県人負けて、奉勅命令を待たずに吉林派兵となった。これでだれもが板垣征四郎の手腕を認めた。「石原さんのようなことはできるだろう。しかし、どちらにころぶかわからないとき、腹で勝負する板垣さんの真似はできない」と、もっぱらであった。

そんな腹と粘り腰を買われたのか、第五師団長として出征中の板垣征四郎は昭和十三年六月に陸相となった。第一次近衛文麿内閣の改造人事で、日華事変の解決をめざして外相に宇垣一成を起用し、陸相の杉山元（福岡、12期）を北支那方面軍司令官に転出させた人事であった。日華事変を解決すると謳《うた》っているのに、満州事変の立役者を陸相にもってくるとはおかしな話だし、世間では「征四郎は征支郎に通じる」ともてはやしていたのだから始末に困る。

外野の声はともかく、板垣陸相の誕生は異例なことであった。陸軍省の勤務がなく、中将のまま師団長からすぐに陸相になったケースは、上原勇作（宮崎、旧3期）のほかにない。杉山元から四期も飛んだことも珍しい。この人事の背景は、人事局長であった阿南惟幾（大分、18期）が板垣征四郎にほれ込んだからだとされてきた。

しかし、閣僚の人事となるとそう簡単な話ではない。近衛文麿が政界の桧舞台に上がってから、「板垣君とやって行きたい」と周囲に語っていたという。近衛が陸軍部内に詳しいはずがないし、自分の考えを持てる人でもない。板垣征四郎の鷹揚さを利用して、満州で甘い汁をすった手合いが「陸相は板垣のほかにいない」と近衛に吹き込んだに違いない。

また、近衛内閣の一つの柱である海相の米内光政は、盛岡中学で板垣征四郎の三年先輩であった。三国同盟問題で鋭く対立したことを思えば意外なことなのだが、この二人は親しく、「征ちゃん」「米内さん」と呼び合う仲であったし、「酒」という共通項もあった。米内が、「板垣君とならば留任してもよい」と言えば、近衛は一も二もなく陸相は板垣とする。

この陸相人事でもっとも困惑したのは、板垣征四郎自身であった。阿南惟幾がわざわざ徐州に飛んで口説いてもなかなか承諾しなかった。東京に来てからも渋りつづけ、結局、「次官に事務堪能な東條をくれるならば」と陸相就任を受け入れた。

これが日本の大きな曲がり角となった。これがなければ、東條英機の中央復帰はなかったのだ。なぜ板垣は東條を名指しで望んだのか。板垣が関東軍の参謀副長、参謀長時代、東條は関東憲兵隊司令官という関係もあったろうが、やはり同郷で心易いというのが本当のところだろう。

陸相時代の板垣征四郎は、多難続きであった。三国同盟の問題、天津のイギリス租界封鎖事件、張鼓峰事件、ノモンハン事件である。どれも昭和天皇や宮中・重臣、海軍との摩擦が生じ、よくも昭和十四年九月の平沼騏一郎内閣総辞職までもったものだ。やはり粘り強さが身上の岩手県人と言うほかはない。

知られざる怒りっぽい風土

東條英機を戸籍どおりに岩手県出身とすると、抵抗を感じる人もいるだろう。「あんな人、東北人ではない」とむきになる人もいるかも知れない。事実、父親の東條英教《とうじようひでのり》（草創期）が陸大の学生のときに東京で生まれ、幼年学校も東京だから、本来ならば東京人とすべきなのだろう。

手早い事務処理は、せっかちな都会の人らしいし、よく喧嘩をするのも江戸っ子の性格だ。なんでもメモをとるのは、どこの国の性格かは知らない。さて、この喧嘩だが、なにも江戸っ子の専売特許ではない。岩手県人も牛のようにおとなしい人ばかりではない。我を張り、喧嘩も辞さないほどでないと、首相を五人も出せるはずがない。原敬がその典型であろうし、軍人の代表が東條英機となる。

　幼年学校、士官学校を通じ、東條英機は後輩から見て扱いにくい人で有名だったそうである。それは子供のころのエピソードで、それ自体に歴史的な意味はない。ところが後輩に厳しく、喧嘩を売る気質を大佐、省部の課長時代にまで引きずるとなると、これは大きな問題となる。満州事変中の東條と鈴木率道（広島22期）のいがみあいがそれだ。

　満州事変の直前、昭和六年八月の定期異動で東條英機は歩兵第一連隊長から参謀本部第一課（編制動員課）長となった。同じとき、第二課（作戦課）長になったのが今村均（宮城、19期）である。「早く部隊を出せ」「いや、そう早くは出せない」と、第一課と第二課はしっくり行かないものだが、満州事変がはじまって忙しくなっても、この二人は上手くやっていた。おそらく同じ東北人の今村が二期先輩の東條を立てていたからだろう。

　事変が華中に飛び火して第一次上海事変となり、これを早急に解決するため、陸大教官の小畑敏四郎（高知、16期）が第二課長に再登板することとなり、作戦班長には鈴木率道を陸大から連れて来た。

はずだ。

この小畑、東條、鈴木の三人は、軍革新運動を推し進めた一夕会の同志であった。参謀本部で顔を合わせた当初は、「やあ、やあ、よろしく」となごやかにやっていた

ところが、上海戦線が停戦となり小畑敏四郎が第三部長、永田鉄山（長野、16期）が軍事課長から第二部長、第二課長は鈴木率道の持ち上がりとなると、東條英機と鈴木が激突し、廊下で出くわしても挨拶すらしない関係となった。なにが原因なのか、さまざまに語られている。軍令一筋の小畑と軍政畑育ちの永田との戦略論争が背景にあり、東條と鈴木はその代理戦争を演じたとの解説には説得力がある。

しかし、人間関係のもつれは意外とつまらないことから起きるものだ。天才肌の鈴木率道は、五期も上の東條英機を先輩として扱わなかったことは容易に想像できる。また、頭の切れる人にありがちな陰険さが、鈴木にあったことも事実だ。問題が生じると、鈴木は親分の小畑敏四郎に持ち込み、小畑は直接、参謀次長の真崎甚三郎（佐賀、9期）に話して決裁してしまう。

これでは東條英機が怒るのも無理はないが、それを根に持つところが彼の欠点だ。周囲にも問題がある。他人の喧嘩ほど面白いものはないから、「そらやれ、もっとやれ」とはやし立てる。さらには双方に応援団がつくから、話がこじれる。これは、相

手を言いくるめる論争主体の陸大教育の弊害でもある。

　東條英機と石原莞爾のいがみ合いも有名だ。これを天才石原と鈍才東條の宿命的な対立と理解されているようだが、そんなことはない。この二人も一夕会の同志であり、石原のホラ話を「やはり陸大恩賜は違うな」と神妙に聞いていた一人が東條であった。

　昭和十一年の二・二六事件の際、なかなか討伐の決心を下せない第一部長心得の石原に対して、東條は、「貴公がいるのに、なにをグズグズしているのか」と関東軍からハッパをかけたように、フランクな関係にあった。

　この二人の仲が険悪なことが広く知られるようになったのは、日華事変の不拡大方針で敗れた石原莞爾が関東軍の参謀副長に転出してからのことである。参謀長であった東條英機は、着任した石原に、「貴公とは友人としてやってきたが、これからは参謀長と参謀副長という上司と部下の関係だ。よろしく心得るように」とやったのだ。石原は偏屈な山形県人だから、これにコチンときたことは容易に想像できる。

　これに加えて、日華事変の拡大や満州国の指導方針などが絡む。揚げ句は東條の夫人までが問題になる。東條夫人は、蔣介石の夫人、宋美齢をもじって「東美齢」と揶揄されたほど活発な人だったそうだ。彼女は国防婦人会の活動に熱心で、それに関東軍の機密費を流用しようとしたらしい。

参謀副長が決裁しないと機密費が出ないが、石原莞爾は断固として拒否した。女と金が絡むと話が複雑になるのは世の常で、これで東條英機と石原の関係は修復不能となった。自分は神経質なのに、人の神経を逆なでする、強引な引き抜き人事をする、東條英機にはそんなエピソードがいくらでもある。では、どうしてこのような人を陸相や首相まで、いやそれどころか内相、軍需相はては参謀総長までやらせたのか。頭が悪いから、ロボットにしやすいとほくそ笑んでいた手合いも多かった。また事務が堪能だから、安心して任せられると思う人がいても不思議ではない。

あれこれ考えられるが、昭和天皇に高く評価されていたことが決め手になったことは間違いない。東條英機のどこを評価したかは、『昭和天皇独白録』に残されている。それによると、北部仏印進駐の責任者処分と皇居のボヤ騒ぎをめぐる更迭人事を上げている。このボヤ騒ぎは、昭和十六年十一月のことで、東條英機が首相に就任してから椿事だった。失火するとは何事ぞ、皇居をなんと心得ると、東部軍司令官と留守近衛師団長はもとより、近衛混成旅団長の賀陽宮恒憲（32期）まで譴責処分のうえ、更迭した。

このような厳しく、恐ろしい人をトップにすえておけば、二・二六事件のようなことは再発しないと昭和天皇は考えていたのであろう。

宮城県

東北の軍人大国

仙台の伊達藩六十二万六千石がそのまま宮城県となったので、まとまりの良い地域だ。伊達藩は政宗以来、全国規模の雄藩であり、広い仙台平野をかかえ、塩竈、石巻という良港もあって豊かであった。東北地方の中心となり、東北には珍しく都会的な雰囲気が生まれた。

「伊達者」という言葉のとおり、宮城県人には東北人特有な偏屈さが薄く、誠実で淡泊と評価が高い。東北人の心に大きな傷痕を残した戊辰戦争でも、伊達藩は幕府側の奥羽越列藩同盟の中核と目されながら、情勢を冷静に見きわめ、適当なところで手仕舞いとし、二十八万石に削封されただけですんだ。そのため隣の福島県人のように、朝敵の汚名を雪《すす》ごうとか、薩長なにするものぞといった意識も芽生えなかった。

宮城県は、軍事的にも早くから注目され、明治四年四月に東山道の鎮台が石巻に置かれ、同年八月に東北鎮台となって仙台に移される。そして明治十九年一月、第二師団に切り替わる。第二師団は日清戦争以来の古豪師団として有名で、頼りになる一等師団とされ、「攻撃ならば第六師団、防御ならば第二師団」とさていた。

また、明治三十年九月には、仙台に陸軍地方幼年学校が開設された。大正軍縮によって、仙台幼年学校は大正十三年に廃校となるが、昭和十二年に復活し、通算三十五期にわたたって多彩な人材を送り出した。戦後、陸上自衛隊になってもこの人脈は生きつづけたようで、三人の陸上幕僚長を輩出している。

このような風土と、大正末の人口は約百万人と福島県に次ぐ大きな県でもあり、宮城県出身の軍人は多い。終戦までに陸軍大将は四人、中将は二十人、将官は合計で約七十人が宮城県のスコアーである。これに加えて海軍大将は、山梨勝之進（海兵25期）と井上成美（海兵37期）の二人がいる。東日本でトップクラスの数字であり、東北の軍人大国と称してもよいだろう。

宮城県出身で最初に陸軍大将になったのは、松川敏胤《まつかわとしたね》（旧5期）であった。彼は明治三十五年五月から四十一年十二月まで参謀本部第一部長を務めた。これが第一部長在任期間の記録となった。日露戦争中は満州軍総司令部第一課長も兼務したから、日露戦争の作戦の骨子は松川によるものと言っても過言ではない。

明治の陸軍は、幕僚よりも指揮官を優先する考え方だったようで、これほどの経歴を誇る松川敏胤なのに、旅団長を二回、師団長も二回と回り道をさせられ、しかも朝鮮軍司令官と外回りをさせられた。

同じような処遇を受けた宇都宮太郎（佐賀、旧7期）は鬱憤をつのらせ、秘密結社めいたものを組織したが、松川はそのようなこととは無縁であった。淡泊な宮城県人とあくの強い佐賀県人の違いである。

松川敏胤

多田駿

東北トリオの空中分解

つぎに陸軍大将になったのは、時代がぐっと下がって多田駿《ただはやお》（15期）となる。彼は仙台幼年学校の一期生だから、生粋の宮城県育ちの軍人だった。多田はいわゆる支那屋のルーツである青木宣純（宮崎、旧3期）と坂西利八郎（東京、2期）の補佐官を長く務めた。

この三人、ともに砲兵科出身だが、中国側が軍事顧問として砲兵をもとめていたことも関係しているようだ。多田駿の夫人は、張作霖爆殺の首謀者、河本大作（兵庫、16期）の妹というのも、中国が取り持つ奇妙な縁である。

昭和十二年七月、日華事変がはじまったとき、多田駿は第十一師団長で、すぐにも華中に派遣されるはずであった。ところが、参謀次長の今井清（愛知、15期）が病気のため辞任し、急ぎ後任が多田となった。今井としても中国通の同期生にやってもらいたかったろうし、第一部長の石原莞爾（山形、21期）が強く推したのでこの人事になったとも言われる。

中国をよく知る多田駿は、もちろん不拡大派であった。当時の参謀総長は閑院宮載仁であるから、多田は権限が大きいいわゆる「大次官」で、それと第一部長の石原莞爾が連帯すれば、事変の拡大は避けられたはずだが、結局は時代に押し流された。岩手県の項で紹介したように、昭和十三年六月に板垣征四郎（岩手、16期）が陸相に就任した。これで板垣・多田の支那屋コンビが生まれ、省部一体で中国との和平を探る体制がつくられたかに見えた。陸軍省の中枢である軍事課長は田中新一（北海道、25期）、参謀本部総務部長は中島鉄蔵（山形、18期）と、仙台幼年学校出身の四人が省部を差配していたことになる。そこに岩手県人ながら東京育ちで東京幼年学校出身の東條英機（岩手、17期）がいた。

板垣征四郎が望んで次官に持って来た東條英機であったが、就任から四ヵ月ほどのちに開かれた在郷軍人会の総会で怪気炎を上げた。日華事変を解決するには、ソ連や英米とも戦う必要があるとやったのである。

参謀次長の多田駿は、この発言を統帥事項に容喙《ようかい》するものとして強く反発した。板垣征四郎も多田に同調して、東條英機を省部会議から締め出し、収拾がつかない事態となった。日華事変をめぐる戦略構想の違いが根底にあり、そこに東條ならではの特異な性格が絡んだ衝突であった。

しかし、東條英機だけを批判することもできない。多田駿という人も、かなり変わっていたからだ。多田は仏教に深く帰依して、抹香くさい話が得意なわりに、短気なところがあったという。彼は仙台幼年学校の一期生で、三期後輩の中島鉄蔵に使い走りをさせるのはわかるにしても、陸相の板垣征四郎すらも後輩あつかいした。

また、参謀総長は宮様だから、「我こそ参謀総長」と態度が大きく、部内の反発をまねいたのも事実である。それを見て、「多田駿と衝突しても我に利あり」と東條英機が噛みついたという図式である。

もちろん、板垣征四郎は多田駿の肩を持ち、東條英機に辞任をもとめた。すると東條は、「次官は文官」を盾にして辞任を拒否し、さらには多田が次長を辞任すれば自分も辞めるとごねた。

結局は昭和十三年十二月、喧嘩両成敗となって多田は関東軍の第三軍司令官に、東條は航空総監に転出となった。対中戦略を転換しようとしていた矢先、この東北人トリオの喧嘩別れは残念なことであった。

それからも中国通の多田駿を中央にという声があり、昭和十四年八月成立の阿部信行内閣では、多田の陸相は決まりかけていた。そこに昭和天皇の介入があり、侍従武官長であった畑俊六（福島、12期）となった。

畑が陸相になったから、東條英機に陸相への道が開けたと見れば、これも日本の曲がり角の一つであった。多田は陸相の代わりに北支那方面軍司令官となり、太平洋戦争が目前に迫った昭和十六年七月に軍事参議官となって大将に進級し、すぐに予備役に編入され軍を去った。

自決した伊達者

終戦後、責任を痛感して自決した陸軍大将は七人いる。その一人、安藤《あんどう》利吉《りきち》（16

期）が宮城県出身であった。

多士済々で幼年学校出身者が優勢であった陸士十六期のなかで、安藤は中学出身ながら陸大二十六期の恩賜をものにして注目される存在であった。英語ができることから、イギリス駐在、インドとイギリスの駐在武官をやり、数少ない英米通としても知られていた。また、昭和三年五月の済南事件では、歩兵第十三連隊長として出征している。

中将へのステップである旅団長は東京の歩兵第一旅団であるから、これからも安藤利吉は期待される人材であったことがわかる。昭和十年八月に戸山学校長に転出していたため、二・二六事件の災厄を逃れた。

昭和十三年五月、第五師団長となった安藤利吉は、華南に出征して広東攻略作戦に加わる。上司の第二十一軍司令官の古荘幹郎（熊本、14期）が脳溢血で倒れたため、安藤が繰り上がった。後任の第五師団長が今村均（宮城、19期）であった。

援蔣ルート遮断のために華南が重視され、昭和十五年二月に第二十一軍司令部が解消されて南支那方面軍が新設され、安藤利吉はその初代司令官となった。ヨーロッ

安藤利吉

パ情勢の変化や三国同盟締結もあって、同年九月の北部仏印進駐となる。本来、平和進駐となるはずが武力を発動する事態になるなど不手際が連続した。

そこで陸相となっていた東條英機ならではの問責人事となり、安藤利吉は参謀本部付となって帰国、翌年一月に予備役編入となった。この人事で、現地部隊だけでなく、参謀本部の陣容は一新し、太平洋戦争突入の態勢となったのである。

予備役となった安藤利吉は、太平洋戦争開戦の一ヵ月前に召集されて台湾軍司令官に補され、昭和十九年一月に大将に進級した。同年九月に台湾軍は第十方面軍に改組されるが、安藤は終戦まで台湾を動かず、沖縄決戦となった。

沖縄戦の指揮系統は、東京の大本営、台湾の第十方面軍、そして沖縄の第三十二軍となる。ところが、海軍との統合作戦、かつ島嶼での戦闘になるためか、第三十二軍は大本営の直轄のような形で運用された。それでいて言いにくいことは、第十方面軍を通す。

安藤利吉としては面白くなかったであろうし、気の短い人ならば大喧嘩に発展しかねない。そこはやはり東北人で、彼はじっと我慢して大きな波風を立てなかった。

そんな人こそ、内に秘めたものは熱い。安藤利吉は終戦後、戦犯容疑で収容されていた上海で自決した。昭和二十一年四月のことである。いくら大将でも彼の経歴からして、そこまで責任を感じる必要はない。それでも自決したのは、「伊達者」の美学なのだろう。

「軍は軍紀によって成る」

今村均《いまむらひとし》（19期）は判事をしていた父親の任地を転々とし、小学校は山梨県の甲府、中学校は新潟県の新発田と、本籍のある宮城県とは縁遠い。司法官の家に生まれ、転勤族の子弟として育ったことが、彼の性格によく表われている。本来ならば一高、東大と進み、父親の後を継ぐ人だったと思う。ところが、徴兵検査を前にした明治三十八年春に陸士の大量募集があり、今村均はこれに応募して軍人の道に方向転換した。

今村均

この期が十九期だが、中学出身者のみとなり、同じ時期で幼年学校出身の者は二十期となる。その前の十八期も合わせると、この三つの期で二千二百名を超える卒業生を出している。日露戦争中のことで、損耗の激しい小隊長を急ぎ養成するためにこのような大量募集となったのである。

そんな多士済々の十九期の中で、今村均はトップを占めつづけ、しかも陸大二十七期の首席をあっさりものにした。大正十二年、少佐で参謀本部部員のとき、雷親父で有名な上原勇作（宮崎、旧3期）の元帥副官となり、無事三年間勤め上げた。しかも上原と犬猿の仲であった宇垣一成（岡山、1期）との仲をとりもったというのだから、単なる秀才ではなく、なかなか練れた人でもある。

昭和六年九月の満州事変当時、今村均は参謀本部第二課長であり、第一次上海事変が起きると現地に向かうが、それ以降、この俊才は外回りが多い。その理由は、彼の性格によるという。今村の別名は「石橋の均さん」、石橋を叩いても渡らない慎重居士ということだ。

また、今村均の信念は、いかにも判事の子弟で「軍は軍紀によって成る」であり、多少のデタラメも成功すれば許されるという風潮を真っ向から否定した。関東軍の独走に歓呼の声を上げる少壮幕僚から敬遠されるのもわかる。ちなみにこの時期、軍紀を司《つかさど》る軍務局兵務課長は、前に述べた安藤利吉であった。

軟派と見られていた今村均だったが、第五師団長として戦った南寧作戦で見直された。昭和十四年十二月、援蔣ルート遮断のため華南の山中に入った第五師団は、中国軍に包囲された。攻撃しなければ自滅すると今村は主張し、中央部は増援部隊の集中を掩護するようもとめた。すると今村は、「希望にすぎないのならば攻撃する、命令ならば掩護する」と開き直った。

命令は今村均の意に反する集中掩護だった。しかし、彼は万難を排して命令にしたがい、増援部隊の集中を掩護した。このみごとな統率に、「石橋の坊さんも、言うときは言うし、やるときはやる。やはり作戦課長の経験者は違う」となり、ジャワ攻略の第十六軍司令官に選ばれることとなった。

昭和十七年二月二十八日、第十六軍の主力はジャワ島バンタム湾に上陸した。そこに敵艦隊が突入して来て混戦となり、輸送船四隻が沈没する惨状となった。沈没した一隻、龍野丸には軍司令官の今村均が座乗しており、彼も海を泳ぐ羽目となった。のちの調査によると、この輸送船に命中した魚雷は、どうも日本軍が発射したものとなった。青くなった海軍関係者は、今村均のもとに参上して陳謝した。すると彼は、いっさい恨み言を口にしなかったばかりか、上陸掩護に感謝の言葉を述べた。しかも、戦後になってもこのことについていっさい語らなかった。

昭和十七年八月、米軍はガダルカナル島に上陸して反攻の口火を切った。これに対応するため同年十一月、ソロモン方面の第十七軍とニューギニア方面の第十八軍を統括する第八方面軍が新設され、今村均が方面軍司令官となった。すぐにガダルカナル撤収となり、ニューギニア戦線の維持に四苦八苦することとなる。

はては絶対国防圏の外に置かれることとなり、今村は「ラバウルの孤将」となった。絶望的な状況の下、大きな不祥事もなく、よくぞ部隊をまとめたものである。東北人の粘りが発揮されたと言える。

そして終戦。苛烈な戦犯狩りの季節となった。多くの高級指揮官が逃げ回るなか、今村均は堂々と受けて立ったばかりか、戦犯として拘禁されている者たちを、「光部隊」として称賛するまでした。彼は有期刑を宣告されると、内地での服役を断わって環境が劣悪なマヌス島での服役を申し出て、連合国側も粛然としたといわれる。

話題は「人を斬る難しさ」

昭和十年八月十二日、軍務局長の永田鉄山（長野、16期）を斬殺した相沢三郎《あいざわさぶろう》（22期）は、仙台生まれで仙台幼年学校出身、初任は仙台の歩兵第四連隊と宮城県を体現する軍人であった。陸軍大学校に行かなかった「無天」の地味な隊付将校として軍歴をかさねた人であった。

福山の歩兵第四十一連隊付から台湾歩兵第一連隊付に異動し、台湾高等商業の配属将校として赴任の途上、凶行におよんだ。

この事件を今日に引き写せば、普通科連隊の副連隊長が白刃をかざして防衛省の内局に乱入し、防衛局長を殺害したとなるだろう。これは大事件で、防衛相は即刻辞職、内閣総辞職ともなりかねない。ところが当時、陸相の林銑十郎（石川、8期）も次官の橋本虎之助（愛知、14期）もすぐには辞職しなかったし、岡田啓介内閣も適切な対応措置を取ったとも思えない。

軍法会議では、高名な貴族院議員の鵜沢聡明が民間側弁護士を買って出たし、現役の軍人もこぞって特別弁護人になった。弁護側は、この事件は単なる上官殺害ではなく、より重要な背景があり、奸物を切り捨てる「芟除《センジョ》」だと大論陣を張った。

もしも二・二六事件がなければ、相沢三郎は銃殺ではなく有期刑であったろう。斬られた方が奸物と非難され、斬った方が義士と同情が集まるとは、狂った世相だからだと簡単にはすまされない。いまでも『忠臣蔵』が不動の人気を集める日本の精神風土があるからだ。

相沢三郎

それにしても、相沢三郎と入れ違いに軍務局長室を出たとされる兵務課長の山田長三郎《やまだちょうざぶろう》（20期）が「逃げた」と噂され、それを苦にして自決したのは悲劇だった。山田も宮城県人で仙台幼年学校の出身、相沢より二年先輩で顔見知りなのだから何とも言えない気持ちにさせられる。

永田鉄山の部下や直接の関係者は別として、ごく普通の軍人は「人を斬るのは難しいものなのだな」という感想を異口同音にもらしたそうだ。相沢三郎は剣道五段の遣い手で、戸山学校の剣術教官として有名であった。それほどの達人でも、いざ人を斬るとなると一刀の下にとはいかない、精進せねばということで、このメンタリティーを理解しないと、軍人のことはわからない。では、どうやって斬ったのか、逸話ながら伝えておこう。

無言で軍務局長室に入った相沢三郎は、刀を抜きはなった。身の危険を察知した永田鉄山は、立ち上がって右に避けたが、そこを背後から一太刀浴びせられた。永田も剣術の心得があるから、扉のそばの壁に張りつき、上段からの一撃を避けようとした。そこを相沢三郎は、左手で刀身をささえて刺突し、これが致命傷となった。刺突する場合、右手をひねって峰を下にして左手をそえるものだが、相沢ほどの遣い手でも動転し、刃が下のままだったため、左手に八針も縫う傷を負った。

昭和六年の三月事件や十月事件の関係者は、やるやると前宣伝ばかりでなにもしなかった。昭和七年の五・一五事件では、徒党を組んで犬養毅首相を襲撃し、拳銃で殺害した。相沢三郎は黙って一人で乗り込み、武士の魂である日本刀を使った。だから

「相沢さんは偉い、東北人は当てになる」というのが、軍人の間の一般的な評価であったそうだ。

秋田県

軍人小国の風土

秋田県は出羽の国の北半分、幕末には秋田の佐竹藩二十万石、秋田新田の佐竹支藩二万石、本庄の六郷藩二万石、亀田の岩城藩二万石という配置であった。関ヶ原の合戦のとき、常磐の水戸にあって西軍に与した佐竹藩五十三万石は、減封のうえここに移封された。それからは幕府に睨《にら》まれないようにと気を遣いつづけた。戊辰戦争では早々に恭順の意を表わし、官軍に道をあけて抵抗しなかったために被害もなく、朝敵の汚名もそれほど被らなくてすんでいる。

忘れ去られた無風地帯のようだが、米作が産業の主体の時代は、北辺の米どころ秋田は恵まれていた。加えて木材の産地でもあり、佐竹藩の実収は四十万石を超える豊かなところとされた。

あれやこれやで秋田県人は、東北の中では衣食住にわたって派手で、享楽的と言われる。酒どころで美人の産地からかも知れない。その派手さから、勇敢で冒険心に富むとの評もあるようだが、どんなものだろうか。

軍事的には、明治三十一年十月に弘前に第八師団が置かれると、秋田にはその歩兵第十六旅団司令部と歩兵第十七連隊が配備され、大正軍縮以降もその体制が維持された。この伝統があるためか、現在でも自衛隊に好意的な町は、西は第十五普通科連隊が駐屯する善通寺、東は第十一普通科連隊が駐屯する秋田だと言われている。

では、秋田県出身の帝国陸軍の軍人はと見ると、これが寂しいかぎり。

大島久直

陸軍大将が一人、大島久直《おおしまひさなお》（草創期）がいるのが救いで、中将が四人、少将をふくめた全将官は約二十名ほど、沖縄県を除けば青森県とともに最下位。秋田県出身の海軍大将はいない。

人口が少ないからと思えばそうでもなく、大正末の秋田県の人口は約九十四万人であり、岩手県や大分県よりも多く、全体としては中堅の県であった。それなのに、この軍人の少なさは、豊かな地域だったから、なにも苦労する軍人の道を志さなくてもという思潮だったからだろう。

実戦でつかんだ大将の座

秋田県が生んだ、ただ一人の陸軍大将である大島久直は、明治四年五月に中尉任官、三十九年五月に大将進級という草創期の人である。大島はみごとな白髭で有名だが、大佐のときに一度、少将のときに二度、つごう三回も陸大校長を務めたという珍しい経歴を持つ。

日露戦争の前までは、陸大校長のポストはそれほどの要職ではなかったことの証明でもある。歩兵連隊長を二回、歩兵旅団長を二回と回り道をさせられており、日清・日露の両戦役がなければ、大島久直は大将にまで昇進することはなかったであろう。

大島久直は、日清戦争では桂太郎の指揮する第三師団の歩兵第六旅団長、日露戦争では乃木希典が指揮する第三軍の第九師団長を務めた。どちらもあまり戦さ上手とは言えない上司だから、部下は苦労するものの、善戦すれば名前は残る。

日清戦争で遼河付近の海城一帯まで押し出した第三師団は、五回にわたる清軍の反撃を受けるが、厳寒の中で海城を確保しつづけた。そもそも海城まで押し出したことは、第一軍司令官の山県有朋や桂太郎の戦略眼のなさで、この長州コンビはいざ実戦になるとだめだとなった。その一方、第一線で健闘した大島久直と第五旅団長の大迫尚敏（鹿児島、草創期）、桂を補佐した参謀長の木越安綱（石川、旧1期）への評価が高くなる。

日露戦争では、青森県の項で一戸兵衛について述べたように、大島久直が指揮した第九師団は、旅順要塞の永久堡塁群を正面から攻撃した。第九師団は、苦戦を重ねつつ戦果を積み重ね、第三軍の攻撃をリードしつづけた。この二つの戦歴にはだれもが脱帽し、男爵、子爵が授けられ、大将への道を確実なものにした。

草創期の陸軍は、長州でなければ人でなく、他藩の者は冷や飯ばかりを食わされたと語られてきた。まんざら的外れではないにしろ、大島久直や一戸兵衛、立見尚文（三重、草創期）らが大将にまで進めたように、勇将を遇する道を知っていたことも事実である。

上村清太郎

朝鮮海峡の防人

陸軍八十年の歴史の中で、秋田県出身の中将は、松井《まつい》庫之助《くらのすけ》（旧10期）、石川漣平《いしかわれんぺい》（10期）、上村清太郎《うえむらせいたろう》（15期）、物部長鉾《もののべちょうほ》（26期）の四人である。松井は工兵科、石川と上村は砲兵科、そして物部は輜重兵科の出身であり、圧倒的多数を占める歩兵科出身者がいないというのも珍しい。

秋田県人は派手好きといったが、やはり東北人で根は地味ということか。このうち師団長を務めたのは天保銭組（陸大本科卒業者）の上村清太郎と物部長鉾の二人で、結局、秋田県出身の師団長は、前述の大島久直と合わせて三人だけとなる。

松井庫之助は、砲工学校一期の優等をものにし、陸大出と同じ扱いを受けることとなった。彼は砲工学校などの教官が長く、近代工兵の基礎を固めた一人であり、大正五年から六年間、築城本部長を務めた。

その間の大正八年には「要塞整理要領」が定められ、対馬要塞、朝鮮半島の鎮海湾要塞、新設された壱岐要塞を合わせて朝鮮海峡系要塞とされた。これらを火力で結んで朝鮮海峡を閉塞し、大陸との海上連絡路を掩護するという壮大なプロジェクトである。その基本計画を立案したのが松井庫之助であった。

大正十一年のワシントン軍縮条約成立によって、不要となった戦艦などの砲塔砲を、ここ朝鮮海峡の防衛に流用されることとなった。四十センチ連装砲塔が釜山西の長子嶝、対馬の豊、壱岐の黒崎に、三十センチ連装砲塔が対馬の龍ノ崎、的山大島に、それぞれ一基ずつ据え付けられた。この工事のために、砲塔丸ごと吊り上げる特殊なクレーン船が建造されたということだけでも、このプロジェクトの巨大さがわかる。

　石川漣平と上村清太郎は、ともに重砲兵科の出身であった。石川の陸士十期を見ると、重砲兵科は百十五人と歩兵科の三百六十六人につぐ人数である。上村の十五期でも七十三人、歩兵科、野砲兵科につぐ人数となっている。当初、重砲兵は要塞砲が主体であったが、第一次世界大戦の戦訓から野戦重砲に重点が移り、軍縮の時代でも花形の分野となった。

　この二人は横須賀の重砲兵学校勤務が長いうえに、ともに同学校長、野戦重砲兵旅団長をやっている。石川漣平が二度目の学校長のとき、上村清太郎は同校の教育部長と、同郷の先輩、後輩の引き合いが見られる。石川は無天（陸大本科非卒業者）、教育畑一筋で砲工学校長で待命となったが、中将にまで昇進したのだから、技術や教育の分野も重視されていたことの現われである。

　上村清太郎は陸大二十八期で、重砲兵学校長をおえて昭和十三年一月、第十二師団長に親補された。第十二師団の管内には、野戦重砲兵第二旅団、下関重砲兵連隊、佐世保と鶏知《けじ》（対馬）の重砲兵大隊があったから、まさに上村は適任となる。

　しかし、第十二師団は昭和十一年度から十八年まで満州に派遣されて東満警備に就いていた。十五年三月、西部防衛司令官、つづいて西部軍司令官となり、海峡部の防衛に当たり、太平洋戦争を前にした十六年四月、予備役となった。

軽視された輜重兵

華北の紛争が華中に飛び火し、第十軍の杭州湾上陸が決定した昭和十二年十月、参謀本部部員であった物部長鉾は中支碇泊場監部参謀として出征した。南京攻略後に中支那派遣軍の兵站参謀を務め、十五年八月まで一貫して揚子江の水運に携わった。太平洋戦争中は船舶関係に従事して、十九年四月に輜重兵監となり、兵科の頂点をきわめた。終戦時は相模湾正面の第百四十師団長であった。

輜重兵科出身で師団長を務めたのは、陸軍八十年の歴史の中で武内俊二郎（愛媛、23期）、柴山兼四郎（茨城、24期）と物部長鉾の三人だけである。終戦時、約百七十個師団を数えたことを思えば、三人というのはいかにも少ない。

輜重兵科は絶対数が少ないから、こうなったとも言えない。物部長鉾の陸士二十六期は、七百四十二人の卒業生のうち輜重兵科は四十九人であった。この期で将官になった者は約百六十人、うち輜重兵科出身は五人、中将は物部一人であった。これからも日本の敗因「兵站軽視」が証明できるように思う。

では、輜重兵科が人事上、冷遇されつづけたかというと、そうでもないそうだ。大佐に昇進する率は輜重兵科がもっとも高かった。その理由だが、輜重兵連隊の所帯が大きいことが上げられる。平時編制の輜重兵連隊の兵員は約一千五百人で歩兵連隊につぐ。馬匹は約三百頭で騎兵連隊に匹敵する。

これが戦時に動員すると、兵員約三千五百人、馬匹約二千六百頭にまで膨れ上がる。軍、方面軍のレベルには、野戦輸送隊を筆頭に多くの輜重兵の部隊があって佐官はいくらいても足りないのが実情であった。

にもかかわらず輜重兵科出身の将官は少なく、その結果、影響力を発揮できなかった理由はさまざま考えられる。士官学校で輜重兵科の教育がはじまったのは、明治三十二年卒業の十一期からであり、その前は他兵科からの割愛でまかなっていた。士官生徒時代をふくめれば、他の兵科よりも二十年以上の遅れがあったことが大きい。

また、幼年学校出身者は輜重兵科に当てないという不文律も悪い影響をおよぼしている。明治の話だが、幼年学校出身者を輜重兵科としたところ、「侍を馬丁あつかいした」と憤激し、士官学校中の電球を割って回った勇ましい人がおり、これにこりてそれから中学出身者だけにしたのだそうだ。

根本的な問題を探ると、輜兵科は運用なのか、技術なのかという点がはっきりしていなかったことに行き着く。また、関係が深い鉄道や船舶は工兵科のテリトリーであり、馬匹は騎兵科が押さえていた。残る活路は自動車になるのだが、高性能な自動車を大量生産するとなると、これは総合的な国力の問題で、輜重兵科がどうにかできる問題ではない。そこに輜兵科の悲劇があったということになる。

山形県

評価が高い土地柄

出羽の国の南半分が山形県となった。幕末の主な配置は、山形の水野藩五万石、米沢の上杉藩十五万石、庄内の酒井藩十七万石、新庄の戸澤藩六万八千石、上ノ山の松平藩三万石となっていた。上杉家は外様《とざま》ながら誉れ高い武門、ほかはどれも名門の譜代大名で、あくせくせずとも幕閣の要職に就けるのだから、のんびりとしていた。

しかもこの地域は、日本有数の米作地帯で、加えて酒田の港と最上川の水運が使える。「酒田の本間様」でもわかるように裕福な地域であった。それらが重なり合って、山形県人は穏やかでお人よし、誠実で義理人情に篤いとの高い評価につながる。

本当にそうだろうか。少なくとも名を成した陸軍の軍人を見るかぎり、どうかなと首を捻るが、それがこの項の主なテーマとなる。

豊かでのんびりした風土、そして長らく山形に歩兵第三十二連隊だけであったから、軍人は少ないかと思えばそうでもない。

陸軍大将は小磯国昭《こいそくにあき》（12期）だけだが、海軍大将は山下源太郎（海兵10期）、黒井悌二郎（海兵13期）、南雲忠一（海兵36期）の三人を輩出している。これは意外だが江戸時代、日本海側の方が海運が盛んだったことも関係しているようだ。陸軍中将は二十人、将官全体では約六十人と、大正末の人口が百万人強と合わせると、全国レベルで標準的な数字だ。

トンネルと神宮

山形県は首相を一人生んでいるが、ここ出身のただ一人の陸軍大将、小磯国昭がそれだ。彼が大将まで上りつめ、首相までやるとは、だれも予想しなかったはずだ。

彼自身が語るように、陸士は補欠で拾われ、田舎連隊で有名な新潟県村松の歩兵第三十連隊が初任。陸大もすれすれで合格、卒業時の成績もかんばしくなく、陸士の教官しかもらいてがなかった。そんな人がどうして栄達したのか、昭和の陸軍を研究するうえで格好な材料のように思う。

陸軍には人間関係についての言葉で「マグ」というものがあった。マグネット＝磁石の略だ。教官がこれと見込んだ学生と引き合う関係である。小磯国昭とマグの関係にあったのが、南次郎（大分、6期）であった。

これも念が入っていて、陸士の区隊長と候補生からはじまり、陸大では戦術教官と学生の関係にあった。満州事変中、南次郎は陸相、小磯国昭はその参謀長役の軍務局長である。二人とも朝鮮軍司令官、朝鮮総督を務めているが、マグがあればこそとされる。

マグも強力だが、陸士と陸大の同期にも恵まれていた。出世を放棄しないかぎり同期生は永遠のライバルで、エリートコースに乗れば乗るほど足の引っ張り合いになりがちだった。ところが、小磯国昭の陸士十二期、陸大二十二期の同期、杉山元（福岡）、畑俊六（福島）、二宮治重（岡山）の「四人組」は終生、美しい友情で結ばれていた。

小磯国昭

小磯国昭が首相のとき、陸相は杉山元、教育総監は畑俊六、文相が二宮治重である。この四人の陸大での成績だが、畑は首席、二宮は恩賜、杉山は十五番、小磯は三十三番とも四十番ともいわれる。ちなみに卒業生は五十一人であった。

この超秀才、秀才、普通、鈍才の四人がどうして気が合ったのか、周囲のだれもが不思議がっていた。しかも、酒席の設営からして、まず小磯国昭に相談するのを常としていたそうだから、人間関係とはわからないものだ。

小磯国昭という名前が今日まで残ったのは、『帝国国防資源』による。これが日本の大陸進出のグランド・デザインを描いたものと特筆されてきた。

事の起こりは、そんなだいそれたことではなかった。小磯が参謀本部第二部第五課（支那課）の兵要地誌班長であった大正六年、商社に勤務していた実弟から、「勉強ながら翻訳の仕事はないか」と頼まれた。

当時、第四課（欧米課）のドイツ班長であった香椎浩平（福岡、12期）に話して、ドイツの戦時自給経済に関する資料を翻訳することとなった。三週間ほどで翻訳できたというから、パンフレットほどのものだったのだろう。

仕上がった原稿を読んだ小磯国昭は、国家動員に関するデータを日本の場合に引き写せないものだろうかと考え、班員の賛同を得て兵要地誌班の作業でやってみることになった。

その結論は、第一次世界大戦型の総力戦のためには膨大な資源を必要とし、日本としては中国大陸の資源を活用するしかないとなった。至極当然な結論だった。

それだけならば、今日まで「帝国国防資源の小磯」と語られることもなかったはずである。

ところが、大陸の資源を活用するには、朝鮮海峡というネックがある。それを指摘したのが班員の菊池門也（岐阜、18期）であった。ではどうするか、菊池はなかなかのアイディア・マンで解決策も用意していた。

朝鮮海峡に海底トンネルを掘れというのだ。話は大きいほど面白いから、班長の小磯国昭以下、全員が熱烈に賛成し、結論の項目で「二十年継続事業、総工費十億円にて対馬海峡隧道《ずいどう》建設」と謳《うた》った。大正六年度の歳出総額は七億三千五百万円であったから、なんとも大きな大風呂敷である。

これを読んだ参謀次長の田中義一（山口、旧8期）も大きな話が大好きだから、印刷して部内外に配布しろと指示した。

すると、思いもよらぬところから反論が出た。参謀本部第三課（要塞課もしくは防衛課）が、「トンネルを掘ると要塞が不要となり、それは我が課としては困る。参謀本部の調製とするには反対である」と言う。

そこで妥協し、表紙には参謀本部と印刷するが、前え書きに小磯国昭少佐私案とすることで落ち着き、大正六年八月に発刊された。これは部内外で大反響を呼んだ。菊池門也が言い出したトンネルが、人を驚かせたのである。

しかし、菊池の名前は表面に出ることはなく、海底トンネルと言えば小磯国昭となり、「神憑り的大風呂敷」の評が定着したのであった。

一躍有名になった小磯国昭は、持ち前の腰の軽さを武器として朝鮮軍司令官、大将にまで上りつめた。昭和十三年七月に予備役となり、拓務相を経て朝鮮総督となった。その在任中の十九年七月、東條英機内閣が総辞職し、後継首班として寺内寿一（山口、11期）、小磯、畑俊六の三人が候補となった。寺内は南方軍総司令官で動かせない、畑は重臣が反対するということで、小磯に落ち着いた。

寺内寿一や畑俊六の名前が出るのはわからないでもないが、小磯国昭とは唐突の感が否めない。これについては、こんな噂話が残っている。

南次郎は朝鮮総督のとき、皇室と縁の深い百済の都、扶余に大神宮を建立する計画を立てて、工事も着手されつつあった。戦争をしていて神社でもないと思うが、宮中は結構なこととし、南の株が上がったのだそうだ。小磯国昭もこれに習うのだが、その発想がいかにも彼らしい「神憑り的」であった。

ブームになった韓国ドラマ『冬のソナタ』のロケ地、春川に牛頭山というところがあり、古来から朝鮮半島のヘソとも言われていた。小磯国昭に言わせれば、ここにスサノオノミコトが降臨し、朝鮮を平かにしたというのだ。そこでここに「春川大神宮」を建立するとして、石材などを集めだした。太平洋戦争もたけなわ、昭和十八年ころの話である。

トンネルのつぎは神社かと皮肉るのは不敬なことで、この計画に宮中は大いに喜んだという。皇国が危殆に瀕しているいまこそ、このような崇敬の念篤い人を首相にすべきだとの声が上がり、小磯国昭首相が実現したというのだ。

この話の真偽はともかく、首相になったために小磯はA級戦犯として起訴され、終身禁固となって獄死の憂き目を見て、靖国神社に合祀されることとなった。

責任の取り方

瀬川章友《せがわのりとも》（12期）は、小磯国昭と山形中学からの友人だった。彼は小磯と違って学校の成績は優秀で、陸大恩賜をものにしてスイス駐在も経験している。なかなかの紳士で、教育畑が長く、侍従武官もやり、将来は教育総監かとも言われていた。ところが昭和七年、彼が陸軍士官学校校長のとき、五・一五事件が突発する。

海軍士官が主導した事件ではあるが、士官候補生が十一人参加、うち五人が首相官邸に討ち入って首相の首を取ったのだから、陸軍も責任を取らざるを得ないと思うのが普通だろう。

ところが、自他共に精神家と認める陸相の荒木貞夫（東京、9期）すらも、「罪を憎んで人を憎まずじゃ」とか言って平然としている。教育総監の武藤信義（佐賀、3期）もいったんは軍事参議官に下がったが、すぐ関東軍司令官に栄転する始末。ただ一人、瀬川章友だけは恨み言ひとつなく、昭和八年に軍を去った。

昭和十四年のノモンハン事件後の問責人事は広範囲にわたった。ところが、処分された者の多くは復活して、また同じ間違いを仕出かしたといえる。そんななかで参謀次長であった中島鉄蔵《なかじまてつぞう》（18期）は、潔く軍から身を引いた。

中島鉄蔵が陸軍に残っていれば、また別の展開があったと思えるから残念なことであった。とにかく、この瀬川章友と中島、この二人の山形県人が潔く責任を取って身を引き、なんとか陸軍の名誉を保ったということになるのだろう。

責任を取ると言っているのに、取らせてもらえなかった山形県人もいる。昭和十九年三月からのインパール作戦で抗命のうえ、独断退却を演じた第三十一師団長の佐藤《さとう》幸徳《こうとく》（25期）である。

前線から下がってきた佐藤幸徳は、衝突した上司の第十五軍司令官、牟田口廉也（佐賀、22期）を切り捨てると探して歩き、軍法会議にかけろと公言していた。本人も希望しているのだから、軍法会議を開いて黒白をはっきりすべきだと思う。

　ところが、帝国陸軍ではそれができない。まさか天皇が親しく任命した親補職の師団長が軍法会議ものになるとは想定していなかったからだ。どう処分するか困り果てた末、精神に異常を来したことにして予備役編入とした。「俺は狂っていない」と暴れる佐藤幸徳を、「狂った人はだれでもそう言う」と押さえつけたのだから漫画だった。

　インパール作戦での経緯はともかく、この佐藤幸徳と牟田口廉也の関係は昔からもつれていた。この二人は「桜会」の同志であった。「桜会」が分裂していくうちに、佐賀県人の牟田口は皇道派に傾斜し、政治に興味を持つ佐藤は統制派寄りになる。

佐藤幸徳

佐藤は昭和九年の定期異動で参謀本部第九課（戦史課）から第六師団参謀に出て、九州各地の集会で怪気炎を上げていた。これが中央の耳に入り、部外の講話はひかえるようにと注意された。
　これは同僚の密告によるものと憤慨した佐藤幸徳は、参謀の人事をあつかっていた参謀本部庶務課に怒鳴り込んだ。その課長が牟田口廉也だったのである。ここで激論になり、二人の関係は感情的にもつれ、インパール作戦で蒸し返された。佐賀県人のしつこさは定評があるし、東北人は根に持つから、ありえる話ではある。

変わり身の早さ

意外と言えば失礼になるが、山形県人は勉強熱心で、それを学校の成績に反映させるのが上手い人が多い。その筆頭が遠藤三郎《えんどうさぶろう》（26期）となる。彼はトップで仙台幼年学校に入りその座を三年間譲らず、陸士では重砲兵科首席、砲工学校高等科優等、陸大恩賜と四冠王であった。

遠藤三郎は、少将昇任時に航空畑に転じて、太平洋戦争の緒戦、第三航空団長としてマレー進攻作戦を支援した。内地に帰還してからは、航空士官学校長、航空本部総務部長を歴任し、終戦時は軍需省航空兵器総局長官を務めていた。

これで戦後、沈黙を守れば文句なしであったが、秀才ぶりを鼻にかけたような活動をしたのはいただけない。まず遠藤三郎は、敗戦の反省からとして非武装中立論を掲げて運動を展開した。これも敗戦の責任の取り方と言えなくもない。

しかし、北京政府に接近して日中友好の旗頭になったことは、どうにも理解できない。頭が切れる人ほど変わり身が早いと言うことか。もしくは、世渡り上手の山形県人らしさなのか。

また一人、山形県が生んだ俊才といえば、服部卓四郎《はっとりたくしろう》（34期）がいる。彼は陸大恩賜こそ逃したものの、作戦のセンスは抜群で、しかも眉目秀麗だから参謀本部の看板に最適とされた。エリート・コースに乗った彼は、昭和十四年のノモンハン事件当時、関東軍の作戦主任であったが、その無謀な幕僚統帥が指弾されて歩兵学校に左遷された。

普通ならば、これで埋もれるものだが、服部卓四郎は一年もたたないうちに大本営参謀に返り咲き、太平洋戦争前の昭和十六年七月から第二課長の要職に就いた。そして十七年十二月、兵力の逐次投入がガダルカナル戦の敗因と追及され、第二課長を解任される。

遠藤三郎

服部卓四郎

ところが、また一年足らずでふたたび第二課長と、二度目の奇跡を成し遂げた。通算三十五ヵ月、第二課長の激職をこなしたのだから、服部卓四郎が卓越した軍人であったことは、だれもが認めなければならない。

さて、服部卓四郎の戦後の生き方である。早くから彼に注目していた米軍当局は、ＧＨＱ（連合国軍最高司令部）で戦史編纂の業務に携わるよう命令した。日本側での職名は、第一復員省史実調査部長である。

その成果が、いわゆる服部戦史、『大東亜戦争全史』となった。これを世に出したことが、服部卓四郎なりの責任の取り方なのであろう。しかし、変わり身が早いと批判されても仕方がない。

天才の実像

山形県出身の将星となれば、やはり石原莞爾《いしはらかんじ》（21期）に止めを刺す。終戦から今日まで、十五年ほどの周期だと思うが、石原ブームが起こる。彼は不思議な人物で、一般の評価はすこぶる高いが、軍人、なかでも戦争で苦労した人ほど評価が厳しくなる。

石原莞爾とじかに接した人は、「結局、あの人はなにもかにも尻切れトンボだった」「英雄、頭を巡らすだ」と慨嘆《がいたん》する。石原などを尊敬するような歴史音痴とは、話をしたくもないと言われたことすらある。彼の天才ぶりを否定するものではないが、実像を探っておく必要はあるだろう。

まず、石原莞爾の人となりだが、数々のエピソードで語られているように、諧謔《かいぎゃく》に満ちて痛快な皮肉屋、明るく派閥色がないというのが一般的なイメージだろう。

実際は、まったく違う。本当の意味で付き合った人は、だれでもそう語る。「派閥色がないなど、とんでもない」というわけだ。

石原莞爾には、山形県人特有な狷介《けんかい》さがあり、いつも相手をはぐらかし、なかなか腹を割って話をしない人だったそうだ。

彼にまともに相手になってもらうには、三つの条件がそろっていなければならない。まず一つは、仙台幼年学校出身であること。もう一つは法華宗の信者であること。飛躍する彼の話を黙って聞いていること、この三点であった。

仙台幼年学校に寄せる石原莞爾の気持ちは、信仰の域にまで達していた。平気で人に、「俺は仙幼出身者しか信用しない」と言い放ち、「満州事変を見ろ、あれは仙幼の作品だ」と語るのを常としていた。これでは、ほかの幼年学校の者でも不愉快になるし、まして中学出身者は彼と話もしたくなくなるのも無理はない。

石原莞爾

死生の境に立たされる軍人が、信仰を持つことは結構なことだ。しかし、それに凝り固まり、他宗を排撃したりすると問題だ。石原莞爾ならではの「世界最終戦論」もそうだが、論理的に辻褄が合わなくなると、「法華経に書いてある」と逃げる。どこに書いてあるのかと訊《き》くと、「自分で調べろ」とくる。石原莞爾の思想の根源「大闘諍一閻浮提に起こるべし」も、それは日蓮の言行で、経文ではないのではと反論すると、黙りこくってしまったそうだ。これでは軍人という組織の人にはなれない。

昭和三年十月、石原莞爾は陸大教官から関東軍参謀に転出するが、満蒙問題最終解決を担った颯爽とした旅立ちではなかった。彼は大正十四年から陸大の戦史教官で、学生の人気を集めていた。なぜ人気かといえば、漫談調の講義で息抜きができたからだ。

陸大幹事だった多門二郎（静岡、11期）は、日露戦争とシベリア出兵に従軍した歴戦の勇士だから、石原の講義が気に入らない。そこで始終衝突して、さすがの石原も音を上げ、同僚も心配していた。

そこで、まず転出先を探す。昭和三年夏、陸大の満鮮旅行の際、石原莞爾と同期で同僚の飯村穣（茨城、21期）が、張作霖爆殺を実行したばかりの関東軍高級参謀の河本大作（兵庫、15期）に頼み込み、石原を引き取ってもらうことになった。

石原自身は、軍務局課員だった今村均（宮城、19期）に頼み込む。今村は後輩に親切なところがある人で、軍務局長の阿部信行（石川、9期）に話をして、この嫁入りが決まったとされる。

満州事変の作戦にしろ、石原莞爾によるものだとするのは誤りである。あの謀略の絵図は、昭和四年八月から六年八月まで奉天特務機関長を務めた、石原と同じく山形県出身の鈴木《すずき》美通《よしゆき》（14期）が描いたはずだ。証拠はないものの、満州事変を語る人のだれもが鈴木に言及しないことがおかしい。謀略工作というものは、そこに名前が出てこない人を怪しまなければならない。

昭和十一年の二・二六事件では、参謀本部第二課長で第一部長心得の石原莞爾は、鎮圧の先頭に立ち、無血解決に導いたとされる。結果としてはそうだが、経過を見ると彼のオポチュニストぶりが浮かび上がってくる。

事件の第一報を聞いた時点での石原莞爾の腹は、これを契機として戒厳令を宣布し、これを梃子に国内革新を断行し、一挙に持論の高度国防国家に持って行くというものだったらしい。

二十七日午前一時ごろ、石原は三島の野戦重砲兵第二連隊長であった橋本欣五郎（福岡、23期）と陸大教官の満井佐吉（福岡、26期）と帝国ホテルで密談している。

そこでの合意は、「天皇大権の下で維新断行」「決起部隊は原駐地に帰還」「後継首相は山本英輔海軍大将」というものであったとされる。

合意した事項はともかく、札付きの騒動屋である橋本欣五郎、事件の背後にいて、どちらにころぶか秤にかけている満井佐吉、この二人に会っていること自体、いかがわしいかぎりだ。

二月二十七日、木曜日の午前三時、戒厳令が宣布された。この日の午前六時、戒厳司令部は三宅坂上の東京警備司令部から九段の軍人会館に移った。たしかなことはわからないが、おそらく夜が明けてからのことであろう。九段の戒厳司令部に大蔵省の役人がおどおどと入って来て、石原莞爾に面会をもとめた。

「この忙しいのに、小役人風情がなんの用か」と機嫌の悪い石原莞爾に、大蔵省の役人は、「事態が深刻になり、外国為替市場が停止したら大変です。日本が破産します。なんとか三月二日の月曜日には平常にしていただきたい」と訴えた。すると石原は膝を叩いて、「おっと、大事なことを忘れていた。決心変更、早期討伐だ」と叫んだという。

できすぎた話と思っていたが、『木戸日記』にも『昭和天皇独白録』にも似たような話が記載されている。この金融面での絶対的要請と二十四時間たっても決起に同調する動きがないことを見きわめ、断固鎮圧の路線に転じたのだと思う。結果は良かったにしろ、機会主義であることに違いはなく、まさに「英雄、頭を巡らす」で、それが石原莞爾の隠された一面であったことは記憶されてしかるべきだと思う。

福島県

朝敵の汚名を晴らさん

奥羽の国の入り口に位置する福島県は、面積約一万三千八百平方キロもあり、北海道、岩手県につぐ広さだ。加えて山岳地帯で区画化されているためか、多くの藩が分立していた。

太平洋岸のいわゆる「浜通り」は、中村の相馬藩六万石、磐城平の安藤藩三万石、奥羽街道沿いの「中通り」は、福島の板倉藩三万石、二本松の丹羽藩十万石、三春の秋田藩五万石、白河の阿部藩十万石、棚倉の戸田藩六万石と連なり、そして奥まった会津の松平藩二十八万石である。徳川家門の松平藩を筆頭に、すべ譜代の名門だ。江戸の外郭防衛線を構成していたことになる。

戊辰戦争では、会津を中心に徹底的に抗戦して、明治維新で最も痛手を被った地域となったことは承知のとおり。朝敵とされた地域では、その汚名を雪《すす》ごうと競って武窓に進むケースが見られる。とくにここは、どこも武門の誉れ高い藩であるから、この傾向は強くなる。

　福島県が生んだ陸軍大将は、柴五郎《しばごろう》（旧3期）、畑英太郎《はたえいたろう》（7期）、西義一《にしぎいち》（10期）、畑俊六《はたしゅんろく》（12期）の四人、海軍大将も出羽重遠（海兵5期）がいるからたいしたものだ。陸軍中将は九人、将官は五十人を超えているから、全国レベルから見ても水準以上となる。

　大正末の人口は約百四十万人と東北六県で一番にしろ、朝敵の藩ばかりなことを考えれば、よくぞこれだけ高級軍人を輩出したものだ。正義感が強く、頑固な県民性が良い方向に発揮されたのだろう。

柴五郎

畑俊六

　また、朝敵の藩だからと言って、差別されてまったく道を閉ざされたということもなかった証明のようにも思える。

会津の砲兵一家

福島県が生んだ陸軍大将の四人のうち、畑英太郎は歩兵科出身で、あとの三人は砲兵科出身であった。砲兵科出身の陸軍大将は全部で二十人だから、この福島県の三人は目立つ。

では、閥外の福島県人は主流の歩兵科を避けて、砲兵科で生きて行こうということかと思えば、中将、少将を見るとそういうことでもないようだ。不思議な巡り合わせだと言うほかはない。

柴五郎は、会津の悲劇を体現する人として有名であった。移封された青森県の北端、斗南で悲惨な生活を送っていた彼は、上京して幼年学校に入った。朝敵の汚名を返上しようという気持ちもあっただろうが、毎日の食事の心配をしなくてすむというのが志望の動機だったと伝えられているから、会津藩士の困窮ぶりがうかがえる。

柴五郎の士官生徒三期は、卒業生九十六人という小さなクラスだが、大将を五人も生んだ。砲兵が二人、工兵、騎兵、歩兵が一人ずつという珍しい取り合わせになっている。

駐清公使館付武官が柴五郎のとき、一九〇〇（明治三十三）年の義和団事件（北清事変）が起きて、北京に籠城《ろうじょう》することになる。彼は日本、イタリア、フランス、オーストリアの部隊を指揮して、防御線の重点を死守し、各国から高い評価を得た。

このとき、救援に向かった清国駐屯軍の参謀に、支那屋のルーツとなる青木宣純（宮崎、旧3期）がいた。柴と青木は同期で、同じく砲兵科であった。この北京籠城で柴五郎の名前は広く知られるようになり、会津藩出身で最初の大将への道を切り開いた。

東京衛戍総督時に大将に進級し、台湾軍司令官もやった柴五郎、同期の大将では上原勇作（宮崎）に次ぐ格といえる。

そして、彼は大日本帝国の崩壊を見て、昭和二十年十二月に自決したのである。八十七歳という高齢であるし、彼の軍歴からしてそんなに責任を感じる必要もないと思う。しかし、己のすべてを賭けた帝国陸軍の終焉を見ては、会津武士として死を選ぶほかはなかったのだろう。

西義一も会津の人だ。中学の出身で、砲兵科の技術や教育畑が長く、普通ならば良くて砲兵監で上がりの中将どまりであったろう。しかし、彼は運に恵まれた。佐官のときは、第一次世界大戦の影響で砲兵科が重視された。中将のときに満州事変となり、第八師団長として出征し、熱河作戦で金鵄勲章功二級をものにして、大将への切符を手にした。

加えて西義一には、もう一つの勲章があった。明治に東宮侍従武官、大正に侍従武官と宮中との関係が深いことである。上司の侍従武官長は、内山小二郎（島根、旧3期）と奈良武次（栃木、旧11期）で、二人とも砲兵科出身であった。

昭和天皇に軍事学を講義していた阿部信行（石川、9期）も、長く侍従長を務めた鈴木貫太郎（千葉、海兵14期）の実弟、鈴木孝雄（2期）も砲兵科出身であった。なぜか皇室と砲兵は縁が深い。

満州から凱旋した西義一は、昭和九年三月に東京警備司令官に補された。その在任中の十年八月に永田軍務局長斬殺事件が起こり、陸相は林銑十郎（石川、8期）から川島義之（愛媛、10期）となった。川島陸相による最初の人事異動が同年十二月に行なわれ、西は軍事参議官となり東京警備司令官は香椎浩平（福岡、12期）となった。この三ヵ月後に二・二六事件が突発したのだから、西は本当に運が良い。

軍事参議官は、戦時の軍司令官、方面軍司令官の要員をプールしておくためにあり、また天皇の諮詢《しじゅん》に答える役職である。ただ部下がいるわけでもないし、指揮権もないのだから、いわゆる「高位高官権限皆無」と言ったところだ。

二・二六事件当時、臣下の軍事参議官が七人、皇族が三人であり、事件の対応策でこれが二つに割れた。新参で「正直者」と言われた西義一は、つねに証人という立場に置かれた。

二月二十七日午後、真崎甚三郎（佐賀、9期）は、決起将校説得のため陸相官邸に赴いた。同行した軍事参議官は、西と阿部信行である。決起将校の決意はすぐに引っ繰り返って迷走するが、この時点では説得が功を奏して、決起部隊は原隊に復帰することになった。

その帰途の車の中の会話だが、真崎甚三郎はこう書き残している。阿部信行は真崎と同期の気安さからか、「真崎は青年将校の説得がうまいのう」と茶化した。すると西義一は、「そうじゃありませんよ、真崎閣下は一生懸命でしたよ、だから聞いたのです。うまいも、まずいもありません」と阿部をたしなめたという。いかにも西らしい発言である。

事件後の粛軍人事で、西義一は殺害された渡辺錠太郎（愛知、8期）の後任の教育総監となった。ところが彼はすぐに病に倒れ、在任五ヵ月で辞任し、予備役編入となった。もし西が健康で、あと二年、教育総監をやっていれば、首脳人事のゴタゴタが起きずにすみ、昭和の陸軍の行く末も大きく違ったものになっていたはずである。

早世した大器

実の兄弟がそろって陸軍大将になった例は二つあり、古くは鹿児島県の大迫尚敏（草創期）と大迫尚道（旧2期）で、もう一例がこの畑英太郎と畑俊六である。

海軍では、佐賀県の百武三郎（海兵19期）と百武源吾（海兵30期）の例があり、海軍大将と陸軍大将を兄弟で分け合った西郷隆盛と西郷従道のケースは特別にしろ、鈴木貫太郎と鈴木孝雄という珍しいケースもあった。

大将にまで上りつめるのは、能力よりもむしろ運の問題だと言われた。畑英太郎の陸士七期を見ると、卒業生二百七十人中で皇族二人を除いて大将は二人、畑俊六の陸士十二期では六百五十五人中、三人となる。この苛酷なレースで勝ち残るということは、まさに運の問題だが、この畑兄弟だけは、「運ではなく実力だ」とするほかはない。

畑英太郎は、軍事課長、軍務局長、次官を務めた。畑俊六は、参謀本部第二課作戦班長、同第二課長、同第一部長を務めている。兄弟で省部の顕職をそうなめにしたとは、空前絶後の記録だ。

明治三十六年、陸大十七期を恩賜で卒業した畑英太郎は、すぐに日露戦争に出征し、第一軍、鴨緑江軍の参謀を務めた。鴨緑江軍の参謀のとき、宇垣一成（岡山、1期）

と同じ勤務となり、宇垣は畑の才覚を認めた。

そして、明治四十四年九月、宇垣が軍務局軍事課長になると、参謀本部部員であった畑を引っ張って課員とし、軍政系統のエリートコースに乗せた。畑もその期待に応えて、陸軍省の中枢を大過なく進んだ。

宇垣一成の人事構想は、つぎのようなものであったろう。まず、津野一輔（山口、5期）を陸相とし、一応は恩顧のある長州閥を納得させる。そのつぎから宇垣色を出して畑英太郎を持って来て、これを長期政権とする。さらにその先を考えていたとすれば、陸士十二期を視野に入れていたと思う。

ところが津野一輔は、近衛師団長であった昭和三年に五十五歳で病没してしまった。急ぎ畑英太郎を第一師団長にして陸相へのコースを固め、張作霖爆殺事件のからみもあって彼を関東軍司令官に出して大将にした。ところが、五年五月に畑は五十九歳で病死してしまった。宇垣一成は人材難に悩んだすえ、六年四月にまったく場違いな南次郎（大分、6期）に陸相のポストを譲ることになった。

もし、畑英太郎の陸相が実現していたならば、満州事変は歴史の必然だとしても、あのような形にはならなかったと断言できる。陸軍省生え抜きの畑は睨みが効き、出先幕僚の独走を許すはずもなく、結果オーライですますとは考えられない。畑が長く陸相をやらなくとも、人事は常識的な線で流れ、これまた場違いな荒木貞夫（東京、9期）の登場もなかったろうし、それ以降の人事の迷走もなかったはずだ。すれば五・一五事件も、二・二六事件も起きようがない。さらには日華事変も、太平洋戦争もとなると、仮定の上に仮定を積み重ねた繰り言になるので、やめておきたい。

畑違いの陸相

畑英太郎はでっぷりとした人で、威圧感が漂っていた。一方、弟の畑俊六は小柄で、軽妙洒脱な人柄ながら、兄よりも秀才だとの声が高かった。

畑俊六は、野砲兵第一連隊付として日露戦争に出征し、旅順攻略戦にも参加して負傷している。凱旋後、陸大二十二期に入り、当然のように首席をものにした。頭が切れると評判の二宮治重（岡山、12期）や、理屈にかけてはだれにも負けない西尾寿造（鳥取、14期）を押さえてのトップだから、これは価値のある本物の首席だ。

このような秀才は、陸大卒業後すぐに大尉の勤務将校として参謀本部に配置され、年度作戦計画の補修などをさせ、「作戦の殿堂」に仕えるバラモンとして育てられる。

畑俊六はまさしくその道を歩み、参謀本部部員、第二課作戦班長、第二課長、第四部長と進み、中枢の第一部長を三年務め、昭和六年八月の定期異動で砲兵監、つづいて第十四師団長となる。

このころ、「畑ももう上がりだ」と噂されていたそうだ。アクのない性格であるし、荒木貞夫が陸相の時代だからあり得る話だ。

ところが、昭和九年一月、正月に酒を飲みすぎて荒木がダウン、陸相が林銑十郎を経て川島義之となり、畑は中央に復活して航空本部長となった。あとになって見れば、畑俊六はじつに運の良い人で、つねに無風地帯にいることができたことになる。

二・二六事件後の粛軍人事で将官の数が減ったため、押し出される形で台湾軍司令官に出て、ここで日華事変を迎える。これまた無風地帯だ。そして昭和十三年二月、教育総監から中支那派遣軍司令官となり、徐州作戦と漢口作戦を指揮し、元帥府に列する資格を得た。これが陸大首席、畑俊六の実力だと言われればそのとおり。同時に幸運児であったことも否定できない。

中国戦線から凱旋後、畑俊六は軍事参議官をはさんで、昭和十四年五月に侍従武官長となる。この人事も意外だが、その三ヵ月後に陸相になるとは、いったいどういうことかと、だれでも疑問に思う。

この奇妙な人事の背景は、こんなことであった。侍従武官長であった宇佐美興屋

（東京、14期）は、馬術は抜群だが、政治的センスに欠けていると更迭されることとなった。では、どうして後任が畑俊六なのか。皇室に強い砲兵一家が、「畑もそろそろ上がりだろうから」と侍従武官長に押し込んだとも思える。宮内大臣が松平恒雄だったことも大きい。会津の松平侯、畑の主家筋が宮内大臣なのだから、話はわかりやすい。

畑違いでも、畑俊六が侍従武官長を長く務められれば、万事めでたしで終わった。ところが、昭和十四年八月二十三日、独ソ不可侵条約が締結されて欧州情勢が激変したため、同年八月三十日に平沼騏一郎内閣が総辞職となり、後継の阿部信行内閣の陸相が大きな問題となった。下馬評では、ともに中国通の多田駿（宮城、15期）か磯谷廉介（兵庫、16期）で決まりとされていた。

そこに昭和天皇が人事に介入した。梅津美治郎（大分、15期）か畑俊六でなければならないというのである。この二人のどちらかが陸相にならなければ、日独同盟締結派が勢いを増すというのがその理由であったとしている。結局、侍従武官長在任わずか三ヵ月の畑が陸相に就任することとなった。いわゆる「聖断」であるが、これは大きな失敗であった。

陸相に就任した畑俊六は、陸軍省の幹部を集め、机を叩いて、「いまの陸軍は、陛下の信頼を失っている。信用される陸軍にしなければならない」と訓示した。これが参謀本部での訓示ならば、畑の閲歴に敬意を表し、全員踵を打ち鳴らして不動の姿勢になったと思う。

しかし、畑違いの陸軍省では、「フーン」ですまされて終わりであった。畑俊六は、ノモンハン事件後の粛清人事を行なったが、そこまでであり、しかも問題を起こした幕僚連中はすぐに復活した。

阿部信行内閣はわずか五ヵ月で総辞職となり、米内光政内閣に替わるが、陸相は畑俊六の留任となった。ここで日独同盟問題がふたたび浮上し、動きが取れなくなった畑は単独で陸相を辞任して米内内閣は倒れた。

このほぼ一年間の陸相時代は畑に災いし、敗戦後の極東裁判にA級戦犯として起訴され、終身禁固の判決を受けることとなる。この人を陸相にしたのが間違いだったのだ。どうして参謀総長にしなかったのか。よく海軍は人事で敗れたと評されるが、陸軍の高級人事にも大きな問題があったのである。

派手な脇役を演じた二人

主役ではないが、昭和の陸軍で派手な脇役を演じて逸話を残した福島県人といえば、根本博（23期）と片倉衷（31期）となる。この二人、派手な行動力や強引さが売り物で、とても東北人とは思えない。

じつは、こんな事情があった。明治に入ってから、高知県や福岡県の士族が郡山一帯に入植したのだそうだ。その末裔《まつえい》が威勢のよい「隠れ福岡」「隠れ土佐」になり、この二人もその部類と思うが、ここでは自己申告どおりに福島県人に入れて語ってみよう。

根本博は陸士二十三期で、明治四十四年五月の卒業だ。同年十月に辛亥革命が起きて、「中国、いよいよ動く」と日本人も熱くなった時代である。それが影響してか、中国問題に一生を捧げた人が十期後半から二十期代に多い。

二十三期だけを見ても、永津佐比重（愛知）、竹下義晴（広島）、大迫通貞（鹿児島）といった支那屋が目立つ。根本は華中で諜報活動に携わった新興派の支那屋であり、昭和二年三月、蔣介石の北伐軍が起こした南京事件に巻き込まれ、根本も負傷している。

いつのころかははっきりしないが、根本博自身が言うには、蔣介石と「俺、お前」の仲になったのだそうだ。

早くから国民政府と接触していて顔が広いことが買われたのか、彼は昭和五年八月に参謀本部第五課の支那班長となる。課長は重藤千秋（福岡、18期）だったが、アクの強そうな風貌がよく似ていることもあって、どちらが課長かわからないと評判だったそうだ。

中国問題に関わる人は、豪傑ぶるタイプが多く、「我こそ梁山泊の一員なり」と暴れ回りたがる。根本博も例外ではなく、一夕会と桜会の両方で中心的なメンバーであった。暴れん坊で知られた橋本欣五郎（福岡、23期）も、根本の言うことには耳を傾けたという。

そして、昭和六年の十月事件。細かくは福岡県の項を見てもらいたい。十月十七日、いざ首相官邸に討ち入りと決まったが、前日の夕刻、根本博は腹心の影佐禎昭（広島、26期）と藤塚止戈夫（兵庫、27期）を連れて参謀本部に現われた。話のわかる第二課長の今村均（宮城、19期）に面会し、「恐れながら」と自首した。

根本博

今村も薄々は知っていただろうが、豪傑の根本がしおれて自首してくるとは思わなかったに違いない。

自首だけでなく、捕まえないと危ない連中まで通報したのだから面白い。そして、「あのー、われわれ三人も捕まえるのを忘れないでください。裏切り者にされるのは嫌ですから」と言ったのだから、傑作というより漫談である。今村均も吹き出したことだろう。ともかく豪傑に徹し切れないところが、東北人らしいということか。

自首して出たせいか、根本博は上海の武官に出されるぐらいですみ、昭和九年三月には陸軍省新聞班長として中央に返り咲いた。ここで永田鉄山斬殺事件と二・二六事件に遭遇して、むずかしいマスコミ対策に当たる。部内の評判はどうかわからないが、福島県人の開放的な明るさで新聞記者の受けはよかったという。

それからの根本博は、連隊長を経てキャリアーを買われて北支那方面軍に転出し、それ以降は中国戦線の勤務が長い。終戦時は駐蒙軍司令官であったが、停戦命令に従わず、南下してくるソ連軍を張家口で阻止し、数万人の在留邦人の避難を容易にした。最後の場面で豪傑ぶりを発揮したわけである。

大方の軍人の話はこれまでだが、根本博の場合は違っていた。東京近郊にあった根本の寓居に蔣介石の密使が現われたのは、昭和二十四年五月のことだった。上海が人民解放軍に占領された前後のことである。根本は招請に応じて台湾に渡り、林保源将軍の偽名で国民政府軍のアドバイザーとなった。

昭和二十五年十月、金門島に来攻してきた人民解放軍を迎え撃ちこれを殲滅した一戦は根本の指導によるものとされている。

片倉衷は福島県出身とはなっているが、大佐で予備役になった父親について歩き、幼年学校は熊本、妻は南次郎（大分、6期）の姪だから「隠れ九州人」と言ってよいだろう。実際、彼の行動を見ると、東北人離れしている。

なぜか片倉は、いつも大きな出来事の現場にいて、主役ではないものの名脇役を演じた。これからそれを列挙するが、これを見るだけでも片倉ばかりでなく、当時の中堅幕僚というものの役回りがわかる。

昭和六年九月の満州事変。片倉衷は大尉でまだ正式の参謀ではなかったが、関東軍参謀部付で主に電報の接受に当たっていた。

九年十一月の士官学校事件。片倉は参謀本部第二部第四課の部員であったが、陸軍士官学校の中隊長であった辻政信（石川、36期）の片棒を担ぎ、過激な行動にでようとしたとされる士官候補生の摘発に当たった。

十年八月の永田鉄山斬殺事件。まさに渦中の軍務局にいて、瀕死の永田に人工呼吸をしている。

昭和十一年の二・二六事件。陸相官邸で目立ちすぎ、決起将校の磯部浅一（山口、38期）に拳銃で撃たれた。

十二年一月の宇垣組閣阻止。参謀本部の石原莞爾（山形、21期）と連帯し、陸軍省の取りまとめに動いた。

十二年三月、片倉衷は関東軍参謀に転出するが、ここで日華事変とノモンハン事件に遭遇する。

十九年三月からのインパール作戦。ビルマ方面軍の作戦課長で、インパール作戦には反対だったとされ、これは正解であった。

本土決戦が迫ると、頼りになる人材として本土に帰還して航空総監付、つづいて下志津教導飛行師団長となるが、片倉衷が航空に明るいとは知らなかった。終戦時は、関東地方の機動打撃集団の第三十六軍に属する第二百二師団長であった。

まことに片倉衷の軍歴はにぎやかだ。ここまでやれば、「片倉は奸物《かんぶつ》」と言われるのも無理はない。では、豪傑かと言えば、そうでもなく、細かいことまでガミガミと煩《うるさ》く、どこでも部下は戦々恐々としていたという。このあたりが福島県人らしからぬところで、「隠れ九州人」とされる所以《ゆえん》である。

茨城県

災いはお国言葉

常陸の国と言えば、「水戸、徳川御三家、黄門様」と連想するが、茨城県となった地域には、土浦の土屋藩九万五千石、笠間の牧野藩八万石、一～二万石の藩が九個もあった。それでもやはり天下の副将軍、徳川藩三十五万石は群を抜いた知名度を誇る。

この水戸に集約される茨城県の風土として、「理屈っぽい」「骨っぽい」「怒りっぽい」と言われ、あて付け加えれば、「必要以上に威張りたがる」。この「三ぽい」を発揮して、幕末時には過激な尊皇攘夷に走り、ふと気がつくと人材がいなくなっていた。

大正からか、いわゆる右翼活動も盛んであった。また威張れる、良く言えば正義感が強いということで、警察官には茨城県人が多いとも噂されてきた。

この県民性のどれもが、軍人の特性に相通じるものがある。しかも関東武士の本場であり、関ヶ原以前の佐竹藩以来、武門の誉れ高い地方だ。水戸には長らく歩兵第二連隊が置かれ、精強な第十四師団をささえてきた。

　さぞかし軍人が多いだろうとみると、陸軍の将官は合計約六十人。東京を除けば関東第一位だが、全国レベルから見れば平均的と言ったところ。大正末の茨城県の人口は百四十万人を超えており、神奈川県に匹敵する大きな県なのにといぶかしく思う。

　さらに頭を捻《ひね》ることがある。確認できた範囲では、茨城県人で陸軍大学校の恩賜を獲得した者は、一人もいないことだ。水戸学の本場、「理屈っぽい」のに、これはどうしたことか。なにが原因かと考えると、いわゆる茨城弁に行き着く。

　ここのお国言葉は、訛《なまり》もさることながら、敬語が発達していないことが特徴なのだそうだ。この敬語が致命傷になったのか。陸大教育の柱は討論だったそうだが、学生同士でも敬語は必要だ。まして相手が教官ともなれば、敬語ぬきの応対では恩賜が遠のく。

　陸大の恩賜がゼロで、陸軍大将二人のスコアーには拍手。菊池《きくち》慎之助《しんのすけ》（旧11期）と塚田攻《つかだおさむ》（19期）である。大将進級は、菊池が大正十二年八月、塚田が昭和十七年十二月で殉職後の遺贈であった。菊池は温厚な人で、とても茨城県人とは思えなかったと言われる。一方、塚田は勇ましい髭をたくわえ、厳格で頑冥《がんめい》とも言われ、水戸っぽの典型のように語られていた。

軍国太平記のはじまり

菊池慎之助が旧姓の戸田を名乗っていたときに日露戦争となり、第四軍の管理部長として出征した。軍司令官は野津道貫（鹿児島、草創期）、参謀長は上原勇作（宮崎、旧3期）である。

管理部長は軍の人事も扱うポストだったから、薩摩で固めた第四軍のお目付け役として閥外の菊池が送り込まれたようだ。ところが、野津と上原というむずかしい人に認められるという面白い展開となった。

凱旋後、菊池慎之助は寺内正毅陸相の下で陸軍省副官を務め、中央官衙の勤務がはじまった。大正四年一月に人事局長、翌年八月に参謀本部総務部長となり、省部の人事を差配した。

塚田攻

当時の陸相は、「隠れ長州、長州閥のご意見番」として有名な岡市之助（京都、旧4期）と山県有朋の元帥副官を務めた大島健一（岐阜、4期）であった。菊池慎之助は、長州閥とも上手く折り合いをつけたことになる。

その後、菊池慎之助は教育総監部本部長、第三師団長、参謀次長、朝鮮軍司令官という恵まれたコース歩く。足掛け九年も参謀総長であった上原勇作の全盛期のことだった。もちろん、菊池の温厚な人柄が買われた結果だが、藩閥外にあったことも幸いした。

上原勇作は大正十二年三月、参謀総長を下番した。そして十五年三月、菊池慎之助は教育総監に就任した。

陸相は宇垣一成（岡山、1期）で、いかにも彼らしいバランス感覚のある人事だった。薩肥閥の顔も立ったし、上原の息がかかった者でも、菊池ならとだれもが納得したと思う。ところが菊池は、就任早々の昭和二年八月に死去してしまった。この後任人事はむずかしい。

宇垣一成に替わり陸相となっていた白川義則（愛媛、1期）は、後任に菅野尚一（山口、2期）を推した。

ところが、元帥の上原勇作が承知しない。宇垣と違って押しがきかない白川は、上原の案を飲まされて、関東軍司令官であった武藤信義（佐賀、3期）が教育総監となった。

佐賀県人の武藤信義の登場で、薩肥閥と言われるものが表面に出てしまった。もし、皇道派と統制派の暗闘があったとすれば、端緒は菊池の急逝とこの教育総監の人事となる。

水戸学育ち

塚田攻は陸大二十六期であった。この期には、「勉強ならまかせてくれ」という桑木崇明（広島、16期）や山脇正隆（高知、16期）がいたので、あの秀才の藤江恵輔（兵庫、18期）ですら恩賜を逃したのだから、塚田も諦めるほかはない。

恩賜こそ逃したものの、塚田攻は大事に育てられた人で、軍務局、関東軍、参謀本部第二課（作戦課）と歩き、陸大専攻学生の一期生に選ばれた。一年間の自由な研究の成果が論文『政略と戦略』であった。理屈っぽい茨城県人らしいテーマだ。

参謀本部第三部長のとき、日華事変を迎え、事変早期解決のため塚田攻は中支那方面軍参謀長に転出し、南京攻略に当たる。今日まで蒸し返される南京攻略戦だが、敵の首都を攻略したのだから当時は沸き立ち、その参謀長の塚田の株も上がった。

内地にもどった塚田は、陸大校長、第八師団長と大将へのステップを固め、昭和十五年十一月に参謀次長となる。

さて、対英米戦への踏ん切り、和戦の決心だが、塚田は参謀次長という立場からか積極派であった。「神洲の正気はかならず光を放つ」と語って、必勝の信念を鼓吹していた。さすがは水戸学本場の出身だ。

そして、対英米戦となると、問題は南方軍の人事だ。乾坤一擲の作戦であるから、総司令官には元帥で最先任者である寺内寿一（山口、11期）を当てることになった。

さて、この寺内だが、扱いにくい人で有名であったし、親父の時代からのしがらみがあったようで、東條英機をなめてかかるどころか、敵意をむきだしにする。加えてお坊っちゃんでわがままだ。

そんな難物の下で参謀長が務まるのはだれか。また、南方攻略にあたる各軍司令官も、第二十五軍の山下奉文（高知、18期）をはじめ当代一流の人材をそろえた。この連中に睨みをきかして統制できる参謀長はだれか。人選の結果、塚田攻に落ち着いた。塚田は陸大二十六期で、各軍司令官の先輩になるところがミソなのだろう。

開戦直前の昭和十六年十一月六日、各軍司令官とともに人事発令となり、塚田攻は南方軍総参謀長となってサイゴンに飛んだ。

この横滑り人事は正解で、海軍との協調関係を確立したのも、彼の手柄とすべきだろう。とにかく謹厳実直な人柄だから、だれからも突っ込まれない。大軍の参謀長は、このような人物でないと務まらない。

南方作戦が一段落した昭和十七年七月、塚田は中支の第十一軍司令官に転出した。第十一軍は十三年六月に新設されて以来、支那派遣軍の主作戦軍であり、塚田が着任したとき、六個師団と方面軍以上の陣容を誇っていた。このポストをそつなくこなせば、大将が保証される。

ところが、昭和十七年十二月、塚田攻の乗機が行方不明となり殉職した。ガダルカナルの撤収問題の最中であったが、軍司令官の行方不明は大きな問題であり、その生死を確認するため急ぎ大別山作戦が実施される騒ぎとなった。

活かされた理屈っぽさ

理屈っぽさが学習によって洗練されると、科学的、理論的なものとなって行く。そのような性向が生かせる兵科となると、まず工兵となるだろう。

事実、茨城県人の軍人には優秀な工兵が目につく。工兵科出身、しかも無天で中将にまでなった野口正義《のぐちまさよし》（20期）、山田茂《やまだしげる》（23期）、小倉尚《おぐらひさし》（25期）の三人が茨城県の出身だ。野口は東大の土木、小倉は東大の建築を卒業しているのだからたいしたものだ。

茨城県人の工兵となれば、吉原矩《よしはらかね》（27期）を語らなければならない。吉原の陸士二十七期は卒業生七百六十一人、うち工兵科は四十六人、同期で中将になった者は五十

吉原矩

九人、うち工兵科出身は吉原をふくめて三人だった。

工兵科は、技術畑と運用畑の二つの系統に分かれて行くが、吉原は陸大に進み、運用畑を歩いた。工兵としての勤務のほかに、第十三師団参謀長、北支那方面軍作戦課長も経験した幅の広い人であった。

関東軍の第二方面軍参謀長であった吉原矩は、昭和十七年十一月にニューギニアに新設された第十八軍の参謀長となる。当時、ニューギニアでは飛行場の造成と道路の構築が急務であったため、専門家の彼が起用された。また、軍司令官の安達二十三（石川、22期）とは、鉄道の関係で付き合いがあり、吉原が適任となったのだろう。そして吉原は、終戦までニューギニアで苦闘した。

人が人に求められる極限を超えた戦いを支えたのが、軍司令官の安達二十三の人徳だったし、参謀長の吉原矩の力量であった。吉原の下で苦闘した人が陸上自衛隊にかなり入隊しているが、そのうちの一人、杉山茂（岡山、36期）は陸上幕僚長になった。ほかにも栄達した人が多く、「ニューギニア閥」と陰口までされたようだが、それだけ人をまとめ上げたということだから、これも吉原の勲章である。

技術と運用を両立させると言えば、輜重兵もそうだろう。茨城県人で輜重兵科の柴《しば》山兼四郎《やまかねしろう》（24期）は、陸大に進んだ運用畑の人だが、支那屋として育てられた。彼が軍務局軍務課長のとき、盧溝橋事件が突発する。

この昭和十二年七月の時点で、省部の課長クラスで中国の専門家は柴山と参謀本部第七課（支那課）長であった永津佐比重（愛知、23期）の二人だけであった。この二人の意見が一致すれば、また別の展開を見せたであろう。

ところが、柴山兼四郎は不拡大派、永津佐比重は一撃論と二つに別れた。柴山と永津の発言力の差もあったろうし、「刀を抜けば中国は引き下がる」との永津の論の方が勇ましくて耳に入りやすい。同郷の塚田攻は参謀本部第三部長であったが、柴山には同調することなく、拡大論に傾斜していたという。結局は、柴山の正論は通らずに事件は拡大の一途をたどる。

事志しと違った柴山兼四郎は、昭和十三年六月に天津特務機関長に転出する。そこで彼は、「それ見たことか」と事変の拡大に嘆くことはなかったそうだが、新聞記者に、「戦争をつづけて困るのは日本。中国はそれほど困らない」と率直に語っていたそうだ。それ以降、彼は漢口特務機関長や輜重兵関係の職務を地味にこなしていた。

戦局も押し詰まった昭和十九年八月、南京政府最高顧問をしていた柴山兼四郎は、杉山元（福岡、12期）陸相の下で次官に抜擢された。ここでようやく日本は、日中和解の道を真剣に模索しだしたのであろう。カウンターパートになる参謀次長は、不拡大論で連帯した河邊虎四郎（富山、24期）であったが、もはや手遅れ、処置なしであった。

飯村穣

理屈っぽさを超えた理論派の茨城県人と言えば、その代表は飯村穣《いいむらじょう》（21期）となる。彼は陸大の教官が長いが、なんと陸大の研究主事、幹事をやったばかりか、校長を二度もやるという記録の持ち主だと知れば、どういう軍人か想像がつく。しかも、現在の防衛研究所に相当する総力戦研究所の初代所長として、軍人ばかりではなく、戦後の官界、経済界で活躍した人材を育てている。

こういう人は、わざわざ幼年学校に入って軍人になってもらわずに、一高、東大と進み、東大総長にでもなってもらえば、日本のためになったであろう。

では、飯村穣の武人としてのキャリアーだが、関東軍参謀長、第五軍司令官、南方軍総参謀長、第二方面軍司令官と、これまた素晴らしいから、天は二物をあたえたということか。そして、最後の憲兵司令官が彼である。大きな不祥事もなく占領軍を受け入れたことは、飯村の功績であった。

天保銭の不運、無天の幸運

将官の名簿を繰っていると、陸士二十二期のところに茨城県人の二人の中将が並んでいる。しかも姓が同じ小林、これは目を引く。これはと二人の経歴を見ると、人間の運命とはわからないものだと、がらにもなく、ため息をつく。小林恒一《こばやしこういち》と小林信男《こばやしのぶお》の物語である。

小林恒一は歩兵科で陸大三十四期、小林信男は砲兵科で無天だった。盧溝橋事件直後の定期異動で、小林恒一は京城・竜山の歩兵第七十八連隊長、小林信男は支那駐屯軍砲兵隊長となり、すぐさま戦線に赴いた。ここでの戦績が認められ、二人は順調なコースに乗った。

日華事変が拡大したため、急速に戦略単位としての師団の増加がもとめられ、従来の旅団二個・歩兵連隊四個ではなく、歩兵連隊三個のいわゆる三単位師団の編成が進められた。この師団の最初が昭和十二年十月に編成された第二十六師団だが、つづいて十三年六月に第二十三師団が編成された。歩兵連隊三個を統括する歩兵団長に選ばれたのが小林恒一であった。

承知のように、第二十三師団はハイラルに配備され、昭和十四年五月からのノモンハン事件に投入された。小林恒一は苦戦をつづけ、最終局面では敵戦車の下敷きになって重傷を負った。

ここまで惨烈な戦闘を体験した将官ならば、戦訓の整理などで使い道はいくらでもあると思う。しかし、ノモンハンの悪夢を忘れたい陸軍当局は小林恒一を中枢で使うことなく、東京湾要塞司令官を二年半やらせて待命、予備役編入とした。

そこまでならば、よくあるケースで悲劇とは言えない。予備役となった小林恒一は、満州国軍と協同作戦を経験したからと言うことか、陸大に相当する満州国軍高等軍事学院の院長に任命された。ここで終戦を迎えてシベリア抑留となるが、ノモンハン事件の参戦者、しかも満州国軍の育成にあたったとなれば、ソ連当局の取り扱いも厳しくなり、結局、昭和二十五年五月、抑留中に死去した。

一方、小林信男だが、部隊勤務と学校勤務を交互に果たし、昭和十七年四月に中支の警備部隊である第六十師団長となった。

砲兵科の場合、陸大出身かどうかは歩兵科ほどは重視されなかったにしろ、師団参謀長もしていない無天の者が師団長とは、異例の抜擢である。さらに本土決戦準備で内地に呼びもどされ、中京地域防衛の第五十四軍司令官となった。

終戦時、航空軍をふくめて軍は四十八個もあったが、無天の軍司令官は、マレー半島の第二十九軍司令官である石黒貞蔵（鳥取、19期）と北支の第十二軍司令官の鷹森孝（三重、20期）、そして、この小林信男の三人だけである。

「天保銭（陸大卒業徽章の俗称）絶対、無天は冷や飯」が通り相場の陸軍であったが、同郷、同期でまったく逆になったとは、信じられないような巡り合わせであった。

栃木県

江戸の鬼門、丑寅の下野

下野の国、一国が栃木県となった。江戸から見ると、ここは丑寅（艮）の方角に位置して、鬼門とされる。そのため徳川家康の墓所、東照宮、輪王寺が鎮めとして建立されたのだそうだ。これは大陸伝来の「風水」によるものだが、江戸への接近経路という観点から見ても納得させられる。白河の関から南下してくる奥羽街道が平野部に出るところが、ここ下野だからだ。

それにしては、大藩が置かれなかった地域だった。幕末で目立つところは、壬生の鳥居藩三万石、佐野の堀田藩一万六千石、足利の戸田藩一万一千石といったていどで、ほかは天領が広がっていた。

明治になってから、栃木県一円は長らく東京の第一師団の管区で、部隊が配置されていなかった。日露戦争中の明治三十八年、第十三から第十六までの四個師団が増設され、そのうち第十四師団司令部が宇都宮に置かれた。

関東武士の末裔である北関東の壮丁を集めた第十四師団は、精強で当てになる師団として有名であったものの、番号が一桁の師団と比べれば二十年ほどの遅れがある。

栃木県が生んだ陸軍の将官は三十五人ほどであり、関東地方のレベルでは平均的だが、全国となると少ない感は否めない。栃木県の面積は国第二十位、大正末の人口は百万人を超えていたことを思えば、将官の数がどうしてこれぐらいなのかと怪訝《けげん》に思う。

やはり大藩がなく、軍事を身近に感じるには時間がかかるからだろう。なお、全国八個の海なし県の一つだからか、海軍大将を生んでいない。

十三年におよぶ宮中勤務

西郷隆盛以来、百三十四人の陸軍大将の名前をほとんど暗記している人でも、「では、栃木県出身者は」と問われて、即答できる人は少ないはずだ。苗字に他県の名がついているから、咄嗟《とっさ》に出ないこともある。正解は奈良《なら》武次《たけじ》（旧11期）であり、栃木県が生んだただ一人の大将である。彼は砲兵科出身で、砲工学校優等のうえ、陸大も

奈良武次

卒業した秀才であった。

栃木県人は、おだやかで協調性に富むが、芯が強く、努力家が多いと評される。奈良武次はその典型だった。彼は温厚だが、なかなか気骨のある人だったそうだ。

日露戦争時、奈良武次は少佐で第三軍攻城砲兵司令部の参謀として出征し、旅順要塞攻略戦の火力戦闘を担った。攻略戦の最終局面で、満州軍総参謀長の児玉源太郎（山口、草創期）が現地指導に訪れた。主攻正面を二百三高地に転換させる場面だが、児玉は全砲兵の陣地変換を強くもとめた。

そこで奈良武次は、砲兵にできることと、できないことをはっきりと伝えた。少佐が大将に向かって、「閣下、お言葉ですが、それはできません」と直言できるとは並の人ではない。

その後の奈良武次は、陸軍省高級副官、支那駐屯軍司令官、青島守備軍参謀長、軍務局長などの要職を歴任し、大正九年七月に東宮侍従武官長となった。陸相は田中義一（山口、旧8期）、人事局長は竹上常三郎（茨城、5期）のときである。

裕仁皇太子が摂政《せっしょう》になるのに対応するための処置で、良く考えた人事であった。科学に興味を示す東宮相手だから、それに理解がある人、外観は温厚かつ重厚な人、そして派閥色がなく中立公正で芯の強い人、となかなかむずかしい条件がある。そして儀式が多いから馬術が達者というのも大事な要素だ。奈良武次はこれをすべてクリアーしたということになる。

大正十一年十一月、奈良武次は東宮武官長から侍従武官長となり、大将の停年満期の昭和八年四月までその職に止まった。都合、十三年も雲の上の「宮仕え」をまっとうしたことになる。

もちろん、彼が侍従武官長を務めていた期間は、内外ともに大きな問題はなかったかも知れない。そうだとしても奈良以降の侍従武官長人事の迷走ぶりを見ると、「やはり奈良は並の軍人ではなかった」との感が強くなる。

奈良武次の後任は、満州事変の論功行賞のような形で本庄繁（兵庫、9期）となった。ところが、女婿の山口一太郎（静岡、33期）が二・二六事件に連座したため退任。純粋な武人で名騎手の宇佐美興屋（東京、14期）ならばよかろうとなったが、政治力がないと宮中からも忌避《きひ》されて三年で馘首《かくしゅ》。

人材難のなかで畑俊六（福島、12期）となり、だれもが適任と認めていたのに、昭和天皇が陸相に「畑か梅津」と所望され、なんと在任三ヵ月で蓮沼蕃（石川、15期）

に代わり終戦を迎えた。

とにかく人選が疑問であるし、これはという人は逃げ回る。たとえば、本庄繁の後任は、香月清司（佐賀、14期）と決まりかけていたが、「身内に結核患者がおりますので」と味のある言い訳をして逃げた。畑俊六の後任は藤江恵輔（兵庫、18期）となりかけた。ところが藤江は、不動の姿勢ができないと訳のわからない理由をつけて断固拒否した。

そこで、昭和天皇のご希望どおり、東宮侍従武官の経験があり、騎兵科出身の蓮沼蕃となった。まことに多難な侍従武官長人事だった。

秀才二人の悲劇

陸大恩賜なしの隣の茨城県と違って、栃木県は恩賜が二人、浄法寺五郎《じょうほうじごろう》（旧9期）と村上啓作《むらかみけいさく》（22期）がいる。また、村上と同郷、同期の瀬谷啓《せやひらく》は恩賜こそ逃したが、二十二期の歩兵科首席の秀才だった。地味ながら努力家の栃木県人らしい。

浄法寺五郎は日露戦争中、オーストリアの武官を務め、ヨーロッパでの諜報網の一端を担っていた。その後は陸大校長、第二十師団長で予備役となるが、秀才としては平凡な道を歩いている。日露戦争に従軍しなかったことで、才能を割り引いて見られたのだろうし、藩閥の全盛期だから仕方がないことだった。

つづく秀才の村上啓作と瀬谷啓は、平凡な道を歩むことがかなわなかった。陸士二十二期は優秀な期として有名で、なんと陸大恩賜六名という記録を残した。その中でも村上啓作は、同期の先頭で陸大に入り、いとも簡単に恩賜をものにした。そこで陸相をやった木越安綱（石川、旧1期）が「娘を嫁にやろう、息子の同期生でもあるし」となった。

岳父と同じく陸相にと周囲も気を遣ってか、軍務局の勤務が長い。それでいて本人には政治将校臭さがないばかりか、その逆の学究派で『戦争要論』『統帥参考書』を執筆している。とくに大尉時代にものにした『戦争要論』は、トルストイの『戦争と平和』を読んで啓発されて書き上げたというのだから、村上は学識豊かというべきか、それとも毛色の変わった軍人と評するべきか。

村上啓作は、一夕会の会員であった。これも進んで同志に加わったのではなく、同期の鈴木貞一（千葉、22期）に誘われたのだと思う。村上の岳父、木越安綱がまだ存命中だから、策士の鈴木は利用価値ありと踏んだのだろう。一夕会でも目立った言動はしていない。

満州事変時は軍事課高級課員であったが、これと言ったこともなく過ぎた。昭和十年十月、軍事課長となり、今度は無事ですまなかった。十一年の二・二六事件である。事件の当初から村上は、「決起部隊は反徒と認めず、穏便に処置すべし」との方針を固めていたと言われる。

この考え方に基づいて作成されたのが、「諸子決起の趣旨は天聴に達しあり」ではじまる陸相告示であり、原案は村上啓作が起案し、軍事調査部長の山下奉文（高知、18期）が筆を入れたものとされる。これが山下にとって一生の傷となった。

この陸相告示は、村上啓作にとっても大きなマイナスとなり、二・二六事件直後に陸大教官に転出し、それ以降、科学学校長、総力戦研究所長など教育畑の勤務がつづく。学問を好む彼としては、満足していたことだろう。

そして、戦局が切迫した昭和十九年十一月、村上啓作は関東軍の第三軍司令官に就任し、終戦を東満の延吉で迎え、シベリアに送られた。抑留中、極東軍事裁判の証人として東京に呼ばれ、収容所への帰途、車中で死去したとされる。

秀才の最期としては、なんともやり切れない。それでも村上啓作の学識は広く知られ、しかも昭和史のハイライトを浴びたこともあるのだから、もって瞑《めい》すべしとなるのだろう。

これに対して瀬谷啓の場合は、なんとも不運というしかない。瀬谷は熊本の歩兵第十三連隊長を終えてから、東大の配属将校になった。配属将校とは格落ちの感があるものの、東大ともなれば話は別で、どこに出しても恥ずかしくない人を出す。そして日華事変となり瀬谷は、第十師団の歩兵第三十三旅団長として出征する。そして迎えたのが台児庄の戦闘であった。

北支那方面軍と第二軍は、積極的な作戦を企図し、第十師団には大運河以北の敵撃滅、第五師団には敵を東方から圧迫する支援任務をあたえて、昭和十三年三月中旬に作戦を発起した。部隊は第十師団では歩兵大隊四個半基幹の瀬谷支隊、第五師団では歩兵六個大隊基幹で坂本順（東京、18期）が指揮する坂本支隊である。

両支隊とも敵の大軍の中に飛び込む形となり、瀬谷支隊は四月初旬までに、ようやく台児庄の一角に取り付いた。しかし、戦況が思うように進展しない。そこで瀬谷啓は、戦線を整理して態勢を立て直し、兵力を集中してから攻撃を再興することとし、台児庄から後退する旨を師団に連絡した。師団は後退中止を命令したが、行き違いになったのか、瀬谷は自分の方針どおり、確保していた台児庄の一部を放棄した。

これを知った坂本支隊も側面が危ないと、これも後退しだした。中国側がこれを勝利と盛んに宣伝したこともあり、大きな問題に発展した。瀬谷支隊後退の真相はとなると、関係者の証言は歯切れが悪い。

ともあれ、瀬谷啓と坂本順は、一年後にそれぞれ台湾の基隆要塞司令官、留守第五師団付に左遷され、予備役編入となった。

瀬谷啓は、昭和二十年四月に召集され、北朝鮮の羅津要塞司令官となり終戦を迎えてシベリア抑留となった。その後の経過ははっきりしないが、ソ連から中国の管理下に移され、おそらく撫順の収容所に入り、再教育を受けさせられたのであろう。そして昭和二十九年五月に自決している。なんとも悲惨な結末であった。

戦さ上手の関東武士

どのような事情であったにせよ、連戦連勝で沸き立つなか、旅団規模の後退を決心するとは、瀬谷啓は戦さ上手と言うほかはない。これも当然で、下野と言えば足利氏発祥の地なのだ。負け戦さが売り物の南朝方とは一味違う。ガダルカナルで戦った那《な》須弓雄《すゆみお》（25期）と小沼治夫《こぬまはるお》（32期）は、栃木県を代表する関東武士としたい。

那須弓雄は、那須与一の末裔だから名前が「弓雄」なのだそうだ。彼は郷里、宇都宮の歩兵第五十九連隊長で日華事変に出征して功四級をものにした。旅団長は、精強で定評のある仙台の歩兵第三旅団というのも恵まれている。

そして、第二師団が第十六軍の編組に入り、ジャワ攻略に参加する際に改編され、那須弓雄は第二歩兵団長となる。ジャワ西部を担当した那須支隊は、日露戦争の弓張嶺戦以来、第二師団の伝統の夜襲をかさねて、大きな戦果をおさめ、那須の戦さ上手は有名になり、功三級となった。

そして、昭和十七年八月七日、ガダルカナルに米軍が上陸する。翌年二月の撤退までについては、さまざまに語られてきたが、海軍の都合と大本営の意図に振り回された第十七軍は大変であった。

第二師団を投入しての本格的な奪回作戦がはじまる前に、参謀長の二見秋三郎（神奈川、28期）は消極的ということで更迭された。いざ攻撃となった最中、歩兵第三十五旅団長の川口清健（高知、26期）は大本営参謀と衝突して罷免、この二人ともすぐに予備役に編入される始末。

那須弓雄

小沼治夫

高級幹部の間でこれほどゴタゴタしていては、勝てる戦さも負け戦さになってしまう。案の定、十月二十四日に夜襲による総攻撃が決行されたが、夜襲の達人、那須弓雄でも火力を誇る米軍を前にしてはなす術もなく、突撃の先頭に立って討ち死し、中将が遺贈された。

小沼治夫は日華事変の初期、華北にあった第二軍の作戦主任であった。昭和十二年夏から秋にかけて、華北一帯は大洪水に見舞われ、第二軍は大陸のただなかで水陸両用作戦を展開しなければならなかった。

昭和十三年五月、東京にもどった小沼治夫は、陸大教官兼参謀本部研究班員となった。研究班長兼第十二課（戦史課）長のとき、ガダルカナル戦が急を告げ、第十七軍司令部の陣容を一新することとなり、小沼が高級参謀に当てられた。

栃木県人は勤勉で誠実と言われるが、小沼治夫はその典型で、学究的なタイプなこともあり、対米戦法、対戦車戦闘の研究を進めていた。教官らしからぬ寡黙な人だったそうだ。

これと言って目立った存在ではない小沼治夫なのだが、上司は、「小沼が言うのだから」と無理を聞くし、利かん気の人でも、「小沼さんに頼まれたから」と素直にしたがうのだから、人徳があったということになる。それらが買われ、同じく陸大で温存されていた宮崎周一（長野、28期）とともにガダルカナル戦に起用されたのだろう。

ガダルカナル撤収を成功させて帰還した小沼治夫は、また陸大教官を務めていたが、レイテ決戦が敗色濃くなった昭和十九年十二月、第十四方面軍参謀副長となった。ルソンの防備を強化する切り札として小沼が送り込まれたのだ。

第十四方面軍司令官は山下奉文、参謀長は武藤章（熊本、25期）とあつかいにくい大物である。戦況が逼迫していたこともあり、秀才で毛並みの良い西村敏雄（山口、32期）でも、三ヵ月しか参謀副長が務まらなかった。その代わりの小沼治夫は、山下と武藤の信頼を得てよく任務をまっとうした。

ルソン島で第十四方面軍に残された最後の穀倉地帯、カガヤン溪谷の防衛は、小沼戦術の代表例となった。その際、小沼治夫は「戦車第二師団の全滅を覚悟していただきたい」と直言し、第一線の指導に向かった。

部下の言いなりにはならない山下奉文と武藤章だったが、小沼治夫だけには無条件の信頼を寄せて、万事まかせた。彼が言ったように、戦車第二師団は壊滅的な損害をこうむったが、この作戦によっていくばくかの食糧を確保できたから、第十四方面軍は終戦のその日まで組織的抵抗がつづけられたのである。

大本営は本土決戦が迫るなか、これはといった人材を内地に呼びもどしたが、もちろん小沼治夫もその一人であった。そして終戦時の配置は、関東正面の第十二方面軍参謀副長であった。もし戦争がつづき、昭和二十一年三月に予定されていた米軍の関東地方進攻作戦「コロネット作戦」を迎え撃ったとしたならば、小沼はどんな作戦指導をしたのか興味のあるところだ。

ともかく、これだけの戦歴から『小沼戦法』という一つのジャンルが生まれ、陸上自衛隊でも研究の対象となっていた。こういう人こそ帝国陸軍の軍人だと語り継がなければならないと思う。

群馬県

坂東武士の本場

上野の国、一国そのままで群馬県となった。ここは利根川や渡良瀬川の水運の端末をかかえ、上越や信越への経路を押さえているので、関東平野防衛の要とされてきた。そのためか、徳川幕府は信頼できる譜代の雄藩を配置していた。

幕末で見ると、厩橋（前橋）の松平藩十七万石、高崎の松平藩八万二千石、館林の秋元藩六万石、沼田の土岐藩三万五千石、安中の板倉藩三万石が主なところだが、幕閣に列する名門がそろっていた。明治になってからは、まず高崎に第一師団の歩兵第十五連隊を置いて、関東北辺の守りを固めた。

上州気質は「剛毅《ごうき》朴訥《ぼくとつ》」といわれ、坂東武士の名残が色濃く残っている地域とされる。短気で正直との評もあり、これもまた侍である。名を惜しむ古武士が多く、藩は譜代の名門となれば、明治維新に乗り遅れるのも無理はない。

それが影響してか、群馬県が生んだ陸軍の将官は、全部で四十人弱と寂しい。これは関東、東北では平均的な数字であるが、海軍大将もふくめて大将はゼロというのは目を引く。陸海軍大将皆無は、北海道、岐阜、奈良、島根、香川、沖縄、そして群馬となる。

ほかの県の場合は、人口が少ない、新開地だからと、大将皆無にはそれなりの理由はつく。しかし、群馬県は全国二十一位の面積、大正末の人口は約百二十万人と中堅どころだから、どうしてかと問われると困ってしまう。「大将は巡り合わせ、なろうとしてなれるものではない」と答えるほかはない。

大将の数と尚武の心は、かならずしも比例しない。国軍期待の星と言われパラオで善戦した第十四師団、そしてニューギニアで戦い抜いた四十一師団と第五十一師団も、ここ北関東一帯の壮丁で編成されたことを思えばすぐにわかる。

さすがは坂東武士の源流、尚武の心は濃いのだ。このような地域から多くの軍人を輩出すれば、昭和の陸軍もだいぶ違った姿になっていただろう。

大将目前だった紳士

戦死による名誉進級を除けば、皇族もふくめて陸士二十期から最後の陸軍大将が生まれている。陸士二十期で一選抜が中将に進級したのは昭和十四年三月、そしてそのうち下村定（高知）、吉本貞一（徳島）、木村兵太郎（東京）が大将に進級したのが二十年五月七日であった。中将を六年以上務めての進級であった。

つづく陸士二十一期一選抜の中将進級は昭和十四年八月一日、同じく二十二期は同年十月二日と早まっている。戦争がつづいていれば、二十年中に陸士二十一期の大将が生まれる計算となる。

しかし、これも人材があっての話で、いくら戦時でも順送りで大将を大量生産できるものでもない。興味のある向きには、陸士二十一期からの架空大将人事をやってみてもらいたいが、意外と大将の器の人は少ないもので、適任者を探すのに苦労するだろう。

二十四期まで飛ぶと夢物語になるが、この期の大将を探すのは簡単だ。陸士二十四期は突然変異ともいうべき優秀な期で、陸大恩賜六人、うち首席が三人とはたいしたものだ。

そんな二十四期の俊才の一人、澄田《すみだ》睞四郎《らいしろう》が群馬県人である。彼は陸大三十三期の首席で、河邊虎四郎（富山、24期）や下山琢磨（東京、25期）らを抑えてのものだから本物だ。おまけにフランスの陸大を修了している。

駐フランス武官も経験しているだけあって、容姿も端正で軍人というよりは銀行家といった風貌だ。そんな印象も的外れではなく、澄田の子息は日銀総裁になった。

澄田睞四郎の中央官衙勤務は、エリートらしく陸軍省軍務局からはじまるが、フランス留学後は陸大、つづいて参謀本部第一部第八課（演習課）、同三課（防衛課）に勤務した。とくに演習課では、緻密なプランナーとしての能力は高く評価された。

澄田睞四郎

また、広く知られているのは、昭和十五年九月から仏印国境監視（澄田機関）委員長になったことだろう。フランス駐在の長い澄田睞四郎にとって適任ではあったが、外交慣例にしたがって紳士的であったためか、「澄田は日本軍の将校ではなく、フランス軍の将校だ」と陰口を叩かれる損な役回りとなった。

こう見てくると、澄田睞四郎は青白いインテリで、帝国軍人らしからぬ人と思われるかも知れない。しかし、じつは帝国陸軍の歴史に残る砲兵の勇者だったのである。大佐のときは、独立野戦重砲兵第十五連隊長として徐州会戦に参加している。

そして、昭和十四年三月、南昌作戦のときには第十一軍の野戦重砲兵第六旅団長で、師団砲兵や軍砲兵を統一指揮して大砲撃戦を演じた。このとき、集中した火砲は合計百九十八門、太平洋戦争中で最大の火力集中は沖縄戦で、その門数は百八十門と言われるから、帝国陸軍で最大の火力戦闘を指揮したのは、澄田賚四郎ということになる。

この火力戦闘のベテラン、澄田賚四郎はそれからどう使われたのか。昭和十六年九月からは華中の警備を担当する第三十九師団長、十九年十一月からは山西省を中心として治安戦を展開していた第一軍司令官、そして、そこで終戦を迎えた。

仏印国境監視委員長をやったがために、彼は「軟弱」と見られた結果がこれである。陸軍は人を使う道を知らなかったとの謗《そし》りを受けてもしかたがない。

意外な情報センス

失礼かも知れないが、群馬県人でもそんな紳士がいたかという話からはじまったが、坂東武士の末裔らしい人も目立つ。ともに無天で軍縮時代に苦労した揚げ句、連隊長で戦死して少将を遺贈された飯塚朝吉《いいづかあさきち》（18期）と飯塚国五郎《いいづかくにごろう》（22期）をその代表としたい。

飯塚朝吉は歩兵第六十三連隊長で昭和九年三月、吉林省で治安作戦中に戦死した。満州事変は緒戦の一撃でかたがついたかのような印象があるが、じつは連隊長も戦死するような苛烈な治安戦がつづいたのである。

飯塚国五郎は歩兵第百一連隊長で昭和十三年九月、華中の徳安で戦死した。東京の部隊でもあり、大きく報道され、不祥事からみの噂話も多かった。東京で特設された第百一師団は、とかく問題が多く、その責任をとって自決したとの話すらあったが、そうだとしても坂東武士の本領を発揮したことには違いない。

この二人を見ると、いかにも上州人だと思うが、意外なことに都会的情報センスに恵まれた人も目立つ。前述の澄田睞四郎もその一人だが、ほかに磯田《いそだ》三郎《さぶろう》（25期）と秋草俊《あきぐさしゅん》（26期）がいる。

磯田三郎は砲兵科出身で、教育畑の人であった。陸大三十三期で恩賜こそ逃したものの、上位十五人には入り、アメリカ駐在の経験がある。それが買われて昭和十四年十二月から駐米武官に選ばれた。外務省と海軍が主導権を握っていた駐米大使館で、磯田がどのていど発言力があったのか、よくわからないにしろ、陸軍における知米派のエースであっことは間違いない。

日米開戦後、モザンビーク経由の交換船で帰国した磯田三郎は、仏印警備の第二十二師団長に補職された。それはよいとしても、つづいて南方軍遊撃隊司令官、光機関長というのはどうかと思う。

終戦になって多くの軍人が戦犯追及に脅えていたが、さすがは知米派の磯田三郎は堂々としていたという。A級戦犯として巣鴨プリズンに拘置されていた武藤章（熊本、25期）に見舞いの葉書を出したただ一人の同期生が、この磯田である。

秋草俊は、情報畑一筋の人らしく、どことなくミステリアスだ。無天ながら連駐在の経験があり、昭和十三年八月からは中野学校の前身となる後方勤務要員養成所長であった。十五年三月からは、現役のままで満州国の参事官となり、駐ドイツの星特務機関長となった。なんとも神秘的な対ソ諜報の専門家である。そして終戦時、関東軍の情報部長であった。

もちろん、終戦とともにシベリア抑留となったのだが、秋草俊のように情報業務に携わった者に対するソ連当局の態度はきわめて厳しかった。情報関係者はウォロシーロフ（現在のウスリースク）にあった軍刑務所に集められ、多くの人がスパイとして銃殺されたという。秋草は銃殺こそ免れたようだが、昭和二十四年二月ころに死亡したと認定されている。

ソ連は抑留した者を、帰国させる者、殺害して絶対に帰国させない者とを峻別していたようだ。その基準はなんであったのか、帰国させる高位な者には、どのような密命をあたえ、帰国後なにを期待したのか、これは永遠の謎として残る。

金鵄勲章は飾りか

満州や華北で非常事態が起きた場合、まず朝鮮・竜山にあった第二十師団が鴨緑江を越えて駆けつけるのが、毎年の年度作戦計画であった。第二十師団は、平壌の歩兵第三十九旅団と竜山の歩兵第四十旅団からなり、まず飛び出すのが平壌の歩兵第七十七連隊となっていた。

昭和十二年七月、盧溝橋事件のときもそうであり、当時の第二十師団長は川岸文三郎《かわぎしぶんざぶろう》（15期）、歩兵第七十七連隊長は鯉登行一《こいとぎょういち》（24期）であり、偶然にもこの二人は群馬県出身であった。

第二十師団は、昭和十二年七月十二日に応急動員を開始し、十六日から衛戍地を出発、二十八日から北京郊外で戦闘に入った。その戦果は、「赫々たるもの」とされている。ところが、その後の処遇を見ると、冷たいの一言。

群馬県人の二人については後述するが、出動した二人の旅団長にも冷たい。歩兵第四十旅団長は山下奉文（高知、18期）、彼には特別な事情があるから、冷たい扱いもしかたがない。歩兵第三十九旅団長は高木義人（長野、19期）にも冷たいかぎり。高木は同期の先頭で陸大に入った人であるし、この戦闘で功二級の金鵄勲章をものにした。

にもかかわらず高木義人は、昭和十三年三月の異動で第二師団付、すぐに留守第二師団長、十五年に予備役編入となった。戦時となって陸軍は大膨張、将官が足りなくて悲鳴を上げているのに、高木にはこの冷たい処遇だ。

さて、本題の川岸文三郎だが、特従武官を二度もやり、連隊長は花の近衛歩兵第四連隊とエリートだった。北京付近の戦闘で功二級の金鵄勲章をものにしている。

ところが、昭和十三年六月、川岸文三郎は東部防衛司令官の閑職に追われ、十四年十二月には予備役編入となった。健康上の問題でもあったのだろうか。それとも北京一帯の作戦でなにかあったのか。あったとしたら冷遇もわかるのだが、そうだとしたらなぜ功二級の金鵄勲章を授けたのか。

平壌の歩兵第七十七連隊長はなかなか良い補職であり、最初に鴨緑江を渡る部隊だから重視され、参謀次長であった中島鉄蔵（山形、18期）、戦さ上手で有名な桜井省三（山口、23期）も、ここの連隊長を経験している。

鯉登行一は秀才が揃っていた陸士二十四期の中では目立った存在ではなかったにしろ、期待された人材の一人だったに違いない。しかも、北京一帯の戦闘で彼は功四級の金鵄勲章を受けている。

ところが、日華事変の緒戦が一段落してからの鯉登行一も冷遇された。兵器行政本部付、留守第六師団付、熊本幼年学校長となり、平時ならばここで予備役編入だったろう。昭和十五年十一月、旭川で編成された第三十五師団の歩兵団長となり、ふたたび華北に出征し、ここでまた功三級をものにした。

そして、太平洋戦争直前、鯉登行一は旭川の第七師団長となり、そのまま終戦を迎えた。第七師団とワンセットで北辺の鎮めとして動かせなかったと言えば聞こえは良いが、本当にそうだったのか。鯉登は剛直で使いづらいということで、これまた扱いにくい樋口季一郎（岐阜、21期）と一緒に北海道に押し込めたとしか思えない。

鯉登行一と同期のエリートを見ると、意外なことに金鵄勲章を持っていない人が多い。秦彦三郎（三重）、河邊虎四郎（富山）、柴山兼四郎（茨城）、本郷義夫（兵庫）といった有名人が金鵄勲章を吊るしていない。金鵄勲章ばかりは、武運の問題だとされて、「持っていないからなんだ」と開き直られるとそれまでだったそうだ。

そうだとしても、戦場で実績を残した拝受者が人事的にも優遇されず、後方にいてあれこれ評論していた者が栄達するとは、どこかおかしくはないだろうか。帝国陸軍は戦う集団ではなく、普通の行政官庁と同じだったと酷評されてもしかたがない。

埼玉県

陸軍大将一人の奇跡

武蔵の国は明治維新後、埼玉県、東京府、神奈川県に分かれた。江戸時代、埼玉と東京を分ける荒川の線は、江戸城の総外堀と重視され、藩の配置もよく考えられていた。

幕末時の配置は、川越の松平藩十七万石、忍（越生）の松平藩十万石、岩槻の大岡藩二万三千石、岡部の安部藩二万石となっていた。あくせくしなくとも幕閣に列することのできる名門ばかりで、のんびりしていたことは想像できる。幕末、すんなりと恭順の意を表したのも自然な成り行きだった。

埼玉県の西部、秩父は山岳地帯のせいか独特な風土が培《つちか》われ、ここの人は気が強いと言われる。平野部は温和な土地柄と藩風からか、つねに江戸に向いているせいか、

「堅実でおだやか」と評されてきた。

このような土地柄では、やはり進んで武窓へという人は限られて、埼玉県が生んだ軍人は少ない。陸軍将官は全部で三十人以下、全国レベルで最下位にランクされる。それでも陸軍大将を一人輩出したことは、奇跡と言うべきか。もちろん海なし県だから、海軍大将はいない。

埼玉県が生んだ大将の浅田《あさだ》信興《のぶおき》（草創期）は、少尉任官が明治五年三月という古い人である。川越の松平藩の藩兵から政府軍に組み入れられ、明治二十五年にはすでに千葉県佐倉にあった歩兵第二連隊長であった。

明治二十六年、浅田信興は北海道に渡り、永山武四郎（鹿児島、草創期）の下で屯田兵参謀長となった。二十九年の第七師団改編にともない師団参謀長に横滑りとなり、日清戦争には出征していない。

少将に進級した浅田信興は、歩兵第二十旅団長、歩兵第五旅団長と歩き、日露戦争では近衛歩兵第一旅団長として出征した。遼陽会戦後、近衛師団長の長谷川好道（山口、草創期）が、韓国駐劄軍司令官に転出したので、浅田が後任となった。

近衛師団長で実戦をかさねれば、中将卒業となってもおかしくないのに、戦後の整理期に入ったため、浅田信興はそれから第十二師団長、第四師団長と回された。そして大島久直（秋田、草創期）の後を受け、明治四十四年九月に教育総監に就任し、大将に進級した。まったくの閥外としては恵まれた軍歴なのだろう。

航空科が多いわけ

埼玉県が生んだ陸軍の将官は、絶対数が少ないものの、航空科出身の人が目につく。中将五人のうち、航空士官学校幹事を務めた石川《いしかわ》愛《あい》（27期）、砲工学校優等で東大機械卒業の絵野沢《えのざわ》静一《せいいち》（28期）の二人が埼玉県人だ。

確認できる範囲だが、少将には三人の航空科出身がおり、太平洋戦争中では、航空機の生産に関与した須永《すなが》鶴松《つるまつ》（27期）、航空通信の専門家である堀内《ほりうち》旭《あきら》（31期）がいる。大佐では、航空運用の達人と折り紙がつけられた秋山《あきやま》紋次郎《もんじろう》（37期）も埼玉県人だ。

浅田信興

なぜ、埼玉県人に航空科が目立つのかを探る前に、航空科の沿革に触れておきたい。

陸軍で最初の航空大隊が編成されたのは大正四年十二月で、場所は埼玉県の所沢だった。現在、航空公園になっているところだ。七年までに四個大隊となり、八年四月に陸軍航空部が創設され、所沢に陸軍航空学校が設けられた。

そして、大正十四年五月に航空科が独立する。士官学校では昭和三年七月卒業の四十期から航空科が生まれ、各期二十数名がこれに当てられた。十二年十二月卒業の五十期から、教育が独立して埼玉県入間に航空士官学校が創設された。五十九期、六十期になると地上よりも航空の方が多いまでになった。

士官学校から航空科要員が供給されるまでは、各兵科から転科させて充当していた。その転科した最先任者が杉山元（福岡、12期）となる。杉山は歩兵科だったが、技術という点からは工兵科、観測という点からは砲兵科から転科する者が多かった。陸軍航空の発展に大きな足跡を残した井上幾太郎（山口、4期）と徳川好敏（東京、15期）はともに工兵科の出身である。

軍備増強計画が形になった昭和十二年ころ、航空科の充実が叫ばれ、陸大恩賜クラスの優秀な者を転科させる施策がなされた。これで渋々、航空科に移った人には、鈴木率道（広島、22期）、小畑英良（大阪、23期）、河邊虎四郎（富山、24期）、下山琢磨（東京、25期）らがいる。

結構な人事施策ではあるものの、これだけの俊才が大挙して入ってくると、技術に明るい航空科生え抜きの者が片隅に追いやられる結果ともなった。

ともあれ、所沢や入間が陸軍航空のメッカとなったことから、埼玉県人が航空科に集まったと言うのも頷《うなず》ける。また、閥外の埼玉県人としては、藩閥も閨閥もない新天地をもとめたということもあったろう。ささやかな埼玉県人の人脈を見ると、埼玉県出身の中将、四王天延孝《しおうてんのぶたか》（11期）の存在も関係しているようにも思える。

四王天延孝は工兵科のエースで、第一次世界大戦では観戦武官として西部戦線に派遣されている。シベリア出兵に出征後、創設間もない航空学校の教官となり、つづいて下志津飛行分校長、大正十二年には軍務局航空課長と航空創設期に貢献している。予備役になってからは、帝国飛行協会専務理事となり、民間航空もふくめて航空振興に貢献した。

余談になるが、四王天延孝が有名になったのは、「藤原信孝」のペンネームでユダヤ論を書きつづけたことによる。今日でも散見される反ユダヤ論、ユダヤ陰謀論は、だいたいが彼の著作の孫引きとされる。観戦武官でフランスにいたとき、ユダヤ問題に啓発されたのだそうだが、シベリア出兵時も、この問題に触れたようだ。ともかく、工兵、航空、ユダヤ問題の取り合わせとは、珍妙な話ではある。

三代にわたる軍人の家系

帝国陸軍の歴史は八十年で終わったから、世代は三代にわたったことになる。ただ、三代つづいて将官を出した家はない。

有名な親子大将・元帥の寺内正毅（山口、草創期）、寿一（11期）にしろ、将官三代とはならなかった。寺内寿一の子弟が陸士に進んだとして三十期後半以降となるから大佐か中佐どまりとなる。乃木希典（山口、草創期）の戦死した子息、勝典（13期）、保典（15期）は無事凱旋していれば将官も夢ではないが、そのまた子弟となれば寺内家と同じく将官にはとどかない。

将官を輩出する家系が固定化すると、ネポティズム（血縁主義、縁故主義）が芽生える。これがうまく作用すれば、伝統の形成につながるとも思えるが、日本のように均質な社会では受け入れられにくいし、本当の貴族階層が定着していないので弊害の方が大きい。それを意識してか、帝国陸軍ではネポティズム排除の方向であったようだ。

また、大正に入ると、高級軍人ほど子弟を軍窓に送らない傾向が出てきたという。大正デモクラシーの影響か、それとも軟弱になったのか、経済的余裕が生まれたせいか、医者や技術者の道を選ばせるケースが増えたと言う。手に職をつけ、人に頭を下げなくてすむようにということだったのだろう。

この傾向は、大正軍縮によって加速された。戦前の日本は、軍国主義だとするむきもあるが、それが根付く前に敗戦をむかえたというのが本当の姿であった。

さて、軍人が少ない埼玉県で、自衛隊もふくめれば三代にわたって高級将校を生んだ家がある。それも父親が後味悪く軍歴を閉じているにもかかわらず、子供が率先して武人の道に進んだのだから、これは本物と言える。吉橋一家の物語だ。

初代が吉橋徳三郎《よしはしとくさぶろう》（2期）である。彼は騎兵科で陸大十三期だが、卒業生四十一人中、騎兵が吉橋をふくめて八人もいた。さらに驚くことに、彼と陸士同期で同じく騎兵科の森岡守成（山口）と稲垣三郎（島根）は陸大恩賜である。

陸士二期の騎兵科は十二人、うち三人が陸大に入ったことだけでも驚きだ。しかし、聞くところによれば、このころの陸大はそれほどの権威もなく、成績も馬術の点がものを言ったのだそうだ。

騎兵の襲撃が戦闘の華と言われた時代だから、吉橋徳三郎は順調に軍歴をかさね、大正二年八月から騎兵実施学校長も務めた。ここで第一次世界大戦が起こり、騎兵の危機が訪れる。大火力の前にもはや騎兵は無力ではないかという議論である。これは世界的に論議された問題であったが、日本でも賛否両論、『偕行』など部内誌でさかんに論争された。

吉橋徳三郎の意見だが、派閥のしがらみのない埼玉県人らしく、騎兵無用論にちかい立場で論文を発表した。騎兵科には、のちに参謀総長となる鈴木荘六（新潟、1期）、閑院宮載仁がいる。

「やつは騎兵でありながら、その神髄をしらない。なにをもって騎兵に代替させるのか」まではよいとしても、「やつは裏切り者だ」との感情的な批判が殺到した。結局、大正九年八月、豊橋の騎兵第四旅団長であった吉橋は自決に追い込まれた。

十代で父の悲劇的な死に遭った吉橋戒三《よしはしかいぞう》（39期）はなにを思ったのか、進んで軍人の道を選んだばかりか、兵科も父親と同じ騎兵となった。吉橋は優秀な人で、埼玉県人でただ一人の陸大恩賜である。支那派遣軍の作戦主任、太平洋戦争開戦時の軍務局予算班長を務めている。そして、昭和十九年十二月から侍従武官となり、そこで終戦をむかえた。

終戦時、大佐以上の人のほとんどは、ここで軍との縁が切れるのだが、吉橋戒三には二度目の軍務が待っていた。朝鮮戦争勃発を契機として昭和二十五年八月に警察予備隊が発足するが、旧軍人にはいっさい関与させず、内務官僚がすべてを仕切った。警察官出身ならばまだしも、郵便局長さんの中隊長さんもいると、バラエティーに富むが武装集団の体をなしていない。活を入れるということで、昭和二十七年七月に保安隊に切り替わる際、十一人の元大佐が特別に入隊することとなった。その一人に吉橋戒三がいた。

　中央官衙勤務を経験した優秀な人ばかりだから、タガがゆるんだ組織をよく立て直し、今日の陸上自衛隊への道を確立させた。吉橋戒三も陸将に進み、陸大に相当する幹部学校長で退官した。侍従武官に選ばれただけあって、その謹直な姿勢は多くの自衛官に良い影響をあたえたと思う。

　それにしても、終戦時の侍従武官として苦汁をなめたことであろうし、内務官僚の不手際の尻拭いもけっして快いことではなかったはずだ。にもかかわらず、吉橋の子息は進んで防衛大学校に入り、幹部自衛官となった。すでに子息も退官されているが、四代目はどうなったか知るかぎりではない。

千葉県

軍事施設の集中地域

安房、上総、下総で千葉県となった。ただ、下総の一部は利根川の流路の変化からか、茨城県に編入された。慶応元年の配置を見ると、この三ヵ国に十七個の藩があった。

おもなところは、佐倉の堀田藩十一万石、関宿の久世藩四万八千石、久留里の黒田藩三万石、大多喜の松平藩二万石であり、あとは陣屋の小大名であった。幕末の騒乱の中で国替えなどがあり、二十四個藩に増えて廃藩置県を迎えたので、千葉県と一括《ひとくく》りで語りにくい。

東京に隣接し、土地に余裕があるため、早くから千葉県には軍事施設が集まった。明治六年五月、演習を視察した明治天皇は、篠原国幹（鹿児島、草創期）の指揮ぶりに感嘆し、「習え篠原」からその地を習志野と名づけた。今日、陸上自衛隊第一空挺団が駐屯している一帯である。

明治二十一年五月、それまでの鎮台が師団に切り替わり、歩兵第二旅団司令部と歩兵第二連隊が佐倉に置かれた。三十八年に第十四師団が創設され、第二連隊は水戸に移駐し、代わりに佐倉には第五十七連隊が置かれた。

そのほか広い土地が必要な騎兵旅団、鉄道連隊、野戦重砲兵連隊が編成されるたびに、最初の部隊は衛戍地を千葉県にさだめ、さらに歩兵学校、工兵学校、騎兵学校、科学学校などの実施学校もここに置かれた。

時計回りに、松戸、四街道、千葉、市川の内側は、ほぼすべて陸軍の用地だと言っても過言ではなかった。この土地を帝国陸軍の遺産として確保しておけば、新国際空港の建設など簡単な話だった。

このように軍郷と言ってもよい地域であり、しかも大正末年の千葉県の人口は佐賀県の二倍、約百四十万人であるから、陸軍軍人を多く生んでもおかしくない。

ところが、陸軍将官は四十人ほど、関東地方では平均的なものの、全国的には鳥取県や島根県と同じくらいの低レベルだ。雄藩がなくまとまりの悪い地域であり、武士や士族とそれほど意識しない風潮があり、かつ農業主体な時代では豊かであったことが関係しているのであろう。

実兄の援護射撃

軍人が少ない千葉県だが、陸軍大将一人、海軍大将一人を生んだのだからたいしたものだ。陸軍は鈴木《すずき》孝雄《たかお》（2期）、海軍は実兄の鈴木貫太郎（海兵14期）である。兄弟で海軍と陸軍の大将を分け合った珍しいケースだ。

兄の鈴木貫太郎は勇猛な水雷屋であり、日清、日露の諸海戦で武名を上げて「鬼の貫太郎」との異名を取った。

弟の鈴木孝雄も両戦役に従軍しているが、兄のようなエピソードはない。砲工学校優等でもない無天の砲兵将校で、陸軍省軍務局課員、同砲兵課長ぐらいが目立った経歴の平凡な人であった。

普通ならば旅団長か要塞司令官で軍歴を閉じるはずの鈴木孝雄だったが、大正十年三月、野戦重砲兵第一旅団長から士官学校長に抜擢され、部内を驚かせた。

前任の校長は白川義則（愛媛、1期）で、人事局長からの転出であったし、当時は秩父宮雍仁（34期）在学中だから、鈴木の士官学校長は目立った。秩父宮の卒業を見届けた鈴木は砲兵監、つづいて第十四師団長となり、これまた意外な抜擢であった。

鈴木孝雄

大正十三年八月の定期異動は、宇垣一成（岡山県、1期）陸相の最初の人事として注目された。これで鈴木孝雄は、技術本部長に栄転した。技術畑に縁のない彼が、なぜ技術本部長かと話題をまいた。

さらに、大正十五年七月、鈴木孝雄は技術本部長兼任で軍事参議官となる。このとき、井上幾太郎（山口、4期）も航空本部長兼軍事参議官となった。この人事は、宇垣一成の技術重視路線の現われとして歓迎されたが、事情通ほど鈴木に対する好遇には驚いたという。

軍事参議官在任中、鈴木孝雄は大将に進級する。士官候補生制度になってから、無天で大将に進んだ最初がこの鈴木で、つづくのは同じく砲兵科出身の吉田豊彦（鹿児島、5期）、緒方勝一（佐賀、7期）、岸本綾夫（岡山、11期）の合わせて四人だけである。鈴木以外の三人は、技術畑で大成した人で、大将進級は不思議でない。

では、鈴木孝雄がなぜ大将かと問われれば、やはり実兄の鈴木貫太郎の存在と、同じく砲兵科出身の奈良武次（茨城、旧11期）との親しい関係を抜きにしては語れない。侍従長と侍従武官長の援護射撃があったと言うことだ。

昭和八年三月、鈴木は予備役となり、靖国神社の宮司となった。彼にとっては、まさしく天職と言うべきである。

昭和陸軍の妖怪

同じく千葉県出身で、鈴木大将兄弟と同姓の中将に鈴木《すずき》貞一《ていいち》（22期）がいる。血縁はないそうだ。鈴木貞一はA級戦犯として起訴され、終身刑を宣告された。昭和三十年九月に釈放され、起訴組の最後の一人として六十四年七月に死去した。

鈴木貞一と言えば、「昭和陸軍の妖怪」として語られ、彼をめぐる謎は、すなわち昭和陸軍の謎となる。それを解明しようとすれば、宮中という壁が立ち塞がる。

大元帥としては当然のことながら昭和天皇は、将官はもちろん、省部の佐官クラスの動向や人事についても承知していた。上聞の正規なルートは、侍従武官、侍従武官長だが、それだけではカバーし切れない。場合によっては、陸相や侍従武官長よりも早く、かつ細かく知っていたことすらあったと言う。

昭和天皇直属の諜報員、現代の「お庭番」がいたとの話も真実味がある。それは、井上三郎（山口、18期）であったとよく語られてきた。井上の実父は桂太郎で、井上伯爵家の養子になり、自身は侯爵と毛並みの良さは抜群だ。そして陸大卒業後に配置となった軍務局の局長は、長らく侍従武官長を務めることとなる奈良武次であり、しかもこの二人とも砲兵科であった。ここに一つの人脈を見ることができる。

　井上三郎は省部のエリートコースを歩み、整備局動員課長のときに満州事変が起きる。そして昭和八年四月、侍従武官が奈良武次から本庄繁（兵庫、９期）に交替、その直後に井上は技術本部付となり、九年八月に少将昇任とともに予備役編入となった。

　さて、このお庭番の後任はだれか。鈴木貞一であった可能性は高い。そう見る根拠だが、陸大を卒業してすぐに、彼は井上三郎と一緒に大蔵省に出向しており、ここに二人の接点が生まれる。

鈴木貞一

　それからの鈴木貞一は、上海駐在、駐中武官補佐官、軍務局支那班長と、いわゆる支那屋の道を進んでいる。このころ、支那屋の中心人物は本庄繁で、鈴木は本庄の恩顧を被っている。本庄が侍従武官長となり、井上三郎が退場し、鈴木に交替したとすれば話は通じる。

　支那屋というのは鈴木貞一のある一面で、陸軍革新運動の幹事役というもう一つの顔を持っていた。有名な

「一夕会」にしても、陸士十六期生主体の「二葉会」に鈴木が主催していた「木曜会」が合流したから、一つの政治的目的を持つ集団になったのだ。さらに鈴木が土橋勇逸（佐賀、24期）を口説いて陸士二十五期生まで範囲を広げたからこそ、永続性のある横断的集団が形成された。そうとらえれば、鈴木の役割は非常に大きい。

そして、鈴木貞一をめぐる謎は、昭和十一年の二・二六事件で深まる。当時、彼は調査官として内閣調査局に出向していた。まったく事件の列外だと思うが、決起将校が陸相官邸に招致をもとめた大佐のうちの一人が鈴木であった。大佐で招致された歩兵第一連隊長の小藤恵（高知20期）、軍事課長の村上啓作（栃木、22期）、兵務課長の西村琢磨（福岡、22期）の三人は、その理由は言われないでもわかる。

しかし、鈴木貞一が呼ばれた理由はどうにも説明がつかない。そこで推理だが、決起将校は鈴木がお庭番であることを承知しており、事実上クーデターの参加者である山口一太郎（東京、33期）と岳父の本庄繁という宮中へのルートを鈴木で補強しようとしたのではないか。

七十年前の出来事の推測はさておき、それからの鈴木貞一の略歴を紹介すれば、いかにミステリアスな人物かがわかると思う。昭和十三年十二月、現役のまま興亜院政務部長、つづいて同総務長官心得、十六年四月に予備役編入、国務大臣（企画院総裁）、十八年十月に貴族院議員。A級戦犯として起訴された理由は、開戦時に閣僚だったことによる。

激闘を演じた師団長

政治将校ともいうべき鈴木貞一を紹介したが、彼は例外中の例外で、千葉県を代表する軍人ではない。千葉県が生んだ中将十人のうち六人もが、太平洋戦争で師団長として第一線に立った。その中でグアム島で散った高品彪《たかしなたけし》（25期）と東満で帝国陸軍の意地を見せた椎名《しいな》正健《まさたけ》（22期）の二人を取り上げてみたい。

高品彪が大佐に進級したのは、日華事変勃発直後の昭和十二年八月であった。このころはまだ陸軍は膨張していないため、大佐の補職が難しかった。

高品彪

高品が回されたのは、歩兵科ながら高雄要塞司令官である。平和な時代がつづけば、名誉進級の少将で予備役というコースだったのだろう。ところが戦争が激化し、師団が増設されすると今度は高級将校の数が足りずに四苦八苦の人事となる。

昭和十三年に大正軍縮で廃止となった豊橋の第十五師

団が再編成されると、高品彪はその歩兵第六十連隊長に補された。それからは、旅団長、歩兵団長、独立混成旅団長と大陸戦線を歩きに歩き、野戦のベテランと目されるようになった。そして、中将進級とともに関東軍の第二十九師団長となり、送り込まれた先が絶対国防圏の焦点、グアム島であった。

部隊がグアム島に勢揃いしたのは昭和十九年五月末、そして米軍の上陸は同年七月二十一日であった。機動の余地もない孤島、要塞どころか満足な野戦陣地もない、しかも飛行場やその適地の確保が至上命令であるから、どうしても水際防御とならざるを得ない。圧倒的な敵艦砲の制圧下で戦うのだから、大陸戦線で鍛えた野戦の腕も発揮しようがない。

奮闘のすえ、七月二十八日に高品彪は戦死、グアム島守備隊は八月十日前後に玉砕となった。なんとも無念の最後だが、彼の子弟、高品武彦（54期）も陸士に進み、戦後は陸上自衛隊に入り、陸幕長、統幕議長にまで累進したことがいくばくかの慰めになる。

椎名正健は重砲兵科の出身で無天、深山（由良要塞）と阿城（関東軍）で二度、重砲兵連隊長をやり、工科学校長も経験している。太平洋戦争勃発時は西部軍砲兵隊長、そして釜山要塞司令官と、重砲兵の専門知識を生かせる勤務がつづいた。そんな経歴を買われてか、椎名は昭和二十年一月、第百二十四師団長に親補された。

第百二十四師団は、東部満州に配置されていた国境守備隊を集成して編成され、昭和二十年二月に編成を完結している。

関東軍第五軍に属する第百二十四師団の担当は、濱綏《ひんすい》線を中心とする六十キロの正面であった。濱綏線は旧東支鉄道でシベリア鉄道の支線と接続しており、しかも鉄道に平行して良好な道路があり、攻防ともに最重要な軸線とされていた。

そのため、第百二十四師団には、付近にあった独立砲兵部隊のほとんどが配属され、固有の師団砲兵と合わせて砲迫百門の火力を備えることとなった。師団レベルとしては、おそらく国軍史上最大の重火力装備であるが、それを指揮できる者は、ということで重砲の経験が長い椎名正健がえらばれた。

昭和二十年八月九日に日ソ開戦となり、ソ連軍はこの第百二十四師団の正面に第五軍をぶつけてきた。

ソ連第五軍は欧州戦線で東プロイセンの要塞地帯を突破した歴戦の部隊で、十二個師団を基幹とし、戦車・自走砲六百九十両、砲迫二千九百門という強力な陣容であった。これではいくら第百二十四師団に火力があっても、たちまち牡丹江まで突破されると思われるが、実際はそうではなかった。

もちろん奇襲されたので、国境陣地は突破されたが、師団司令部が置かれていた穆《ぼく》稜《りょう》付近、穆稜河の線で圧倒的とも思えるソ連軍を阻止したのである。この線での戦闘は八月十一日からはじまり、陣内戦になるまで粘り、十五日夜には師団長みずから切り込みの先頭に立つ予定としていた。

そこに十五日正午の放送があったのだが、意味不明なため翌朝に確認することになり、師団長の切り込みは中止された。翌日、終戦が確認されたため敵と離脱して後退し、師団主力は同月二十二日に武装解除を受けた。

よく、関東軍は在留邦人を置き去りにして逃げたと酷評されるが、椎名正健が指揮した第百二十四師団のようなケースもあったのである。第百二十四師団の全滅覚悟の健闘で、牡丹江に集まっていた在留邦人約六万人が戦闘に巻き込まれることなく避難できたのであった。

それにしても、重砲兵科出身の椎名が、歩兵を指揮してよくここまで粘れたと賛嘆するほかはない。

文字通りの郷土防衛

もし、本土決戦が行なわれたならば、非戦闘員の避難、保護は満州どころの騒ぎではなかったろう。そもそも百万人単位にもなる非戦闘員の避難、誘導、保護など物理的に不可能だ。当時の大本営などは、その対策をどう考えていたのだろうか。おそらく心を痛め、悪夢にうなされていただけというのが実情だったのだろう。

この問題で最も苦慮していたのが、千葉県出身でただ一人の軍司令官、重田徳松《しげたとくまつ》（24期）であったはずだ。彼が指揮する第五十二軍は、司令部を現在の成田空港付近、酒々井に置き、担当正面は九十九里浜である。すなわち、重田徳松の故郷、千葉県で最後の一戦を交えることとなったのだ。武人の本懐とは言いながら、生まれ育った故郷が戦場となり、一般民衆の惨禍を思えば、辛《つら》い心境にもなる。

重田徳松は砲兵科出身で、昭和十七年三月から第三十五師団長として華北の治安戦に従事していた。第三十五師団は西部ニューギニアに転用されるが、その前に重田は砲兵監となって内地に帰還していた。戦局が逼迫し、内地に師団長や軍司令官に適任な中将が払底していたため、重田は新設の第七十二師団長となり、つづいて二十年四月、本土決戦準備の一環として第五十二軍司令官に就任した。

関東地方の本土決戦構想について触れておきたい。関東地方は第十二方面軍の担当で、鹿島灘正面は第五十一軍、九十九里浜正面は第五十二軍、相模湾正面は第五十三軍が張り付く。決戦正面は九十九里浜で、敵が上陸してきたならば第五十二軍がこれを拘束し、そこへ機動打撃部隊である第三十六軍が突撃し、少なくとも敵上陸第一波を破砕するというものであった。

第二波が相模湾に上陸してきたらどうするか。九十九里浜に上陸した第一波を撃破したのち、第三十六軍が東京を回り、八王子あたりから南下して反撃するとなっていた。しかし、そう絵に描いたように上手《うま》く行くかと、大本営は頭をかかえていた。

米軍の関東進攻作戦、一九四五（昭和二十）年十一月実施予定の「コロネット作戦」によれば、九十九里浜正面に沖縄からの第十軍・六個師団、相模湾正面にフィリピンからの第八軍・六個師団とヨーロッパから来援の第一軍・二個機甲師団と一個歩兵師団が上陸することになっていた。

日本側の張り付け三個軍は合計十個師団、機動打撃の第三十六軍は六個師団プラス二個戦車師団。どのような会戦になったか、架空戦記にしてみたい気持ちも沸いてくる。

九十九里正面での水際撃破だけでも勝算はあったのか、やれたとしてもそれからどうすると疑問山積だが、上陸する側もそうやすやすと進攻できなかったはずだ。ともかく、重田徳松らが知恵を絞《しぼ》って構築した特火点などは、今日でも残っているが、正面からは見えないで、側射、背射を主体とした堅固なものだそうである。

東京都

首都の特殊性

東京都となったのは昭和十八年七月からで、それまでは東京府、東京市だった。江戸開府が一六〇三年二月、それ以来ここが首都であったから、特殊な地域である。

東京の士族は皆、徳川宗家の旗本、御家人ではない。各藩の藩主は、江戸と国元で半分ずつ過ごし、妻子は江戸から離れられない。各藩は江戸家老以下、江戸勤番を置いているから、各地からの寄せ集めであった。平民も同じで、出稼ぎに来た人が定着したケースが大多数だった。

このような風土だから、これが江戸っ子だ、東京人だと定められない。よく東京人は、「好奇心が強く、出世欲が強い」と言われるが、それは地方から上京して来た人の一般的な性向であろう。

陸軍の整備がすすむにつれて、東京は「軍都」となった。三官衙と言われる陸軍省（三宅坂）、参謀本部（三宅坂）、教育総監部（北ノ丸）にはじまり、幼年学校と士官学校（市ヶ谷）、陸軍大学校（青山）、砲工学校（水道橋）といった教育機関、近衛師団（北ノ丸）と第一師団（青山）の二つの師団司令部などが東京に置かれた。ようするに正規の将校は長短の差こそあれ全員、東京の生活を体験していたのだ。

一般の教育レベルも高く、中学の密度も地方と格段の違いがあった。そして、大正末の人口は約四百四十九万人（総人口は五千九百七十四万人）と圧倒的な集中もあり、幼年学校、士官学校に進む東京出身者が急速に増えた。

いまだ藩閥意識が濃厚に残る大正九年から十五年の間に幼年学校に進んだ者の統計を見ると、山口県九十七人、鹿児島県九十二人、東京府八十七人、同じく士官学校は、福岡県六十三人、山口県六十二人、東京府四十三人となっている。

昭和に入ると、さらに東京が占める比率が高まる。八十年の間に東京が生んだ陸軍将官は約三百八十人、群を抜いた一位、「陸の長州」より百人も多い。これは少将約二百四十人で押し上げられた数字だから、若手は圧倒的に東京出身だったことになる。

東京都出身の陸軍大将は、荒木貞夫《あらきさだお》（9期）、岡村寧次《おかむらやすじ》（16期）、木村兵太郎《きむらへいたろう》（20期）、インドネシアで戦病死して名誉進級した富永信政《とみながのぶまさ》（21期）の四人だ。海軍大将

も仲良く四人で、加藤定吉（海兵10期）、高橋三吉（海兵29期）、藤田尚徳（海兵29期）、嶋田繁太郎（海兵32）。

本籍地こそ違え、東京生まれで東京育ちの陸軍大将としては、阿部信行（石川、9期）、寺内寿一（山口、11期）、東條英機（岩手、17期）、阿南惟幾（大分、18期）がいる。だれがどうだとは言わないが、「明るくさばけているように見えるが癇癪持ち」「鯉幟と同じで腹がない」といった都会人らしい人物がそろっているようにも見える。

「皇軍」の伝道師

荒木貞夫は、紀州・徳川藩の江戸勤番の家に生まれ、育ちは浅草と生粋の江戸っ子

荒木貞夫

木村兵太郎

富永信政

と言ってよい。彼の陽気に騒ぎ、長口舌をふるう性格は東京下町育ちの血であろうし、自己主張の強さは街道筋で顰蹙《ひんしゅく》を買った紀州侍譲りとなる。

荒木貞夫は、陸大十九期の首席の参謀本部育ちで、いわゆる「ロシア屋」のエリートであった。大正三年から一年たらず岡市之助（京都、旧4期）陸相の下で陸軍省副官を務めたほかは、陸軍省勤務がない彼が、なぜ激動期の陸相となったのか。それが帝国陸軍の運命であったと言うほかはない。

都合三回にわたるロシア駐在とシベリア出兵従軍で、荒木貞夫は帝政ロシアの崩壊を見つめてきた。その体験から日本への共産主義の波及を恐れ、その防波堤となる軍人の意識改革、士気高揚の必要性を痛感したのだった。

そこで荒木貞夫は、帝国陸軍の将校たる者は、すべからく天皇陛下直属の侍であるとし、そのへんの官吏や巡査とは格が違うのだから誇りを持てと強調した。直参旗本のイメージをあてはめたのだろう。

そして、いかにもお祭り好きな浅草っ子らしく、荒木貞夫は御神輿《おみこし》をかついで練り歩き、伝道これ努めた。なににでも「皇」の字をつけて、軍は天皇親率の集団であることを五感に訴えたのである。皇国、皇軍、皇土、皇威まではわかるが、皇謨《こうぼ》、皇猷となると辞書を引かないと意味不明。

師団司令部などの建物の正面に飾られていた陸軍の象徴「五稜星」を、天皇家の紋章「十六菊」に替えたのも、荒木貞夫が陸相だった時代のことである。

この一大キャンペーンを、軍人だれもがもろ手を挙げて歓迎したわけでもない。「国軍でよろしいではないか、国軍であるべきだ」「五稜星には意味があるのだ」という意見も根強くあった。「連中はチンドン屋か」との酷評も聞かれた。

人脈的に荒木貞夫の立場を見てみよう。大正時代に参謀本部の主流で勤務したことは、上原勇作（宮崎、旧3期）の膝下に入ったことを意味する。そして、欧米に駐在するためには、宇都宮太郎（佐賀、旧7期）の眼鏡に適《かな》う必要があった。「ロシア屋」の重鎮は、武藤信義（佐賀、3期）である。荒木と同じく中学出身で陸士、陸大同期の親友が、真崎甚三郎（佐賀、9期）である。このように荒木は、幾重にも佐賀県人に囲まれ、いわゆる大分県人を除く九州連合の薩肥閥に取り込まれたのだった。

昭和四年八月の定期異動で荒木貞夫は、陸大校長から熊本の第六師団長に転出した。大方の予想では、ここで荒木は終わりだとされていた。ところが熊本という土地柄に皇軍キャンペーンがマッチしたのか大好評となり、熊本は軍部革新運動のメッカとなった。これを見た省部の少壮幕僚の間でも、「神輿はだれでも結構、明るく元気なものが良い」と荒木をかつぐ動きがさかんとなった。

こう盛り上がってくると、中央部も無視できなくなる。昭和六年四月、荒木貞夫らを「珍妙な連中」と嫌っていた宇垣一成（岡山、1期）が退き、新陸相となった南次郎（大分、6期）は、同年八月の定期異動で荒木を教育総監部本部長とした。教育総監の武藤信義の援護射撃があったことはもちろんだ。中央に返り咲いた荒木を出迎える将校で、東京駅は大混雑したという。

昭和六年十二月十一日、若槻礼次郎内閣が総辞職し、後任首相は犬養毅となった。犬養は岡山県出身だから、難しい陸相の選任については同郷の宇垣一成に相談したいところだが、宇垣は朝鮮総督に出ていた。

宇垣の代わりに影響力を発揮できる立場にいたのが、元帥となった上原勇作と教育総監であった武藤信義であったため、場違いの感が強い荒木貞夫が中将のまま陸相に就任した。

陸相が交代してすぐに、参謀総長の金谷範三（大分、5期）が辞任し、後任が大きな問題となった。荒木は武藤信義を望んだが、それはあまりにやり過ぎだということで、閑院宮載仁の出馬を仰ぎ、次長に盟友の真崎甚三郎をつけた。

つづいて荒木人事が吹き荒れ、昭和七年四月までに省部の顔ぶれが一変した。陸軍省の中枢である軍務局長に山岡重厚（高知、15期）をすえたことは、その象徴となった。山下奉文（高知、18期）が軍事課長となって注目されたのもこのときである。満州事変と合わせて、これが良い意味でも、悪い意味でも、日本の転換点であった。

さて、それからの荒木貞夫である。陸相、大将、男爵にまで上りつめれば、人間に重厚さが出てくるものだが、彼にはそれがない。

昭和七年五月、五・一五事件が起こり、犬養首相が射殺される。事件の主力は海軍士官であり、陸軍からの参加者は士官候補生だけであったにしろ、国軍はじまって以来の不祥事だから、責任を痛感した荒木は辞任を決意して、朝鮮軍司令官であった林銑十郎（石川、8期）を東京に呼び寄せ、後事を託そうとした。

ところが、周囲がそれを許さない。神輿を失うと困る人が多すぎたのだ。これは俺の責任だと教育総監の武藤信義が辞職すると、「先輩、責任を取って下さって申し訳ありません」と荒木貞夫は陸相にとどまった。なんとも軽い印象は拭えない。

陸相を辞任する際も、荒木貞夫という人の軽さを感じる。待ち望まれていた皇太子（現上皇）が昭和八年十二月に誕生し、勤皇の武士荒木が盛り上がったのは無理もない。その勢いで九年の正月、酒を飲みすぎて風邪をひき、肺炎を併発して一月下旬からの国会出席が危ぶまれた。

するとと突然、辞表を提出してしまう。いかにも江戸っ子らしいせっかちさだが、大将なのだからもう少しあと先を考えて行動してもよいと思う。

二・二六事件のときも情けなかった。荒木貞夫は部下もいない、権限もない軍事参議官であったから、事態を収拾できなかったことはしかたがない。鎮圧と決まった二月二十九日、皇居の主馬寮から馬を引き出し、対峙する両軍の間に乗り入れると張り切ったのも彼らしい。

ところが、馬にも乗らないうちに諦めたというのも寂しい。「残雪の中、半蔵門から走り出でたるただ一騎、手綱を引き絞るや、皇軍の勇士らよ聞けと大音声」とやれば、結果はどうであれ講談としては残った。発想は良いのだが、実行力がともなわない。これが都会生まれの軍人の限界なのだろうか。

気配り、目配りの都会人

岡村寧次は直参旗本の家に生まれ、名のある幕臣の末裔でただ一人の陸軍大将である。彼は終戦時の支那派遣軍総司令官であり、二十七個師団からなる帝国陸軍史上最大の野戦軍を指揮した将帥としてその名を歴史にとどめた。岡村がここまでになると予想した人はいなかったはずだ。「旗本の次男坊」として知られていたものの、彼の陸士十六期は俊才ぞろいだったから、目立つ存在ではなかった。陸大卒業後、参謀本部第四部第九課（外国戦史課）勤務と地味なスタートを切った。それが岡村の栄達をもたらしたのだから、人間の運命はわからないものだ。

岡村寧次の名前が今日まで語り継がれているのは、彼が陸軍革新運動の源「一夕会」の発起人の一人だったからだろう。陸士十六期の三羽烏といわれることになる岡村、永田鉄山（長野）、小畑敏四郎（高知）が大正十年十月、ドイツの保養地バーデン・バーデンに集まって盟約を結んだという有名な出来事だ。

出身地はまちまち、幼年学校出身の歩兵科ぐらいが共通点で、なぜ盟友になったのか、いぶかしく思う向きもあろう。

じつは簡単なことなのだ。岡村は生まれも育ちも四ッ谷、小畑は父親の勤務の関係で幼年学校は大阪となっただけで、麹町の生まれで中学は学習院、永田も諏訪の生まれながら十二歳から牛込の育ち、ようするに三人とも東京人なのだ。早くから「一夕会」の一員とされる東條英機も、生まれも育ちも東京である。

一夕会も当初は、秘密結社じみたものではなく、「たまには飯でも食べて欧州時代の話でもしようや」ということで、ハイカラな東京育ちらしく渋谷の洋食屋、二葉

岡村寧次

亭に集まったので、「二葉会」と言っていた。そのうち世相も賑やかになり、立身出世を旨とする地方出身者や功名手柄に燃える政治志向のくせ者が加わって来て、問題が複雑になった揚げ句が一夕会の分裂だった。

戦史課員であった岡村寧次は、第一次世界大戦での青島攻略戦史編纂のため青島に派遣された。そこで支那屋の元老、青木宣純（宮崎、旧3期）の目にとまり補佐官となった。これが奇縁で岡村は支那屋で華中の専門家の道を進むことになる。

大正十二年末から昭和二年三月にかけて岡村は駐在武官として上海に勤務し、ちょうど蒋介石による北伐があって、彼の課報活動は注目された。

昭和四年八月の定期異動で、岡村寧次は補任課長に抜擢された。花形の課長は、参謀本部では作戦担当の第二課長、陸軍省では予算を扱う軍事課長とされるが、佐官クラスの人事を差配する補任課長は隠然たる力を持つ。そもそも補任課員は公平で秘密を守れる人でなければならないということで、幼年学校出身者だけで固めていたというから徹底していた。

陸軍省の勤務は、新聞班の一年ほどだけの岡村寧次が、補任課長とは意外だった。一夕会の会員が総力を挙げて彼を補任課長に押し込み、人事を一新させようとしたのならば面白い。長州征伐となれば、幕臣の末裔登場で話にもなる。

しかし、実際はそうではなく、人事局長が戦史関連の業務で縁のあった川島義之(愛媛、10期)であり、「東京の岡村なら藩閥のしがらみがない」ということで、岡村寧次の補任課長が実現したようだ。

さて、補任課長となった岡村寧次が、一夕会の盟約に沿って革新的な人事を行なったかと言うとそうでもない。良く言えば厳正中立、悪く言えば利口に立ち回る八方美人の人事だったとされる。

宇垣一成が陸相として睨《にら》みを利かせているなかで、思い切った人事ができるはずもない。陸相が南次郎に代わってからは、多少とも岡村色の人事が見られるそうだが、南陸相はわずか八ヵ月、後任の荒木貞夫となれば、また別な意味で自由に動けない。岡村寧次が補任課長になって二年半、そろそろ下番の時期になった昭和七年二月、第一次上海事変となり、上海派遣軍が編成された。

軍司令官の白川義則(愛媛、1期)は、上海付近の土地勘のある者を新たに設けられた参謀副長にと希望し、同郷の川島義之と相談のうえ、岡村となった。

東京を去るにあたって岡村寧次は、人事局長で東京幼年学校の先輩である松浦淳六郎(福岡、15期)に、「永田鉄山と小畑敏四郎は、性格的に合わないことはご承知と思う。どうかあの二人を同じ部署に置かないでもらいたい」と要望したという。

ところが、それからすぐ四月の異動で、永田鉄山は第二部長、小畑敏四郎は第三部長と同じ参謀本部勤務となってしまった。理屈こそすべてに優先するというこの二人、衝突するのも無理はない。その論争については長野県の項を見てもらいたい。

もし、岡村寧次が東京にいれば、永田鉄山と小畑敏四郎を招いて昔話を肴に一献傾け、調停することも可能であったろう。

岡村は昭和七年四月に東京にもどるが、すぐに関東軍参謀副長に転出し、ふたたび東京勤務となるのは九年十二月であった。

永田と小畑の対立は、中に入る者もなく、周囲を巻き込んで先鋭化し、十年八月の永田鉄山斬殺の悲劇を迎えることになってしまった。

その後の岡村寧次は、参謀本部第二部長、第二師団長を経て中国戦線で主力となる第十一軍司令官となった。そして、軍事参議官をはさんで北支那方面軍司令官、華中の第六方面軍司令官を務め上げて支那派遣軍総司令官となる。まさに栄光の軍歴だ。

「支那屋は傍流《ぼうりゅう》ながら、じっと我慢すれば大成する」を地で行ったことになる。

加えて岡村寧次の場合は、洒脱で明るい江戸っ子という特質からか、敵をつくらなかった人だった。あの蔣介石にすら、「岡村は友人だ」と言わしめたのだから、これはもう八方美人的な人徳としか言いようがない。

坂西利八郎

斎藤義次

意外な騎兵天国

東京都出身の中将は、百三十六人もいる。これだけの数になると、並の記憶力では整理しきれず、彼も東京人だったかと再認識させられるケースが多い。

たとえば、支那浪人の多くが世話になった北京の坂西公館の主、坂西利八郎《ばんざいりはちろう》（2期）も東京出身の中将だ。アメリカの工兵隊に隊付勤務中、フェンシングの大会で優勝してダグラス・マッカーサー参謀総長から表彰された鎌田銓一《かまたせんいち》（29期）も東京人だ。

太平洋戦争下の東京と言えば、空襲となる。その米軍機が発進したマリアナ諸島の攻防戦で戦死した将軍には、なぜか東京出身が目立ち、因縁すら感じさせられる。

サイパンで玉砕した三人の中将、第四十三師団長の斎藤義次《さいとうよしつぐ》（24期）、第三十一軍参謀長の井桁敬治《いげたけいじ》（27期）、第三十一軍参謀副長の公平《きみひら》匡武《まさたけ》（31期）、これみな東京人だ。さらにグアムで玉砕した第二十九師団参謀長の岡部英一《おかべえいいち》（31期）、独立混成第十連隊長の片岡一郎《かたおかいちろう》（31期）も東京出身であった。

最初に述べたように、東京は巨大な軍都であったことから、勤務の関係から高級将校の二代目が多い。そのなかでも、「石田四兄弟」が有名であった。

父親は石田保謙《いしだもりてる》（石川、旧1期）で、朝鮮併合のとき、臨時派遣隊の司令官を務めた人である。その子弟は東京出身となり、長男の保道《もりみち》（18期）は砲兵科出身の少将、次男の保秀《もりひで》（20期）は侍従武官も務めた騎兵科出身の中将、三男の保政《もりまさ》（23期）は陸大で名教官と言われた歩兵科出身の少将、四男の保忠《もりただ》（27期）は歩兵科の少将で、カラフトで病没している。

さて、石田保秀が騎兵科出身であることに着目して名簿を見ると、東京出身の騎兵の多さに驚かされる。東京都が生んだ騎兵科出身の中将は十八人、つづくのが新潟県、長野県の三人だから群を抜いている。しかも、有名人ばかりだ。

侍従武官長をした宇佐美興屋《うさみおきいえ》（14期）、宇垣一成の義弟にあたる笠原幸雄《かさはらゆきお》（22期）、満州事変勃発時に南次郎陸相の秘書官であった櫛淵鍹一《くしぶちせんいち》（24期）、ガダルカナル撤収作戦時の参謀本部第一部長の綾部橘樹《あやべきつじゅ》（27期）、そして前述したサイパンとグアムで玉砕した斎藤義次と岡部英一も騎兵科出身だ。

佐官にまで広げれば、終戦時に陸軍省高級副官であった美山要蔵《みやまようぞう》（35期）、ロサンゼルス・オリンピックの金メダリストで硫黄島で戦死した西竹一《にしたけいち》（36期）が東京出身の騎兵である。

日華事変前の平時体制では、騎兵連隊は各師団に一個、騎兵旅団四個に各二個連隊、合計二十五個連隊あった。単位数は多いにせよ、その平時編制は人員四百十九人、戦時編制でも人員四百五十二人という小世帯であった。

騎兵科に当てられる要員も少なく、綾部橘樹の陸士二十七期を見ると卒業生七百六十一人中、騎兵科は五十八人であった。これでもとくに多い方で、二十人以下という期もあった。それなのに東京都には騎兵科出身の将官が異常に多い理由はなんなのか。

笠原幸雄

東京という大都会では馬に親しむ機会などないと思うが、じつはそうでもなかったのだそうだ。高級将校が馬に乗って出退勤する姿を一番目にするのは東京だった。これを見て、「格好が良い、俺もひとつ」と騎兵に憧れたのだろうという説明も頷《うなず》ける。

また、当時の将校は、装具一式自弁であった。とくに馬具も用意しなければならない騎兵は、経済的な負担が重く、豊かな家庭の子弟でなければ無理だった。当局もその点を考慮したため、富裕な東京出身者に偏《かたよ》ったというのも納得できる。

とにかく騎兵は貴族の兵科というイメージがあるから、毛並みの良い二代目が集まっていた東京都からの志望者が多くなったのであろう。

騎兵科出身者が多いので、伝統ある騎兵の歴史に幕をひいたのも東京出身者となるのも必然だった。それが吉田悳《よしだしん》（20期）である。

彼は軍務局馬政課長、騎兵学校幹事、騎兵監を歴任した生粋の騎兵だが、昭和十一年の二・二六事件で北一輝、西田税の裁判長で有名になった。吉田は両名を銃殺刑に処するのは無理だとしたが、軍上層部の圧力でやむなく判決を下した。

太平洋戦争の勃発前後、吉田悳は騎兵監、機甲本部長を務めたが、そこで大英断を下した。乗馬騎兵の全廃であり、師団の騎兵連隊は捜索連隊に改編された。また、戦車連隊の拡充もこの時点から本格化した。

騎兵という保守的な集団を下馬させたのだから、吉田悳の力量はたいしたものだ。東京人らしい都会的、合理的センスがなければ、なかなかできない事業であった。

神奈川県

相州武士も昔話

相模と武蔵の一部が合わさって神奈川県となった。横浜近辺の金沢八景には米倉藩一万二千石があったが、そのほかは小田原の大久保藩十一万石とその支藩一万三千石があるのみで、あとは天領と寺社領が広がっていた。

神奈川県が開けた都会というイメージになったのは、横浜や横須賀が港湾として発展してからのことで、その前は東海道の宿場町が目立つぐらいの田舎であった。相州武士と言うのも鎌倉時代の話で、江戸時代には死語になっていたし、そもそも藩がごくかぎられていたので、士族も少ない地域であった。

幕末から東部を中心として急速に発展し、大正末で百四十万人と東京府の三分の一の人的資源をかかえていた。それでも神奈川県が生んだ陸軍の将官は三十人たらずで、西の大阪府と並ぶ全国最低のレベルとなっている。横須賀という大軍港をかかえているのに、海軍大将もいない。

元来、士族が少なく、急速に都市化が進んで豊かな地域となり、東京の高校や大学にも通えるとなれば、わざわざ殴られに軍学校に進むこともあるまいとなるのも無理はない。明治、大正では納得のいく説明だが、昭和に入ってもそうなのは解せない。同じような環境の東京では、昭和に入ると武窓に進む者が増えている。

なぜ、神奈川県はそうならなかったのか。事情を知る人によれば、「神奈川県は先輩が悪すぎた」と顔をしかめる。「どうしようもない軍人を出したから、神奈川県人は大将にしない」という不文律がある、との噂すらあったというのだ。

その先輩とはだれか。神奈川県が生んだ、ただ一人の大将、山梨半造《やまなしはんぞう》（旧8期）である。

「拝金将軍」の汚名

帝国陸軍に泥を塗ったとまで言われる山梨半造とは、いかなる人物だったのか。

「薩摩と長州の間でうまく立ち回ったコウモリ」「話にもならない軍縮を強行した陸相」「訥弁」「拝金将軍」と彼を良く言う人は皆無であった。事実、朝鮮総督のとき、疑獄事件に関与して起訴されたから、彼の悪名は司直の手で証明されたことになる。

そんな人物がどうして大将、陸相、朝鮮総督にまで上りつめたのか。陸士、陸大で田中義一（山口）と同期だったこと、「今信玄」と呼ばれた田村怡与造（山梨、旧2期）の女婿であったことが、その背景にあった。

山梨半造の郷里は相模川の上流部で、山梨県に近い。また、陸士同期に山梨県出身の浅川敏靖もいたこともあり、田村家との縁談がまとまったのだろう。

田村怡与造という人は、川上操六（鹿児島、草創期）の直系と目され、薩州閥の準構成員とされるが、長州閥とも良いという不思議な存在として知られる。田村の夫人と娘二人も変わった人だった。

長女は山梨半造へ、次女は本間雅晴（新潟、19期）に嫁いだ。本間は奔放な田村の次女に振り回されて離婚となったが、その揚げ句に義母から手切れ金を請求されて散々な目に遭った。山梨に嫁いだ長女もなかなかのもので、堂々と記者会見をして、旦那の人事まで話すのだから恐れ入る。

明治の男も女房には頭が上がらなかったということであるし、山梨半造の拝金的傾向には、甲州らしい田村家女性陣の影響もあったのだろう。しかし、それはあくまでエピソードだ。

ところが、田中義一との縁は、陸軍の曲がり角に大きく影響し、まさに歴史的な「腐れ縁」となった。

この二人とも、陸士、陸大の成績はそれほどではない。田中義一は歩兵第一連隊、山梨半造は歩兵第五連隊が初任で、まずこの部隊勤務で認められた。日清戦争では、田中は歩兵第二旅団副官、山梨は歩兵第四旅団副官で出征し、日露戦争では田中が満州軍参謀、山梨が第二軍参謀で頭角を現わした。

学校の成績ではなく、実際の軍務で評価されての栄達は望ましいことであり、なにかと問題の多いこの二人も若いころは満点だったのだ。

大正七年九月、田中義一は第一回目の陸相となるが、就任直後に次官に山梨半造をもって来た。陸相と次官が陸士同期というのは、旧三期の楠瀬幸彦（高知）と本郷房太郎（兵庫）、旧四期の岡市之助（京都）と大島健一（岐阜）の二例がある。このときはそれほど話題にはならなかったのに、田中・山梨コンビにはあれこれ陰口が叩かれた。

「一歩下がって同期を支えてやるとは殊勝なこと」と認めてやればよいものを、同期の風下に付くとは見下げたやつだ、それでも相州武士かとやられたのである。長州閥をバックに隆盛をきわめる田中義一へのやっかみが、山梨半造にも向かったのだろうが、この二人にはどこかうさん臭いところがあったのも事実だった。

田中義一が待命となって陸相を下番したとき、山梨半造も軍事参議官なりに退けばよかったのだが、同期のたらい回しをやって山梨が陸相となるからまた評判が悪くなる。山梨が陸相に就任したのは大正十年六月で、シベリア出兵の末期であった。

国際協調の美名の下、まったくの無名の師であったため、さまざまな不祥事やよからぬ噂が飛び交った。出兵関連の機密費三百万円が使途不明、白系露軍が軍資金としていた金塊が消えたなどだが、どれも田中と山梨のコンビの仕業ではないかと疑惑の目が向けられた。

さらに世界的な軍縮の波に抗することもできず、軍縮を実行したことも山梨半造の評判を落とした。大正十一年と同十二年の二次にわたる「山梨軍縮」だが、その主な点は各歩兵連隊から三個中隊を削減して、機関銃隊を新設するというものであった。そのほかの施策もふくめて師団五個相当の軍縮となった。

この代償はといえば、各歩兵中隊あてに軽機関銃六梃とは人を馬鹿にしていると反発が激しかった。二次軍縮では、仙台幼年学校が廃止となった。仙幼出身者は独特な凝り固まる気質があるからたまらない。「名古屋、大阪と一緒にするな」と憤激は極に達した。

考えてみれば、これすべて山梨半造の責任ではない。田中義一が政界に進出するための布石なのだ。金銭疑惑が本当にあったとしたら、それは田中の政治資金集めである。軍縮も政党に対する迎合であり、これで田中の政友会総裁が可能になったのだ。

昭和二年四月、田中義一内閣が成立すると、予備役となっていた山梨半造は朝鮮総督に抜擢された。田中のために汚れ役をやってきたことの論功行賞と見られてもしかたがないし、さらには政治資金集めに朝鮮に送られたと言われても反論できない。

朝鮮総督になってからの山梨半造には、スキャンダルがつきまとった。まず、肥料工業にまつわる利権話にはじまり、最後には釜山の証券取引所開設にともなう疑獄事件が発覚し、なんと総督が起訴される騒ぎとなった。これで「山梨は拝金将軍」が定説となり、こんな奸物を生んだ神奈川県からは以降、大将は出さないとの神話に発展した。

「興安嶺以西に責任なし」

大先輩の不祥事はともかく、軍人の絶対数が少ないので、陸軍中将が七人にとどまったことはしかたがない。そんな数少ないなかで、昭和十四年五月からのノモンハン事件で第二十三師団長の重責を担い、悲劇の主人公になってしまったのが、神奈川県人の小松原道太郎《こまつばらみちたろう》（18期）である。

駐ソ武官、ハルビン特務機関長を務めた代表的なソ連屋であった小松原道太郎は、同期の先頭グループで師団長となった期待の人材であった。満州の西正面、ホロンバイル平原を担当する第二十三師団長は、まさに適任であった。

ところが承知のとおり、ノモンハン事件は日本側の大敗に終わり、小松原道太郎は散々な目に遭った。ノモンハン事件の敗因について、さまざまに語られて来たが、あまり紹介されていない点を語るにとどめたい。

自動車がまだ発達していない当時、各国共通の軍事常識では、鉄道の端末から二百五十キロ以上離れると、大軍の運用はまず不可能とされていた。日本側の鉄道端末は、北満線のハイラルで、ここからノモンハンまで二百キロであり、なんとか補給を維持できるはずだった。

小松原道太郎

一方、ソ連側は北満線と連結するシベリア鉄道の支線のボルジャが端末で、ぐるっと迂回しなければならないので、第一線まで六百五十キロに達する。ソ連軍が師団、軍団を投入して来れないだろうと見るのも無理はなかったのだ。ところが、ソ連軍は補給線を維持しつづけ、三個師団と有力な砲兵を配属した軍団を投入して、日本軍を圧倒したのであった。

事件をめぐってもっとも不可解なことは、どこが国境線か日本側がはっきり認識していなかったことだ。ただ漠然とハルハ川の線だろうとしていたのだが、参謀本部は細かい所は関東軍にまかせたつもりでいた。ところが関東軍は、参謀本部からハルハ川の線だと明示されていたと理解していた。そのため事件がはじまると、参謀本部・大本営と関東軍との間がぎくしゃくする。

人間関係も込み入っていた。閑院宮載仁参謀総長の下で大次長の中島鉄蔵（山形、18期）は、真面目なのはよいが、東北人特有な融通のきかないところがある。関東軍の参謀長は磯谷廉介（兵庫、16期）で、支那屋に特有な明るさは結構だが、アバウトなところがある。この中島と磯谷が合うわけがない。

さらにまずいことに、参謀本部の第二課長が稲田正純（鳥取、29期）、関東軍の第一課長が寺田雅雄（福井、29期）であったことだ。同期ならば結構ではないかというのが勘違いで、ひとかどの宿望を持った人にとって同期生は永遠のライバルで、「あいつの言うことだけは聞けない」となる。しかも始末の悪いことに、この稲田と寺田は裏日本の人特有な癖があった。これではまとまる話もまとまらない。

これらどの問題も第二十三師団長の小松原道太郎には、まったく関係ないことだ。

しかし、責任追及となると第一線に立つ者、指揮官が背負うことになる。戦況が収拾つかなくなると、「師団長の小松原が死んでくれれば丸くおさまる」という雰囲気まで生まれたというのだから言葉を失う。

さて停戦となり、粛清人事の秋《とき》となった。人事当局者ばかりか陸相だった畑俊六（福島、12期）までが関東軍に出張し、あれこれ調査した。その結果が、「興安嶺以西に責任なし」との文学的表現となった。第一線には責任はないという意味で、関東軍と中央に責任があるというわけである。事実、関東軍では軍司令官の植田謙吉（大阪、10期）と磯谷廉介、参謀本部では中島鉄蔵が予備役編入となった。

では、裁定のとおり「興安嶺以西」では責任を問われなかったのか。みずから責任を痛感し、また上司や同期生から強要されて自決する者が続出した。そして小松原道太郎は、軍旗を失った責任から、みずから予備役編入を申し出た。慰留すべきが人の道と思うが、「あー、さようか、辞めたいのか、結構だ」と受理し、昭和十五年一月に待命、予備、そして痛ましいことに、その年の十月に病没した。

本当のことを言うと……

小松原道太郎の非運は巡り合わせで、彼が神奈川県人だからというものでもない。

つぎの二見《ふたみ》秋三郎《あきさぶろう》（28期）の場合は、神奈川の県民性が災いした点は多少あったのではないか。それはなにかと問われれば、まず合理主義、そして、「正しいことを口にしてなにが悪いか」といった態度とでも言えようか。また、何事も数字で割り切れるとする神奈川県人の特性も災いしている。

二見秋三郎は陸大卒業後、選ばれて歩兵科から航空科に転科した人で、大佐進級は一選抜のエースであった。昭和十一年八月から十三年三月まで参謀本部第三課の動員班長を務めているから、日華事変がはじまり、平時態勢から戦時態勢への大転換をやってのけた実務担当者が二見ということになる。

昭和十二年ころの師団の動員計画を見ると、人員一万三千五百人、馬匹六千六百頭を召集、動員して戦時編制とした。もちろん、人員と馬匹ばかりでなく、大は大砲から小は繕い物の針一本まで数えて部隊に配布する。

この作業は精神主義ではどうにもならず、数字に基づく合理主義でなければ話にならない。二見秋三郎は持って生まれた都会的なセンスを、動員業務に十二分に活かし、だれもが彼をこの道の権威だと認めていた。

昭和十七年五月、ニューギニアのポートモレスビー攻略を主な任務とする第十七軍が新編され、軍司令官は百武晴吉（佐賀、21期）、参謀長は二見秋三郎となった。二見は中国戦線の中核、第十一軍参謀副長からの転出であった。地位的には栄転ながら、六個師団を抱える第十一軍から、旅団二個ほどの第十七軍へとは左遷と感じるだろう。

しかも作戦目的が雲をつかむような話で、満足な地図もない。それでなくとも一言多く、地声も大きい二見秋三郎が、口角泡を飛ばしつつ声がさらに大きくなるのも無理はない。ポートモレスビーへの進撃が思うように進まないで苛立っている昭和十七年八月七日、米軍がガダルカナル島に上陸する。

海軍の失態の尻拭いのような形となり、第十七軍はガダルカナル奪回を命じられた。急ぎガダルカナルに突っ込んだ一木支隊は全滅し、二見秋三郎と陸士同期の一木清直（静岡、28期）が戦死した。これにはショックを受けただろうし、二見は当初から奪回作戦そのものに疑問を感じていた。

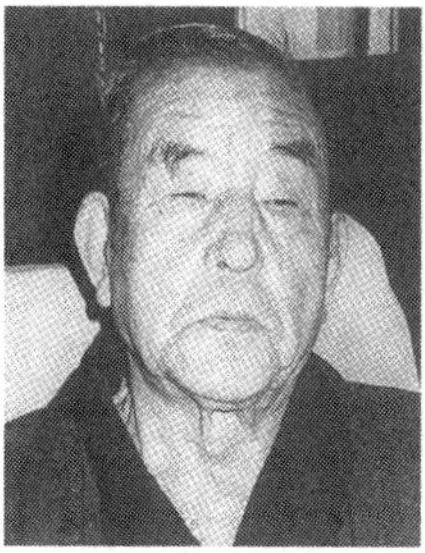
二見秋三郎

戦力策源地のラバウルからガダルカナルまで約一千キロ、十分な補給とエアカバーがなければならないが、それを海軍に期待するのは無理と判断していたのだ。

また、奪回に必要な兵力は、二個師団、軍砲兵として野戦重砲兵連隊五個が必要と見積もっていた。それでなければガダルカナルは放棄すべきだと、まさに慧眼であった。

しかし、本当のことを言って通る日本ならば、敗戦の憂き日を見るはずもない。連合軍の反攻が一年以上も早くはじまったことで頭に血がのぼった大本営は、奪回作戦に固執し、反対意見の二見秋三郎を昭和十七年十月に更迭し、同年十二月に予備役編入、即刻召集で北朝鮮の羅津要塞司令官に追いやった。

さて、戦局も押し詰まった昭和二十年二月末、大本営陸軍部は必勝部隊構想なるものを打ち出した。本土に上陸して橋頭堡を確保した敵主力に対して、スクラムを組んで押しかけて海に追い落とす精強部隊で、師団八個、混成旅団十五個を新編することとなった。

ところが、本当の戦さ上手が見当たらない。この際だから少将の師団長でも結構、とにかく使えるやつを探せということになった。勇ましすぎてちょっと使いづらい、理屈をこねて煙ったいということで閑職に回されていた人が各地から集められた。

その中の一人に朝鮮北部の羅津でくすぶっていた二見秋三郎がいた。彼はまず福江島に配備される独立混成第百七旅団長となるが、いかにももったいないということか、終戦時には宮崎海岸の第一線、第百五十四師団長心得となっていた。軍の参謀長を経験した者を、少将のまま師団長心得にするとは、人事当局者も嫌みをやるものだ。

新潟県

イメージどおりでない軍人たち

越後の一国で新潟県となったが、幕藩時代には細分化されていた。慶応元年で見ると、高田の榊原藩十五万石、新発田の溝口藩十万石、長岡の牧野藩七万四千石、村上の内藤藩五万石、村松の堀藩三万石が主なところで、ほかを合わせて十一個藩であった。

新潟県は、面積では全国第五位、大正末の人口は約百八十五万人で全国第七位という大きな県である。しかも、米からお茶まで食料自給ができる数少ない地域でありつづけている。

米作主体の江戸時代には、圧倒的ともいえる豊かな地方であった。ここに大藩を置いたら、加賀の前田藩百万石どころの話ではなくなり、幕府の脅威となるので分割したのだろう。

では、越後の人のイメージとはどんなものか。まず、雪国だから忍耐強いということが上げられる。そして、東京に出てきた新潟県人は、米屋、銭湯、豆腐屋を営むケースが多いことから、働き者だとなったのだろう。一般的にはそうかも知れないが、こと軍人の世界になると、このイメージからかなりはずれているように思う。

新潟県が生んだ陸軍大将は一人、陸軍将官は合わせて約七十人。面積、当時の人口からすれば、軍人の密度は平均以下となるだろう。なお、海軍大将は一人、山本五十六（海兵32期）である。

彼らをざっと見渡すと、人を食ったような言動に出て面白がる人、スタイリスト、我が道を行く人と賑やかだ。じっと耐えるというタイプよりも、持って生まれた才能の切れ味を楽しむ人が多いように思う。

実際、新潟県出身の軍人には、切れ味の鋭い人が多い。参謀本部で作戦を担当する中枢の第二課長を、三人も輩出しているというだけで十分だろう。

参謀本部が課の制度を採るようになった明治四十一年十二月から、昭和二十年十月の参謀本部解散まで第二課長（昭和十一年六月から翌十二年十月まで作戦担当は第三課）は二十七人（重複を除けば二十五人）を数える。

陸大出の俊才のだれもが望んだこのポストを、新潟県人の三人で占めたのである。ちなみに、高知県も三人の第二課長を輩出しているが、小畑敏四郎（高知、16期）は東京人といってよいから実質は二人で、新潟県がトップとなる。

作戦課長の三人

参謀本部第二課長の要職に就いた新潟県人の三人とは、初代課長の鈴木荘六《すずきそうろく》（1期）、五代の大竹沢治《おおたけさわじ》（7期）、九代の小川恒三郎《おがわつねさぶろう》（14期）である。

この第二課長になるには、陸大の成績はもちろんながら、それに加えて作戦のセンス、切れ味、常人が考えられないことを考える能力がもとめられる。この特異な職務は、我が道を行き、自分の才能の切れ味を楽しむ越後の人に合っているのかもしれない。

鈴木荘六

陸士一期の三大将、鈴木荘六、宇垣一成（岡山）、白川義則（愛媛）は、奇しくも三人そろって小学校の教員をへて陸軍に入った苦労人であった。するするとエリートコースをたどったのではないところに、この三人の味があり、下積みを経験したことによる貫禄が感じられる。

鈴木荘六を、図上の戦術家と評する向きもあるようだが、彼ほど実戦経験のある人も少ない。日清戦争のときは騎兵第四大隊副官、つづいて北清事変にも出征、日露戦争では第二軍の作戦主任参謀、さらには第五師団長としてシベリア出兵である。そして台湾軍司令官、朝鮮軍司令官と外地軍司令官を二度も経験している。

その間、陸大勤務ばかりでなく、騎兵の専門職域をこなしている。鈴木荘六はその華麗な軍歴にしがみつき、軍事思想の革新を阻害したとの批判もある。しかし、これだけの経歴を有すれば、自信の塊になってもしかたのないことだ。

鈴木荘六は五年間も参謀総長にとどまり、大将の定限年齢六十五歳まで勤めあげた。この栄達の背景には軍歴ばかりでなく、陸士一期生の団結、騎兵閥や閨閥と言った人脈があった。

騎兵科出身の鈴木荘六の妻は、騎兵科の元老である森岡正元（高知、草創期）の子女で、もう一人の子女はこれまた新潟県出身で騎兵科の建川美次《たてかわよしつぐ》（13期）に嫁した。ちなみに森岡正元は、これまた騎兵科出身の大将である森岡守成（山口、2期）の養父でもある。

さらに面白いことに鈴木荘六が陸大幹事のとき、これまた新潟県出身の本間雅晴《ほんままさはる》（19期）に田村怡与造（山梨、旧2期）の次女を紹介している。

なぜ、田村の娘をと思うが、鈴木は日露戦争中に山梨半造（神奈川、旧8期）と同僚の関係にあり、長女を嫁にもらった山梨の紹介で、次女を本間に世話をしたということだった。軍事とは関係ないが、このような関係まで知ると、また違った側面から陸軍を眺められる。

大竹沢治は、大正七年七月から九年八月まで第二課長であった。この時期の参謀総長は上原勇作（宮崎、旧3期）、次長は福田雅太郎（長崎、旧9期）、第一部長は宇垣一成と武藤信義（佐賀、3期）である。

どれも威圧的で癖のある大物ばかり、これに仕えるとなると萎縮するのが普通だが、大竹沢治は違っていた。宇垣一成にも負けないいかつい顔をした大竹は、口を開けば単刀直入、それも理路整然、論旨明確だから上司も一目を置いていたという。

建川美次

本間雅晴

上司に対して厳しい人は、おおむね部下に優しく面倒見が良いものだ。大竹沢治も例外ではなく、後輩をよく引き立てた。陸大の成績が霞んでいた小磯国昭（山形、12期）や阿南惟幾（大分、18期）を見所があるとして、出世街道のスタート地点に立たせてやったのは大竹である。彼は大正十一年二月、予定のとおり第一部長に就任したが、健康を害して同年六月に待命となり、七月に四十九歳で死去した。

大正十五年三月から昭和元年十二月までと短い期間の第二課長が小川恒三郎である。彼の経歴には不可解なところがあり、連隊長を二度やり、第二課長を下番してから参謀本部庶務課長をやっている。その経歴はともかく、小川は古荘幹郎（熊本）と並ぶ陸士十四期の双璧で、古荘が歩兵第二旅団長、小川は歩兵第一旅団長と雁行していた。

歴史的に見た小川恒三郎は、一夕会の顧問格であったことが大きい。秘密結社じみた一夕会に省部のエリートが加わった背景には、「小川さんがいるのだから、鈴木参謀総長の暗黙の了解があるに違いない」と安心したことがある。十六期の三羽烏が旗を振っただけでは、臆病なエリートがあれほど集まるはずがない。

昭和四年八月十四日、鈴木荘六参謀総長らが八七式重爆撃機二機に分乗して各務原の航空部隊の視察に向かった折、二番機が墜落し、第四部長であった小川が殉職した。「一夕会」の同志、深山亀三郎（山口、24期）もこの事故で死去した。この二人が生きていたら、「一夕会」はどうなっていたか、興味のあるところだ。

太っ腹な「止め男」

昭和期に名前を売った新潟県出身の軍人といえば、前にも触れた鈴木荘六の義弟、建川美次となる。彼は感情を表に出し、人を食った物言いをする人であった。一般的には裏日本に珍しいタイプだが、こと軍人ともなると新潟県人らしいと言うべきだろう。

この建川美次こそが、山中峯太郎の小説『敵中横断三百里』の建川挺身隊の隊長である。全軍の先頭に立つ騎兵斥候の気質が終生抜けなかった人だった。鈴木荘六の推薦もあったのだろうが、宇垣一成は建川を高く評価して重用し、「宇垣四天王」の一人とも言われた。

そこで問題となるのが、昭和六年の未発に終わった三月事件である。当時、参謀本部第二部長であった建川美次が、これにどう関与していたかだ。三月事件の首謀者、大川周明と親しい軍人と言えば彼であったことは事実だ。それも大川の思想に共鳴したという関係ではない。大川は翻訳の仕事を陸軍から受けていた時期があり、その窓口が建川だったという。

クーデターを決行し、宇垣一成を首相にすえるという計画を、大川周明がまず打ち明けた相手が建川美次であったことは容易に想像できる。あれこれ頼まれた建川は、「やる気があるかどうか、親爺に当たれよ」と言って、面会の手筈《てはず》を大川と同郷の軍務局長であった小磯国昭に頼めと助言したのだろう。

部内で陰謀に加担したのは、橋本欣五郎（福岡、23期）をボスとする「桜会」の急進派である。橋本は参謀本部第四課のロシア班長であったから、ますます建川美次の関与は疑われる。

しかも、大川周明一派は威嚇に使う「擬砲火」を入手していたが、これは建川美次と同期の親友であり、歩兵学校の教育部長をしていた筒井正雄（愛知、13期）に手配してもらったものだ。こう状況証拠がそろうと、建川は「ひとつ、親爺を男にするか」と動いたのではないかとなる。

しかし、北海道の項でも述べたように、三月事件についての史料は田中清（北海道、29期）による手記しかなく、それも改竄《かいざん》されているとなると、真相に迫ることはもう不可能だ。

つぎの舞台は満州事変で、建川美次は昭和六年八月の定期異動で第一部長に横滑りしていた。同年九月十一日、昭和天皇は南次郎（大分、6期）陸相に軍規について下問した。翌十二日、西園寺公望は南陸相に謀略を取り締まるように注意した。

また、閣議の席で幣原喜重郎外相は、満州で軍需物資の集積が進んでいるとの話を伝え、「物騒な事が起きるのではないか、大丈夫か」と南次郎陸相に尋ねた。

そして、この前後に関東軍参謀長の三宅光治（三重、13期）が、第一部長と軍務局長に現地の実情を見てもらいたいと要請していた。

東京の省部では、「ばれたか」と舌を出した人もいただろうし、「関東軍は本気なのか」といぶかった人などさまざまだったろう。

ともかく、天皇、元老、閣僚から突っ突かれては、横着な南次郎も、なにか手を打たなければならない。そこで小磯国昭と建川美次を「止め男」として奉天に派遣することとなった。ところが、利口な小磯は忙しいといって逃げ、建川だけが行くことになった。

建川美次が東京を出発したのは九月十五日夜、下関、釜山経由の鉄道利用だが、特急が捕まらず急行で向かったというのだが、時間稼ぎをしたのではないかとも見れる。ともかく、新義州から満州に入った建川は、本渓湖で関東軍高級参謀の板垣征四郎（岩手、16期）の出迎えを受けて、九月十八日夕刻、奉天に入り、すぐに宿舎の料亭、「菊文」で板垣と二人だけで一杯となった。

この席でなにが話し合われたのか、歴史に残る十五年戦争のはじまりだが、はっきりしていない。建川美次の腹は黙認で、「本庄さん、元気かね」と世間話に終始した、「幣原が煩《うるさ》いからな」と中央は中止を望んでいると一応は伝えた、「やれる自信があるなら、やってみろ」と止め男転じて火付け役となった、この三つのいずれかであろう。ただ、ここで誤解が生じやすい。新潟県人の癖で、逆説的なものの言い方をするから、焚き付けているようで、じつは自重をもとめていたとも思える。事態の切迫を変に面白がる癖もある。

板垣征四郎が席を立ち、建川美次が一眠りしているとき、柳条湖事件、北大営への総攻撃と満州事変がはじまった。奉天での戦闘中、建川美次は「菊文」でていのよい軟禁状態に置かれた。

奉天を制圧して、さてこれからどうするかという十九日夜、軟禁を解かれた建川美次は、板垣征四郎以下と協議に入った。軟禁するとは何事かと立腹して当然だが、彼は不満の色をいっさい表わさなかったばかりか、中央の意に反しての挙事について一言もなく、これからどうすると真剣に議論をかさねたというから、建川もたいした人物だ。

建川美次はこの席で、対ソ関係の悪化に憂慮し、東満の吉林は良いが、長春以北、すなわちソ連の権益である北満鉄道を越えることには反対と伝えたとされる。この話が本当とすれば、「菊文」で板垣征四郎となにを語ったのか、あるていどは推察できるだろう。

満州事変から五年、昭和十一年の二・二六事件の後始末人事で、事件と直接関係ない者でも先任クラスは総退陣と決まった。素直に予備役編入を受け入れる者ばかりではないと、この荒治療は難航すると見られていた。

とくに第四師団長であった建川美次は難物中の難物とされ、人事局長の後宮淳（京都、17期）がみずから大阪に赴いた。威勢の良さにかけては有名だった後宮も、相手が悪いと及び腰だったろう。

ところが建川は、「俺が辞めてすむのなら、喜んで辞めよう」と用意していた辞表を後宮に差し出した。これで建川の男が上がり、昭和十五年に駐ソ大使に任命されることとなった。

わが道を行く

陸士十九期は、中学出身者ばかりで卒業生が一千人を超える大きな期であった。日露戦争中の募集で、損耗が激しい歩兵の小隊長を速成するのが主眼なため、歩兵科が八百八十二人であった。

その歩兵科の恩賜が、本間雅晴だったから見事なものだ。陸大は二十七期、この期の首席は同期の今村均（宮城）で、本間は三番であった。陸大卒業後、本間はイギリスに駐在し、第一次世界大戦では観戦武官、駐インド武官、駐英武官も経験している。

本間雅晴は佐渡の人だ。佐渡は西回り航路の主要中継地で、金山もあったので、文化程度は高い土地柄であった。本間はそれほど裕福な家庭に育ったわけではないが、良家のお坊ちゃんの風があり、イギリスでの生活も長かったからか、どことなく貴族的な雰囲気を漂わせていた。

巨軀で貫禄もあり、そこを買われて秩父宮雍仁（34期）の御付武官にも選ばれた。本間雅晴はまたなかなかの粋人で、華北駐屯の第二十七師団長のとき、「天津小唄」を作詞している。若いころは長髪にしたり、当時は珍しい自転車を乗り回したりと、帝国陸軍の軍人の枠を越えて我が道を進んだ人だった。

大正期の陸軍には、鷹揚なところがあったのか、型にはまらない本間雅晴でもエリート街道が歩けた。歩兵第一連隊長という補職も名誉なことであるし、連隊長を下番してすぐに少将に進級して和歌山の歩兵第三十二旅団長とは、いかに厚遇されていたかを物語る。

本間雅晴が参謀本部の第二部長のとき、同期のトップの今村均は兵務局長であったが、省部での影響力は本間の方が上だとささやかれていたという。鈴木荘六や山梨半造との関係もプラスに働いていたろうが、やはり彼の能力がものを言ったということだろう。

　順風満帆に我が道を進んだ本間雅晴だが、日華事変がはじまってからは陰りが見えてくる。彼独特な感性から発せられる軍人ばなれした一言が、戦時に入った陸軍に受け入れられなくなったのだ。

　温厚そうで皮肉がきついとか、貴族趣味があるタイプに見られたのだろう。それでも師団長を卒業してすぐに台湾軍司令官だから、厚遇はされつづけた。対英米戦に備えて、英米通を南に配する人事でもある。

　太平洋開戦を前にした昭和十六年十一月、参謀総長の杉山元は南方進攻の主力を務める第二十五軍司令官の山下奉文、第十六軍司令官の今村均、そしてフィリピンに向かう第十四軍司令官の本間雅晴を集めて、最後の調整をした。その席で杉山は本間に、「比島攻略は五十日以内、よろしいな」と期限を切った。

　そこで本間雅晴が、「閣下、ご期待に沿うよう努力します」と答えていれば波風も立たないのに、彼は一言多かった。相手がある話であるから、そう一方的に期限を切られても困る、といった趣旨の発言をしたのである。これには期限ばかりでなく第十四軍の主力である第四十八師団を一段落したら引き抜き、ジャワ攻略の第十六軍に回すという運用構想に難色を示したい気持ちもあったのだろう。

万事に大まかな杉山元も、この本間雅晴の発言にはムッとした。杉山と本間雅晴はともに中学出身で、駐インド武官も経験しているが、勤務上の接点はほとんどない。しかし、杉山は英米通の本間を買っていたからこそ、フィリピン攻略の第十四軍司令官にもって来たのだ。それをやる気があるのか、ないのかわからないような一言があるとは何事だというわけである。

案の定、フィリピン攻略は手間取った。昭和十七年一月二日にマニラを占領したまではよかったが、バターン半島やコレヒドール島にこもった米比軍を一掃したのは同年五月七日のことである。

この失態については、第十四軍参謀長の前田正美（奈良、25期）を紹介する奈良県の項を参照してもらいたいが、とにかく本間雅晴だけの責任ではなかった。しかし、出だしで杉山元の心証を悪くしていたから、なにをやっても評価されない。結局、本間は昭和十七年八月に更迭され、同月末に予備役編入となった。

昭和二十年春から本土決戦準備も本格化し、予備役の主立った中将を召集し、師管区司令官や地区司令官に任命して、地域防衛の体制を強化した。

本間雅晴の同期生を見ると、関亀治（兵庫）は宇都宮師管区司令官、国崎登（広島）は旭川師管区司令官という具合だが、十九期のエースであった本間雅晴には、その口すらかからない。本間がどのように見られていたかを物語る。

そして終戦、戦犯狩りの季節となった。戦争中から米軍は、日本軍は捕虜を虐待していると強く非難していた。その象徴となったのが「バターン、死の行進」であり、本間雅晴が戦犯の槍玉に上げられることは明らかだった。

そこで終戦直後、兵務局と法務局は協議して本間雅晴に礼遇停止処分を科した。内容は一ヵ月間、軍服着用の禁止であったそうだが、なんのためにこんなことをしたのか。こちらで軽く処分しておけば、一事非再審理が国際的にも常識だから連合国に訴追されることはないとの配慮だったという。

ところが連合国は、「本間の犯罪行為は日本すら認めた」とし、彼はマニラに連行され、B級戦犯として銃殺された。マニラ法廷での堂々とした態度は、さすが本間さんだと再評価されたのだが、あまりにもむしい話であった。

富山県

勤勉で強気な風土

越中一国そのままで富山県となった。越中は長らく隣国の加賀、前田藩の支藩である富山の前田藩十万石一つだけであった。この支藩というのがくせもので、藩主以下だれもが主藩に向いており、領民を育てる意識が薄いばかりか、搾取の対象としてしか見ない傾向がある。

また、ここは自然環境も厳しい。豪雪地帯のうえ、立山連峰から流れ下る急流が何本もある。治水の施策がととのうまで富山県人は洪水に悩まされつづけた。

このように人為的にも、自然環境にも叩かれつづけると、その精神風土は勤勉で、抜け目なく、そして強気になるものだ。これを悪く表現したのが「越中強盗」。ちなみに、「加賀乞食」「越前詐欺」とひどい言葉もあるが、北陸三県の特質を言い得て妙と感心しては失礼か。

北陸の名誉のために付言すれば、ここ一帯は全体的に向学心に篤い地域で、「智」が特色とも語られてきた。

富山県が生んだ陸軍の将官は約二十五人で、全国最低レベルである。もちろん海軍大将はいない。富山県の面積は全国第三十三位、大正末の人口は七十五万人と小さな県だから、軍人が少ないのだと説明はできる。

ところが、この数少ない軍人のなかから、突然変異のように怜悧《れいり》な人が現われるのだから不思議だ。これが越中の風土「智」だと言うことだろう。

幕僚の典型

河邊虎四郎

「賢くて勤勉な者」、これがプロイセンの陸軍で参謀に選ばれる基準だそうだ。これに適合する富山県人と言えば、すぐに河邊《かわべ》虎四郎《とらしろう》（24期）の名前が浮かぶ。昭和史の転換点でいつも陸軍の中枢部にいたのだから、単なる巡り合わせではなく、彼の実力のなせる技としか言いようがない。

昭和六年の満州事変時、河邊虎四郎は参謀本部第二課の作戦班長、日華事変勃発時は同第二課（戦争指導課）長、太平洋戦争開戦時は航空本部総務部長、そして終戦時は参謀次長であり、終戦連絡特使としてマニラに飛んだ。

また、省部の幕僚一筋ではないところが河邊虎四郎のすごいところだ。近衛砲兵連隊長、航空科に転科してからは第七飛行団長、第二飛行師団長、第二航空軍司令官と部隊長職もそつなくこなしている。さらにその間、駐ソ武官、駐独武官を務めてる。これほど多彩な軍歴の持ち主は、ほかにそう見当たらない。

河邊虎四郎は、満州事変には第二課長の今村均（宮城、19期）とともに対ソ関係の悪化を憂慮し、関東軍に自重をもとめ、さらに先手を打って「臨時対ソ作戦計画大綱」を作成した。日華事変でも第一部長の石原莞爾（山形、21期）とともに不拡大派であった。

そんなことで、良く言えば陸軍の良識派、悪く言えば「軟派」となり、勇ましい時代に入ると敬遠されがちだった。

ところが、今村均や石原莞爾のように、省部への復帰を阻《はば》まれることはなかった。なぜかと考えれば、河邊虎四郎は良い意味で抜け目がなく、また幕僚道に徹し、自分の意見に固執しなかったからであろう。

航空総監部次長であった河邊虎四郎が参謀次長に横滑りしたのは、和二十年四月七日であった。この人事もかなり興味深い。前任の秦彦三郎（三重、24期）が在任二年となり、またソ連通であるから、秦が関東軍の総参謀長に出るのは当然だった。では、後任となると、これがむずかしい。

参謀総長の梅津美治郎（大分、15期）の眼鏡に適《かな》う人となると、候補者はかぎられてくる。満州事変当時、河邊虎四郎は作戦班長、梅津は参謀本部の総務部長という関係だった。河邊の本心は、それほど梅津を評価していなかったようだが、そこは幕僚道に徹して波風を起こさない。

また、本土決戦になれば、参謀次長は大本営の前進指揮所をまかされるだろう。関東地方に張り付けられた軍の司令官が三人とも二十四期だから都合は良い。

ポツダム宣言受諾後の昭和二十年八月十六日、連合軍から天皇の委任状を持った軍使をマニラに派遣するよう通告された。

さて、だれがマニラに向かうか。参謀総長の梅津美治郎をはじめとし、皆逃げを打った。随員を命じられたら腹を切ると息巻く人もいるなかで、「自分が代表で行ってもよい」と志願した人がいた。第二部長であった有末精三（北海道、29期）である。

文書の受け渡しだけだから、だれが行ってもよいようだが、そこは帝国陸軍で格式を尊ぶ。天皇の委任状なのだから、親補職の人でなければまずいとなった。第二部長は親補職ではない。困った末、統帥部を代表する形で参謀次長が出るとなり、河邊虎四郎がマニラに飛ぶこととなった。ここまで幕僚に徹することは、だれにでもできるというものではない。

時代は下り、「財界の参謀総長」と言われた瀬島龍三《せじまりゅうぞう》（44期）も富山県人である。彼は陸士恩賜、陸大五十二期首席と、御前講演を二回もやった秀才で、富山県が生んだ軍人の典型のような人と語られている。

瀬島龍三は陸大入校前の一年間、歩兵第三十五連隊で機関銃中隊長を務めており、満州でゲリラ討伐に参加している。それからは参謀一筋で、第四師団と第五軍の参謀、昭和十四年末から二十年七月まで大本営参謀を務めた。

対ソ戦が不可避となり、関東軍司令部の作戦主任であった竹田宮桓徳（42期）を急ぎ内地に帰すため、瀬島が関東軍に転出することとなった。宮様の代わりにシベリア抑留になるための異動となってしまった。

さて、帝国陸軍が存続したとして、瀬島龍三はどのような道を歩んだであろうか。大尉で参謀本部の勤務将校となり、軍務局に勤務して軍政の勉強をしてから連隊長、参謀本部の課長は確実で、旅団長をクリアーして中将までは保証された人だった。

さて、それから先は運の問題であり、また、線の太さや粘りといった個人の資質が問題となる。

瀬島龍三が幼年学校に入るときの身元保証人は、林銑十郎（石川、8期）と河邊正三（富山、19期）で、岡田啓介（福井、海兵15期）と姻戚関係にあるそうだが、これを人事当局がどう見るかは面白いところだ。

ともあれ瀬島は、戦後の経済界では大成した。これも富山県人らしく怜悧な幕僚に徹した結果であった。

大将を逃して大臣に

陸士、陸大の恩賜をものにしたもう一人の富山県人が安井《やすい》藤治《とうじ》（18期）だ。大将を五人も輩出した陸士十八期で中将まで一選抜で進んだ安井は、中将での序列は騎兵科出身の稲葉四郎（東京）につぐ二番で、同期で有名な山下奉文（高知）や岡部直三郎（広島）よりも先行していた。

満州事変の前、安井藤治は中佐で、陸軍省整備局動員課の高級課員であった。上司の課長が東條英機（岩手、17期）だったとは安井に運がない。誰彼問わず喧嘩を売るのが東條だと言ってしまえばそれまでだが、この二人、とかく折り合いが悪かった。

東條は安井より陸士一期先輩ながら、陸大は二期後輩となると話がむずかしくなる。仲が悪いと知られながら、東條英機の後任の課長が安井藤治となったのも、東條にはコチンと来た。これが安井が大将になれなかった理由であると同時に、国務大臣になれた理由でもある。

旅団長を卒業した安井藤治は、東京警備司令部の参謀長となった。昭和十年八月の定期異動によるものだが、彼が着任したときの司令官は西義一（福島、10期）で、同年十二月の異動で香椎浩平（福岡、12期）となった。そして、昭和十一年の二・二六事件を迎える。

東京警備司令部は、事変の際、在京の近衛師団と第一師団を併《あわ》せ指揮し、帝都の警備、防衛にあたる。平時は参謀長、同副長、正規の参謀は五名という小所帯であった。司令部の位置は、現在の最高裁判所の角で、道路をはさんで陸軍省、参謀本部となる。年度動員計画によると、戦時には九段の軍人会館（現九段会館）を借り上げて、東京警備司令部の指揮所を開設することになっており、部屋割まで決めていた。この準備がなければ、鎮圧部隊の指揮所が決起部隊の制圧下に位置することになり、さらなる混乱をまねいただろう。

当時、東京警備司令部の関心事は、沿海州から飛来するソ連機による帝都爆撃で、それに対する民間防空をどうするかにあった。二月二十五日の夜にも、東京西部で灯火管制の実地研究が行なわれていた。

まさか国軍が反乱を起こすなど夢想だにしておらず、憲兵隊からその可能性を示唆された安井藤治は、「まさか」と一笑に付したこともあった。その「まさか」が現実になった。

二月二十八日午前九時ごろから戒厳司令部に戒厳司令官、陸相、次官、参謀次長らが集まり、最終的な決定を下すこととなった。司令官の香椎浩平は、流血の事態を避けるためには、「昭和維新に関して聖断を仰ぐほかなし」と発言した。

これに対して参謀次長の杉山元（福岡、12期）は、「聖断を仰ぐのは穏当を欠く。万策尽きたのだから涙を呑んで鎮圧するほかなし」と反論した。陸相の川島義之（愛媛、10期）も杉山の意見に賛成した。

陸軍首脳部の意見が二つに分かれたこのとき、安井藤治は香椎浩平のそばに行き、耳元で「自分も断固撃すべきと考えます。この際、聖断を仰ぐのも不可でありましょう」とささやいた。

自分の参謀長が自分の意見に反対なことを知った香椎浩平は、顔をゆがめて数分間も沈思したという。ようやく口を開いて、「決心変更、我、討伐を断行するに決す」。

これで二・二六事件の帰趨は定まった。幕僚の本道からすれば、出すぎた意見具申にしろ、切羽詰まったこのとき、「智」を働かして判断した怜悧さは、やはり富山県人ならではと言うほかはない。

二・二六事件の後始末人事では、多くの将官が待命となった。反乱部隊を出してしまった指揮官はしかたがないにしろ、ほとんど事件と関係ない人まで、この際とばかりに大掃除に遭った。

それも当初は復活を前提とした待命と説明されたが、すぐに復活はなく予備役編入、依願ではなく命令による上諭予備となったのだから反発も強かった。

もちろん香椎浩平は、最初に予備役編入となった。ところが安井藤治は、司令官への一言が効いたのか、事件の影響をほとんど受けなかった。事件の翌年、昭和十二年八月の定期異動で満州の第五独立守備隊長に転出し、次いで一等師団の第二師団長、ノモンハン事件後の第六軍司令官となった。

いざ大将街道となり、周囲も気を遣い軍司令官で出征させようとした。ここで金鵄勲章をものにすれば、安井藤治の大将は確実となる。

ところが、昭和十五年七月から陸相は東條英機となっていた。安井には出征の機会はあたえられず、十六年十月に待命、すぐに予備役編入となった。

陸士十八期の本当のトップは安井藤治であること、東條のために割りを食ったことを、律義な阿南惟幾（大分、18期）は忘れていなかったようだ。昭和二十年四月に組閣され鈴木貫太郎内閣で、国務大臣一人を陸軍から出すことがもとめられると阿南陸相は安井を推薦した。

鈴木貫太郎も、安井藤治が二・二六事件当時に東京警備司令部参謀長で鎮圧に功績があったことを記憶していたようで、これを了承した。彼は東條のために大将にはなれなかったが、その代わり大臣になれたということになる。

七年ごしの怨恨

最初に述べた河邊虎四郎の実兄が河邊正三《かわべしょうぞう》（19期）で、富山県が生んだ大将は彼一人だけである。河邊は陸大二十七期の恩賜であった。兄弟そろって陸大恩賜というのも素晴らしいし、ともに駐独武官を経験しているというのも珍しい。弟は主流の作戦屋の道を歩んだが、兄は地味な教育畑が主であった。

河邊正三

昭和十一年四月、支那駐屯軍が増強されて支那駐屯歩兵旅団が新設され、その初代旅団長が河邊正三であった。

そして、十二年七月七日の盧溝橋事件に遭遇する。事件の当事者となった支那駐屯歩兵第一連隊長は牟田口廉也（佐賀、22期）、同連隊付中佐が森田徹（熊本、23期）、同第一大隊長は一木清直（静岡、28期）である。

森田徹はノモンハン事件で戦死、一木清直はガダルカナル島で戦死した。牟田口廉也はインパール作戦で汚名を残した。この事件に関わった人には、不吉な運命がつきまとったが、河邊正三だけは大将となり、天命を全うした。

運命の七月七日、河邊正三は秦皇島付近に駐屯していた支那駐屯歩兵第二連隊での検閲を視察していた。急を聞いて駆けつけ、現地の豊台に指揮所を開設したのは七月八日午後四時ごろ、そして七月九日に現地の停戦協議が妥結した。

ところが、翌十日夕刻、早くも中国側は協定を破り、挑戦するかのように兵力を動かして前進してきた。夜間に部下を展開させていた牟田口廉也は、すぐさま攻撃の命令を下した。報告を受けた河邊正三は、「なにっ、攻撃するっ」と不快感を表わしたとも、牟田口を叱責するかのように無言のままだったとも言われる。

夜襲が成功して一帯が静穏になったとき、河邊正三はこだわりなく「それはよかった。これで安心しました」と牟田口廉也に語った。しかし、牟田口は数時間前の叱責じみた河邊の言動が忘れられなかった。

河邊正三は北陸人のためか、秀才のためか、その性格は暗い。報告を受けたとき、「適当なところで切り上げて」となり、温かい一言があればこじれることもなかったろう。

牟田口廉也は一見豪放そうだが、佐賀県人の性か気が小さく、いつまでも根にもつ。それにしても、この盧溝橋での悪感情が昭和十九年三月からのインパール作戦にまで持ち越されるとは、人間関係のむずかしさを痛感させられる。

その後の河邊正三は、順調に軍歴をかさね、昭和十六年三月、関東軍の主力である第三軍の司令官となる。この七月、対ソ戦準備の「関特演」が行なわれた。

このとき、牡丹江正面の第三軍が独断専行して日ソ戦の口火を切るのではとささやかれた。その理由はさまざまあろうが、河邊が司令官では、部隊を統制できないのではないかと憂慮されていたのだ。もちろん第三軍の暴発は未発に終わり、河邊は十七年八月に支那派遣軍総参謀長に転出する。

昭和十八年三月、ビルマ方面軍が新設され、河邊正三が司令官となった。方面軍司令部はビルマにあった第十五軍司令部を改編したもので、第十五軍司令官には第十八師団長であった牟田口廉也が持ち上がりとなった。盧溝橋事件での気まずい二人の関係などだれもが忘れていたろうが、はっきり記憶していたのが当事者の二人、河邊と牟田口であった。

ウ号作戦と呼称されたインパール作戦についてはさまざまに語られ、戦史的に結論めいたものが得られている。その目的を簡単にまとめれば、「敵の反攻に先んじて敵の策源地を覆滅しなければ、ビルマ防衛は成り立たない」となる。無茶苦茶な作戦と酷評されるが、一応納得できる理由はあったのだ。

しかし、不可解なことに作戦の終始を通じて主役は牟田口廉也であり、彼の上司である方面軍司令官の河邊正三の姿が見えないことだ。河邊は作戦中、健康を害していたそうだが、それは理由になるまい。

そして、河邊正三が表面に出てくるのは、作戦がどうにもならなくなった昭和十九年六月、とうとう悲鳴を上げた牟田口廉也が攻撃中止の場合、後退する線について意見具申したときであった。これを受けた河邊は、「消極的意見を具申するのは意外とする所なり」と冷たく突き放した。そうしておいて南方軍には、ウ号作戦中止を要請しているのだから、そこに河邊の老獪《ろうかい》さ、抜け目なさを感じさせる。

また、独断退却して戦線を崩壊させた第三十一師団長の佐藤幸徳（山形、25期）への処置も、河邊正三は「苛烈な戦局下における精神錯乱」として処理するとし、不起訴処分とした。いかにも陸大恩賜の秀才らしい収拾策だが、こんなことでよかったのであろうか。

昭和十九年八月、河邊正三は激戦がつづくビルマ戦線を離れて、参謀本部付として内地に帰還した。インパール作戦の責任を痛感して自決するのではないか、予備役編入を申し出るのではないかと周囲は心配したが、そんな憂慮はこの人には無用であった。

すぐに河邊正三は中部軍司令官に就任し、同軍が第十五方面軍に改編されてからの昭和二十年三月九日、大将に進級した。まったく時期が悪く、東京大空襲が三月十日、十三日から十四日にかけては河邊が所在していた大阪がＢ29二百八十機の大空襲を受けた。そこで、「戦さに負けると大将になれる」と公然と語られた。

そんな下々の声を気にするような河邊正三ではない。堂々と新設された航空総軍司令官に就任し、杉山元の自決後には第一総軍司令官に就任した。インパール作戦という大悲劇の当事者が、これらの要職に平気で就任するとは、超エリートの心境というものは並の人間には推し量れない。

そして最後は、第一復員司令官であった。事務に堪能な彼に適したポストであり、最後のご奉公は万全であったことだろう。

石川県

隠れた軍人大国

加賀と能登が合わさったと言うよりも、前田藩そのものが石川県となったとする方が通りがよい。慶応元年の配置を見ると、金沢の前田藩百二万石、大聖寺の前田支藩十万石となっており、越中も前田支藩で十万石、合計すると前田家の緑は百二十万石を超える。

幕末の動乱期もここでは平穏に過ぎて、藩の体制は維持された。ただ大藩のため士族が多く、その自活策を講じるのには苦労したようだ。北海道に石川県人が多いのは、このためとされる。

石川県人は、大藩のぬるま湯育ちで行動力や決断力に欠けると評される。江戸時代は幕府に睨まれないようにと、「尚武」より「尚文」を奨励していた土地柄だったからだろう。

石川県そのものも小さな県で、面積は全国第三十四位、大正末の人口は七十五万人だった。明治三十一年十月、金沢に第九師団司令部が置かれたにしろ、軍人の数が少なくてもおかしくはない。

ところが、石川県が生んだ陸軍の将官は百二十人以上、これは全国ベスト8だ。石川県出身の陸軍大将は、林銑十郎《はやしせんじゅうろう》（8期）、阿部信行《あべのぶゆき》（9期）、中村孝太郎《なかむらこうたろう》（13期）、蓮沼蕃《はすぬましげる》（15期）、前田利為《まえだとしなり》（17期）の五人、これは長野県、大分県と並ぶ全国ベスト4となる。ちなみに海軍大将は、瓜生外吉（草創期）と小栗孝三郎（海兵15期）の二人、合計七人の大将だ。

この陸軍大将のうち、林銑十郎と中村孝太郎が陸相をやり、阿部信行は陸相代理を

林銑十郎

阿部信行

中村孝太郎

前田利為

木越安綱

務めた。中将で終わったが、木越安綱《きごしやすつな》（旧1期）も石川県出身の有名な陸相だ。しかも、林と阿部は首相にまで上りつめた。

石川県は組織的かつ持続的に人材を陸軍に送り込み、大正末から昭和にかけて陸軍に地方閥があったとすれば、それは石川閥であった。

百万石の貫禄

大名家の家督を継いだ者で大将にまでなったのは、前田利為だけである。彼は大聖寺の前田家の出だが、養子となって本家を継いだ。さすがは「武」より「文」の前田藩の当主だけあって、陸士十七期の先頭を切って陸大に入り、二十三期の恩賜をものにした。

陸大の卒業成績の上位十五人には海外留学の恩典があり、官費で海外に行けるとは夢のようだというのは匹夫の言うことで、前田家ともなればすべて私費である。それもドイツ、イギリス、フランスと三ヵ国漫遊で、お付きが同行するというのだから驚かされる。そのお付きだが、九期も先輩の林銑十郎だという噂がもっぱらだった。

前田利為本人は自分の処遇など眼中になく、「よきに計らえ」だったろうが、粗末に扱えば旧家臣が「殿を何と心得るか」と黙ってはいない。そこで連隊長は近衛歩兵第二連隊と大事に扱われ、戦史関係の象牙の塔におこもり頂いてきた。

支那事変がはじまった直後の昭和十二年八月の定期異動で前田利為は、陸大校長から師団長に出ることとなった。本来ならば近衛師団長だろうが、同期で騎兵科出身の飯田貞固（新潟）がこのポストに入り、前田は満州駐箚の第八師団に回った。

東部満州の綏陽に入った前田利為は、まさに殿様であった。「殿が満州の僻地でご苦労されてお痛わしい」ということか、師団司令部はご機嫌伺いの旧家臣で賑わったという。平時ならば、「百万石の侯爵だから仕方がないか」と苦笑いですまされただろうが、戦時となったので、「あの貴族趣味はなんだ」となってしまった。

そのため前田利為は、昭和十三年十二月に師団長を下番、翌年一月に待命、即予備役編入となった。なかなか厳しい処置をした人事局長は、阿南惟幾（大分、18期）だったというのも面白い。

太平洋戦争がまだ苛烈になる前の昭和十七年四月、前田利為は召集されてボルネオ守備軍司令官に任じられた。それほど将官が不足していたわけでもないのに、わざわざ前田を軍司令官にしたわけがよくわからない。同期の東條英機（岩手、17期）が気を利かしたのか、それとも華族仲間の寺内寿一（山口、11期）の引きだったのか。

長年にわたって大事に扱われてきた前田利為だったが、航空事故に遭って昭和十七年九月に殉職した。死後も殿様扱いで、各方面からの要望が集まり、大将が遺贈されることとなった。

政治志向の風土

木越安綱は教導団出身で、軍曹のとき、士官学校に入った苦労人である。また、士官見習で西南戦争に従軍し、日清戦争では第三師団参謀長心得、日露戦争では歩兵第二十三旅団長として真っ先に出動して仁川に上陸し、のちに第五師団長と歴戦の勇士であった。

日清戦争以来、桂太郎と深い縁がある木越安綱は、第三次桂内閣で陸相に就任した。そして、つぎの第一次山本権兵衛内閣に留任し、陸軍省官制改正を手掛けた。

大正四年六月、勅令として公布された陸軍省官制改正は、その備考にあった「大臣及総務長官（陸軍次官）に任せらるるものは現役将官を以てす」を削除するという内容であった。これで予備役の大将や中将も陸相、次官になれることとなり、陸軍から組閣阻止、倒閣の手段を奪うことになった。

もちろん陸軍は、省部一体となって猛反発し、木越安綱は半年で陸相を退くこととなった。しかも資格十分にもかかわらず大将進級は見送られた。

では、なぜ木越安綱は、このデリケートな問題に手を着けたのか。懸案であった朝鮮二個師団増師問題の取引材料としたのか。それとも文官にも陸相の門戸が開かれそうな情勢になったために、予防線を張ったのか。

ともあれ、政党が力を付けてきたので、陸軍としてもなにかしなければならず、長州勢はうまく逃げて閥外の木越に火中の栗を拾わせたということだったようだ。

つぎに石川県人で陸相になるのは林銑十郎だが、その前の昭和五年六月から六ヵ月ほど宇垣一成（岡山、1期）の陸相代理を務めた阿部信行がいる。

彼は金沢の第四高等学校在学中、方向転換して陸士に進んだ変わり種で、そのせいか軍人離れした如才なさが特徴と言われていた。兵科は砲兵科の要塞砲兵で、日露戦争中は長崎要塞に勤務し、満州に出征したのは明治三十八年五月からのため、金鵄勲章を持っていない。

阿部信行は陸大十九期の恩賜で、ドイツ駐在のキャリアも活かして参謀本部、陸大の勤務が長い。そして参謀本部総務部長のとき、そのバランス感覚のある手腕を宇垣一成に見込まれ、軍務局長、次官、陸相代理に登用されることとなる。

阿部は台湾軍司令官のとき、大将に進級し、それから軍事参議官となり、昭和天皇に軍事学を進講している。そして二・二六事件後に依願予備役となった。

その翌年の昭和十二年度動員計画によれば、方面軍司令部が編成された場合、阿部信行を召集してこれに当てると決まっていた。ところが、十二年八月、北支那方面軍が編成されたが、司令官は阿部ではなく、現役の寺内寿一となった。

金鵄勲章を持たない軍司令官は、適当でないとされたのであろう。阿部信行は昭和十四年八月、平沼騏一郎内閣の後を受けて組閣するが、もし計画どおり方面軍司令官になっておれば、この内閣はあり得なかった。

では、なぜ阿部信行が首相なのか。人間関係だけを見れば、軍事学を進講したことで昭和天皇の信頼が厚かったこと、木戸幸一と姻戚関係があったことが上げられる。そんなことだけで世界的な難局を乗り越えられるものではなく、案の定、阿部内閣は五ヵ月で総辞職に追い込まれた。

政治志向と言えば、林銑十郎と同郷、同期、同姓の林弥三吉《はやしやさきち》（8期）に触れておく必要がある。

第一次世界大戦中、林銑十郎が久留米で俘虜収容所長を務めていたころ、林弥三吉は山県有朋の元帥副官や参謀本部第四課（英米課）長であったから、どちらが注目されていたか語るまでもない。大佐時代の彼は華麗な軍歴で、参謀本部では第一課（編制・動員課）長、陸軍省では軍事課長を務め、陸士八期の先頭を走っていた。

ところが、山梨半造陸相の下で軍事課長だったため、悪名高い山梨軍縮の実務担当者と見られたようだ。林弥三吉はドイツ駐在の経歴を持つが、駐支武官に出され、歩兵学校長、第四師団長と回り、東京警備司令官で待命、予備役となった。

彼が東京警備司令官を務めたのは、昭和五年十二月から七年二月までと、陸軍部内が騒々しくなった時期である。そのため林は事情通とみなされ、予役編入後は宇垣一成の政策顧問を任じていた。

昭和十二年一月、宇垣一成に組閣の大命が下った。この時の組閣参謀が林弥三吉と和田亀治（大分、6期）であった。承知のように陸軍に陸相の適任者なしと突っぱねられて宇垣は組閣断念に追い込まれた。その背景のごく一部にしろ、評判が芳しくないこの二人があれこれ動いたため、贔屓の引きだおしになったとも語られていた。

組閣断念となると、組閣本部のスポークスマンを任じていた林弥三吉は、軍部批判の演説をしたが、あまりに過激だったため報道禁止となった。

ちなみに戦後、警察予備隊が創設されたとき、総監に選ばれた内務官僚の林敬三は、林の実子である。

「越境将軍」の実像

時代は戻って、昭和九年一月に斎藤実内閣の陸相となったのが林銑十郎である。彼も阿部信行と同じで第四高等学校に在学中、日清戦争の勝利で沸き立つ世相に影響されて方向転換し、陸士に進んだ。

日露戦争で林銑十郎は、金沢の歩兵第六旅団の旅団長副官として出征した。旅団長は一戸兵衛（青森、草創期）であり、旅順要塞攻略戦での一戸堡塁の攻防で有名だ。林はこれで功四級の金鵄勲章をものにし、またあの有名な髭もたくわえることとなった。

北陸人らしく寡黙な林銑十郎は、教育畑が長いこともあって目立った存在ではなく、中将進級とともに閑職の東京湾要塞司令官となった。これで待命を待つばかりと思われたのだが、昭和二年三月に陸大校長となり、だれもが驚いた。

前任の陸大校長の渡辺錠太郎（愛知、8期）は、革新的な教育をすすめ、これが当時の参謀総長の鈴木荘六（新潟、1期）の怒りを買い、わずか十ヵ月で追われた。その後始末人事で林銑十郎となった。なぜ林かだが、軍務局長であった阿部信行が推薦したとも考えられる。

奇跡の復活をした林銑十郎は、教育総監部本部長、近衛師団長と栄職をかさねて朝鮮軍司令官として満州事変をむかえる。事件の第一報が朝鮮軍司令部に入ったとき、参謀長の児玉友雄（山口、14期）は地方視察中で不在だった。そのため謀略の同志である参謀の神田正種（愛知、23期）が林軍司令官に通報し、急ぎ出動をもとめた。

朝鮮軍の増援が遅れたら大変だと神田正種は焦っていたが、林銑十郎は、「ムッ、神田、出動命令じゃ」と即決したとされる。それも京城の第二十師団ばかりでなく、朝鮮軍全力で満州に入るという。これには神田もあきれて、大命を待つべきと意見具申すると、林はさらに、「なにを言うか、神田、断の一字じゃ」とはやり立つ。

ここまでならば、まさに「越境将軍」なのだが、東京から「ちょっと待て」と押さえられ、幕僚が参集してきてあれこれ意見が出されると、林銑十郎の決心が揺らぎ、どうしようかとうろたえる。

これを称して付いたあだ名が「後入斎」。自分の考え方がしっかりしていないから、人の意見にはよく耳を傾ける。それ自体は結構なことだが、結果的には最後の人の意見で動くことになり、それが「後入斎」のいわれだ。

なんであれ、朝鮮軍が鴨緑江を越えて関東軍を増援したから、満州事変は成功した。これで林銑十郎の株は上がり、林応援団が広く結成された。昭和七年に五・一五事件が起こり、責任をとって荒木貞夫（東京、9期）が陸相を辞任するかとなった。後任は林とされ、颯爽と上京して来た。

ところが、精神家を自認する荒木貞夫ともあろう者が陸相に居座ることとなり、林銑十郎は宙に浮いてしまった。たなざらしにもできないので、関東軍司令官に転出した武藤信義（佐賀、3期）の後任として教育総監となった。

昭和九年一月、荒木貞夫が病気のため辞任し、林銑十郎が後任陸相に就任した。あの騒がしい時代、陸軍省勤務の経験がない林では陸相は無理であった。事実、部内に暗いため人事でつまずくことになる。まさに「後入斎」で、部内の団結を阻害するような人事ばかりが目についた。

真崎甚三郎（佐賀、9期）教育総監罷免がその頂点だが、それが正しかったかどうかは別として、陸軍革新の星として期待されていた林、真崎、荒木のトリオは崩れ去った。それが原因となり、永田鉄山（長野、16期）斬殺事件、二・二六事件と流れて行く。

永田が斬殺されたのは昭和十年八月だが、これほどの大事件が起きても林銑十郎は辞任せず、実弟の汚職事件が表面化してからの同年九月に辞任した。

　どうにもはっきりしない人物だが、林銑十郎の「後入斎」ぶりに着目したのが石原莞爾（山形、21期）を筆頭とする中央の幕僚たちであった。彼らはまず宇垣一成の組閣を阻止し、林内閣を実現させた。昭和十二年二月からわずか五ヵ月の短命内閣で、その無策ぶりは笑い話にもなったが、政治の話はさておき、その傑作な陸相人事だけを語っておこう。

　内閣首班となった林銑十郎は、同郷の中村孝太郎を陸相に選んだ。中村は宇垣一成陸相の下で陸軍省高級副官や人事局長をやった。温厚な人だったそうだが、激動の時代の陸相は荷が重すぎる。彼が選ばれた背景は、二・二六事件後の粛軍人事で将官が払底していたことがあるし、石川閥との指摘もまんざら的外れではないだろう。

　ところが中村孝太郎は、なんと在任一週間で陸相を辞任してしまった。その理由には二つの説がある。チフスに罹《かか》ったという説。そうではなく親戚に結核患者がいたため、天皇の前に出る機会も多いので、病気と称して入院し辞任したという説。どちらにしろ辞任する理由としては説得力がない。ともかく林銑十郎内閣の短命を予言するような出来事だった。

ニューギニアの二人

舞鶴要塞司令官を務めた安達十六《あだちとろく》（14期）、技術畑で大成した工兵科出身の安達十《あだちと》九《く》（18期）、そして安達二十三《あだちはたぞう》（22期）、石川県出身の将官三兄弟だ。彼の父親は文官の陸軍教官で、東京勤務中に生まれたので東京人と言った方が正しいようだ。それはとにかく、生まれた明治の年をそのまま名前にするとは、「尚文」も徹底するとこのようになるのだろう。

安達二十三の初任は近衛歩兵第一連隊で、東宮（昭和天皇）の軍事教練に携わった。学研的な性格は評価され、昭和七年に陸大専攻学生に選ばれ、『鉄道の運用及施設』との論文をものにしている。

これから安達二十三は、鉄道の専門家とされ、満州事変後に関東軍鉄道線区司令官、参謀本部第三部第六課（鉄道・船舶課）長を務めた。日華事変がはじまってから安達は、蒙疆地域警備の第二十六歩兵団長、山西省の第二十七師団長、つづいて北支那方面軍参謀長と治安作戦に従事した。

ガダルカナル戦が深刻化した昭和十七年十一月、第八方面軍が新設され、その隷下にソロモン正面の第十七軍、ニューギニア正面の第十八軍が置かれることとなり、第十八軍司令官は安達二十三となった。補給に明るいということで、安達が選ばれたのだろうが、彼にとっては災難であった。

昭和十九年八月からは、第十八軍への補給が完全に途絶した。ニューギニアには十四万人が投入されたが、うち一万三千人だけが帰国できた。終戦後、オーストラリア軍による戦犯裁判が一段落した二十二年九月、終身刑を宣告された安達二十三はラバウルで自決した。

ニューギニアで苦戦のすえ、陣没した青木《あおき》重誠《しげまさ》（25期）も石川県出身である。彼は陸大三十二期の恩賜で、同期の武藤章（熊本県、25期）と並ぶ超エリートであった。軍事課と参謀本部第一課の両方で編制班長を務め、補任課長もやっている。中国戦線の中核となる第十一軍の参謀長、太平洋戦争開戦時の南方軍総参謀副長と華麗な軍歴を誇っていた。

安達二十三

青木重誠

南方作戦が一段落した昭和十七年八月、青木重誠は京城の第二十師団長に補された。第二十師団は、現衛戍地に止まっていた数少ない常設師団であったから、これも良い補職である。おそらく一、二年後に参謀次長か、次官かというレールがひかれていたと思う。

そこに起きたのがガダルカナル戦で、第二十師団は第十七軍の戦闘序列に加えられ、釜山から急ぎ南下した。ところが、ガダルカナル撤収となり、第二十師団は第十八軍に加わり、ニューギニア戦線で苦闘することとなる。

東部ニューギニアのハンサ湾に上陸した第二十師団の当面の任務は、飛行場の造成とマダンからラエに至る三百キロの道路構築であった。満足な地図もない、土木機材もないそんな戦いを指揮したのが超エリートの青木重誠だったとは、なんとも複雑な気持ちにさせられる。そして昭和十八年六月、青木は陣没した。

騒々しい北陸人

石川県は、省部のエリートを多く輩出したが、その代表格が佐藤賢了《さとうけんりょう》(29期)だ。彼は軍閥最盛期の代表的な政治将校と見られ、極東軍事裁判では最年少のA級戦犯として起訴されて、終身刑を宣告された。東條英機の下で軍務課長、軍務局長を歴任したのだから、政治将校と呼ばれるのも無理はない。

佐藤賢了の名前はずばり「ケンリョウ」で、それからもわかるようにお寺の家の出身である。医者と同じで人に頭を下げることがないからか、お寺の子弟は強気な人が多いようだが、彼はその典型であった。

昭和十三年三月、議会で国家総動員法の審議が行なわれ、軍務課政策班長であった佐藤賢了は政府委員として出席していた。意地の悪い質問がつづいて苛立っているところに、品のない野次が飛んだ。

そこで佐藤賢了は、「黙れ」とやってしまった。以後、彼は「黙れ、賢了」と呼ばれることとなる。これが軍部横暴の象徴として年表にまで載っているが、事情は少々込み入っている。

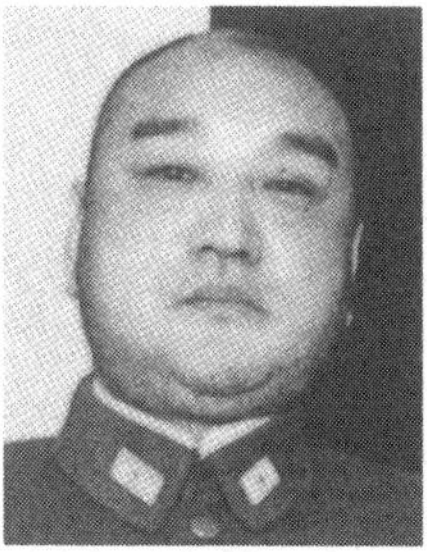
佐藤賢了

佐藤賢了が怒鳴った相手の議員は、軍人出身で幼年学校の教官が長い宮脇長吉であった。佐藤の言い分は、「黙れ、チョーキチ」とやろうと思ったが、「チョーキチは勘弁してやった」から文句はないだろうだった。

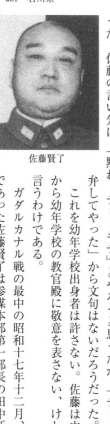

これを幼年学校出身者は許さない。佐藤は中学出身だから幼年学校の教官殿に敬意を表さない、けしからんと言うわけである。

ガダルカナル戦の最中の昭和十七年十二月、軍務局長であった佐藤賢了は参謀本部第一部長の田中新一（北海道、25期）と船腹問題で対立した。大激論のすえ、まず田中が手を出した。佐藤も負けてはおらず、四期も先輩に反撃のパンチを繰り出した。

佐藤賢了がもし幼年学校出身ならば、仙台幼年学校出身の田中には手を出さなかったろう、だから中学出身者はだめなのだと笑い話となった。北陸人にもこんな人がいる、中学出身者にも勇ましい人がいる、その典型的な例だろう。

石川県出身の陸軍軍人と言えば最後に辻政信《つじまさのぶ》（36期）に触れておかなければなるまい。小学校卒業だけで名古屋幼年学校、士官学校予科と本科で歩兵科の首席、陸大は次席、これだけでも並の軍人でないことがわかる。

彼にまつわるエピソードは数多く語られてきているので、その騒々しさを改めて紹介するまでもない。ここでは知られざる話を三つだけにとどめておく。

辻政信は陸大を卒業してすぐに、金沢の歩兵第七連隊の中隊長として第一次上海事変に出征した。連隊長の林大八（山形、16期）も戦死する激戦となり、辻も負傷した。凱旋後、参謀本部の勤務将校となり、体ならしという意味もあって、啓蒙活動の一環として各地を講演してまわった。

本来は、これまた上海事変で苦戦した第十一師団の歩兵第四十三連隊長であった辻権作（佐賀、15期）が主役で、辻政信は副官役のはずだった。ところが聴衆は、無天の老大佐よりも、三十代の天保銭を注目する。

　また、辻政信の方が話がうまいし、同姓だから混線してしまい、上海事変は辻政信一人で戦ったかのような錯覚をもたらし、それが彼の神話のはじまりとなった。

　昭和九年八月、辻政信は陸士の中隊長となる。このポストは、無天の古参大尉が当てられ、陸大恩賜の人が就くことはない。なぜ、この人事になったかと言えば、九年三月から陸士幹事であった東條英機が、真崎甚三郎色が強い陸士に一石を投じるため、辻を引っ張ったということになっている。

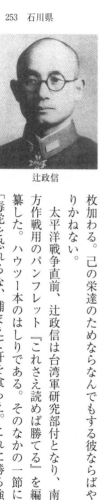

　もちろん、この説明にも一理はある。さらに説得力があるのは、皇族がらみで辻政信が自薦したという説明だ。昭和九年九月に本科に入ってくる三笠宮崇仁（48期）の中隊長を狙ったということだ。これで陸大は秩父宮雍仁と同期という金看板にもう一枚加わる。己の栄達のためならなんでもする彼ならばやりかねない。

辻政信

　太平洋戦争直前、辻政信は台湾軍研究部付となり、南方作戦用のパンフレット『これさえ読めば勝てる』を編纂した。ハウツー本のはしりである。そのなかの一節に、「毒蛇を恐れるな、捕まえて肝を食らえ。これに勝る強壮剤はなし」とあるそうだ。彼はこの普及教育で得意の講演をして歩いた。

これを真に受けたのか、それとも揚げ足取りか、「蛇は長いですが、肝はどこにあるのですか。またどうやって食するのですか」と質問した人がいた。大爆笑が起きたそうである。

辻政信の熱演をばかばかしく思っていた人も多かったのだ。すると辻は、「そんなこと知るか」の一喝ですませた。ようするに実体験や真剣な考察にもとづいたハウツー、ノウハウではなく、きわめて観念的な思いつき、さらに言えば受け売り、それが辻という人物の本質であったと言えるだろう。

福井県

したたかな風土

越前と若狭が合わさって福井県となった。慶応元年の配置を見ると、福井の松平藩三十二万石、丸岡の有馬藩五万石、大野の土井藩四万石、西鯖江の間部藩四万石、勝山の小笠原藩二万三千石、敦賀の酒井藩一万石、そして若狭は小浜の酒井藩十万三千石となっていた。

越前と若狭の風土は大きく違うとされるが、一般的に福井県人といえば、情報通で才覚があるとか、したたかと言われる。このような評価は、徳川家門ながら討幕に大きな役割を演じた松平藩の印象が強いからだろう。

福井県は面積が全国第三十五位、大正末の人口は約六十万人と小さな県だが、岡田啓介（海兵15期）、加藤寛治（海兵18期）、長谷川清（海兵31期）と海軍大将を三人も生んでいる。国際協調を旨とする条約派の巨頭で策士と言われる岡田と、血の気の多い艦隊派の闘士である加藤という取り合わせは、どちらにころんでもとのバランス感覚か。

陸軍の将官は約六十人、人口などを考えればそこそこの数字だろう。福井県出身の陸軍大将は一人、大谷喜久蔵《おおたにきくぞう》（旧2期）である。大谷喜久蔵は名誉進級の大将ではなく、青島守備軍司令官、軍事参議官、ウラジオ派遣軍司令官そして教育総監と大将で四つの職務に任じ、停年満限で予備役編入となった。彼は一兵卒で入隊し、それから陸士に進んだ苦労人であったことを知れば、その軍歴はさらに輝く。

日清戦争では広島の大本営付であり、戦地には赴いていない。日露戦争では最初に出動した第十二師団の兵站監、つづいて韓国駐劄軍兵站監を経て第二軍兵站監として転戦した。まとまりが悪いと言われた第二軍司令部の中で、大谷喜久蔵は我を張らず、地味な職務をこなして好評だったとされる。

大谷喜久蔵には、兵站と並んでもう一つの得意技があった。監軍という組織から教育総監部に切り替わった明治三十一年からここに勤務している。

とにかく大谷の教育畑勤務は徹底しており、戸山学校長を三度もやったといえば、それで十分であろうし、最後のポストが教育総監であったことも彼の軍歴を象徴している。兵站という地味な分野、教育という比較的無風地帯でコツコツとやって行く姿勢は、北陸人の見上げた面である。

旺盛なパイオニア精神

福井県人に合っているのか、それとも兄弟そろって工兵科出身、無天の中将で有名な松井順《まついじゅん》（10期）と松井命《まついまこと》（16期）がいるからか、ここ出身の工兵が目立つ。福井県が生んだ中将二十一人の中、武内徹《たけうちとおる》（旧9期）にはじまり、工兵科出身の中将が五人だから高い率だ。これはささやかな越前閥と上司は部下を引き立て、部下は上司をもり立てる工兵一家の美風がマッチした結果だろう。

松井命

　武内徹は陸大十期でドイツ駐在の秀才だった。明治期の工兵科は進級が早かったと言われるが、武内は同期のエース福田雅太郎（長崎）より二年以上も早く大佐に進んでいる。彼は鉄道の分野を切り開いた人で、鉄道連隊長、交通兵団長を歴任し、ウラジオ派遣軍野戦交通部長として出征中、中将となった。ちなみにこのときの派遣軍司令官は、同郷の大谷喜久蔵である。

鉄道畑を受け継いだのが松井順である。彼は鉄道第一連隊長、佐世保要塞司令官を歴任し、砲工学校工兵科長で待命、中将に名誉進級している。

松井順の実弟が松井命だ。彼は砲工学校優等で、フランス駐在の経験があり、勉強が忙しくて陸大に行く暇がないという典型的な工兵のエリートであった。砲工学校優等は陸大恩賜と同等に扱われたにしろ、多士済々の陸士十六期でつねに一選抜で進んだのだから尋常な人ではない。

欧米系で工兵はエンジニアのEを略語とするが、大陸系はパイオニアのPとし、旧陸軍ではPを取っていた。松井命はまさにパイオニアで、航空機、電信、器材一般、築城と八面六臂の活躍をした。しかも技術畑にとどまらず、第四師団長、日華事変中の西部防衛司令官と指揮官も無難にこなした。

新しいところでは、陸上自衛隊に入り、初代の保安大学校（防衛大学校）幹事、西方総監、北方総監を務めた松谷誠《まったにまこと》（35期）も工兵科出身である。彼は砲工学校優等でもある秀才で、駐英武官補佐官も務めたが、そのときの駐英大使が吉田茂であった。終戦時は首相秘書官であり、陸軍では数少ない和平派として高く評価されている。

昭和二十七年七月、ガタガタしていた警察予備隊にタガをはめるため、旧軍大佐十一名が入隊したが、松谷誠はその一人に選ばれた。吉田首相が、「マッカーサー元帥と同じく工兵を入れろ。松谷がいるではないか」ということで、渋る松谷もしかたなく入隊したのだそうだ。

福井県は航空科教育のパイオニアも生んだ。太平洋戦争の直前、浜松飛行学校長のとき、中将で予備役となった儀峨《ぎが》徹二《てつじ》（19期）だ。彼は歩兵科だったが、少佐のときに航空科に転科している。第一次世界大戦では青島戦、シベリア出兵にも従軍している。

航空科に転科してからは、飛行大隊長、連隊長、飛行集団長を務めたばかりか、所沢、下志津、明野、熊谷、浜松の飛行学校で教官、幹事を務めたうえ、そのうち三校の校長となった。

まさに儀峨徹二は航空のパイオニアだが、大谷喜久蔵のように福井県人は教育畑が性に合っているようだ。実戦経験有り、部隊長経験有り、そして教育経験豊富、そんな人ならば航空戦主体の太平洋戦争をどう戦ったか興味のあるところである。陸士同期の河邊正三（富山）よりも、儀峨に航空総軍司令官をやらせたかったと思う人は多いと思う。

省部のエリート像

福井県は人口が少ないのに、なぜか秀才を多く輩出する。情報に敏感で、勉強の要領を知っている風土のせいかも知れない。前述した松井命、松谷誠もそうだったし、それ以上の秀才と呼び声が高かったのが清水規矩《しみずのりつね》（23期）と寺田雅雄《てらだまさお》（29期）とされる。

陸士二十三期と言えば、根本博（福島）、神田正種（愛知）、橋本欣五郎（福岡）など昭和陸軍の話題をさらった面々がそろっているが、じつは、この期の先任者は清水規矩であった。

一夕会のメンバーであった清水規矩は、若手の理論家として注目を集め、要職を歴任した。参謀本部第一課（編制・動員課）部員、陸軍省軍事課高級課員、第一課長、第三課（作戦課）長という経歴は瞠目に値する。

二・二六事件後の昭和十一年六月の改編で、戦争指導に当たる第二課が新設され、従来の第一課と第二課が合併して第三課となったが、その初代課長が清水規矩であった。ところが、なにがあったのか課長在任わずか二ヵ月半で彼は連隊長に出された。行く先は北朝鮮の羅南、歩兵第七十三連隊とは驚かされる。

エリートコースから脱落したはずの清水規矩であったが、連隊長は一年で卒業し、その後の補職はなんと侍従武官であった。宮中に強い福井県らしいことだが、足掛け五年の勤務、その間に少将、中将と昇進したのだから異例の人事だ。

その後、華北の第四十一師団長、教育総監部本部長をへて南方軍総参謀長となるが、これまたなにがあったのかマレー半島の第七方面軍参謀長に回された。

戦局も押し詰まりつつある昭和十九年六月、清水規矩は関東軍の重点正面を担当する第五軍司令官となる。そして昭和二十年八月、ソ連軍の進攻を受けるのだが、東部満州の六百キロ正面を守る第五軍は、わずか三個師団しかなかった。要塞のある虎頭以北を捨てるにしても、まだ正面は三百キロ、しかも国境に点在する要塞には配兵がほとんどない状況であった。

この戦闘については、千葉県の項で述べた第百二十四師団長の椎名正健（千葉、22期）の奮戦ぶりを参考にしてもらいたい。

とにかく清水規矩は、部下ながら一期先輩で無天の椎名の健闘で軍司令官の名誉を守り得たのであった。終戦となり、もちろん清水は抑留され、帰国は昭和三十一年の最終梯団であった。

寺田雅雄は陸大四十期の首席で、まさに省部のエリートとして育てられた。彼もその期待にこたえて見事な軍歴をかさねてきた。昭和十一年六月に第二課（戦争指導課）が新設されると、そこの班長、杭州湾上陸した第十軍の作戦主任、参謀本部編制班長、そして関東軍の第一課長（作戦）と十分なキャリアーを積み、だれもが憧れる参謀本部第二課長はすぐ目の前にあり、第一部長も夢ではなかった。ところが、そこにノモンハン事件が突発した。

ノモンハン事件の問題点はさまざまあるが、人間関係に焦点を当てれば、関東軍司令部に服部卓四郎（山形、34期）や辻政信（石川、36期）という悍馬がそろっていたからだとも言われる。

それ以上に深刻だったのは、寺田雅雄と参謀本部第二課長の稲田正純（鳥取、29期）の仲が昔からしっくりしていなかったことが上げられる。二人は陸士同期、稲田は陸大三期先輩で恩賜、こういう入り組んだ関係は始末におえない。しかも稲田には失言癖があるから、人間関係がこじれる。

昭和十四年六月二十七日、関東軍は参謀本部の自制を促す電報を握り潰してソ連領内のタムスクに爆撃を加えた。寺田雅雄は稲田正純に電話をして報告したのだが、稲田は、「貴様、やったな、戦果がなんだ」と高飛車に出た。勧告が無視され、また同期という気安い関係からつい怒鳴ったのだろう。

しかし、怒鳴られれば寺田雅雄も穏やかでいられない。「第二課長の役職を鼻にかけおって、山を撃つしか能がない砲兵の稲田に戦術がわかるはずがない」と寺田も激高する。中央と出先、歩兵と砲兵、陸大首席と恩賜、エリートコースに乗った同期生、裏日本の陰と陰、これらのしがらみが一気に噴出した形となった。

ノモンハン事件後の粛清人事で、寺田雅雄は戦車学校付、稲田正純は習志野学校付となり、喧嘩両成敗という形で決着した。同じ千葉県での勤務だから、どこぞで顔を合わせる機会もあっただろう。「まあ一杯やろう」となったのか、喧嘩を蒸し返したのかは知らない。

それからの寺田雅雄は戦車の専門家と見なされ、終戦時は機甲本部長であった。十分すぎる能力を持ちながら、中央官衙の要職に就くこともなく、また師団長に補職されることもなかった。

陸軍省は局・課制度であったが、軍備整理などを研究する軍事調査委員会の委員長を軍事調査部長と呼んでいた。このポストは昭和十一年の二・二六事件後に廃止され、最後が山下奉文（高知、18期）であった。

ところが、板垣征四郎（岩手、16期）が陸相であった昭和十四年、防諜態勢を強化するということで陸相直轄の調査部長のポストが新設された。電話盗聴、録音、盗撮、信書開封などを行なうようになったのである。

東條英機（岩手、17期）が陸相、つづいて首相になると、彼はこの部署に関心を寄せて、防諜ばかりでなく国内の政敵の動向を探らせることとなった。その長に選ばれたのが福井県出身の三国直福《みくになおとみ》（25期）であったので、「三国機関」と呼ばれるようになった。

三国直福は新聞班の勤務が長く、部外に顔が広いのでこの難役となったのだろうが、情報に敏感な福井県人の資質もまんざら関係ないわけでもあるまい。彼は昭和十五年五月に調査部付、翌年六月から調査部長、昭和十八年三月にベトナムの第二十一師団長に転出しているから、かなり長い期間、東京で暗躍していたことになる。

では、実際どんな活動をしていたのか。この種の機関ではよくあるように、はっきりとした記録がないため、一方では過大に評価され、また一方では無視されるか、憲兵隊の背後に隠れてしまう。ただ言えることは、責任者の三国直福が戦時にもかかわらず、長い勤務となったことから考えて、それなりの成果を得ていたのだろう。

殿軍三回の勇士

エリートの話ばかりがつづいたが、これをもって福井県出身の軍人としてはいけない。最後衛を任されること三度、しかも任務を完遂したという快挙を演じた矢野桂二《やのけいじ》

（45期）は福井県人であった。彼は台湾歩兵第一連隊の中隊長として、武漢三鎮、海南島、南寧の諸作戦に参加して、戦さの駆け引きを知るようになっていた。

そして、昭和十五年末、南寧から撤退する際、主力の第五師団を掩護する最後尾の一員が矢野桂二であった。中国軍に圧迫されて、やむなく撤退という状況ではなかったにせよ、いつ後ろ髪が摑まれるかとの思いに悩まされた作戦であったに違いない。これが矢野にとって最初の殿軍体験である。

昭和十七年の大晦日、ついにガダルカナル島からの撤退が決定した。当時の状況では、掩護部隊として新たな戦力を投入しなければ撤収も覚束無い始末であった。それこそまさに「最後の一個大隊」を送り込むことになったが、その大隊長に選ばれたのが矢野桂二だった。

矢野桂二

矢野桂二は大陸戦線から帰還し、久留米の予備士官学校の中隊長であったが、ガダルカナル島に投入された第三十八師団の大隊長要員としてラバウルにいた。南寧作戦時の第五師団長の今村均（宮城、19期）が第八方面軍司令官であり、矢野と今村には奇縁があったと言うほかはない。

一個軍の撤収を掩護するため矢野桂二少佐にあたえられた兵力は、一個大隊の七百五十人であった。第三十八師団の補充兵であり、全員三十歳前後の老兵、召集されて以来未教育、実弾射撃も経験していなかったとされる。すぐに間に合う部隊はこれしかなかったのだ。

第八方面軍司令部も、増援大隊の実情をよく承知しており、憂慮していた。昭和十八年一月十三日、矢野大隊がラバウルを出発する際、方面軍司令官をはじめとする幕僚一同が波止場に出向いて見送ったという。後衛の重責を担わせて、全員戦死させるのかとの自責の念に駆られたようだ。

当の矢野桂二は、戦さ慣れしていたせいもあり、暗くなることも、気負うこともなく、淡々とラバウルをあとにしたという。

飢餓に襲われて足腰が立たない約一万の将兵、しかも敵前で海軍の艦艇に乗り込ませなければならない。これでは少なくとも最後衛部隊は全滅のはずだ。

ところが、矢野桂二は、見事にやってのけたのである。昭和十八年一月十四日、ガダルカナル島に上陸した矢野大隊は、よく戦線を維持し、大きな損害もなく最後の第三次輸送でブーゲンビル島に撤収した。

たとえ負け戦さであっても、最も困難な殿軍の任務を完遂したとなれば、各国軍では高く評価され、それに見合った進級と職務が用意されるものだ。ソ連軍ならば直ちに師団長にされただろう。米軍ならば軍参謀に抜擢されたはずだ。中国軍ならば総統の親衛隊長といったところか。

日本軍ではどうだったか。ガダルカナル島に向かう際は、「矢野君、ひとつ頼む。君ならできる」と涙ながらに手を握って送り出した高官連中も、つい矢野桂二のことを忘れてしまったようで、彼はあいも変わらず歩兵第二百三十連隊の大隊長のままで、ブーゲンビル島に置き去りである。

これではたとえ物量や船舶があっても、戦争に勝てるはずがない。陸大出の俊才は失策つづきだが、これといって処罰もされず、陸大の成績順に昇進して要職を歴任して行く。その一方、「無天の少佐などは使い捨て」という意識が露骨に見えて、はなはだ不愉快だ。矢野桂二にはさらに三度目の最後衛の任務が待っていたのだから、話は悲劇的とも、喜劇的にもなる。

ガダルカナル島撤収後、ソロモン正面ではどこまで下がるか、陸海軍の間で意見の相違があった。海軍は中部ソロモンを重視し、独自に部隊を配置しだした。陸軍は輸送力を考慮して北部を固めることとしていたが、海軍の動きを見てガダルカナルの二の舞いになると憂慮し、部隊を中部ソロモンに送り込んだ。ところが連続的に北上してくる連合軍に圧倒される。

昭和十八年七月初頭、連合軍はニュージョージア島ムンダに上陸した。そこでムンダに増援部隊を送り込むが、その一つが矢野大隊であった。そしてほぼ一ヵ月の激闘の後、隣接する島伝いにコロンバンガラ島への撤収となったのだが、このときもまた巡り合わせで矢野桂二が最後衛部隊を指揮することとなった。

苛酷な運命に翻弄された矢野桂二であるが、無事に復員して多くの示唆に富む回想を残していることは一つの救いである。彼の回想は公刊戦史にも多く採用されていて結構だが、それでも陸大出の参謀連中よりは軽い扱いのようにも思える。彼のような軍人を大きく扱い、高い評価を与えなければ、つぎの戦争で第一線の指揮を進んでとる軍人がいなくなる。

山梨県

武田武士の末裔

甲斐の国は藩の配置がないまま明治維新をむかえて、一国そのまま山梨県となった。江戸時代は出世の見込みのない幕臣に搾取され、さんざんな目に遭ったということになっている。だから甲州人はこすっからいのだと自嘲ぎみに語る山梨県人もいる。

これを歴史的に見るとこうなる。寛文元（一六六一）年、甲府に徳川藩二十五万石が置かれ、藩主の徳川綱豊（のちの六代将軍の家宣）が五代将軍の綱吉の養子になった宝永元（一七〇四）年に柳沢藩となった。柳沢藩が大和郡山に移封され、甲府勤番が置かれたのは享保九（一七二四）年のことであった。権力を振りかざすよそ者に搾取されたことは事実にしろ、それをいまでも恨みを込めて語るところに、甲州人の気質が現われている。

急流ばかりで、やせた扇状地が広がり、富士山と武田信玄しか名物がない土地柄だから、生きるためには他国に出て働かなければならない。商才に長けた者が成功すると他国人が妬《ねた》み、「甲州人は……」と悪評に結び付いたのだろう。
一般の評価はさておき、峨々たる山を望んで育った人には、進取と尚武の心が育まれると言われる。そして、とにかく「風林火山」と諸兵科連合作戦の創始者、信玄公の末裔だ。山梨県出身の軍人はさぞ多いと思うが、陸軍の将官は約三十人、意外に少ない。これはやはり大正末の人口が六十万人ほどと小さな県だからだろう。海無し県なのに、海軍大将に塚原二四三（海兵36期）一人いるのはご愛嬌。

人事の「今信玄」

全体の人数が少ないのだからしかたがないが、山梨県人の陸軍大将はいない。しかし、順当に行けば大将確実、それも並の大将ではなく、救国の英雄として迎えられたはずの田村怡与造《たむらいよぞう》（旧2期）がいる。田村は日清戦争時、第一軍の参謀副長であり、その能力は高く評価され、参謀本部の第二部長、同第一部長、同総務部長を歴任し、付いた仇名が「今信玄」だった。
明治三十五年四月、田村怡与造は衆望を担って参謀本部次長（四十一年十二月から参謀次長）に就任し、対露作戦計画を練り上げた。ところが激務のためか、田村は翌年十月、五十歳で死去してしまった。彼が生きていれば、満州軍総参謀長に横滑りとなり、児玉源太郎（山口、草創期）の満州での出番がなくなる。

さらに仮定をかさねれば、満州軍総司令官は山県有朋（山口、草創期）となった可能性は高く、大山巌（鹿児島、草創期）は参謀総長に残ったかも知れない。大山・児玉コンビで結果オーライなのだが、「もし」を考えてみるのも面白い。

田中義一（山口、旧8期）も満州軍で児玉の下にいたからこそ、それからの隆盛があったのだから、田村怡与造の急逝は帝国陸軍の行く末にも大きな影響をおよぼしたことになる。

参謀本部一筋の田村怡与造だから、その才能は作戦立案にありとなるが、じつは人事にも辣腕を振るった。対露戦を睨み、参謀本部を彼のタイプに染め上げたのだ。

田村怡与造が参謀本部次長時の参謀本部のラインナップを見てみよう。

総務部長は井口省吾（静岡、旧2期）、第一部長は松川敏胤（宮城、5期）、第二部長は福島安正（長野、草創期）、第三部長は大沢界雄（愛知、旧4期）、第四部長は大島健一（岐阜、旧4期）、第五部長は落合豊三郎（島根、旧3期）、陸大校長は藤井茂太（兵庫、旧3期）であった。

あの長州、薩摩の全盛時代に薩長が一人もいないとは驚かされる。もちろん、予算を差配する陸軍省は長州人で固めていたとはいえ、作戦の中枢からは「金に弱い」長州人、「女に弱い」薩州人を締め出したのだから、「明治の武田信玄」もやるものだ。「人は石垣、人は城」が甲州人の心意気、人事は得意なのだろう。

戦線の東西両端で

太平洋戦争で日本軍は、東経百度から百七十度まで、正面幅六千五百キロに展開した。気宇壮大だが、甲羅に合わせて穴を掘らないから、戦線の端から崩れていった。

その東西の両端で悲劇の主人公を演じることとなった二人が、ともに山梨県人であった。アッツ島で玉砕した山崎保代《やまざきやすよ》（25期）とビルマ戦線のミートキナで部隊撤退の責を負って自決した水上源蔵《みなかみげんぞう》（23期）である。二人とも、無天であったことも、悲劇の感を深めさせる。

山崎保代が大佐に進級したのは昭和十五年三月であった。陸士二十五期生の先頭グループは、翌年には中将に進んでいる。水上源蔵は十六年十月に少将に進級しているが、同期のトップは前年に中将であった。

陸大に行ったか行かないかで、これだけの差が生まれた。これでも戦時になったから、このくらいで収まったので、平時ならばこの二人、大佐にも進級しないで、連隊付中佐で停年を迎えたであろう。

さて、この日付変更線付近、アリューシャン列島の西端に日本軍がなぜいたかと言うと、海軍が主唱したＭＩ作戦の名残りだった。昭和十七年六月のミッドウェー海戦で大敗を喫したが、アリューシャン列島のアッツ島とキスカ島は占領できた。どんな所でもアメリカの領土を占領していることには、形而上の意味があったのだろう。

だが、制海権を維持することができず、米軍の奪還作戦に脅えることとなった。そこでまず飛行場を整備して、海軍の航空部隊を展開させ、両島を確保しようとした。ところが、南方の戦局が逼迫して、航空部隊の派遣も取り止めとなった。

山崎保代

水上源蔵

それでも面目のためか、撤収とはならず、「一週間は頑張ってくれ、すぐに増援部隊を逆上陸させる」という約束のもと、山崎保代がアッツ島の北海第二守備隊長として赴任したのが昭和十八年四月十八日であった。そしてすぐ、五月十二日に米軍が上陸して来る。

まず、海軍が敵船団撃滅と出撃したまでは格好が良かったが、すぐに引き返すていたらく。連合艦隊は戦艦「武蔵」までも東京湾に集めて気勢を上げたが、そこまでの話。今日でも海軍を擁護する人は、「キスカ、奇跡の撤退を見よ」と騒ぐが、ではアッツについての弁明を聞きたい。

海軍に増援部隊を送り込めないと悲鳴を上げられると、陸軍には打つ手がない。アッツ島の日本軍二千五百人は結局、見殺しにされたのであった。そして、山崎保代は五月三十日、部隊の先頭に立って敵陣に突入して散華した。このような展開は、これから太平洋の島々で何度も繰り返されることとなる。

ビルマ戦線のミートキナは、イラワジ川の西岸にあり、インドと中国を結ぶレド公路の要衝に位置する。そこで米中連合軍は昭和十九年五月、ここに挺進攻撃を加えて来た。守る日本軍は、第十八師団の歩兵第百十四連隊であった。連隊と言っても消耗し切った二個大隊ていどであった。それでも軍旗（連隊旗）がそこにあることには違いない。この軍旗が問題を複雑にすることになる。

ミートキナの飛行場は奪取されたが、歩兵第百十四連隊は市街に拠って善戦した。これを見て第三十三軍は、第五十六師団の歩兵団長であった水上源蔵に一個大隊を付けて、ミートキナに送り込み、同地の死守を命じた。

第十八師団の通称は「菊」、第五十六師団は「龍」、この久留米で編成された両師団の精強さには定評がある。攻める連合軍は三個師団、坑道戦術やB29爆撃機まで繰り出して猛攻を加えるが、連隊長を二度も経験している水上源蔵に指揮された「菊」と「龍」は粘りに粘った。

攻防八十日、ついに八月には玉砕かと思われた。そこで問題になったのが、歩兵第百十四連隊の軍旗であった。太平洋の孤島ならばいざ知らず、包囲されていても後退する手段がある以上、軍旗を救うべきだとするのが「菊」である。「龍」の水上源蔵は死守命令を受けている。

軍旗を保全するか、命令を確行するか、水上源蔵は難しい立場に追い込まれた。同じ師団の中ならば、ほかの解決法もあっただろうが、「菊」と「龍」の間に立った彼は、軍旗を下げるために連隊の転進を認め、自分が自決することによって両立させたのである。

沖縄の激闘

そもそも軍人が少ない山梨県が、山崎保代と水上源蔵という太平洋戦争を代表する悲劇の主人公を生んだことは不思議な巡り合わせだが、太平洋戦争の最終局面で激闘を演じた師団長二人も山梨県出身だったとは驚きだ。沖縄の第二十四師団長で玉砕した雨宮巽《あまみやたつみ》（26期）と終戦後も千島列島で戦った第九十一師団長の堤不夾貴《つつみふさき》（24期）である。

雨宮巽は、駐支武官補佐官、北支那方面軍第二課長、天津特務機関長を歴任した支那屋である。日華事変勃発当時は陸軍省新聞班員、つづいて大本営報道部員だから、単なる武骨な人でなかったであろうし、中国通を買われてか商工省の物資調整官も務めている。

また通信関係にも明るく、通信学校の兵技教官も務めた。なかなか多芸多才な人であったようだが、戦歴はなく沖縄戦が緒戦となった。

昭和十四年八月に編成された第二十四師団は、長らく東部満州の第五軍にあり、これも沖縄戦が緒戦となった。初代の歩兵団長がつぎに述べる堤不夾貴であったことも奇縁だ。十九年七月、第二十四師団は第三十二軍の戦闘序列に編入され、八月初旬までに沖縄に展開を終え、陣地構築に全力を傾注していた。

昭和十九年十一月、台湾の防衛を強化するため第三十二軍から一個師団を抽出することとなった。抽出する師団の選定は第三十二軍に一任され、砲兵力が優れた第二十四師団を残して、第九師団を台湾に送ることとなった。代わりに第八十四師団が沖縄に送り込まれることになったのだが、この決定はなんと一日で変更され、第三十二軍は二個師団半で沖縄決戦を戦わなければならなくなった。

このため嘉手納正面に展開していた第二十四師団は、構築した陣地を離れて首里以南の島尻地区に移動した。新しい配備に就いたのは昭和二十年一月初頭で、三ヵ月後に米第十軍の来攻を迎えることとなる。

作戦準備の段階から翻弄された第二十四師団は、戦闘になってからも主力を北部へ投入する、決戦をする、いや持久だと翻弄されつづけた。これでは師団長が歴戦の勇士でも手のつけようがなかっただろう。雨宮巽は昭和二十年六月三十日、司令部壕で爆雷を破裂させて幕僚とともに自決した。

師団長が自決しても、第二十四師団の戦いはつづいた。師団隷下の歩兵第三十二連隊は、終戦後の八月二十九日に降伏している。

連隊長の北郷格郎（宮崎、27期）は生還したが、彼も巡り合わせの悪い人であった。北郷が歩兵第一連隊第三大隊長のときに二・二六事件が突発した。その責任を問われて待命となり、日華事変勃発で召集され、結局、敗戦後も戦わなければならない羽目となった。

千島列島の戦い

終戦後も戦いつづけた千島列島の第九十一師団を指揮した堤不夾貴の軍歴も珍しい。彼は陸大三十四期で、第十師団の参謀長として武漢作戦に参加して金鵄勲章功四級をものにしている。連隊長はしていないが、歩兵団長と旅団長を都合五回もやらされている。

これは冷遇と言うより、まったく異例な人事だ。堤不夾貴は趣味がお茶という風流人で、つねに温厚、なにを考えているのかわからない人だったそうだ。当時の武人像にマッチしなかったことが、出世の妨げになったのだろうが、こういう人ほど胆がすわっている。それは終戦後の一戦、占守島で証明してみせた。

今日なお残る千島列島の領土問題だが、一千二百キロにわたって三十ほどの島が並ぶという守りにくいところである。原則として千島列島の防衛は、北部の占守島と幌筵島、中部の松輪島、南部の得撫島に分けられ、アッツ島玉砕後の昭和十七年八月には、それぞれに第一、第二、第三守備隊が編成された。重点はもちろん北端で、カムチャツカ半島の南端ロパトカ岬から占守島まで約十キロである。

キスカ島からの撤収部隊などさまざまな部隊が北千島に集まり、それらを編合して第九十一師団が編成されたのは昭和十九年四月であり、千島第一守備隊司令官であった堤不夾貴が師団長に親補された。

第九十一師団は歩兵第七十三旅団と歩兵第七十四旅団を基幹とし、終戦時には兵力二万三千人の大きな部隊であった。しかも重砲九個中隊、戦車第十一連隊も編合されていた。

千島列島北端における作戦構想は、全般情勢に応じて変化したが、最後は占守島と幌筵島の間の幌筵海峡の利用を阻止することにあった。そのため海峡部両側に師団主力を配備した。敵上陸が予想される占守島北部での水際撃破までは考えていなかったようだ。

日ソ開戦の昭和二十年八月九日から十五日まで、千島列島では占守島北端に数発の砲撃があったほかは、平穏のままに過ぎた。そして十六日、大陸命第千三百八十二号によって即時戦闘行動の停止が命令され、停戦交渉成立に至る間、「敵の来攻に方りては止むを得ざる自衛のための戦闘行動は妨げず」とされた。

ソ連領に面する占守島でも八月十七日まで何事もなく、手回しの良い部隊では武装解除や武器投棄の準備をはじめつつあった。

ところが、八月十八日午前一時半ごろ、ロパトカ岬からの砲撃がはじまり、二時には占守島北端の竹田浜にソ連軍が上陸して来た。降伏受け入れの軍使が来ることは予想していたが、砲撃を加えて深夜に軍使が現われるはずがない。

現地にあった独立歩兵第二百八十二大隊は、大陸命でも示されていた自衛戦闘行動を発動した。報告を受けた堤不夾貴は午前二時過ぎただちに戦闘準備を下令するとともに、戦車第十一連隊に対して敵上陸部隊撃滅を命令した。

素早い決心だが、これは終戦となってからのことだから、なおさらその素早さは評価される。戦争は敗北に終わったとなれば誰も気合が抜け、すぐさま戦闘を決意できるものではない。

しかし、第九十一師団はやってのけた。独立歩兵第二百八十二大隊はよく敵上陸部隊を拘束し、そこへ連隊長の池田末雄（愛知、34期）を先頭に戦車第十一連隊が突っ込んだ。

堤不夾貴は、占守島にある部隊だけでなく、幌筵島にある部隊までつぎ込んで来攻ソ連軍を海に追い落とすと決心した。十八日午後までに第九十一師団の主力が占守島に展開し、二個旅団が並列して押し出し、太平洋戦争でついに実現しなかった水際における敵上陸部隊殲滅が実現するかに見えた。

これを知った札幌の第五方面軍司令部は苦慮した。「堤さんはやる気だ、これはいけない、早く止めさせなければ」と参謀長の萩三郎（石川、29期）は、「戦闘停止、自衛戦闘への移行」の命令を起案した。

派遣学生として東大政治学科で学んだ萩三郎が、順法精神を発揮して第九十一師団にブレーキをかけた気持ちはわかる。それにしてもじつに惜しいことをした。

第五方面軍に対する作戦任務解除と武力行使停止の命令は、八月二十二日に発せられた大陸命第千三百八十八号で昭和二十年八月二十五日零時とされたのだから、第九十一師団がソ連軍を殲滅する時間はまだまだあったのだ。第九十一師団は方面軍の命令を忠実に守り、十八日十五時頃に軍使を送ったのだが、停戦交渉が進まず、本格的ではないにしろ戦闘は二十日までつづいた。

ともあれ、この終戦後における占守島の一戦によって、ソ連軍の千島列島南下作戦は遅れたことは大きな成果であった。もし、スルスルと南下されたならば、今日の北方領土問題はより複雑になったであろう。堤不夾貴の功績には、現在に通じる大きなものがある。

長野県

理屈っぽい「軍人大国」

信濃の一国そのまま長野県となったが、そうなるまでには紆余曲折があった。

幕藩体制下では、城地が十三個にも分かれており、だいぶ集約された慶応元年でも十一個藩が分立していた。主な藩は、松代の真田藩十万石、松本の松平藩六万石、上田の松平藩五万三千石、高遠の内藤藩三万三千石、高島の諏訪藩三万石といったところだった。

どれも領民がこだわるほどの由緒正しい大藩ではないのに、「俺が、俺が」と競い、明治当初は十二もの県に細分されていた。その地域意識は強烈で、県庁所在地は真田藩の長野か、松平藩の松本かと大騒動になって血を見たという。

それでいて、信州人には奇妙な連帯感があるようで、いまもって長野県ではなく、信州だ信濃だと言っている。珍しい地域性と思う。そして外から見た県民性だが、四角四面の真面目さ、むずかしく言えば論理的で知性的、すなわち理屈っぽいとなる。

このような風土では、武窓に進む人も少なくなるものだ。ところが、長野県が生んだ陸軍の将官は八十人を超えている。東日本では東京につぐ第二位であり、全国的に見ても上位にランクされる。

長野県の面積は約一万三千四百平方キロで全国第四位、大正末の人口は約百六十三万人と大きな県だから人材が輩出するのも当然にしろ、陸軍大将は五人、これは大分や石川と並ぶ第四位だ。海無し県なのに、海軍大将も一人、塩澤幸一（海兵32期）を生んでいるのだからたいしたものだ。

長野県の生んだ陸軍大将は昇進順に、福島安正《ふくしまやすまさ》（草創期）、安東貞美《あんどうていび》（草創期）、神尾光臣《かみおみつおみ》（草創期）、山田乙三《やまだおとぞう》（14期）、栗林忠道《くりばやしただみち》（26期）となる。福島と安東は名誉進級であり、栗林は硫黄島で戦死したあとに遺贈された。福島の情報、安東の教育にはじまり、どの人もなにか一筋、それが信州人の良いところだ。

三番手に付けた大将レース

最後の関東軍（総）司令官としてその名を残した山田乙三は、昭和十五年八月、教育総監のときに大将に昇進した。彼の軌跡を見ると、いわゆる「大将街道」の定型はなく、運や巡り合わせだと認識させられる。

そもそも、山田乙三の出自からしてむずかしい。山田の父親は松本出身の軍人で姓は市川、山田は父親の勤務先の熊本で生まれた。父親と同僚の関係で、大和郡山出身の山田家に養子に行く。この山田家は江戸勤番だったようで、山田は幼年学校に入るまで東京で育っている。

ところが、なぜか届け出た本籍地は市川家の長野県のまま。だから山田を長野県人にするのは多少無理はあるものの、自己申告どおりにしておこう。

山田乙三の陸士十四期だけをざっと見てみる。山田の騎兵科は卒業生六十六人、うち中将まで進んだのは橋本虎之助（愛知）、宇佐美興屋（東京）と山田の三人。参謀の人事を握る参謀本部総務部長をやった者は、古荘幹郎（熊本）、橋本、山田。そして大将に進んだのは、古荘、西尾寿造（鳥取）と山田のこれも三人だ。どの三人組でも山田は三番手であったのに、現役の大将として最後まで残ったのが彼だった。

馬に乗って、歩く人を低く見る立場の騎兵は、選ばれた者というイメージがあるためか、独特な閥を形成していた。騎兵科であることは、山田乙三の武器となっている。また、通信の専門家であったことも、時代にマッチした。そして、東京育ちゆえの信州人らしからぬ明朗さ、無欲さが彼に最終的な栄冠をもたらした。

騎兵科の勤務を順調にかさね、豊橋の騎兵第二十六連隊長を終えた山田乙三は、大正十五年三月に朝鮮軍参謀に転出した。軍司令官は騎兵科出身の森岡守成（山口、2期）であった。

帰国後は専門の通信を活かして点数を上げ、昭和八年に参謀本部第三部長、翌年には総務部長となり、大将街道の入り口に立った。当時の参謀総長の閑院宮載仁、次長の植田謙吉（大阪、10期）は、ともに騎兵科出身である。

山田乙三

山田乙三が総務部長のとき、永田鉄山斬殺事件が突発した。この騒動のなか、山田は陸士校長に転出する。そして、二・二六事件となるが、なんと真崎甚三郎（佐賀、9期）の牙城と言われた陸士なのに、事件に関与した者を一人も出さなかった。もし、一人でも出していれば、山田の軍歴もここで終わりとなった。

二・二六事件によって高級人事が大きく狂った。山田乙三の周囲を見ても、まず、同期で同じく騎兵科出身の橋本虎之助は近衛師団長であったが、反乱部隊を出したためすぐに待命。侍従武官長の本庄繁（兵庫、9期）は身内から決起同調者が出たため、宇佐美興屋に交替する。

事件の後始末が一段落した昭和十二年三月、山田乙三は関東軍にあった第十二師団長に転出した。しかし、十ヵ月たらずで参謀本部付となり、待命だと本人も覚悟したようである。

そこに助け舟を出したのが関東軍司令官であった騎兵科の先輩、植田謙吉だった。植田のバックアップがなくても、日華事変がはじまり、将官が払底していたから、山田乙三はなんらかの形で残っただろうが、関東軍の第三軍司令官就任には植田の力添えがあったはずだ。

第三軍司令官につづいて中支那派遣軍司令官となり、金鵄勲章功二級をものにした山田乙三は、大将を確実なものとした。その後、教育総監、防衛総司令官を経て昭和十九年七月、関東軍総司令官となる。一期後輩の梅津美治郎（大分、15期）の後任で、またも彼らしく同期や後輩の後塵を拝する形となった。

どうして十六期以降の大将から関東軍司令官を選ばなかったのか、山田乙三とあまり接点がない梅津美治郎が後任になぜ彼を選んだのか、そのあたりの細かい事情ははっきりしない。

ともかく、山田は関東軍で思ったような作戦はできずに不本意であったろうし、その後には六年にもおよぶ抑留生活を送ったのも不運ではあったが、無事に帰国できたことでよしとすべきなのだろう。

「合理適正居士」

長野県は教育熱心な風土であるし、軍人の数もそれなりなのに、陸大恩賜の長野県人は意外と少ない。陸大卒業順位六位以内、恩賜の軍刀を拝受したのは、知るかぎり永田《ながた》鉄山《てつざん》（16期）と後述する柳田元三《やなぎだげんぞう》（26期）、栗林忠道（26期）の三人で、首席はいない。惜しくも永田は次席、彼の陸大二十三期の首席は不動のトップ、梅津美治郎だから価値ある次席であることは間違いない。

よく、「永田が存命したならば太平洋戦争は起こらなかった」と残念がる人もいるが、大きな歴史のうねりを個人の力でどうにかできるものではない。しかし、永田鉄山を中心に語るだけでも昭和陸軍史の半分はカバーできるだろう。

永田鉄山

結論から言えば、永田鉄山という人は典型的な長野県人で、何事にも論理、理屈が先行する合理適正居士であった。それがため彼の名が残ったと同時に非業の死を迎えることともなった。

永田鉄山といえば、まず大正十年十月の「バーデン・バーデンの盟約」、その一夕会となる。はじめはともに東京育ちの小畑敏四郎（高知、16期）、岡村寧次（東京、16期）の同期の仲良しグループだったと思う。それが徐々に会員が増えて政治色をおびだし、軍内の横断的結合となった。

一夕会として確立したのは、昭和三年末ころと言われている。陸士十四期から二十五期までの省部勤務のエリートの意見が一致した点は、「人事の刷新」「満蒙問題の解決」「荒木貞夫、真崎甚三郎、林銑十郎の三将軍をもりたてて正しい陸軍を建設」であった。

昭和四年八月に岡村寧次が補任課長となって第一ステップをクリアーし、六年に入って満州事変、荒木陸相の誕生で一夕会の目的はおおむね達成された。それからの中長期的なビジョンがなかったため、すぐさま集団として迷走しだす。

人間関係だけを見ると、永田鉄山と小畑敏四郎の仲たがい、その代理戦争の形をとった東條英機（岩手、17期）と鈴木率道（広島、22期）のいがみあいだった。

そもそも陸士同期という間柄は、はじめから出世を放棄している連中を別とすれば、たがいに大将を目標とするライバルである。まして陸大も同期、加えて恩賜ともなれば、友情だけでは話がすまない。まさに永田鉄山と小畑敏四郎の関係である。

まずいことにこの二人、大佐進級時に差がついた。永田鉄山は一選抜で昭和二年三月進級、小畑敏四郎は二選抜となり同年七月に進級。どうと言うことないと思うのは、気楽な出世放棄組や部外者の言い草で、これで眠れないくらいに執着するような連中でなければ出世街道のスタートにも並べない。

これも任地が離れていれば、それほど気にならない。ところがまずいことに、この昭和二年の春先から初夏にかけて、永田鉄山は陸軍省整備局動員課長、小畑敏四郎は参謀本部第一部第二課長で、走れば五分というところで勤務しているのだから、頭にくる度合いも強くなる。

二人はつぎに連隊長に出るが、永田鉄山は花の麻布の歩兵第三連隊、小畑敏四郎は姫路の歩兵第十連隊。男爵の四男坊の小畑としては差を付けられたと思ったかも知れない。さらに悪いことに昭和七年四月、永田は参謀本部第二部長、小畑は同第三部長と同時に異動となった。だれもが憂慮していたように、ここで二人は決定的に対立する。

表面的にはソ連の権益である北満鉄道の買収問題であった。永田鉄山は買収しろと言い、小畑敏四郎は戦争になれば取れるものを買う必要はないとする。この論争の本質は、満州国を中に置いた日本、中国、ソ連の三角関係をどう考えるかにあった。また、軍政育ちと軍令育ちの対立でもあったろう。

昭和八年三月、日本は国際連盟から脱退するが、その前後に省部の首脳会議が開かれ、この北満鉄道の買収問題が討議されたとされる。十年一月、北満鉄道の譲渡がまとまるのだから、それに関してだけは永田の意見が通ったことになる。

しかし、伝統的な対ソ戦主軸は動かなかった。そこで中国にどう対応するかで論争になった。永田鉄山は中国を叩けと主張し、小畑敏四郎はそれに反対したと言う説もあるが、それはそれからの経過からの推理のようだ。

ただ、総力戦を遂行する場合、火薬だけにかぎっても中国の資源を動員しなければならないことはわかっていた。その点を永田は強く主張したのだと思う。

国策の基本に関することだから、陸軍省と参謀本部だけで決められる問題でもないし、少将が自説に固執して激しく論争する性格のものでもあるまい。ところが、理屈の多い人には、この常識が通用しない。

もちろん、小畑敏四郎にも半分の責任はあるのだが、永田鉄山のいかにも信州人らしい理屈っぽさも問題だ。永田は二回目の省部会議を欠席したというのも、どことなく長野県人だなと思わせるものがある。

頭脳明晰で論理的な考え方をする人の欠点は、理詰めでやれば人を説得できると思い込むことにある。永田鉄山を斬殺した相沢三郎（宮城、22期）は、昭和九年七月など何回か永田に面会して話し合っている。

「話せばわかるよ」ということだったが、永田鉄山の論理的な話は相沢三郎には通じなかったということになる。

「俺の目を見ろ、なんにも言うな」と浪花節のようにやれば、切られることもなかったはずだ。そんな役者のようなことを、四角四面の信州人にもとめるのは無理だろう。

理屈先行のもう一人

陸士二十六期は師団長、連隊長として勇戦し、陸士各期で一番将官を輩出している。

そのなかで序列第二位が柳田元三であった。一位の田副登（熊本）は航空科のため進級が早かったから、実質トップは柳田である。

柳田元三

ポーランドとルーマニアの駐在武官を兼務したこともある柳田元三は、対ソ情報のエキスパートとして育てられた。ハルビン特務機関長、関東軍情報部長を歴任しているから、期待によく応えたと言えよう。連隊長は歩兵第一連隊であるから、エリート中のエリートであった。

昭和十八年三月、柳田元三はビルマの第十五軍に属する第三十三師団長となった。軍司令官の牟田口廉也（佐賀、22期）は、陸大恩賜の秀才を師団長に迎えて喜んでいたそうだ。

そして、インパール作戦となる。柳田ほどの情報センスがあれば、インパール作戦の行く末も予測できる。そのため、「危ない、危ない」と及び腰になっているから、思いもよらぬ錯誤を犯す。

敵の頭を押さえていた第一線から、「玉砕覚悟で奮闘す」との報告が来ると、「大変だ、玉砕させてはならぬ」と包囲を解かせてしまった。それからはさらに慎重になり、インパールに向けての突進を渋り、軍司令部に「即刻、作戦中止」の意見具申をするまでになった。

インパール作戦と言えば、牟田口廉也ばかりに非難が集中して来たが、彼が柳田元三に激怒する気持ちもわかる。猛烈な譴責電が発信されるが、柳田も負けてはおらず、作戦構想そのものを批判し、ほかの二個師団に同じ過ちをさせてはならないとまで言い切った。

こうして柳田元三は、師団長に着任してからわずか二ヵ月、しかも作戦中に更迭された。理路整然と説けば、だれでも納得するはずとの信州人の思い込みが、これまた偏屈で理屈が多く、しかも感情激発型の佐賀県人には通じなかったということになる。

東京に帰った柳田元三は予備役編入となったが、即日召集で旅順要塞司令官、つづいて適職の関東州警備司令官となった。牟田口廉也もインパール作戦直後に予備役編入となり、召集されて予科士官学校長となった。この補職を見ると、人事当局者は牟田口より柳田の方を買っていたことになる。

敗戦後、柳田はシベリア抑留となったが、ソ連の方針は「情報屋は帰国させない」であった。柳田ももちろん例外ではなく、昭和二十七年にモスクワで死去している。

栗林忠道

硫黄島の守将

草創期を別とすれば、最年少、五十四歳で陸軍大将になった栗林忠道は、陸大三十五期の恩賜、それも次席であった。彼は中学出身で騎兵科のためか、アメリカ駐在、カナダの駐在武官、また騎兵監部や馬政課の勤務が長い。そのため、せっかくの陸大恩賜も活かせずに、省部の本流には乗れなかった。太平洋戦争開戦時、栗林忠道は英語の能力を買われてか、香港攻略の第二十三軍参謀長であった。

香港戦は勝って当然にしろ、軍首脳部のそれからの処遇には首を捻《ひね》るものがある。軍司令官の酒井隆（広島、20期）は、昭和十八年三月まで軍司令官にとどまり、それから待命である。

火力戦闘に任じた第一砲兵司令官の北島騏子雄（東京、20期）も十九年三月に予備役編入、即召集されて高雄要塞司令官の閑職に回された。

参謀副長の樋口敬七郎（佐賀、27期）は台湾軍の参謀長に栄転したものの、すぐに久留米の予備士官学校長だ。

作戦主任の多田督知（東京、36期）は、朝鮮軍参謀から第十四師団参謀長で終戦をむかえた。

そして栗林忠道は、昭和十八年六月まで第二十三軍参謀長にとどまり、本土に帰還して留守近衛第二師団長に補せられた。待命一歩手前とも言うべき補職であり、とても香港を攻略した軍の参謀長に相応《ふさわ》しい処遇ではない。香港攻略時になにかあったとしか思えない。そのなにかは、もう永遠の謎となってしまった。

昭和十九年二月、中部太平洋正面に第三十一軍が編成され、父島要塞もその戦闘序列に入った。そして、父島要塞など小笠原諸島にあった諸部隊を改編して、第百九師団が編成されたのが同年五月、その初代師団長が栗林忠道であり、小笠原兵団長を兼務することとなった。

それまでの経過からして、師団司令部は父島に位置するところ、栗林忠道は飛行場適地があり、米軍の来攻必至と見られた硫黄島にみずから歩を進めた。まず、この決断によって、栗林は名将と呼ばれるようになった。

そして、坑道陣地に拠る徹底した持久出血作戦は、合理的な思考をする彼だからこそできた戦闘として戦史に輝いている。その経過をここで改めて述べる必要はあるまい。ただ、栗林の統率に陰の部分もあったことは、記憶されてしかるべきだろう。

第百九師団の参謀長は堀静一（山口、29期）、主力となる混成第二旅団長は大須賀応（北海道、27期）であった。無天の堀、これまた無天で砲兵科出身の大須賀では、強靭な戦闘は無理と判断したのか、昭和十九年十二月に参謀長は陸大専科の高石正（東京、30期）、旅団長は同期で歩兵の千田貞季（鹿児島、26期）と交替させた。

兵団長として当然の処置だったろうが、それからが問題であった。堀静一を混成第二旅団付、大須賀応を師団司令部付として硫黄島に残したのである。

第一線での更迭で気分を害しているだろう二人を、さらしものにしては武士の情けがないと言われても仕方がない。二人を硫黄島に残したことは、指揮機構を強化する合理的なものにしろ、やはり本土に帰すべきであった。

一日で決心変更

最後の参謀本部第一部長となった宮崎周一《みやざきしゅういち》（28期）も、長野県出身であった。彼は陸大恩賜こそ逃したものの、その作戦のセンスは高く評価され、緊急事態に備えた予備として陸大に温存されていた。

第十七軍参謀長としてガダルカナル撤収を成功させたのが宮崎周一である。ちなみに撤退した第二師団長の丸山政男《まるやままさお》（23期）と航空支援をした第六航空師団長の板花義一《いたばなぎいち》（23期）、ともに長野県人だったことは奇遇だった。

その後、宮崎周一は参謀本部第四部（戦史）長、陸大幹事と予備要員として内地にあったが、いよいよ人材が払底したため、昭和十九年八月に華中の第六方面軍参謀長に出た。ところがその四ヵ月後、第一部長として東京に呼び戻された。

宮崎周一が第一部長に就任する前の昭和十九年十一月、台湾から二個師団を引き抜いてルソン島に送ったため、台湾の防衛戦力は二個師団になってしまった。関東軍から師団を抽出して台湾を強化することとなったが、すぐにというわけにはいかない。

そこで目を付けられたのが沖縄の第三十二軍の三個師団であり、第九師団が台湾に回されることとなった。その補塡に姫路にあった第八十四師団を沖縄に送ることとなっていた。ここまでは前任者、真田穣一郎（北海道、31期）の構想である。

予定どおり第九師団は、昭和二十年一月中旬までに台湾へ移動した。さて、その代わりとなる第八十四師団だが、準備が整い第三十二軍編入の旨の上奏が終わったのが一月二十二日であった。この連絡を受けた第三十二軍はほっとしたことだろうが、翌二十三日に派遣中止となったのである。

本土の防衛強化が急務の現在、海上輸送に大きな不安がある島嶼に兵力投入は避けるべきであるとの新第一部長の宮崎周一の信念が反映されて、この変更となったとされる。

宮崎周一

本土決戦を前提にして考えれば、宮崎周一の決断には合理性がある。第八十四師団を送っても、無事に到着する保証はどこにもないのだ。さらに言えば、あと一個師団あれば、沖縄の地上戦で勝てたかということもある。

しかし、沖縄の第三十二軍と交わした約束を一夜で破ったという信義の問題が残り、これでは沖縄決戦において中央部と現地軍が円滑な関係を保てるわけがない。

できることならば、宮崎周一自身が沖縄に飛び、きちんと説明するとか、さらに望めば同期の長勇（福岡、28期）に「貴様は帰れ。参謀長は俺がやる、俺が沖縄で死ぬ」とやれば、今日まで大向こうを唸らせたことであろう。

合理的だから正しい、理屈に合っているから納得しろだけでは収まらないのが日本の風土である。信州人のエリートには、その「情」の部分に欠けがちなことは残念なことだ。

岐阜県

侍大将の風土

岐阜県は飛騨と美濃の二国からなり、意外と大きな県で、面積は約一万平方キロ、全国第七位となっている。飛騨は山岳地帯に対して、美濃は平野部であり、古くから開けた地域で戦国時代には草刈り場となったためか細分化され、江戸時代には十五の城地に分かれていた。

慶応元年の藩の配置を見ると、飛騨には藩はなく、美濃には大垣の松平藩十万石、郡上の青山藩四万八千石、加納の永井藩三万二千石、高須の松平藩三万石、岩村の松平藩三万石など十三個の藩が分立していた。

主な地域となる美濃は、大きな河川沿いに平野が広がり、交易も盛んで豊かな地域だったのだろう。食べるのに困らず、小藩ばかりとなると、軍人が少ないという方程式が岐阜県にも成り立つ。

ここ岐阜県が生んだ陸軍将官は四十五人ほど、五十人を切っており、陸軍大将はゼロ、もちろん海なし県だから海軍大将もいない。大正末の人口が約百二十三万人だから、この数字は少し寂しい。

岐阜県人と言えば、実直で勤勉、律義というイメージが強いようだ。また、おとなしいということだろうが、少なくともこの評は陸軍の軍人にはあてはまらない。戦国時代、勇名を馳せた侍大将を輩出した土地柄だけあって、陣頭に立って奮闘した勇ましい人が多いように思う。

その代表が関谷《せきや》銘次郎《めいじろう》（旧3期）である。彼は歩兵第三十四連隊長として日露戦争に出征、明治三十七年六月の得利寺で連隊長みずから敵の塹壕に斬り込み、味方を唖然《あぜん》とさせた勇士であった。そして同年八月末の遼陽会戦、首山堡で戦死した。有名な橘周太（長崎、旧9期）もここで戦死しているが、彼は関谷の連隊の第一大隊長であった。

明治三十八年三月、奉天会戦で負傷した歩兵第九連隊長の岩田《いわた》正吉《まさきち》（旧5期）も岐阜県出身だった。連隊長が死傷するというのは、日露戦争の時代でも珍しいことである。

父子二代のドイツ通

前述した関谷銘次郎は、初期のドイツ留学組であった。そして「ドイツと言えば岐阜県人」という方向性を定めたのが大島健一《おおしまけんいち》（旧4期）である。彼は砲兵科であったが、陸大に行くことなく直接ドイツに留学した。日清戦争では第一軍副官、次いで山県有朋付の元帥副官と、あの山県に見込まれたとはたいした人物だったに違いない。

以降、大島健一は参謀本部で戦史関係の第四部が長く、日露戦争中は大本営兵站総監部参謀長を務め、日露戦争後は長谷川好道（山口、草創期）の下で参謀次長となった。そして、つぎは同期の岡市之助（京都、旧4期）の下で陸軍次官となり、大正三年四月には第二次大隈重信内閣の陸相に就任した。

長州閥のサポーターを演じたわけであり、経歴からしても官僚的な冷たい人を想像するだろうが、実際はさっぱりとした好感の持てる人だったそうだ。山県有朋も岡市之助も、自分にないものを大島健一にもとめたのだろう。

陸相辞任後、青島守備軍司令官も務めたのだから、大将進級の資格十分であった。ところが大島健一は、じつは自分の戸籍は間違っていて、すでに中将の実役停限年齢六十二歳に達しているので、大将進級の資格はないと申し出たそうである。奥ゆかしいと言うほかはない。

三国同盟で有名になった大島浩《おおしまひろし》（18期）は、大島健一の実子である。彼は東京幼年学校の三期で、二期に永田鉄山（長野、16期）がいた。ちなみに大島は病気で陸士は一期遅れている。

永田鉄山はドイツ語に熱心で、いわゆる語学狂の「ゴキ」と呼ばれるほどで、有志を集めて研究会を開いていた。そこに「鈍才でもよろしいですか」と、末席に連なっていたのが東條英機である。この勉強会の幹事役を引き継いだのが大島浩であった。大島浩は陸大卒業後、三年間ドイツ、オーストリア、ハンガリーで勤務し、昭和九年から終戦まで武官、大使とドイツで勤務したのだから、まさにドイツ一筋で徹底している。その軍歴から、ドイツにかぶれ、ヒトラーの魔法にかかって三国同盟を推進し、動きの取れない状況に日本を追い込んだというのが定説のようだ。

しかし、本当のところはそう単純な話ではない。要塞砲兵育ちの大島浩は、適任の参謀本部第三課（防衛課）長のとき、そのドイツ語の能力に目を付けられて駐独武官の話が出た。意外なことに、彼はこの話を断わったそうである。

しかし、大島浩ほどドイツ語ができて毛並みの良い人もいないので、強く口説かれ、二年間と期限を切って渋々応じた。これが昭和九年三月だが、それから日独関係が密接になり、彼をドイツから動かせなくなってしまう。

昭和十二年二月、連絡のため帰朝した大島浩は、もういい加減にしてくれと強く交替をもとめ、後任はこれまた岐阜県出身でドイツ語が達者な樋口《ひぐち》季《き》一郎《いちろう》（21期）となった。

実際、樋口季一郎はドイツまで行ったのだが、そこで日華事変が突発する。そのため対ソ諜報のエキスパートである樋口をハルビン特務機関長にする必要が生じたため、大島の異動は取り止め、駐独武官留任となった。

大島浩が駐独武官のお役御免になるのは、昭和十三年十月に後任の河邊虎四郎（富山、24期）が着任してからである。しかし、ドイツでの任務はさらに重くなり、予備役編入のうえ、駐独大使となったのである。そして独ソ不可侵条約締結を探知できなかった責任を取るかたちで、昭和十四年十二月に辞職して帰国した。

大島浩

樋口季一郎

ところが、昭和十五年九月に三国同盟が締結され、どうしても駐独大使は大島浩でなければということで再出馬となった。この経過からすれば、三国同盟締結と大島は関係ないとも言える。

どのような経過があったにせよ、日本を戦争に追い込んだとされる三国同盟を締結した責任は、松岡洋右と来栖三郎の二人の外交官にある。それなのに大島浩は東京裁判でA級戦犯として起訴され、終身刑を宣告された。それでも昭和三十年十二月に仮釈放となったことは、多少の慰めになる。

北辺の孤将

前に述べた大島浩と駐独武官を交替するはずだった樋口季一郎は、兵庫県の育ちだそうだが、ここでは本籍をとって岐阜県出身としておこう。彼はハルビン特務機関長だった昭和十三年初頭、ナチスの迫害を逃れて流浪していたユダヤ人二万人の満州国入国を認めて救ったことで有名だ。

では、温厚で優しい人かと言えば、やはり侍大将の岐阜県人でなかなか勇ましい。帝国陸軍八十年の歴史のなかで、あまりにも勇ましくて失笑すらする「桜会」の発起人の一人が彼であった。

「桜会」の立役者、橋本欣五郎（福岡、23期）がトルコから帰朝したのが昭和五年六月。すぐに同志のリクルート活動に入り、まず声をかけたのが橋本と同じロシア屋で以前から付き合いがあり、陸軍省調査班長をしていた岐阜県人の坂田義朗《さかたよしろう》（21期）であった。坂田も血の気の多い人だから、一も二もなく同意で同志となる。

さて、人を集めるとなると、あまり人徳がないこの二人だけでは心もとない。そこで坂田義朗は、同郷、同期の樋口季一郎に声をかけた。当時、樋口は憲兵にも顔がきく東京警備司令部の参謀だったから好都合だ。よせばいいのに樋口も賛同し、先任ということで桜会の発起人の一人となった。

昭和六年春までに「桜会」は、在京将校を中心に百五十人も集まったとされるが、樋口季一郎が発起人に入っているから俺もという人が多かったようだ。そして分裂をかさねながら、昭和六年の喜劇的な十月事件にすすんでゆくのだが、これもまた日本の曲がり角の一つであった。

昭和八年から二年間、樋口が福山の歩兵第四十一連隊長を務めていたとき、連隊付中佐が永田鉄山を切った相沢三郎（宮城、22期）であり、台湾の学校配属将校に出るさいに凶行におよんだ。責任を感じた樋口は、進退伺を提出したが、受理されなかった。

樋口季一郎はノモンハン事件当時、参謀本部第二部長であった。情報見積もりは正しかったからか、懲罰人事にはかからず、第九師団長に栄転した。第九師団は昭和十五年十月、動員されて東部満州の第三軍の隷下に入り、掖河《えきか》に駐屯していた。

昭和十七年八月の定期異動で樋口季一郎は、北部軍司令官となり、それ以来、終戦まで北方軍、第五方面軍と名称は変わるが、一貫して北方の守りを担当した。その間に十八年五月のアッツ島玉砕、同年七月のキスカ島撤収、そして二十年八月のソ連軍進攻という大きな三つの出来事に遭遇する。

アッツ島放棄については、参謀次長であった秦彦三郎（三重、24期）が札幌の北方軍司令部に足を運び、樋口季一郎を口説いてようやく決着がついた。樋口と秦は同じような軍歴を重ねたロシア屋同士であったから、血を見ることもなく、またキスカ島撤収も合意できたのであった。

ソ連軍の進攻を迎えて、カラフトの峯木十一郎（新潟、28期）、千島の堤不夾貴（山梨、24期）が積極的になれたのも、背後に樋口季一郎がひかえていればこその話であった。軍歴も文句なし、親分肌で顔も広い樋口を、なぜより重要な正面に起用しなかったのか、不思議な思いがする。

二十六期の五人衆

陸士二十六期生は七百四十二人卒業という大きな期であり、また太平洋戦争中、五十歳代前半という巡り合わせもあって、将官は百六十人ちかくと最多であった。

それにしても、この二十六期で中将となった岐阜県人の五人は目を引く。山田《やまだ》清一《せいいち》、宮崎繁三郎《みやざきしげさぶろう》、河野《こうの》健雄《たけお》、大野《おおの》広一《こういち》、鈴木《すずき》鉄三《てつぞう》である。このうち河野と鈴木は無天であった。

山田清一は砲兵科出身で陸大恩賜、ドイツ駐在と典型的な岐阜県出身のエリートであった。整備局長もやった資源関係の権威で、太平洋戦争中は南方で燃料関係の業務にあたり、南方軍燃料本部長からセレベスの第五師団長に補されたのが昭和十九年十月であった。

そして、昭和二十年八月十五日、終戦の報を聞くや自決した。山田清一の経歴からして、それほど責任を感じる立場でもないのに、なぜ自決するまで思いつめたのか。やはり侍大将の風土で生まれ育ったからとしか言いようがない。

将軍たちの墓場となったインパール作戦だが、一人気を吐いたのが宮崎繁三郎である。彼の戦さ上手は以前から定評があり、昭和十四年九月、ノモンハン事件の末期

宮崎繁三郎

に歩兵第十六連隊長として第一線に立ち、惨憺たる状況のなかで無敗の部隊として有名になった。彼は本来、支那屋として育てられ、広東、上海の特務機関長をやっており、また暗号の専門家でもあった。

インパール作戦時は第三十一師団の歩兵団長で、コヒマを占領し、撤退時には後衛となった。昭和十九年八月に第五十四師団長となりビルマ西部で孤立したが、よく脱出して敗戦まで建制を保った。ノモンハン事件のときから宮崎繁三郎は戦い過ぎるとの評もあり、インパール作戦の進攻時もわざわざ敵を求めたり、友軍との協同作戦を拒否したりといったこともあった。

しかし、敗戦後の宮崎繁三郎の毅然とした態度は、それらの評を一掃して、名将との評価が定まった。彼が収容されたのは、メークテーラの俘虜キャンプであった。宮崎は俘虜の待遇改善のため、あらゆる要求を英軍当局に突き付けた。

そのたびに英軍は、宮崎繁三郎を刑務所に送って独房に監禁したが、結局は宮崎の要求が通った。監視兵に殴られたら、殴り返してもよろしいとの要求まで通したというのだから素晴らしい。組織が崩壊し、守ってくれるものがすべて失われたときこそ、その人の勇気というものが問われる。本当の意味で宮崎は侍大将であった。

河野健雄は工兵科出身で、東大の電気を卒業した技術屋である。彼は一貫して技術本部勤務でありながら中将にまで昇進した。こういう人は、陸軍というかぎられた社会に置かずに、もっと大きな国家的研究機関を組織し、そういうところで才能を発揮してもらうのが上策なはずである。

それはともかく、彼のような経歴の人を中将にしたことは、よく言われるほど陸軍は狭量でなかったことを物語っている。

憲兵科出身の中将は、建軍以来八人しかおらず、その一人が岐阜県出身の大野広一であった。陸士での教育では憲兵科はなく、少・中尉のときに憲兵練習所（のちの憲兵学校）に入り、憲兵科に転科していた。また主に健康上の理由で各兵科から転科した者もいる。

二・二六事件後、憲兵の強化をはかるため陸大卒業生のなかから半ば強制的に転科させる施策がはじまった。憲兵科を忌避して逃げ回る者も出る騒ぎとなったが、この網に引っ掛かった一人が大野であり、歩兵科からの転科であった。

逃げ切れず憲兵科に転科したものの、機会を見てもとの兵科に逃げ戻った人もいたようだが、大野広一は真面目に憲兵の仕事をこなし、主に支那派遣軍と関東軍の軍規維持にあたった。本土決戦準備となると、陸大出の歩兵科という点が買われて四国に配備された第十一師団長となり、ここで終戦をむかえた。外地にあった憲兵は、戦犯狩の格好なターゲットとなって苦労したが、大野は幸運だったことになる。

鈴木鉄三は無天ながら、だれもが羨む近衛歩兵第一連隊長をやっている。そのままならばマレー作戦に従軍することになるが、なにかがあって名古屋幼年学校長に転出し、少将に進級して独立混成第五十五旅団長となり、ミンダナオ島とボルネオの間にあるホロ島に入った。そして昭和二十年八月一日に戦死して中将が遺贈された。おそらく最後に戦死した将官であろう。

静岡県

幕臣の意地

遠江、駿河、伊豆が合わさって静岡県となり、面積は約七千八百平方キロで全国第十三位、大正末の人口は約百六十五万人と大きな県である。

慶応元年の藩配置を見ると、七つの藩に分かれており、主なところは浜松の井上藩六万石、掛川の太田藩五万石、沼津の水野藩五万石だった。これが明治維新となると大変動があり、この地域のほとんどが静岡に押し込められた徳川宗家七十万石となった。この体制で明治四年七月の廃藩置県をむかえる。

その前、明治三年二月に常備兵員が定められ、各藩一万石あたり六人を差し出すこととなった。徳川藩は、恐れながらと四百人以上を差し出したのだろうが、これは当時の陸軍では大勢力となる。このため草創期の陸軍には、静岡県人が多い。それも砲兵科や工兵科が目立つ。

早逝したが大砲試験委員を務めた武田成章《たけだなりあき》、ともに砲兵会議議長を務めた大築高志《おおつきたかし》と黒田久孝《くろだひさたか》、この砲兵科の父親とも言うべき三人そろって静岡県人である。また、工兵会議議長を務めた矢吹秀一《やぶきしゆういち》と古川宣誉《ふるかわのぶよ》、この二人も静岡県の産であった。

頭の質が問われ、教育を受けていなければ話がはじまらない砲兵や工兵は、どこぞの田舎侍では歯が立たず、旧幕臣の助けをもとめたのだ。そして、旧幕臣はその意地にかけて、技術分野をささえ、近代軍を育てたと言えよう。

そんなことで草創期には、静岡県出身の高級将校が二十人ちかくもいたのだが、陸士三十期代まで不作がつづき、トータルでは将官五十人弱というスコアーにおさまり、東日本の平均レベルとなった。

どうしてこうなったのかと考えると、派閥をつくる体質でもないし、田舎侍とその悪童どもに圧迫されたのだろう。基本的には、温暖な恵まれた地域で、のんびりとした楽天的な風土では、進んで高等監獄に入る物好きも少ないということだろうか。

「長州征伐」異聞

静岡県が生んだ陸軍大将は、大久保春野《おおくぼはるの》（草創期）と井口省吾《いぐちしょうご》（旧2期）の二人である。海軍大将には井出謙治（海兵16期）がいる。大久保は明治四十一年八月、井口は大正五年十一月の大将昇任だから古い人だ。

大久保春野は、西南戦争中の明治十年四月、少佐に特任されて軍歴をスタートさせ、戸山学校長、士官学校長を経て日清戦争では第三師団の歩兵第七旅団長として出征するが、師団長は桂太郎であった。日露戦争では熊本の第六師団長であり、第二軍の中核兵団として活躍した。

「精強六師団」との評価を定着させたのは、九州人ではなく静岡県人だったというのは意外だろう。凱旋後、大久保春野は第三師団長をへて大将に進級し、長谷川好道（山口、草創期）の後任として韓国駐箚軍司令官となり、日韓併合前後の微妙な時期、韓国の治安確保にあたった。

井口省吾

もう一人の大将、井口省吾は陸大一期であり、ドイツ駐在の経験もある明治の陸軍の若きリーダーの中心的人物であり、反長州閥を鮮明にした兵学研究団体の月曜会にも加わっていた。彼としては、教養もない田舎侍が威張っているのを見て我慢できなかったのだろう。

井口省吾は、日清戦争では第二軍の作戦主任、日露戦争では満州軍の後方担当参謀を務めたが、薩長の長老に向かっても平気で自分の意見を述べて論戦を挑み、周囲をはらはらさせたという。彼の面目躍如の場面である。長州閥の全盛期、平時にこのような人物をどう使うか。青山の陸大に押し込めるしかない。

明治三十九年二月から大正元年十一月までの長い期間、陸大校長を務めたのが井口省吾であり、これが陸大校長の在任記録となった。この七年におよぶ陸大校長のとき、幹事は松石安治（福岡、旧6期）、宇都宮太郎（佐賀、旧7期）、河合操（大分、旧8期）、山梨半造（神奈川、旧8期）、鈴木荘六（新潟、1期）と癖のある有名人ばかり。陸大の期で言えば十八期から二十六期にいたる間だが、ある意味で陸大の黄金期でもあった。

この間に井口省吾は、「長州征伐」をやったともっぱらであった。山口県出身の教官を追い払ったとか、山口県人からは恩賜どころか、陸大合格も出さなかったというのだが、真相はつぎのようなことだったようだ。

陸大の受験資格は、隊付二年以上の少中尉で所属長の推薦による。毎年、五百人から六百人がまず各地で筆記試験の初審を受けて、採用人員の二倍までふるいにかけられ、東京で口答試問中心の再審を受ける。

井口省吾が校長のとき、初審をパスして再審のため上京した何人かの山口県人がいた。郷里の先輩に挨拶しようとなり、県人会を開いたまではよかったが、その出席者の何人かが陸大の教官だった。試験の話はしなかったにせよ、「不明朗だ、不謹慎きわまる」と井口は激怒し、受験生は門前払い、教官は更迭される騒ぎとなった。

この出来事が誇大に伝えられて混線し、ある時期、山口県人は陸大に入れなかったとの話に発展した。昭和に入って長州閥が凋落してから、陸大の期では四十期以降となるが、そのときでも山口県人を締め出したことはない。

たしかに陸大四十二期には山口県人はいないが、これは偶然だろう。陸大入校よりも学校関係者の恣意が入りやすい首席、恩賜でも山口県人が名前を連ねている。陸大四十一期の首席、西村敏雄（32期）は山口県出身のうえ、田中義一の養子にもなったことがある。陸大四十五期の恩賜、桜井敬三（35期）も山口県人であった。

さて、井口省吾は、陸大校長から豊橋の第十五師団長、そして朝鮮駐箚軍司令官で大将への切符を手にし、大正五年、軍事参議官のときに大将に進んだ。彼らしいのは軍を去ってからで、郷里の三島に帰り、晴耕雨読の毎日を過ごした。大将にまでなった人としては、なかなかできない身の処し方である。

満州事変を巡る不可解さ

平時、使いにくい俊才を陸大に押し込めることは、前述の井口省吾にかぎらずよく行なわれた。同じく静岡県出身の多門二郎《たもんじろう》（11期）もその一人であった。教官六年、幹事二年、校長一年四ヵ月、自身の学生三ヵ年を加えれば、彼の軍歴の三分の一は陸大で過ごしたことになる。同時に実戦歴も豊富な人で、日露戦争では第二師団で小隊長から大隊、連隊、旅団の副官をやっているし、シベリア出兵にも参加している。

さて、多門二郎と言えば、満州事変となる。これはよく練られた策謀であった。関東軍司令官が真崎甚三郎（佐賀、9期）か本庄繁（兵庫、9期）になり、駐箚師団が精強な仙台の第二師団に交替してから火を点ける。第二師団長の赤井春海（千葉、9期）が下番してからというのもポイントだ。奉天を制圧してから、朝鮮軍の増援を受けて、関東軍は吉林に向かう。

このような絵図を描いたのは、昭和四年八月から奉天特務機関長であった鈴木美通（山形、14期）だったに違いない。彼は大正十年から三年ほど吉林で軍事顧問をやっているから、吉林派兵という冒険も考えつく。

同郷で陸大教官として同じ勤務もあった石原莞爾（山形、21期）をつかまえて、「貴様、こうやれ」と指示したとすれば符節が合う。鈴木美通は事件の直前、弘前の第四旅団長に出て、すぐ満州事変に出征して来るのだから、念が入った策謀だ。
ほとんど想定どおりに進んだが、大きくはずれて頭痛の種となったのが第二師団長であった。昭和五年十二月の人事異動で第二師団長になったのは、陸大校長の多門二郎だったのである。多門は古武士然としていて、とても謀略の片棒を担いでくれるタイプではない。さらにまずいことに、石原莞爾が陸大教官のとき、始終衝突していた相手がこの多門だった。

昭和六年九月十八日午後十時二十分、満鉄線路爆破。奉天にあった板垣征四郎（岩手、16期）は、独立守備隊第二大隊長の島本正一（高知、21期）と歩兵第二十九連隊長の平田幸弘（埼玉、14期）に攻撃命令を下した。

多門二郎

当時、師団司令部が置かれていた遼陽に事件の一報が入ったのは十一時四十分ごろ、多門二郎は、「そうか、はじまったか、奉天に行こう」と断を下した。追いかけ軍命令も入り、多門は歩兵第十六連隊とともに翌十九日午前四時四十五分に奉天に入った。やはり日露戦争の勇士、多門は期待に応えてくれたのだ。

予定どおり、奉天を確保してから第二師団は北上して吉林に向かい、関東軍の作戦地域とさだめられていた関東州と満鉄付属地の外に出た。その後、第二師団はチチハル、錦州、ハルビンと連続的に作戦して満州を席巻した。厳寒期の戦闘となったものの、第二師団ならではの戦力を発揮した。満州事変を評価するならば、多門二郎を称賛するべきだと思う。

ところが、奇怪な話が流布された。それも二・二六事件の調書にも記載されているのだから、たんなる噂話ではすまされない。多門二郎は作戦中、酒色にふけり、憤慨した青年将校が料理屋に切り込んだというのである。また、某旅団長は性病に罹患して治療のため内地に後送されたというのもある。

これが本当かどうかよりも、だれがどんな意図でこんな話を流布させたかが問題である。これを信じて憤慨し、二・二六事件にまで発展したとなると、なにか大きな陰謀が画策されたとしか思えない。

第二師団は昭和七年十二月、仙台に凱旋するが、高級幹部の処遇がこれまた不可解なのだ。多門二郎は昭和八年八月、第二師団長のまま待命、予備役となった。彼の場合は病気のためと説明されており、事実、翌九年二月に病没している。死去後に功二級が贈られたが、満州事変最大の功労者の遇し方ではあるまい。

師団参謀長の上野良丞（福岡、17期）は歩兵第三十三旅団長で軍歴を閉じた。歩兵第三旅団長の長谷部照悟（山梨、15期）と歩兵第十五旅団長の天野六郎（山口、15期）は、旅団長のままで昭和九年三月に待命、予備役となった。連隊長で中将まで昇進したのは歩兵第十六連隊長の浜本喜三郎（京都、18期）だけで、ほか五人は少将で軍を去った。少将まで進めば恩の字だった時代にしろ、この処遇は大きな疑問である。

二・二六事件の隠れた主役

満州事変で良い思いをしたのは、石原莞爾、荒木貞夫（東京、9期）、本庄繁の三人となる。これで石原神話が生まれ、今日なお語り継がれている。荒木と本庄は男爵をものにし、本庄は侍従武官長に上りつめた。余談になるが、あまり関係のない海軍も、「俺にもくれ」と大角岑生（愛知、海兵24期）が男爵となった。

さて、本庄繁の女婿、山口一太郎《やまぐちいちたろう》（3期）は静岡県出身であった。彼は山口勝《やまぐちかつ》（旧4期）の長男である。山口勝は砲兵科出身の中将で、第十師団長、第十六師団長を歴任しているが、一期先輩に同じ砲兵科の青木宣純（宮崎、旧3期）がいた。青木は支那屋の元老で、本庄もその教えを受けた一人だが、そんな縁で姻戚関係が生まれたのだろう。

山口一太郎は無天だが、数学の才能がある人で、歩兵科なのに砲工学校の学生に出たり、昭和初頭に東大で物理を学んだりしている。中尉のころから技術本部で機関銃の設計に携わり、技術一筋の軍人生活を送るはずであった。

ところが、少佐に進級するには中隊長が必須なため、山口一太郎は東京赤坂の歩兵第一連隊に配置された。これが彼自身にとっても、日本にとっても大変な事態をもたらした。

昭和十一年一月、山口一太郎は入営した初年兵とその父兄の前で、政府はなっていないと演説し、よせばよいのにその演説文をガリ版に刷って配布した。これが新聞で大きく報道され、昭和天皇の耳にも入った。

これはなんぞと本庄繁に尋ねたところ、「この山口大尉は自分の女婿です」と告白した。そこから講談めくが、昭和天皇は「武士は忠義が第一じゃ」とつぶやいたとされる。

本庄繁は山口一太郎を呼びつけて叱責し、天皇の言葉も伝えた。ところが山口は、これを自分に都合よく理解した。さらに同志に伝えたが、彼らはさらに都合よく解釈して、決起へと盛り上がった。ようするに、決起は忠義、それを天皇も認めたのだということだ。ここに、決起将校たち、山口、侍従武官長、そして天皇と一本に結ばれたような錯覚が生まれてしまった。

さらに、安藤輝三（岐阜、38期）や坂井直（三重、44期）は、秩父宮雍仁（34期）と太いパイプがある。ちなみに坂井の父親、坂井兵吉（9期）は本庄繁や真崎甚三郎と同期である。このような人間関係があれば、君側の奸を芟除する実力行動も天皇が嘉納することになろうと考えるのも無理からぬことだった。

そして、歩兵第一連隊の週番司令が山口一太郎、歩兵第三連隊では野中四郎（岡山、26期）、これが重なったときに決起となった。山口は直接行動には参加しなかったものの、彼の協力がなければ、歩兵第一連隊から弾薬を持った四百六十人が出動できなかった。そして、すぐに本庄繁とも連絡を取り、さらには連隊副官を命じられてからは、決起部隊のスポークスマン的な役割を演じた。

技術屋ながら山口一太郎は情熱家で弁舌が立ち、声涙下る名調子は語り草になっている。なぜ皆、彼の話に耳を傾けたかと言えば、岳父の本庄繁の意向が働いていると見られたからだ。ところが、時間が経過するにしたがって宮中の態度が鮮明になると、一介の大尉の意見などだれも相手にしなくなる。

事件後、山口一太郎は軍法会議にかけられ、「反乱者を利す」となり無期禁固となった。刑務所のなかで機関銃の設計などをしていたが、昭和十六年十二月に仮釈放となった。これは戦後になって自由に話せるようになってからだが、少尉までが銃殺になっているのに、大きな役割を演じた山口が無期で生きながらえたのはおかしいと広く語られた。

マレーとガダルカナル

静岡県人は豊かな風土に育ったせいか、ガリガリ勉強したり、人を押しのけたりする風潮がないようで、陸大恩賜をものにした人は、知るかぎりでは菰田《こもだ》康一《こういち》(21期)と池谷半二郎《いけたにはんじろう》(33期)の二人となる。

菰田康一は砲兵科で教育畑が長く、中将まで進んだが、それほど目立った人ではない。召集されて終戦時は京城師管区司令官で、米軍の朝鮮進駐を受け入れる重責を担った。

池谷半二郎は工兵科で、正規に少将に昇任した最後の組に入った。彼はソ連とドイツに駐在したエリートであり、昭和十三年六月に主力作戦軍として編成された第十一軍の作戦主任に抜擢された。そして太平洋戦争を迎え、マレー進攻作戦の第二十五軍作戦課長に選ばれた。

マレー半島一千キロの縦断作戦は、迅速な架橋と放胆な海上バイパス作戦によって成り立っている。これは工兵の池谷半二郎ならではの作戦であり、まさに適材適所の見本となった。ちなみに第二十五軍の機動をささえた独立工兵第十五連隊長の横山与助《よこやまよすけ》（24期）も静岡県出身である。

凱旋後、池谷半二郎は整備局交通課長を務めていたが、マレー作戦の縁で山下奉文（高知、18期）のもとめに応じて第一方面軍高級参謀に転出した。山下は昭和十九年九月、フィリピンの第十四方面軍司令官に転出し、池谷を連れて行きたい気持ちもあったろう。しかし、池谷は関東軍に残り、終戦時は第三軍の参謀長であった。

静岡県が生んだ軍司令官は一人だけで、華中の第三十四軍司令官を務めた佐野忠義《さのただよし》（23期）である。彼は砲兵科出身で、野戦重砲兵第四旅団長の経歴もあり、それが買われてか香港攻略の第三十八師団長に補された。香港戦は快勝し、次いでパレンバンの油田地帯を確保と順調であったが、昭和十七年十一月に増援のためガダルカナルに突っ込んだ。

師団主力を乗せた輸送船十一隻中、途中で七隻が落伍、ガダルカナル島に到着したものも、すぐに攻撃を受けてほとんど揚陸できなかった。そして、昭和十八年二月に撤収となる。帰国した佐野忠義は、防衛総参謀長をへて第三十四軍司令官に転出したが、二十年七月に漢口で陣没した。

ガダルカナルの緒戦で戦死した一木《いちき》清直《きよなお》（28期）も静岡県人であった。広く知られているように一木は、昭和十二年七月の盧溝橋事件のとき、現地の豊台に駐屯していた支那歩兵第一連隊第三大隊長で、事件の直接の当事者となった。

このときの行動が誤って伝えられたためか、その名前のような一本気の猪突猛進型のように思われているようだ。本当の姿はそうではなく、歩兵学校の勤務が長い対ソ戦法の権威であった。

一木清直

そこを買われて歩兵第二十八連隊長のとき、帝国陸軍の代表として海軍に差し出す形でミッドウェー攻略の一木支隊長となったのである。ガダルカナルでは、部隊の集結を待たずに攻撃に出た点を問題視する向きもあるようだが、正確な敵情を知らせなかった海軍の責任であり、一木清直を批判するのは的外れだろう。

愛知県

日本の「中原」

東の三河、西の尾張が合わさって愛知県となった。三河の国は十五もの城地に分かれていたが、慶応元年には藩八個に整理されており、主なものは豊橋の松平藩七万石、西尾の松平藩六万石、岡崎の本多藩五万石であった。尾張の国は、徳川幕府がはじまったころは城地三つに分かれていたが、早くに名古屋の徳川藩六十一万九千石に集約された。

戦国時代の話をするまでもなく、ここは日本の「中原」であり、東西連携の要衝だ。そのため明治になっても重視され、まず明治六年一月、名古屋に第三軍管の鎮台が置かれ、二十一年五月に第三師団となる。三十年九月には名古屋幼年学校も開設された。また、豊橋には騎兵第四旅団が置かれていた。

このような環境からか、愛知県が生んだ陸軍の将官の数は、なんと百四十人にも達する。これは広島県とほぼ同数で全国第五位、軍人が多いと言われる佐賀県や熊本県よりも多いとは意外だろう。大正末の人口は約二百三十万人と大きな県であったせいもあるが、さすがは戦国物語の本場である。

さらに驚くのは、陸大恩賜が十八人、うち首席は五人。恩賜の人数は東京都、山口県に次ぐ三位、首席は東京都に並んでトップ。東京都の場合、本籍を移しただけという人が多いから、首席の数は愛知県が実質トップとなるだろう。

どうして愛知県人には、こうも秀才が多いのだろうか。県民性が合理的、情勢に敏感、権威に従順ということがかさなった結果と思う。

愛知県が生んだ陸軍大将は、土屋《つちや》光春《みつはる》（草創期）、渡辺《わたなべ》錠太郎《じょうたろう》（8期）、松井《まつい》石根《いわね》（9期）、鈴木《すずき》宗作《そうさく》（24期）の四人である。土屋をのぞく三人はそろって陸大首席、よくも大将街道を踏み誤らずに進んだものと感心する。ちなみに海軍大将は、八代六郎（海兵8期）、大角岑生（海兵24期）の二人、合計大将六人とはたいしたものだ。

愛知県人の旅順戦

日露戦争の旅順攻略戦で日本軍は、死傷五万九千人の損害をだした。太平洋戦争における沖縄戦での損害は、軍人・軍属の死者九万人と言われるから、旅順要塞をめぐる戦いがどんなに凄惨なものかよくわかる。旅順に向かった第三軍は、東京の第一師団、金沢の第九師団、善通寺の第十一師団、そして旭川の第七師団であり、愛知県は関係ないように見えるが、じつは愛知県人が大きな働きをしている。

旅順要塞の堡塁群のなかで、東鶏冠山北堡塁が難物中の難物であった。ここを攻撃した第十一師団を指揮したのが土屋光春であった。第十一師団は、この小山の堡塁一つを確保するために一万数千人の死傷者をだし、戦列部隊の損害は三百パーセントに達し、人員が三回も入れ替わった計算になる。

松井石根

堡塁は相互に火力で支援できるように配置されていて、堡塁に取り付くまでに砲撃で大損害をこうむる。堡塁そのものは、プールのような構造になっていて、ここに飛び込んでから胸壁を登ってようやく砲台に達する。このプールの底には障害物があって、不用意に飛び込むと串刺しになる。無事に底に着いても側射されたり、上から爆発物が投げ込まれる。

このような堡塁の構造がわからないまま、突っ込んだのだからたまらない。丘の上の出来事だから、下からは見えず、いくら兵力をつぎ込んでも帰ってくる者はなく、「東鶏冠山には人を食う魔物が住んでいる」と恐れるばかりであったと言う。

闘魂を傾けた激闘四ヵ月、最後は坑道を掘って爆薬を仕掛け、堡塁そのものを引っ繰り返し、明治三十七年十二月十八日にようやく北堡塁を攻略した。坑道戦術をすすめていた最中の十二月一日、陣頭指揮していた土屋光春は負傷して後送された。日露戦争後、土屋は師団長を三度も務めたうえで後備役に入り、名誉進級で大将となった。

旅順攻略戦となれば、内地から急送した巨砲の二十八センチ榴弾砲となるが、これも弾薬がなければ話がはじまらない。すべてを決定する弾薬を送りつづけた責任者は、大本営運輸通信長官の大沢界雄《おおさわかいゆう》（旧4期）で、彼も愛知県出身であった。大沢は歩兵科であったが、ドイツに駐在して鉄道を学び、それを活かすために輜重兵科に転科した。


日露戦争勃発時、大沢界雄は参謀本部の第三部長であった。戦争がはじまって満州軍総司令部が編成されると、参謀本部の主要メンバーは横滑りになって戦地に向かったが、大沢は中央を動かずに運輸通信を担当することとなった。出征しなかったことが彼のハンディとなり、日露戦争後は参謀本部第三部長を経て由良要塞司令官で待命となった。

攻城戦は、まず砲兵と工兵の能力がもとめられる。攻城工兵廠長であった今沢義雄《いまざわよしお》（旧4期）、攻城砲兵司令部部員の佐藤《さとう》鋼次郎《こうじろう》（旧8期）の二人も愛知県人であった。この二人に代表される技術屋の意見がもう少し活かされれば、戦闘の経緯は幾分でも違っていただろう。

しかし、一刻でも早くという海軍の要望があるのだから、死体の山を築くのもしかたがない。戦争後の今沢は技術審査部付の少将で軍歴を閉じた。佐藤は支那駐屯軍司令官を務め、重砲兵監としてこの分野の頂点をきわめて中将で待命となった。

明治三十八年一月二日、水師営の会見となって旅順開城となる。このとき、ステッセル将軍の一行を先導したのは、第三軍司令部衛兵長であった橋本《はしもと》虎之助《とらのすけ》（14期）であり、彼は愛知県出身の騎兵である。当時としては珍しくトーキーでも撮影されたので、橋本は有名人となり、同期の古荘幹郎（熊本）とどちらが早く大将になるかと語られていた。

大沢界雄

橋本虎之助

もちろん、水師営の晴れ舞台だけでなく、橋本虎之助のロシア屋としてのキャリアーは素晴らしい。ロシア駐在、駐露武官補佐官としてロシア革命直前のロシアを見ており、日ソ国交回復の前から駐ソ武官を務めた。帰国後は参謀本部第五課（欧米課）長、同第二部長の要職を歴任して、満州事変の後期には関東軍参謀長となった。

虎之助とはなんとも勇ましい名前だが、通称は「猫之助」と言われるぐらい温厚な人だったという。そのためか「仕えたい上司」のナンバーワンとなり、関東軍から帰ると参謀本部総務部長、つづいて陸軍次官となった。

これで橋本陸相誕生は確実かと語られていた。どうなるにせよ、とにかく師団長を卒業しなければならず、橋本虎之助は近衛師団長に出ることとなり、昭和十年十二月に着任した。

ここまでは、まことに順調な大将街道であった。しかし、好事魔多しで翌年二月、橋本虎之助の運命は暗転した。二・二六事件で近衛師団からも決起部隊を出してしまい、これで待命、予備役となった。

その後、橋本虎之助は、以前からの縁で満州国に渡り、日満両国の間に立った外交的任務をこなした。そして敗戦、橋本の場合は満州国建国に深く関わったということで、ソ連抑留に引きつづいて中国にも抑留され、昭和二十七年にハルビンで病死した。

大将、拳銃で応戦す

二・二六事件で凶弾を浴びて死去した渡辺錠太郎も、第九師団の中隊長として旅順戦に従軍、負傷している。彼はまさに苦学力行の人であった。貧しい商家に生まれた渡辺は、貧農の家に養子に出され、中学にも行けなかった。徴兵検査を受けて近衛歩兵第三連隊に入営したうえで、陸士に進んだという人である。

困窮の農村を救うと叫ぶ革新将校が、選りに選ってこのような人を射殺したのだから、世の中、不可解なことが起きるものだ。

語学や数学などの基礎がないのに、渡辺錠太郎は同期の先頭で陸大に進み、当然のように首席をものにした。頭の出来そのものが違うのだ。陸大卒業後すぐに日露戦争に出征し、戦後は参謀本部部員兼山県元帥副官となった。それからドイツ駐在員、同武官補佐官、駐オランダ武官と欧米勤務がつづく。

渡辺錠太郎

「文学博士」とあだ名されるほどの勉強家であり、また欧米での生活が長かったためか、とかく欧米かぶれの面があり、そこを批判する向きもあった。教範どおりに訓練をしている部下をつかまえて、「まだ、そんなことをやっているのか」と最新のドイツ流兵学の蘊蓄《うんちく》を傾け、部下が困惑してしまう場面もあったと伝えられている。

大正十四年、渡辺錠太郎は陸大校長となり、第一次世界大戦後の新しい軍事思想に基づく教育をはじめた。まさに適職だったが、いまだに日露戦争の勝利に酔う風潮が色濃くあったため、なかなか受け入れられなかった。

まず、参謀次長の金谷範三（大分、5期）は、渡辺錠太郎の教育方針を強く忌避した。日露戦争の戦訓を金科玉条にしたのか、それとも日露戦争中の編制装備のままだから、新しいことを言ってもしかたがないということだったのだろう。

大正十五年に参謀総長となった鈴木荘六（新潟、1期）も金谷範三を支持し、渡辺錠太郎の教育方針を排撃したため、渡辺は在任九ヵ月で陸大を去り、第七師団長に転出した。問題は後任校長だが、まず金谷が兼務し、昭和に入ってすぐ東京湾要塞司令官で待命寸前と見られていた林銑十郎（石川、8期）が就任した。この意外な人事は、昭和陸軍の進路を大きく曲げた。

陸大校長は落第だったものの、渡辺錠太郎の豊富な知識は中央でも必要とされ、航空本部長として返り咲いた。

彼は陸相であった宇垣一成（岡山、1期）好みの人物でもあり、台湾軍司令官に選ばれ、大将の資格を得た。宇垣がつくったレールに乗った渡辺は、ふたたび航空本部長になるさい、軍事参議官兼務となって大将に進級した。そして満州事変を迎え、世間が騒然としてくる。

まず、昭和十年七月、真崎甚三郎が教育総監を更迭され、後任は渡辺錠太郎となった。これは三長官の合議という原則を無視するもので、ひいては統帥権の干犯ではないか。林銑十郎には、そこまでの度胸と頭がないから、これは渡辺の画策だと邪推する人も出てくる。

そして決定的だったのは、昭和十年十月三日に名古屋において渡辺錠太郎は、第三師団の将校を集めて天皇機関説に対する考え方を述べたことであった。

天皇が国家に占める位置を定めた一人、山県有朋の元帥副官を務めて薫陶をうけた渡辺は、この問題について詳しく、しかも合理性を重んじる人であるから、「これは一つの学説で、それになんの不都合があるのか。軍人があれこれ騒ぐのは宜しくない」と正論を吐いた。

これが君側の奸を除くと気炎を挙げていた革新派の将校をいたく刺激した。しかし、渡辺錠太郎の名前は当初から襲撃リストに載っていなかった。渡辺が「軍内の機関説の本尊」としてリストに加えられたのは昭和十一年二月二十三日夜であったとされる。

これについても異説がある。

渡辺錠太郎を襲撃した安田優（熊本、46期）の供述によれば、殺害の意図はなく、軍の協力一致をもとめて陸相官邸に集まってもらうために彼の私邸に向かったとする。しかし、渡辺邸の表門から入ろうとすると護衛の憲兵が発砲して安田が負傷し、さらに屋内に入ると今度は渡辺自身が発砲したため乱戦となり、軽機関銃で射殺するに至ったとなっている。

帝国陸軍の名誉を考えれば、安田優の供述とおりだとしたい。どちらにしろ文学博士と揶揄された渡辺錠太郎が布団を防具にして伏せ撃ちで応戦したのだから、やはり旅順戦を体験した武人は違う。

一方、最重要目標の首相、そして予備役の海軍大将、岡田啓介（福井、海兵15期）は、女中部屋の押し入れで布団をかぶって隠れとおした。海軍と陸軍の違いを端的に示したものだと言っては、海軍の人のお叱りをこうむるだろうか。

陸大首席の支那屋

陸軍で支那屋と呼ばれる集団は、中国の大人《たいじん》に倣《なら》って清濁合わせ飲む大物ながら、頭の程度は二流が通り相場であった。そのため傍流でありつづけ、対中政策が間違ったとするのが定説のようだ。ところが松井石根は例外で、陸大十八期の首席をものにした秀才であった。

日露戦争では、松井石根は名古屋の歩兵第六連隊の中隊長として出征し、個人感状をうけ、負傷もした勇者であった。

張作霖の顧問となり、奉天で派手に活動した実弟の松井七夫《まついしちお》（11期）と混同されて、典型的な支那屋と見られがちだが、松井石根は対ソ情報の元締めであるハルビン特務機関長やジュネーブ一般軍縮会議の全権委員を務めたことからもわかるように、中国にかぎらない正統派の情報屋であった。

松井石根が参謀本部第二部に勤務していたころ、情報畑で強い発言力を持っていたのは、宇都宮太郎（佐賀、旧7期）、福田雅太郎（長崎、旧9期）である。松井石根もこの二人に見込まれたのだろうが、宇都宮太郎直系の真崎甚三郎（佐賀、9期）とは陸士同期ながら終生仲がしっくりいかなかったとされる。人間関係のむずかしさだ。福田が田中義一（山口、旧8期）と仲たがいしてからは、松井は田中の系列に入ったのだろう。

極東裁判でのイメージが強いせいか、松井石根と言えばガンジーに似た枯れた人、アジア的に達観した人となるだろう。ところが、なかなかギラギラした人だったことは、つぎのエピソードからもわかる。

台湾軍司令官のとき、松井は大将に進級し、軍事参議官を二年務めて昭和十年八月に待命、予備役編入となる。そのときの話だ。

大将を軍から送り出すには、さまざま気を遣う。まず、「そろそろ後進に道をお譲り願いたい」とご意向うかがいをして、「健康上の理由これあり」などと予備役願を出していただく。その使者が予備役編入の話を切り出す前に松井石根は、「どうだ、林のつぎに俺を陸相にしないか。参謀総長は小磯、次官は建川でどうか」とやったそうである。

陸相の自薦はさておき、このとき小磯国昭（山形、12期）と建川美次（新潟、13期）を持ち出すとは、松井石根もピントがずれている。あわてた使者は、それどころではない、閣下に辞めてもらう話だと伝えると、「真崎が辞めるなら、俺も辞める。真崎によく言っておけ」と不機嫌そうに語ったそうだ。

日華事変が勃発して上海に飛び火したとき、松井石根が召集されてまず上海派遣軍司令官、つづいて中支那方面軍司令官に補された。二・二六事件の後遺症で将官が払底しており、この応急的な人事となった。

応召した松井石根が直面したのが、上海付近の苦戦であり、南京事件である。そして、松井はA級戦犯として起訴され、訴因第五十五「残虐行為の防止義務の不履行」ただ一項のみ有罪で絞首刑となった。

歴史的に考えれば、南京事件うんぬんよりも大事なことがある。居留民保護という限定的な目的で上海に派兵したものが、いつ、どのような理由で中国の継戦意思破砕という積極的な目的に転じて、首都南京攻略となったのだろうか。

松井石根も当初は限定的な作戦構想を抱いていたが、それが一転して南京を攻略すれば早期停戦が可能となるとの考えに傾く。国民党を、蔣介石を、そして中国そのものを熟知しているはずの松井が、どうして誤判したのか。この本質的な問題を追究すべきであろう。

鈴木宗作

太平洋戦争の切り札

鈴木宗作は陸大三十一期の首席で、秀才がそろっていた陸士二十四期の先頭を走りつづけた。少佐のとき、軍事課員で軍政改革、軍備整理にあたった。そのころの軍事課編制班長、軍政調査会幹事が山下奉文（高知、18期）で、一生の縁が結ばれた。

日華事変がはじまると、鈴木宗作は中支那派遣軍参謀副長で漢口攻略、昭和十五年九月に支那派遣軍総司令部が新設されると、その総参謀副長となった。これだけを見ても、彼は幕僚の切り札的存在であったことがうかがえる。

南京から帰国した鈴木宗作は、参謀本部第三部（運輸通信）長となり、太平洋戦争はシンガポール攻略の第二十五軍参謀長でむかえる。鈴木を参謀長にもってきた背景を考えると、山下奉文の意向もあったであろうし、最重点正面だからエース投入という意味もあった。また、とにかく上陸を成功させなければということで、運輸の専門家を選んだのだろう。

軍司令部のキーとなる作戦課長の池谷半二郎（静岡、33期）は、鈴木宗作の下の第十課（船舶課）長からの転出であった。作戦主任は、辻政信（石川、36期）で、彼は参謀本部第二課兵站班長からの転出だった。辻の場合は選ばれてというよりは、「使いにくいだろうが、同じ名古屋幼年学校ということで使ってくれ」と鈴木が拝み倒されたようだ。

シンガポール攻略後、鈴木宗作は兵器本廠付で待機していたが、船舶事情が逼迫した昭和十八年四月に運輸本部長に起用され、つづいて船舶司令官も兼務することとなった。そしてマリアナ諸島が失陥して絶対国防圏の構想が崩壊し、つぎはフィリピンが危ないとされた。

「勝を制する」との意味なのだそうだが、「捷」号作戦準備となり、フィリピンの第十四軍は方面軍に格上げとなった。そして、中南部を担当する第三十五軍が第十四方面軍の隷下に新設された。

ひとくちにフィリピンと言っても、島嶼の数は七千。ミンダナオ島も東西、南北ともに五百キロに達する大きな島だ。そこに点在する海空基地を四個師団で確保しろというのだから、無茶な話である。機動力を最高度に発揮しなければ対処できない。そんな神業ができる者をということで、鈴木宗作が第三十五軍司令官に選ばれた。

鈴木宗作がセブ島に入って統帥を発動したのは、昭和十九年八月十一日であった。彼の判断は、航空基地と泊地の関係から、敵は第一にミンダナオ島ダバオ、第二にレイテ島タクロバンに来攻するというものであった。

この読みは的中したのだが、米軍のレイテ上陸は昭和十九年十月二十日であるから、第三十五軍に準備の時間がなかった。

ちなみに、第十四方面軍司令官の山下奉文がマニラに入ったのは十月六日、同参謀長の武藤章（熊本、25期）の着任は、まさに米軍がレイテに上陸したその日であった。人事面でも後手後手に回ったことになる。

当初の「捷」号作戦では、フィリピン中南部では地上決戦は行なわないこととしていた。ところが、十月十二日から十五日にかけての台湾沖航空戦で、海軍は米空母十九隻を撃沈・撃破したというとんでもない勘違いをした。米機動部隊は健在で、十月十六日の偵察では米空母十三隻を発見し、十七日には四群の機動部隊を確認している。とんでもないことだが、海軍は、台湾沖航空戦の戦果は誤りで、米機動部隊は健在であることを陸軍に通報しなかったのだ。陸軍としては米機動部隊が壊滅したと思っているから、計画を変更してレイテで決戦しようとなるのも当然だ。第十四方面軍は難色を示したが、大本営や南方軍に押し切られてしまう。

いい迷惑が第三十五軍と鈴木宗作である。決戦ということで連合艦隊もレイテに突っ込むとなったが、なぜか主力は謎の反転。陸軍はバカ正直に五個師団もレイテにつぎ込む。しかし、なにをしようとしても圧倒的な航空優勢を握られているのだから話にならない。十二月中旬になると米軍はミンドロ島に上陸し、ルソン島への来攻が必至となり、結局はレイテを諦《あきら》めることとなった。

それでも鈴木宗作は、自戦自活してフィリピン中南部で永久抗戦をする道をさぐっていた。そのためミンダナオ島にある二個師団を指揮することとし、昭和二十年三月末、軍司令部はなんの護衛もなくセブ島に渡り、さらに現地で調達した小船五隻に分乗してミンダナオ島に渡る途中、空襲を受けて鈴木は戦死した。まったく無残な話で、彼は帝国海軍に殺されたのも同然だ。戦死後、彼に大将を贈ってすむ問題ではない。

では、鈴木宗作が無事、終戦を迎えたとしたらどうなったのか。シンガポール攻略後の華僑弾圧事件の責任を追及されて、無事ではすまなかった。山下奉文はマニラで刑死、鈴木は戦死、池谷半二郎などはソ連抑留、辻政信は雲は霞と逃亡。結局は命令の出所の第二十五軍司令部は追及できず、実行部隊の歩兵第九旅団長で昭南警備司令官の河村参郎（石川、29期）、歩兵第十一連隊長であった渡辺綱彦（三重、28期）らがB級戦犯として処刑された。

革新的な異能集団

前述したように、渡辺錠太郎が陸大校長となって革新的な教育をはじめたとき、これに共鳴した陸大教官の筒井《つつい》正雄《まさお》（13期）も愛知県出身である。筒井は陸大恩賜、歩兵学校の教導連隊長も務めた歩兵戦術の大家だったが、渡辺とともに睨まれつづけた。歩兵学校の教育部長に左遷されていたとき、昭和六年の三月事件に巻き込まれた。

陸士、陸大の同期で筒井正雄の親友である建川美次（長野、13期）の紹介状を持った橋本欣五郎（福岡、23期）が、歩兵学校に現われ、四連発の大きな破裂音が出る

「擬砲火」が欲しいと言う。

普通ならば、なぜ必要かと問いただすものだが、筒井正雄はなんにも聞かず、「ここには員数外はないな、製造元にあたれ」と、メーカーに手配してやった。なんとも太っ腹の人ばかりだ。

とにかく、三月事件そのものが闇に葬られたので、建川美次も筒井正雄も助かった。筒井は無事に中将に進級できたものの、東京湾要塞司令官に在任中に病没した。

池田末雄

愛知県出身の軍人には優秀な人が多いことの一つの証左だが、砲工学校高等科一期優等の一人、八田《はった》郁太郎《いくたろう》（旧10期）は愛知県人であった。これにつづいて技術畑で大成した愛知県人は多い。技術屋のだれもが望んだ東大派遣も、おそらく東京都に次ぐ数になるだろう。世界でトップの自動車メーカーがこの地で育ったことは、やはり偶然ではなかったのだ。

今日でもそうだが、陸戦兵器でもっとも科学技術がもとめられるのは戦車である。設計、製造はもちろんだが、戦車の運用、教育にも科学的センスがもとめられる。そのような観点から見ていると、やはり戦車関連には愛知県人が多い。

機甲科の教育、運用のパイオニアである山田国太郎《やまだくにたろう》（27期）が愛知県出身であった。山田は陸大四十期の恩賜、駐在先のフランスで戦車に触れた。陸大教官、第二軍情報課長、兵務局勤務をへて戦車第五大隊長とは珍しい方向転換だ。

それ以降は公主嶺の戦車学校教導隊長、第一戦車団長、戦車第二旅団長で戦車との縁がなくなり、駐タイ武官、終戦時はチモール島の第四十八師団長であった。

戦車第九連隊長でサイパンで戦死した五島正《ごとうただし》（30期）、戦車第二師団参謀長でルソン島で戦死した森巌《もりいわお》（31期）、「士魂部隊」の名前が自衛隊にも引き継がれた戦車第十一連隊長で千島列島の最北端、占守島で終戦後の八月十八日に戦死した池田末雄《いけだすえお》（34期）の三人とも愛知県出身であったことは、単なる巡り合わせではなく、人脈が織り成したもので、ひいては愛知県の風土から生まれたものであろう。

三重県

東海道を制する地

志摩と伊勢が合わさって三重県となった。慶応元年の配置を見ると、志摩は鳥羽の稲垣藩三万石だけであった。これに対して伊勢は複雑で、十二の城地に分かれていて、だいぶ整理された慶応元年でも藩が七個あった。主なところは津の藤堂藩三十二万四千石、桑名の松平藩十一万石、亀山の石川藩六万石、久居の藤堂藩五万三千石といったところだった。

旧東海道は、近江から鈴鹿峠を越えて伊勢に入り、桑名で長良川、木曾川を渡って名古屋に入る。峠と渡河点を押さえているので、重視された地域であった。

そんな理由から、戊辰戦争では桑名の松平藩の向背が注目された。ところが、徳川家門の松平藩は、早々に官軍に恭順の意を表し、あろうことか殿様は久松に改姓してしまった。これが官軍を勢いづかせ、幕府軍は戦意を喪失したという。

三重県の南北は百七十キロにも達し、一概に県民性はこうだと決めつけられないが、東海道と伊勢神宮をかかえて、なにもしなくとも他国人が銭を落としてくれるので、のんびりするのも無理はない。隣国の近江と対照的で、「近江泥棒、伊勢乞食」と言われるそうだ。

良く言えば、三重県人は温和で柔軟となり、どうも軍人を輩出する土地柄とは思えない。陸軍の将官は五十数人といったところ。大正末の三重県の人口は約百十万人であったから、平均的なスコアーだろう。往時、九鬼水軍の本拠地ながら、海軍大将はいない。

猛将と知将

三重県が生んだ陸軍大将は、立見尚文《たつみなおふみ》（草創期）と島川文八郎《しまかわぶんはちろう》（旧7期）の二人、これに準大将ともいうべき中村雄次郎《なかむらゆうじろう》（草創期）を加えたい。

中村雄次郎は明治三十五年四月、中将に進級した古い人であり、日本砲兵の育ての親の一人である。山県有朋の腹心と言われ、軍務局長も務めた軍政家でもある。彼が有名になったのは予備役に入ってからであり、製鉄所長官と満鉄総裁を歴任した。さ

立見尚文

らに現役扱いで関東都督をやり、宮内大臣も務めている。

立見尚文は、明治三十九年五月に大将進級だから、寺内正毅（山口、草創期）よりも先任であった。彼の勇猛さは戊辰戦争当時から有名だったそうだ。腰砕けの桑名の松平藩士と見られることへの反発で、勇猛果敢さを表面に押し出し、それが彼の性格になったのだと思う。その気性を買われて歩兵第一連隊長にも選ばれている。日清戦争時は歩兵第十旅団長であったが、実戦には参加していない。

日露戦争では第八師団長で、戦線に進出したのは明治三十八年一月であった。日露両軍は奉天の前面、沙河で対峙して越冬していたのだが、ロシア軍は西翼で攻勢に出た。その救援に向かったのが立見尚文が指揮する第八師団であった。攻勢に出たロシア軍は十万の大軍で日本軍は厳冬の中で苦戦し、第八師団に第二、第三、第五師団が増援して臨時立見軍を編成して対処した。

援軍を恥とした立見尚文は、部下を集めて叱咤したが、あまりに力みすぎて台にしていた長持ちの蓋が抜けてしまったという。さしもの猛将も苛烈な陣中生活で健康を害し、明治三十九年七月に休職となり、翌年に病没している。

もう一人の陸軍大将の島川文八郎は、砲兵科の出身でフランスやベルギーに留学した技術屋であった。しかし、並の技術屋ではなく、日露戦争では野砲兵第三連隊長として出征して勇名を轟かせた。持ち前の知識を活用して、鹵獲した敵の火砲の使用法を解明し、みずから発射して見せて戦力として活用した。

日露戦争後、島川は技術行政畑を進み、技術本部長時の大正八年、大将進級の上で待命となった。技術畑で最初の大将である。

じつは演技だったのか

関東軍の参謀長は、その前身の関東総督府、関東都督府陸軍部までふくめて合計二十三人となり、有名人ばかりだ。

関東軍と言えば独走の代名詞、勇ましい人がそろっていたかと思えばそうでもない。とにかく穏和で柔軟な三重県人が二人もいるのだから意外だ。満州事変勃発時の三宅《みやけ》光治《みつはる》（13期）、そして終焉時の総参謀長、秦彦三郎《はたひこさぶろう》（24期）である。

大正十一年七月、軍事調査委員会の下に新聞班が置かれ、初代の班長は三宅光治となった。弁舌さわやかな才人ということで選ばれたという。たしかに歴代の新聞班長を見ると、小説「肉弾」で有名な桜井忠温（愛媛、13期）、本間雅晴（新潟、19期）、鈴木貞一（千葉、22期）など軍人離れした才人が目立つ。秦彦三郎も昭和十一年三月から、このポストにあったことは奇縁だ。

三宅光治が名古屋の歩兵第五旅団長のとき、昭和三年六月四日の張作霖爆殺事件が起きた。この事件となれば、関東軍高級参謀の河本大作（兵庫、15期）が主役となるのだが、じつは参謀長の斎藤恒（石川、10期）も河本以上の積極論者であった。

これをなんとか押さえ込み、事件直後の八月、定期異動のかたちで斎藤恒を中将に進級させて参謀本部付とした。そして、すぐに東京湾要塞司令官に押し込め、翌四年七月に譴責処分として八月の異動で待命とした。とにかく内密に、穏便にと努力のあとがうかがえる。

さて、斎藤恒の後任をだれにするか。勇ましい人はもういらない、中央の統制をよく聞いて外務省の受けも良い、おとなしい人はいないかとなって三宅光治が浮上した。彼が旅順に着任したのは昭和三年八月、石原莞爾（山形、21期）が作戦主任に着任したのは同年十月、板垣征四郎（岩手、16期）が高級参謀に着任したのは翌四年五月だった。

満州事変までの二年、三年という時間は、秘密を守るには長すぎる。三宅光治は謀略を知らなかったとするのが定説のようだが、満鉄の線路を爆破して、それを口実とするまでは知らなかったとしても、概略はうすうす承知していたに違いない。それでなければ参謀長失格だ。

事変が起きてから、司令官と幕僚の板挟みになって困惑し、ベソすらかきかねない三宅光治の姿は、面白おかしく伝えられている。しかし、知っていて知らないふりをできないようでは、新聞班長は務まらない。

参謀長が承知していたとなれば、軍司令官にも累がおよび、関東軍という組織全体の問題となる。朝鮮軍の増援を受けられなかったり、第二師団がヘソを曲げたりして失敗した場合、また国際関係まで見すえて、知らないふりをしたと見れなくはない。

じつは関係者のだれもが、三宅光治の演技に感謝したのではなかろうか。それはその後の三宅の処遇に現われているように思う。昭和七年四月、三宅は参謀本部付となるが、参謀長在任四年ちかくとなったのだから、事変中の交替もおかしくはない。それも中将進級の上でだから厚遇でここで待命となってもしかたがない。

ところが、すぐに運輸本部長、昭和十年三月には第二十師団長となった。このころはまだ軍備拡張の前で十七個師団体制であり、陸士十三期で師団長をやらせてもらえたのは五人であることから見て、三宅光治は特別あつかいと言ってよい。

昭和十一年十二月、予備役に入った三宅光治は、十五年に満州国協和会中央本部長に推された。満州国となると彼を無視できなかったことを物語っている。しかし、これが本人には仇となり、ソ連抑留の憂き目を見て昭和二十年にモスクワで死去した。

ご難つづきの参謀次長

秦彦三郎は、ソ連とポーランド駐在、駐ソ武官、ハルビン特務機関長、関東軍参謀副長という経歴で、これだけを見ても生粋のソ連屋であることがわかる。彼は明るい人で、人当たりも体格も良く、押し出しがきくということで新聞班長に当てられたのだろう。いかにも三重県の人らしく柔軟で、加えて大きな体を丸めて頼み込まれると、かなりの無理でも聞かないと悪いような気にさせられたそうだ。これを人徳という。

そんな人柄を見込まれてか、秦彦三郎は戦局が難しくなった昭和十八年四月から二十年四月まで、参謀次長の大役をおおせつかった。この職務は、総長と各部長や課長との接点に立ち、板挟みになりやすい損な役回りとなる。

総長が細かく、うるさい人ならば盲腸のような存在で、逆に総長がおおまか、飾りならば大次長で参謀本部、大本営を切り回さなければならない。太平洋戦争期の参謀次長をざっと見ただけでも、その大変さがよくわかる。

対米英戦争が濃厚になりつつあった昭和十五年十一月、沢田茂（高知、18期）から参謀次長を引き継いだのは塚田攻（茨城、19期）であった。彼自身、対英米強硬路線であったから、強気一点張りで有名な第一部長の田中新一（北海道、25期）とも折り合いがついた。

参謀総長の杉山元（福岡、12期）はかなりアバウトなところがあるから、そこは苦労したろう。ともかく南方作戦を練り上げ、それを見届ける責任があるということか、それともデタラメなところがある寺内寿一（山口、11期）のお目付け役ということか、塚田攻は開戦の直前、昭和十六年十一月、南方軍総参謀長に転出した。

後任は田辺盛武（石川、22期）であった。彼の中央官衙勤務は陸軍省、後は教育畑が長く参謀本部の勤務が無い人だから、参謀次長はミスキャストの感がある。とは言え、陸士二十期前半から人選するとなると、なかなか適材がいないことに気がつく。

秦彦三郎

二十期ならば下村定（高知）だろうが、病気がちで線が細い。二十一期は飯村穣（茨城）だろうが、彼は学者だ。二十二期では鈴木率道（広島）、笠原幸雄（東京）もいるが、鈴木は東條英機（岩手、17期）の仇敵、笠原は宇垣一成（岡山、1期）の義弟と、これまた難中の難がある。そしてまた一つの要件、勇ましい第一部長の田中新一と折り合いのつけられる温厚な人となれば、田辺盛武がベターとなったに違いない。

勝ち戦さのときならば、なにをしても上手くいき、妥協の人事でもボロは出ない。調子が悪くなると組織が目茶苦茶になる。

昭和十七年末、ガダルカナル戦をめぐって省部が対立して、収拾がつかなくなる。それも第一部長と軍務局長の殴り合い、首相、次官との罵り合いだから言葉を失う。温厚な田辺盛武は呆然とするばかり。この点を深く遺憾とした杉山元は、次長更迭を決意した。

この後任がまた難しい。二十三期からとすれば、第一課（編制動員課）長と改編後の第三課（作戦課）長をやった清水規矩（福井）、二十四期では第二課（戦争指導課）長と旧に戻った第二課長をやった河邊虎四郎（富山）となるはずだ。事実、最後の参謀次長には河邊に落ち着いているのだから、この昭和十八年四月の人事で河邊としてもおかしくはない。

ところが、二十四期の秦彦三郎に落ち着いた。関東軍から兵力を抽出して南方に送り込まなければならなくなったので、関東軍に顔が広い秦に落ち着いたのであろう。この時期に参謀次長になったことは、まったくの貧乏クジだった。

就任早々、アッツ増援中止、キスカ撤収という大きな転機を迎える。そして絶対国防圏の設定と、物忘れが顕著になった杉山元総長をささえて、秦の孤軍奮闘がつづく。

しかも首相兼陸相の東條英機にかき回されて、統帥権の独立が侵害されることがままあった。それが高じて昭和十九年二月末、東條が参謀総長を兼務し、それにともない後宮淳（京都、17期）が高級次長となり、秦はその下の次級次長となった。後宮は言いたい放題の人だから、さぞ秦は苦労したことだろう。普通ならば大立ち回りになってもおかしくないが、そこは秦の人柄、ひいては温厚な三重県人で、これといった不祥事も起きなかったようだ。

昭和十九年七月、東條英機が退陣し、首相は小磯国昭（山形、12期）、陸相は杉山元、参謀総長は梅津美治郎（大分、15期）となり、参謀次長も一人に戻り秦彦三郎が留任となった。そして二十年四月、杉山が第一総軍司令官に転出して杉山・秦コンビ解消となり、秦は古巣の関東軍に転出し、その幕引きを演じることとなる。

秦彦三郎としては本望の配置であったろうが、わざわざ抑留されるための渡満ということになり、帰国は昭和三十一年とは気の毒であった。しかし、駐ソ武官、対ソ諜報の元締めハルビン特務機関長経験者を、ソ連当局はよく帰国させたものと思う。

「時代の子」

昭和十一年の二・二六事件に参加した現役将校のうち自決二名、銃殺十三名は、陸士の期で言えば、三十六期の大尉から四十七期の少尉までとなる。その経歴を追うと、短い一生ながらあの時代を象徴するものだと思えてくる。

出身地は佐賀県の四人が目を引くが、あとは各県一人ずつで、これといった偏りはない。軍人の家庭に生まれた者は九人と、これは印象的な数字である。幼年学校出身者が十一人、中学出身者が四人となるが、陸士の採用数が最低になった時期だから、幼年学校出身者の比率が高いのは自然だ。

四十期以降には、まだ陸大に入るチャンスは残されていたものの、全員無天であった。天保銭と無天の確執の頂点が、この事件だというのもまんざら的外れではない。そのためか二・二六事件直後の昭和十一年五月に、いわゆる「天保銭」陸大卒業徽章は廃止された。

このようなさまざまな要素がかさなった象徴的な存在が、三重県出身の坂井直《さかいただし》（44期）のように思う。彼の父親は坂井《さかい》兵吉《へいきち》（9期）で、奇しくも真崎甚三郎、荒木貞夫と同期であった。そして、大阪の歩兵第三十七連隊長で少将進級の上待命、予備役編入となった。

日露戦争が終わってから日華事変がはじまるまでは、無天の者は連隊付中佐で軍歴を閉じるのが普通であった。坂井兵吉のように連隊長をやらせてもらい、たとえ一日でも少将ならば上の部類だろう。

坂井兵吉が連隊長に就任した年に、坂井直は父の任地の大阪で中学に進んだが、大阪地方幼年学校が大正十一年三月に廃校となっていたため、広島幼年学校に入り、彼の卒業とともに広島幼年学校も廃校となった。坂井兵吉が連隊長在任中、まず大正十三年度には人員削減をやらされ、翌年度には廃止連隊からの人員受け入れなどで奔走した。父子ともに大正軍縮に翻弄されたことになる。

坂井直の陸士四十四期は昭和七年七月卒業であり、その直前の五月に五・一五事件が起こり、この期から十一人の参加者を出した。首相を殺害したのに、軍法会議の判決は禁固四年。

しかも、判決理由の冒頭に、被告人は「日本精神を涵養し皇道の真骨頂と国体の尊厳に対する不抜の確信を体得」とあるのだから、よくやったと褒めているような話だった。これでは坂井直が国家革新への道に進むのも無理はない。

少尉に任官して向かった先が地元、津の歩兵第三十三連隊や父が連隊長を務めた大阪の歩兵第三十七連隊だったならば、坂井直の運命も大きく違っていただろう。ところが、少将閣下のご子息ということか、花の東京は麻布の歩兵第三連隊付となった。

中央の監督が行き届くように、革新傾向のある者は意図的に東京に集めたと言われるにしろ、坂井直はこれに該当しないだろう。また、秩父宮雍仁（34期）を先頭に皇族の入隊がつづくので、東京部隊に毛並みの良い連中を集めておくということもあったとされる。そして坂井は、在隊していた秩父宮雍仁の連絡将校に取り立てられ、ここにも運命の糸が生まれた。

坂井直は事件の直前、二月九日に結婚式を挙げている。相手も軍人の家庭で、義父はすべてのはじまりとなる永田鉄山斬殺の相沢三郎（宮城、22期）と同期、そして義母は事件の背後にいて有罪となった斎藤瀏《りゅう》（長野、12期）の養女だという。ここまで縦糸、横糸にからめられては、決起に走るほかないと思う。

そして、昭和十一年二月二十三日、安藤輝三（岐阜、38期）に勧誘されて参加を快諾した坂井直は、二十六日に折からの雪を蹴って斎藤実襲撃に向かった。そして同年七月十二日に銃殺となった。

二・二六事件からわずか九年、日本は「一億総特攻」の掛け声に満ちた時代になっていた。その最も大規模で、かつフィナーレとなったのが沖縄に突入した義烈空挺隊である。この指揮官、奥山道郎《おくやまみちお》（53期）は三重県人であった。

激動の時代の最初となる満州事変の三宅光治、間となる二・二六事件の坂井直、そして最後となる特攻の奥山道郎、三人そろって三重県出身というのは奇妙な巡り合わせと言うほかはない。

昭和十九年十一月下旬、サイパンの米航空基地を襲撃するための部隊を、精鋭の第一挺進団の中で編成することとなった。爆破が主になるので工兵の奥山道郎が中隊長の第四中隊が選ばれた。そして、埼玉県入間の航空士官学校の敷地にB29爆撃機の実物大模型を置き、猛訓練がはじまった。

大本営の参謀連中が、あるようでない知恵を絞っているうちに日が経ち、昭和二十年一月十七日に決行となった。ところが、中継地の硫黄島が連日砲爆撃を受けて使えないため、サイパン襲撃はさた止みとなった。そして今度は沖縄である。

そんな落ち着かないなかでも猛訓練はつづけられた。素晴らしいことは、編成時の百二十六人、これに特殊工作要員の中野学校出身者十人、総員百三十六人が一人も欠けることなく沖縄出撃の日を迎えたことであった。これこそ隊長の奥山道郎の手腕である。

奥山道郎の遺された写真を見ると、眼鏡をかけた温厚そうな人で、工兵らしく計算尺を片手に頭を捻っているのが似合う人であった。とても全軍から選りすぐった猛者の中隊長には見えない。真の勇者とは、このような外見をしているものなのだろう。

沖縄に対する作戦は、義烈空挺隊が沖縄の飛行場を制圧している間に、大規模な特攻を行なうという構想である。当初は昭和二十年五月四日の第三十二軍の攻勢に呼応することが考えられたが、冒険すぎるとして中央の認可が得られなかった。

しかし、五月の中旬に入ると第三十二軍の戦線維持はむずかしくなり、五月十六日に乾坤一擲《けんこんいってき》の切り込み作戦が認可された。それからも天候不順で延期がかさなり、五月二十四日に決行の運びとなった。現在、陸上自衛隊の駐屯地がある健軍の飛行場から、十二機の九七式重爆に分乗した義烈空挺隊は午後七時に離陸した。嘉手納の中飛行場に四機、読谷の北飛行場に八機が向かう。

米軍の発表では、北飛行場に胴体着陸が成功したのは一機、躍り出た挺身隊員の攻撃で飛行場は大混乱に陥り、三十機以上の航空機が損傷し、同飛行場が正常に機能するのは三日後であった。

義烈空挺隊に呼応した陸軍の特攻は、五月二十五日に百二十機を投入する予定であった。ところが、天候が悪く、七十機の投入にとどまり、期待した戦果は得られなかった。

滋賀県

「商い」は「飽きない」

近江の一国が滋賀県となった。慶応元年の配置を見ると、彦根の井伊藩二十五万石、膳所《ぜぜ》の本多藩六万石、水口の加藤藩二万五千石が大きなところで、ほかに小藩が五個と、細分化されていた。面積は四千平方キロで全国第三十八位の小さな県のうえ、琵琶湖を引くと四十一位に転落する。

人口も大正末で約六十二万人と狭い地域だが、京都、大阪から東、北に向かう街道は、すべてここ近江を通っている。加えて琵琶湖、宇治川の水運が使える。交通の要衝であるため、昔から重視された地域であり、徳川幕府は琵琶湖から宇治川が注ぎ出るところの瀬田を江戸城の外堀と認識していたほどだった。

このようなところでは、必然的に商業が発達する。歴史ある近江商人だ。今日でも滋賀県人が興《おこ》した大企業は多い。経済的に優位になると、やっかみも加わって評価が低くなるが、利益至上主義だけでは永続した大企業とはならない。そこには情報センスはもちろんながら、誠実さや堅実さがもとめられる。「商い」は「飽きない」に通じるということで、ここ滋賀県が生んだ軍人にもその片鱗がうかがえる。

日本の軍事力が外向きになってからは、この地域の重要性は低下した。一時期、大津に歩兵第九連隊が置かれたが、すぐに大正軍縮となり、一個大隊に縮小された。八日市に飛行第三連隊が置かれたこともあったが、それほど大きな部隊ではない。太平洋戦争中、海軍の水上戦闘機部隊が大津に展開したことは有名にしろ、エピソード以上のものではない。

人口は少ない、商人の土地柄、軍事も縁遠いとなれば、軍人の数は少なくなる。それでも滋賀県が生んだ陸軍将官は約四十人、健闘したと評価できる。海無し県だから海軍大将はいないと思っていたが、三須宗太郎（海兵5期）が一人、これは拍手ものだ。

君側の勇将

滋賀県が生んだ陸軍大将は三人、これは愛媛県と同じ、なにやら威勢のよい熊本県が二人だから、これはもう快挙と言うほかはない。その三大将とは、中村覚《なかむらさとる》（草創期）、磯村年《いそむらとし》（4期）、喜多誠一《きたせいいち》（19期）である。この三人とも地味な人で、滋賀県出身の大将と問われても、即答できないのは無理もないことだ。

中村覚は日清戦争中、侍従武官を務めていた。長州閥の全盛期だから、それだけでは大将への道は開けなかった。明治三十五年三月、中村は第一師団の歩兵第二旅団長となり、日露戦争をむかえた。そして向かったのが旅順要塞であった。第一師団は第三軍の右翼を担当し、歩兵第二旅団は水師営から旅順市街地へ通じる経路沿いに南下することとなった。

これが市街地、港への最良の接近経路だから、ロシア軍の防備は堅く、とくに松樹山の堡塁は大障害となった。明治三十七年八月十九日からの強襲、十月二十六日からの正攻法による第一回総攻撃、十一月二十六日からの第二回総攻撃、いずれも堅塁と火力に阻まれて失敗する。

強襲が失敗したころから中村覚は、水師営から穿貫的に攻撃して永久堡塁の内部に躍り込めば、敵の指揮系統が混乱して落城するという奇襲案を考えていた。第一回総攻撃も失敗したので中村は、強くこの奇襲案を具申したが、危険すぎると採用されなかった。

そして、第二回総攻撃がはじまり、三時間にわたり突撃を反復したが、どの正面でも戦果らしい戦果が得られない。そこで最後の手段として中村覚の奇襲案を採ることとなった。

第三軍の四個師団から差し出された六個大隊三千人が中村覚の指揮の下、松樹山堡塁の背後に回り込んで突っ込む。夜襲となるので旅団長以下全員が白襷《しろだすき》姿であった。二十六日午後六時、水師営付近で乃木希典の激励を受けて南下、午後八時五十分、松樹山堡塁の第四砲台に突入した。

ところが、地雷と猛烈な阻止砲撃に遭って分断され、損害が続出し、抜刀して先頭に立った中村覚自身も負傷、ついに午後十二時半に攻撃中止となった。この失敗を見て第三軍司令部は、主攻正面の転換を決心し、二百三高地の争奪戦となったわけである。

盤龍山の一戸兵衛《いちのへひょうえ》（青森、草創期）、東鶏冠山の土屋光春（愛知、草創期）、そして松樹山の中村覚の三人は、この大激戦の第一線に立って大将への切符を手にしたのだった。

負傷した中村覚は帰還して教育総監部参謀長、次いで新設の第十五師団長となり、明治四十一年十二月に侍従武官長に就任し、明治天皇を見送ることとなった。一戸兵衛は学習院長と、このような勇士が皇室を取り巻いていた良き時代だったと言えよう。

三代つづいた軍人の家系

旅順要塞攻略にあたった第三軍司令部で情報参謀を務めたのが磯村年であり、明治三十三年卒業の陸大十四期で、宇垣一成（岡山、1期）と並んで恩賜をものにしている。彼は砲兵科だから旅順戦参加は適役であり、第一次世界大戦でも青島要塞攻略の独立第十八師団高級参謀を務めている。師団長も重砲部隊が多い小倉の第十二師団であった。

中央官衙《かんが》での主な勤務は、参謀本部の第一課（編制動員課）長、同庶務課長がある。そして、東京警備司令官のとき、昭和三年八月に大将進級のうえ、待命となった。公正実直な人柄には定評があり、砲兵科を代表しての大将進級は広く納得された。ここで終わっていれば、磯村年にとっても幸福なことであったが、そうはいかなかった。

昭和十一年の二・二六事件後、「反乱者を利す」との嫌疑で起訴された真崎甚三郎（佐賀、9期）の軍法会議の判士に選ばれたのが磯村年であった。もう一人の判士は松木直亮（山口、10期）である。

磯村武亮

大将を裁くには大将をということだろうが、松木という人選も嫌らしい。真崎が軍事課長時代、松木は陸軍省高級副官で、当時の陸相は田中義一（山口、旧8期）、次官は山梨半造（神奈川、旧8期）と言えば、その意味はすぐに理解できるだろう。

この嫌みを少しは薄めなければということで、磯村年が引っ張り出されたと見れば構図がよくわかる。これは偶然だろうが、真崎有罪を信じて精力的に動いた憲兵の大谷敬二郎《おおたにけいじろう》（31期）も滋賀県出身である。興味のある向きには真崎裁判の判決文を読んでもらいたいが、判決理由は有罪で、判決が無罪という奇妙なものだ。国軍の名誉のため無罪としたのは、磯村年の努力とされている。

東京出身とはなっているが、磯村武亮《いそむらたけすけ》（30期）は、磯村年の実子である。磯村は陸大三十九期の首席であり、親子そろって陸大恩賜というのも珍しい。頭の良い家系というものがあるらしい。

磯村武亮は父親と同じく砲兵で、駐トルコ武官、関東軍第二課長、参謀本部第五課（ロシア課）長を歴任したソ連屋であった。ところが、太平洋戦争がはじまってからは、なぜか畑違いのビルマ勤務が長い。

昭和二十年の春すぎから、本土決戦準備の一環として優秀な人材を本土に呼び戻したが、シンガポールにあった第七方面軍参謀副長の磯村もその一人であった。中部軍管区参謀副長へ転任の途中、航空機事故で殉職し、中将が遺贈された。

磯村年の旧姓は平田といい、磯村家に養子に行ったのだそうだ。その養父の磯村惟亮は陸軍少佐だった。軍人が三代つづいたことになるが、磯村武亮の子息が陸士五十期後半にいてもおかしくはない。そうすれば陸軍八十年の中で四代をかさねて記録となった。

さて、その四代目だが、なんとNHKのアナウンサーになった（磯村尚徳《ひさのり》）。さすがに祖父、父ともにフランス語に強い砲兵科出身、四代目もフランス語に堪能だそうだ。

「飽きない」土地柄

滋賀県にとって三人目となる大将の喜多誠一は、河邊正三（富山、19期）と一緒の昭和二十年三月九日昇進であった。ちょうどこの九日から十日にかけて、歴史に残る東京大空襲があったため、評判の悪い人事となった。河邊はインパール作戦でみそを付け、喜多はそれほど著名でなかったこともあり、「大将濫造」と評される結果となった。

喜多誠一は容貌からして中国の「大人」で、生粋の支那屋であった。中尉のとき、天津駐屯の歩兵隊に勤務して以来だから、彼の中国一筋は筋金が入っている。支那屋は軍の主流にはなれなかったにせよ、その道一筋は強いもので、回り道をしながらも大成した人が多く、喜多もその一人となる。

昭和七年の第一次上海事変では上海派遣軍情報参謀、日華事変勃発時は中国公使館付武官、すぐに天津特務機関長、北支那方面軍特務部長、中将に進んですぐに興亜院華北連絡部長官と、まさに中国一筋の軍歴であった。師団長は北満の第十四師団であったが、軍司令官は華中の第六軍と華北の第十二軍の二回だから、喜多誠一の容貌が中国人に似てくるのも無理はない。

昭和十九年二月、喜多誠一は予備役編入の含みで参謀本部付で帰還した。ところが、同年九月に第一方面軍司令官であった山下奉文（高知、18期）がフィリピンの第十四方面軍司令官に転出した。さて、この後任人事がむずかしい。序列を重んじて十九期から出すのが妥当だが、田中静壱（兵庫、19期）、河邊正三、そして喜多かとなれば、やはり喜多に落ち着く。

終戦を牡丹江の南方、敦化《とんか》でむかえた喜多誠一は、ソ連に注目されていた。満州に入って来たソ連軍は、必死に喜多を探していたという。もちろん喜多はシベリア抑留となり、昭和二十二年八月、シベリアで亡くなった。シベリアでの抑留生活を乗り切ってもソ連は喜多を中国政府に引き渡したであろうから、大陸に生きた喜多は大陸で亡くなる運命であった。

大陸鉄道一筋に生きた草場《くさば》辰巳《たつみ》（20期）も滋賀県出身である。鉄道といえば工兵科の所掌のように思うが、建設や運行の業務はそうでも、全体的な運用はまた別のようだ。草場は歩兵科だが、陸大卒業後すぐに参謀本部第三部第六課に勤務した。

この第六課は、鉄道船舶課とか運輸課と称されるが、幾多の変遷をかさねた。第六課から第七課、また第六課に戻ったかと思えば、すぐに第八課、そして日華事変がはじまると第九課となった。昭和十四年に鉄道の第九課と船舶の第十課とに分かれ、さらに十八年に合体して第十課となった。

喜多誠一

草場辰巳の軍歴だが、専門を持ちながらも正統派の道を歩んでいる。第一鉄道線区司令部員、満州事変の前に関東軍司令部付として満鉄の運用に関与し、満州事変中

は参謀本部第六課長であった。

連隊長は広島の歩兵第十一連隊、満州国交通部顧問、旅団長は京都の歩兵第十九旅団で南京攻略戦に参加している。第二野戦鉄道司令官、次いで関東軍野戦鉄道司令官、師団長は金沢で編成された第五十二師団、関東防衛軍司令官、そして関東軍の第四軍司令官となった。

陸士二十期一選抜の中将進級は昭和十四年三月であったから、十九年に入ると大将進級問題が浮上してくる。そこで中将を整理しておく必要があり、草場辰巳はまず参謀本部付とされ、十九年十二月に予備役編入となった。

待命中に持ち込まれた再就職先が満鉄の理事というのも、軍司令官を経験した中将に失礼な話だ。本人も気分を害して断わったまではよかったが、草場辰巳がいないと大陸の鉄道が動かないという話になり、予備役編入とほぼ同時に召集、大陸鉄道司令官に補されて新京に赴任した。草場にとって本望な補職だったが、わざわざシベリアに抑留されに行ったようなかたちとなった。

ソ連としては、輸送の元締めで対ソ作戦計画の細部までを知る草場辰巳をどのように使うかよく考えたであろう。そして、東京裁判での証人とされた。昭和二十一年九月、草場は関東軍総参謀副長の松村知勝（福井、33期）と同参謀の瀬島龍三（富山、

44期）とともに東京に移送され、極東軍事法廷で証言することとなった。

ところが、東京に到着してすぐに草場辰巳は、服毒自殺を遂げた。毒薬を衣服に縫い込んでいたというものの、抑留生活が一年にもなって隠し通せるものなのか疑問に思う。解明されていない終戦秘話の一つである。

鉄道関係で草場辰巳の後継者とも思える村治《むらじ》敏男《としお》（25期）も滋賀県出身である。彼は関東軍の鉄道関係が長く、松山の歩兵第二十二連隊長をやってから第一鉄道輸送司令官となるが、なぜか予備役間近と思わせる壱岐要塞司令官となるものの、やはり専門家が必要になったようで、昭和十七年六月に第二野戦鉄道司令官となる。二十年四月と押し詰まってから朝鮮の大邱師管区司令官に回された。

滋賀県が生んだ将官で、この道一筋と言えば、高射砲の武田馨《たけだかおる》（25期）がいる。すでに昭和初期から、沿海州から発進したソ連軍機が東京に先制攻撃を加えるのではないかと真剣に語られていた。

ところが、攻勢作戦一点張りの陸軍としては、防空に熱心になれなかったようで、高射砲部隊の整備は遅々として進まなかった。日華事変の直前、平時編制表の上では、高射砲連隊は内地に四個、朝鮮に二個、台湾に一個あったのだが、実際に編成されていたのは浜松の第一連隊と千葉県柏の第二連隊のみであり、それも未充足であった。

もちろん、東京は焼け野原とはなったが、終戦時、帝都防空に当たった高射第一師団を高射砲中隊百個六百門、照空中隊四十個二百四十基の陣容にまで育て上げたことは、武田馨と高射第一師団長の金岡嶠（佐賀、25期）の功績である。

武田馨は昭和十四年八月、関東軍高射砲司令官となってから防空学校長、東部防空旅団長、砲兵監部付と十九年四月に第五十三師団長に転出するまで、高射砲一筋であった。ビルマ戦線で苦戦した武田は二十年二月、本土に帰還して初代で最後の高射兵監に就任した。

しかし、すでに手遅れで、二十年三月十日の東京大空襲を皮切りに、都市という都市は、B29の無差別爆撃で壊滅的打撃をうけることとなる。

このように大陸の喜多誠一、鉄道の草場辰巳、高射砲の武田馨と、この道一筋の将官三人がそろうということは、まんざら偶然ではなかろう。やはり「商い」の近江、飽きないでコツコツと勉強する風土がこういう軍人を生んだのだと思う。

京都府

ひとくちで語れない京都

京都はすなわち山城の国と思いがちだが、丹後と丹波の一部が加わって京都府となった。慶応元年の配置を見ると、山城の国は、淀の稲葉藩十万二千石のみ。丹波の国は、亀山（亀岡）の松平藩五万石、篠山の青山藩五万石、福知山の朽木藩三万二千石など七藩に分かれていた。丹後の国は、宮津の本庄藩七万石、田辺（舞鶴）の牧野藩三万一千石、峯山の京極藩一万一千石であった。

中心となる京都市は、日本で最初に都市化された地域であり、争奪の歴史が繰り返されたためか、排他的で個人主義が強い土地柄とされる。しかし、山を越えればすぐに異国同然で、ひとくちに京都はこうと語れないのだそうだ。

日露戦争中の明治三十八年に第十六師団が創設され、京都市南部の深草に師団司令部が置かれた。仙台や熊本のように師団司令部が置かれると軍都に変身するものだが、さすがは一千年の王都だけあって、そう簡単には軍事に染まらなかった。特別な土地柄か、それとも訓練環境が悪かったためか、第十六師団の評判はいま一つであった。そこで大正軍縮に引き続く軍備整理で第十六師団を朝鮮南部に移駐させる計画があったが、日華事変の勃発でさた止みとなった。

このように、京都と軍事はミスマッチなのだが、面積は六千四百平方キロながら、大正末の人口が百四十万人とかなり大きな地域であったこともあり、陸軍の将官は五十人を超えているから、全国平均といったところだ。陸軍大将は二人、田中弘太郎《たなかこうたろう》（旧9期）と後宮淳《うしろくじゅん》（17期）を輩出したことは、やはり都の実力か。舞鶴の軍港をかかえているのに海軍大将は出していない。

隠れ長州の切れ者

軍事課長、軍務局長、次官、そして陸相で上がりというのが、軍政屋にとって理想の出世街道であった。ところが、この陸軍省の中枢ポスト四つ、すべて歴任した人は二人だけだった。京都府の岡市之助《おかいちのすけ》（旧4期）と杉山元（福岡、12期）である。

岡市之助は、大正三年四月の陸相就任だから、長州閥による軍政の時代を生きてきたことになり、よくも京都の人が四つの要職を総なめにできたものだと思う。

じつは、これには裏がある。岡家は京都勤番の毛利藩士だったのだ。伊藤博文や山県有朋でも、彼の父親に「一両頂戴、二両拝借」と面倒を見てもらったという関係だったのだろう。

中尉のとき、岡市之助は姫路の歩兵第八旅団の副官であった。旅団長は長年、侍従武官長を務めた岡沢精（山口、草創期）である。日清戦争では第一師団の参謀として出征したが、日露戦争中はほぼ全期間、寺内正毅陸相の下で軍事課長を務めた。奉天会戦の直後、歩兵第二十二旅団長として出征、凱旋後には参謀本部総務部長となり、軍令系にも顔を売って陸相への地歩を固めた。歩兵第二十九旅団長を経て軍務局長、次官となる。

軍務局長時代の陸相は寺内、次官として仕えた陸相は石本新六（兵庫、旧1期）、上原勇作（宮崎、旧3期）、木越安綱（石川、旧1期）であった。次官で仕えたと言うよりは、岡市之助が各陸相を監視していたと言うべきだろう。そして、第三師団長を経て陸相となり、参謀総長の長谷川好道（山口、草創期）と強力なコンビを組んで、懸案の朝鮮二個師団増師問題を解決したのであった。

そもそも理屈が多くて、細かいところに煩《うるさ》い長州人が京都の水で磨きをかければ、どんな人物に育つか容易に想像できる。しかも、あの部下に厳しい寺内正毅が信頼しきっていたというのだから、凄まじい人だったのだろう。

伝わっている話では、痩身で眼光が鋭く、カミソリのような人だったそうだ。そんな人がどうしたわけか、宇垣一成（岡山、1期）を引き立てたというのだから、世の中はわからない。

都人にもこんな人が

京都の人に抱く一般的なイメージは、当たりは柔らかいが芯は強いとか、腹の底がわからないといったところだろう。ところがどうして、京都府も広く、人さまざまで、激しい気性を丸出しにするタイプ、武人らしい人も目立つ。

たとえば、秋山義兌《あきやまよしみつ》（20期）であろう。無天ながら中将にまで昇進した努力の人だが、二十期で彼が一番酷使されたと思う。歩兵第六旅団長で南京攻略戦、独立混成第五旅団長で華北の治安戦、第五十四師団の新編業務を仕上げて待命、予備役に編入されたのが昭和十六年八月。

普通ならばここまでだが、秋山義兌は召集されて留守第五十五師団長、さらには第百三十七師団長として出征した。終戦は朝鮮北部の咸興《かんこう》でむかえたが、まだ武装解除がはじまる前の八月十七日に自決した。

終戦後、帝国軍人の迫力を見せた京都府出身者に岡田菊三郎《おかだきくさぶろう》（30期）がいる。彼は陸軍省整備局戦備課の勤務が長いテクノクラートで、勇ましさとは無縁のような人だった。

ところが、極東軍事裁判の法廷に証人として喚問された岡田は、侵略戦争の計画を早くから立案していたのではと追及されるが、一つひとつ大声で反駁する。

あまりの蛮声に音を上げたウェッブ裁判長は、「マイクロフォンというものがあるのだから、そう大声を上げないでください」と懇願する始末。あの市ヶ谷の法廷で日本側が勝ったといえる場面は、これだけではないだろうか。

まったりとした都言葉で、優雅に振る舞うのが京都人というのは、たんなる他国人の思い込みのようだ。京都府が生んだ陸軍大将の一人、後宮淳もなかなか勇ましく、威勢がよかった。小柄ながら声が大きく、しかも直截なもの言いだから、敵も多かった。

後宮淳

昭和三十一年十二月、シベリア抑留者の最終梯団で帰国して男を上げたが、戦前の評判はいまひとつであった。

同期の東條英機（岩手、17期）の引きで大将になれたというわけである。本当かどうか簡単に検証してみたい。

陸士十七期生の先頭グループは陸大二十三期に入っており、これに刺激された東條英機は、「無天になったら陸大一期の親父に申し訳ない」と大車輪で勉強して、陸大二十七期に滑り込んだ。

ところが後宮淳は、慌てず騒がずゆっくりと陸大二十九期、ある面で大物なのだろう。もちろん陸大の成績も芳しい方ではなく、関東都督府付となり、それから師団参謀を二度もやらされている。

参謀本部では第七課（運輸課）、それから満鉄関係と、後宮淳は鉄道関係に新天地をもとめた。連隊長は久留米の歩兵第四十八連隊で、ここで問題児の長勇（福岡、28期）と奇妙な縁が生まれる。満州事変の直後、鉄道に明るいということで、後宮は満州国交通部顧問、つづいて特務部鉄道主任となり、注目されて参謀本部第三部長に栄転した。

昭和十年八月、永田鉄山斬殺事件が突発し、急遽、軍務局長に人事局長であった今井清（愛知、15期）が横滑りとなり、後宮淳が後任の人事局長となった。世間はショッキングな事件に耳目を奪われ、人事局長の交替に注目した人はほとんどいなかったはずだ。

しかし、「人事を制する者は組織を制する」と言われるように、これはそれからの陸軍、ひいては日本の進路に大きな影響をおよぼした。

まず、東條英機の処遇である。東條は陸士幹事から久留米の歩兵第二十四旅団長に出され、どうも中将不合格となり、第十二師団付という首の座にあった。これとほぼ同時に同期の後宮淳が人事局長に就任したのである。後宮と東條の関係だが、幼年学校は大阪と東京、勤務もクロスしていない。それでも同期だからと後宮が一肌脱いで、東條をあまり目立たない関東憲兵隊司令官に持って行った。

そしてすぐに二・二六事件が起こり、その後の粛軍人事を後宮淳が手掛けることとなる。この人事が非常に厳しくなったのは、陸相の寺内寿一（山口、11期）と次官の梅津美治郎（大分、15期）の意向によるものだが、直接の担当者である後宮が怨嗟《えんさ》の的となった。

しかし、切られた人がいれば、そのポストを埋める人がいるわけで、怨嗟ばかりではなく、陰ながら後宮淳に感謝した人もいた理屈になる。参謀の人事をあつかう参謀本部総務部長の飯田貞固（新潟、17期）との合作にせよ、後宮は大きな仕事を成し遂げたことには間違いない。

昭和十二年三月、後宮淳は人事局長から軍務局長に横滑りをした。これも意外なことだった。前任の軍務局長は磯谷廉介（兵庫、16期）で、郷里は京都府と兵庫県と違うものの、同じ丹波の産であり、大阪幼年学校の二期と三期という関係だった。そこで磯谷が後宮を推薦したのだろう。

そして、盧溝橋事件を迎える。軍務局の両輪、軍事課長の田中新一（新潟、25期）は拡大論、軍務課長の柴山兼四郎（茨城、24期）は不拡大論と局内が二つに割れた。では、局長の後宮淳はどうだったのかと言えば、これがどうもはっきりしない。一応は不拡大方針だったとされるが、積極的に不拡大で動いたという話も聞かない。

日華事変がはじまり、将官が足りなくなって後宮淳も忙しくなり、内蒙の第二十六師団長、次いで第四軍司令官を歴任する。昭和十五年七月に東條英機が陸相に就任すると、恩返しというか義理を果たすというか、後宮は優遇される。南支那方面軍司令官、支那派遣軍総参謀長とキャリアーをかさね、ついに十七年八月に大将に進級して、中部軍司令官となって内地に帰還した。

東條が昭和十九年二月に参謀総長兼務となったとき、後宮は高級参謀次長に就任した。そして、東條が辞職すると、ただちに満州の第三方面軍司令官に転出した。東條の切れ目が後宮の切れ目となったのだが、この二人は麗しい同期生の間の「持ちつ持たれつ」の関係だというべきだろう。

後宮淳は、持ち前の大声と特異な同期生を武器に栄進した幸運児だった。ただ、家庭には悲劇があった。後宮が人事局長であった昭和十一年、陸士四十八期生の次男が軍人勅諭を一字間違って奉読したことに責任を感じて自決してしまった。

また、もう一人の子息は、外交官の道を選び、駐韓大使として大きな業績を残した。当時、韓国は朴正熙《パクチョンヒ》（57期相当）が大統領の軍事政権時代だったせいもあり、「後宮閣下のおぼっちゃん」と話題になったそうだ。

学究的な思潮

これまで述べてきた岡市之助や後宮淳は、まったく特異な人で、これをもって京都の軍人はこうだと論じてはならないだろう。

京都府出身の一般的な陸軍軍人の特色となると、砲兵科の人が多いのに気がつく。平均的に言えば、陸士卒業生の半分は歩兵科、そのまた半分、すなわち全体の四分の一が砲兵科となるようだから、砲兵科が目立つのは当然だ。

ところが、京都の場合、技術畑で大成した人が多いことには驚かされる。その代表が大将にまで昇進した田中弘太郎である。

田中弘太郎は、部隊勤務は少尉のときだけで、日清戦争では第五師団司令部付として出征したが、ほとんど学校教官、砲兵工廠勤務で終始した。日露戦争中は欧州に派遣されて研究生活を送った。少将のときは技術審査官、中将のときは科学研究所長と技術本部長と徹底した経歴である。

そして、大正十三年一月、田中弘太郎は技術畑から最初に軍事参議官となった。陸相となった宇垣一成の最初の人事である。そして同年八月、大将昇任のうえ、待命となった。なかば名誉進級にせよ、このような経歴、しかも無天で無派閥の人を最高位につけたことは、宇垣の技術重視、開明的な姿勢の現われであった。

陸大などに目もくれず、技術一筋に進む砲兵科の京都人は、田中弘太郎の前かららいた。技術審査官をした栗山勝三《くりやまかつぞう》（旧2期）、技術本部長をした村岡恒利《むらおかつねとし》（旧7期）がその代表だろう。村岡は重砲兵連隊長もやって中将に昇進しているが、栗山は連隊長をやらず技術だけで少将にまで進んだ。

珍しいところでは、福知山の朽木藩主の後裔、朽木《くちき》綱貞《つなさだ》（7期）は東大の応用化学を卒業した工学博士の火薬屋で、少将に進んでいる。

東大の員外学生に出た人では、井上《いのうえ》与一郎《よいちろう》（8期）がいる。彼は砲工学校高等科優等、東大は物理学科の卒業で、大佐のときに特許局の審議官をやったという世間一般でも通用する本格的な技術屋であった。

火薬と言えば信氏良吉《のぶうじりようきち》（27期）がいる。信氏は終戦を東京第二造兵廠長でむかえ、中将であった。

砲兵科出身で無天、技術畑ばかりを歩いて将官にまで進んだ京都府出身者は、確認できるかぎりでも十人いる。これだけ集まると巡り合わせだけではすまされない。一般が抱くイメージとは違い、京都の人は数理に強く、学問を好み、一筋の道をわき目もふらずに歩き通すことができるとの結論に達する。それは東大よりも京大がノーベル賞クラスの学者を多く輩出するのと、まんざら無関係ではない。

大阪府

軍事不振の真因

河内と和泉の国に摂津の東半分が加わって大阪府となった。慶応元年の藩の配置を見ると、岸和田の岡部藩五万三千石、高槻の永井藩三万六千石が大きいところで、あとは一万石ほどの三個藩が点在するのみ。最近、埋め立てで面積が増えて、全国最下位から脱した狭い地域にしろ寂しいかぎりだ。

このような状況であると、つぎのような論法が成り立つ。大藩がなく藩そのものが少ないと士族が少なくなる。士族が少なければ軍人志望者が少なくなり、結果的に軍人が少なくなる。先輩がいないとなると、武窓をめざす者も少なくなる。

実際、大阪府が生んだ陸軍の将官は、確認できるかぎりで二十七人、これは全国最低レベルである。大正末の人口は三百万人を超えていたことを思えば、この数字はい

かにも少ない

では、反軍的な土地柄だったかというと、そうでもない。明治四年八月、のちに第四師団となる大阪鎮台が、十二年には第二砲兵工廠が置かれた。三十年九月からは、大阪幼年学校の教育もはじまった。これだけ軍事施設が集まれば、経済的な波及効果も期待されるからか、大阪市民は軍を歓迎していた。

その証拠に、第四師団司令部の庁舎は、大阪市民の献金で建築されたものだ。第四師団長はだれもが憧れるポストであった。なぜかと言えば、なにかと寄付が集まるからだ。なんだ、最近とちっとも違わないと寂しくなる。これは海軍も同じで、大きな演習のあとには、なるべく大阪湾に艦隊を入れていたそうだ。

このような一等師団あつかいも平時の話で、戦時になると第四師団の評価は急に落ちる。軍司令官は第四師団を敬遠するし、ほかの師団長も第四師団と組みたくはないと公然と口にしたそうだ。そんなこともあったのか太平洋戦争勃発時、第四師団はぽつんと上海にあり、大本営直轄となっていた。

なぜ嫌われたかだが、理由は簡単、「またも負けたか八連隊」と弱いからだ。なぜ弱いかと言えば、これまた軍人の少ない理由とかさなってくる。

しかし、考えてみれば士族が多ければ強く、商人だから弱いというのも差別意識がなせる評価だろう。実際にはもっと切実で、具体的な理由があったのだ。

帝国陸軍の機動力は、最後まで馬匹に頼っていた。都市部の人は、この馬の扱い方を心得ていない。馬は人間よりも手間のかかる動物で、手入れが悪いとすぐに斃死する。それは即、機動力と補給力の喪失に結びつく。これは東京、京都にも言えることで、都市部の兵員で編成された部隊が弱い真因はここにある。

騎兵科閥の弊害

馬匹の問題が大阪人の軍事的評価を決めたと述べたが、大阪府が生んだ陸軍大将二人、植田謙吉《うえだけんきち》（10期）と小畑英良《おばたひでよし》（23期）はともに騎兵科出身であったとは面白い。帝国陸軍があと二十年も存続したらという仮定の夢物語だが、大阪府出身で大将にまで進む可能性があったのは、第十二方面軍の高級参謀であった不破博《ふわひろし》（39期）だろうが、彼もまた騎兵科である。

東京も騎兵科が多いが、都会の人ほど馬に乗りたがる。これは今日、ベンツやＢＭＷに乗りたがる心理と相通じるものがあるようだ。

植田謙吉は東京高等商業を中退して陸士に入った変わり種で、同期より二年ほど年上となる。彼は生涯独身で童貞将軍とまで言われたが、性格上の問題で独身を貫いたわけではなく、そのまったく逆で癖はなく、円満で話上手な人だった。

結構な性格と思うが、軍人稼業ではマイナスの要因にもなり、大阪出身で高商中退ということも加わって、陸大での評価は低かったという。師団参謀を二回もやらされたことからも、若いころの植田謙吉は将来を嘱望された組に入っていなかったことがうかがえる。

しかし、植田謙吉には騎兵科という切り札があった。閑院宮載仁、鈴木荘六（新潟、1期）、稲垣三郎（島根、2期）、南次郎（大分、6期）を軸とする騎兵科閥は強力であった。

ウラジオ派遣軍参謀ぐらいしか目立った経歴のない植田だったが、昭和三年八月に軍馬補充部本部長という目立たない職務のときに中将に昇進した。参謀総長が鈴木、次長が南、陸軍省人事局長が陸士同期の川島義之（愛媛、10期）のときであったから、一人ぐらい中将に進級させるのは簡単なことだった。

植田謙吉

中将となった植田謙吉は、すぐに支那駐屯軍司令官となり、つづいて第九師団長に補せられた。昭和七年二月、第一次上海事変が起こると第九師団が先陣となって出動し、苦戦のすえに事変を収拾して停戦にこぎつけた。

停戦協定締結の直前の四月二十九日、現地で挙行された天長節の会場で朝鮮独立運動のテロがあり、軍司令官の白川義則（愛媛、1期）は重傷のすえに死去、植田謙吉も負傷して左足の指を失ったが、命に別状なかった。このとき、「閣下、痛みますか」と聞かれると、「そーねー、やはり痛いよ」と格好をつけなかったので男を上げたという。

軍司令官の代理を務めてから凱旋した植田謙吉は、実戦歴があるということで昭和八年六月、参謀次長に抜擢された。

総長は閑院宮載仁であるから、いわゆる大次長でなければ困るのだが、彼の次長ぶりは無為無策と酷評された。総長と次長が馬の品定めばかりでは、国軍の先行きも危ぶまれる。それでも彼の経歴と円満な性格からか、朝鮮軍司令官に転出して大将に昇進した。

帰国して軍事参議官のときに二・二六事件に遭遇する。このとき、軍事参議官は皇族をのぞいて七人であり、植田は新参であったから積極的に発言することもなく、書記のような役割で終始した。

事件後の粛軍人事で陸士九期までが全員、待命、予備役編入となり、西義一（福島、

10期）も昭和十一年八月に予備役となったので、なんと植田謙吉が臣下の最先任者となったのである。当然のこととして、植田は関東軍司令官兼駐満大使となった。そしてむかえたのが十四年五月からのノモンハン事件であった。

ノモンハン事件の敗因については、さまざまに語られてきた。人間関係だけにしぼって語れば、人が良いばかりで重みのない軍司令官の植田謙吉と、これまた人が良くアバウトな「支那屋」の参謀長の磯谷廉介（兵庫、16期）のコンビでは、猛者が集まっていた関東軍の参謀連中を統制できるはずもない。

さらに細かく見ると、問題を起こした関東軍参謀の辻政信（石川、36期）が歩兵第七連隊の旗手をしていたときの連隊長が磯谷廉介、同連隊の中隊長で上海事変に出征したときの師団長が植田謙吉である。辻はこの人間関係をよいことに、勝手放題になったとも言われる。

ここでまた粛清人事で、植田謙吉はいっさいの送別行事を断わって帰国した。磯谷廉介も同じである。

植田の後任が厳しい梅津美治郎（大分、15期）となり、それからの関東軍は粛然とした。それ自体は結構なことであったが、エースの梅津を昭和十九年七月まで関東軍に縛っておいたことは、全軍的な見地からすると大きな損失であった。

不死身の将軍

大阪人となめられてたまるかということか、大阪幼年学校からはかなり乱暴な人も出るし、その反対に文才を発揮する人もかなりいる。

山中峯太郎、三好達治も大阪幼年学校出身だ。大阪府が生んだもう一人の陸軍大将、小畑英良も文才があり、幼年学校在学中に寮歌のようなものを作詞して長く愛唱されたそうだ。小畑は陸大三十一期の恩賜だが、幼年学校出身では珍しく語学は英語で、イギリス駐在、インド駐在武官を経験している。

小畑英良は、騎兵科で習志野の騎兵第十四連隊長までやり、昭和十二年に航空科に転科した。航空科を増強するため、陸大出身の優秀な者を各期二、三名あて半ば強制的に転科させる施策に引っ掛かったのだ。

航空科に転科した小畑英良は、順調に経歴を積み上げ、太平洋戦争の緒戦はフィリピン正面担当の第五飛行集団長であり、ビルマにまで進攻した。航空部隊の改編で第五飛行師団長を経て、昭和十八年五月に南方全般を担当する第三航空軍司令官となった。

昭和十八年十一月三十日、小畑英良はラングーンに向けてシンガポールを出発した

小畑英良

が、行方不明となった。懸命な捜索がつづけられたが発見できず、殉職と判定され、大将遺贈の手続きが終わった日の十二月五日、孤島に不時着していたことがわかった。これが小畑の奇跡の第一である。

昭和十九年二月、中部太平洋方面の全陸軍部隊を統轄する第三十一軍が編成され、小畑英良が軍司令官に補された。この任務は帝国陸軍はじまって以来、もっとも困難なものだった。

まず、第三十一軍が連合艦隊の指揮下に入ったこと。連合艦隊司令長官の豊田副武（大分、海兵33期）は、陸軍を敵視していることを隠そうともしない手合い。これでは大洋の戦いで不可欠な陸海統合は望むべくもない。

そして、なにより戦域が広い。トラック、パラオ、小笠原の一辺二五〇〇キロの三角形を守れというのが至上命令。部隊の連携どころか、視察して歩くのにも大変だ。そして、各島嶼の抵抗拠点の築城は、ほとんど手つかずの状態。「絶対国防圏」と見えを切ったのが昭和十八年九月、本格的な部隊輸送の松輸送が十九年三月のこと。この泥縄では不死身のエース、小畑英良を投入しても結果は明らかだ。

第三十一軍司令部は、海軍の中部太平洋艦隊司令部と同じくサイパンにあった。昭和十九年六月十一日、サイパンに対する上陸準備砲爆撃がはじまり、同月十五日、米軍は一挙に海兵師団二個を上陸させた。

ちょうどこのとき、小畑英良は参謀副長の田村義富（山梨、31期）とともにパラオ地区を視察中であった。急ぎ司令部に帰還しようとしたが、サイパンには戻れず、グアム島にとどまることとなった。

サイパンの玉砕は七月七日で、またも小畑英良は生き残ったので第二の奇跡となり、「不死身の小畑」とさらに有名になった。

しかし、彼の神話もそこまでであった。米軍はサイパンに引き続き、グアム、テニアンに進攻し、小畑はグアムで八月十一日、陣頭に立って戦死した。すでに一度は大将となったが、戦死の報とともに改めて大将に親任された。

幸運と言えば、死地の沖縄から紙一重で転出した原守《はらまもる》（25期）も強運な大阪人で、最後の陸軍次官まで務めた。彼は満州事変中、軍事課外交班長、日華事変の初期に陸軍省新聞班長も務めたエリートであった。植田謙吉が関東軍司令官のときに高級副官として仕え、近衛歩兵第四連隊長というのも良い補職だ。太平洋戦争開戦は関東憲兵隊司令官でむかえている。

昭和十七年八月の定期異動で原守は、関東軍第三軍の第九師団長となった。そして、マリアナ陥落直後から沖縄の防衛戦力増強がはかられ、昭和十九年七月に第九師団は第三十二軍の中核兵団として沖縄に配置された。そして同年十二月、第九師団は台湾に抽出された。

台湾に入った原守は、米軍が沖縄に上陸した直後、教育総監部本部長に異動となった。教育畑の人でない彼にとって意外な補職だが、本土決戦を睨んで人材を東京に集めた施策の一環だったのだろう。

敗戦後に原守は、東部憲兵隊司令官となって治安維持にあたった。さらには昭和二十年十一月、陸軍次官となって同月三十日に陸軍省の幕引きをして、第一復員省次官となり事務方の長として帝国陸軍の終焉を見送った。まさに幸運な能吏の結末と言えよう。

原守

さすがのソロバン

大阪人の陸軍大将は二人だが、最も大将に近づいていたのは原田《はらだ》熊吉《くまきち》（22期）であろう。彼が二十二期の一選抜で中将に進級したのが昭和十四年十月であったから、戦争があと一年つづけば大将に進級した可能性がある。彼は同期の先頭で陸大に入った秀才で、板垣征四郎（岩手、16期）や山下奉文（高知、18期）らと陸大同期になる。

陸大卒業後、原田熊吉は支那屋の道を進み、日華事変がはじまるとその経験を買われて、中支那派遣軍特務部長、汪兆銘政府顧問を務め、師団長は二度、ともに華北の治安戦を展開した第三十五師団と第二十七師団であった。このような勤務を通じて、原田は占領地行政に手腕があるとの評価が高まった。いかにも大阪人らしい商才があるということだが、合理的だったとも言えるだろう。

そこで今村均（宮城、19期）の後任として第十六軍司令官となり、南方資源地帯のインドネシアの占領地行政をまかされることとなった。二十二期では、鈴木率道（広島）に次いでの軍司令官であった。

そして、本土決戦が迫り、原田は帰国して四国防衛の第五十五軍司令官となり、そこで終戦をむかえた。それほど目立った軍歴ではないのに、第十六軍司令官当時の捕虜虐待を追及され、イギリス軍戦犯裁判で死刑となった。

大阪人らしいソロバン、合理性と言えば、小畑信良《おばたのぶよし》（30期）がいる。前述の小畑英良とは血縁関係にないようだ。小畑は同期の先頭でただ一人、陸大三十六期に入り、アメリカ駐在も経験した輜重兵科のエースであった。

長らく陸大にプールされていた小畑信良は、太平洋開戦にあたり南方軍総司令部の第二課長に起用された。シンガポール占領直後、マレー作戦中、なにかと軍司令部と衝突していた近衛師団参謀長の今井亀次郎（東京、30期）が更迭されたため、小畑が急ぎ後任となった。

昭和十八年三月、小畑信良はビルマの第十五軍参謀長に着任した。同じとき、軍司令官となった牟田口廉也（佐賀、22期）は、熱烈にインパール作戦の実施を説いた。ところが、輜重兵科出身の小畑は、専門的見地から兵站の困難さを指摘して、作戦実施に難色を示した。

牟田口廉也という特異な人の性格か、それとも佐賀県人の特色なのか、冷静かつ合理的な意見具申に耳を傾けないばかりか、水を差したと激怒して着任わずか二ヵ月、参謀長の小畑信良を解任した。そして、結果は小畑の予言どおりの惨敗、三万もの遺体の山が残った。

その後、小畑は奉天特務機関長、関東防衛軍参謀長と回り、奉天の第四十四軍参謀長のとき、終戦をむかえてシベリア抑留となり、最後の組で昭和三十一年に帰国した。

大阪出身の軍人は、都会に生まれ育ったためか、それともここ独特の土地柄か、合理的な考え方をする人が多いように思える。そのためか大阪出身の将官には、精神至上主義だけではなく、数字の裏付けがないと戦争にならない砲兵科、工兵科の出身が目立つ。

砲兵科出身の中将では、満州事変に第二十師団長として出征した室兼次《むろけんじ》（9期）がいる。彼は陸大に進んで運用畑となった。村瀬文雄《むらせふみお》（10期）は無天の技術屋で、郷里の大阪工廠勤務が長く、兵器本廠長と製作部門の長を務めて中将までのぼりつめた。

少将で技術畑となると、林光道《はやしこうどう》（23期）と有馬徴《ありまあきら》（29期）となる。有馬は砲工校優等、東大冶金科卒業の秀才で、陸大などおかしくてという口である。有馬も大阪工廠勤務が長いが、名古屋造兵廠長のとき、空襲で戦死して中将が遺贈された。

工兵科になると、技術色がより鮮明となる。まず、工兵監と築城本部長を歴任した谷田繁太郎《たにだしげたろう》（4期）がいる。彼の陸士四期は珍しい期で、工兵科出身の大将が井上幾太郎（山口）の一人、中将は谷田をふくめて四人も輩出し、中将はすべて無天であった。これまた工兵監を務めた岩越恒一《いわごしこういち》（12期）は通信の専門家であり、通信学校長もやり、陸大を出ているので第三師団長も務めている。久徳知至《きゅうとくともよし》（22期）は科学研究所が長く、本来は研究者なのだろう。戦争が激しくなり、野戦兵器廠長、兵器部長と戦地を転戦し、終戦時は第一総軍兵器部長であった。

兵庫県

隠れた陸軍王国

丹波の一部と摂津の西部、但馬、播磨、淡路の国が集まって兵庫県となった。慶応元年の主な配置を見ると、丹波では篠山の青山藩六万石。摂津では尼崎の松平藩四万石と三田の九鬼藩三万六千石。但馬では出石の仙石藩三万石と豊岡の京極藩一万五千石。播磨では姫路の酒井藩十五万石、明石の松平藩八万石、龍野の脇坂藩五万石、赤穂の森藩二万石。ほかに小藩があり、合わせて十六個の藩が分立していた。これをよくも一つの県にまとめられたものだ。

ここまで藩が多いと、兵庫県の県民性はこうだと一口では言えない。兵庫県人は都会的とされるが、それは神戸が発達してからの話で、ここであつかう明治生まれの人には当てはまらない。山陽道沿いのさばけた人から、山中の盆地で育った古武士然とした人と、兵庫県人はバラエティーに富んでいるような印象をうける。藩が多いから士族が多く、かつ面積が八千四百平方キロと全国第十二位と広く、また大正末の人口は約二百五十万人と全国第四位と大きな県のためか、兵庫県が生んだ軍人は多い。

陸軍の将官は百人を少し切るぐらいで、岡山県や愛媛県を抜き、高知県や熊本県に迫る勢いだ。とくに「熊本中将」と言われるぐらい熊本県出身の陸軍中将は多いとされるが、じつはその数三十八人、兵庫県はなんと四十一人だった。

陸軍大将は、本郷房太郎《ほんごうふさたろう》（旧3期）、本庄繁《ほんじょうしげる》（9期）、藤江恵輔《ふじえけいすけ》（18期）、田中静壱《たなかしずいち》（19期）の四人で、これもたいした記録だ。この四人の大将を見るだけでも、古武士然とはしているものの、ひかえめで人当たりが良いという兵庫県人の特徴がわかるような気がする。なお、海運の盛んなところだが、海軍大将は出していない。

本当は大将の三人

何事もなければ、大将は確実であった兵庫県出身の中将が三人いる。石本新六《いしもとしんろく》（旧1期）、藤井茂太《ふじいしげた》（旧3期）、磯谷廉介《いそがいれんすけ》（16期）であり、前述した大将の四人よりも、むしろ大きな足跡を帝国陸軍に残している。

石本新六は姫路の出身で、酒井藩から派遣されて東大の前身である南校で数学を学んでいたが、方向転換して陸士に入った。彼の旧（士官生徒制）一期は、明治八年二月の入校であった。このころは、これぞという若者がいれば、声をかけて軍人に引き抜くことが行なわれていたようだ。彼は数学とフランス語ができるということで兵科は工兵科となった。

明治十年十二月に陸士を卒業した石本新六は、フランス、イタリアに留学することとなった。最新知識を得て帰国した石本は、工兵科の基礎を固め、築城本部長から陸軍省総務長官となった。この職名は三十六年十二月に次官となるので、彼が初代の次官ということになる。日露戦争中は俘虜情報局長官を兼務しており、日本の捕虜厚遇が世界的に好評となったのは、欧米を知る彼によるところが大きい。

本庄繁

藤江恵輔

田中静壱

明治四十四年八月に石本新六は、陸相に就任した。それまでのほぼ十年間、次官を務めたのだが、陸相は寺内正毅（山口、草創期）で終始した。あのやかましい寺内の下で、よくぞ十年務まったものだ。寺内は万全の信頼を石本に寄せていたことがわかる。それだからこそ、あの長州閥の全盛期、いくらも候補がいるのに、寺内はあえて播磨の石本に衣鉢を継がせたのであろう。

しかし、陰険さが特徴の長州閥らしく、次官に岡市之助（京都、旧4期）、軍務局長に田中義一（山口、旧8期）、軍事課長に宇垣一成（岡山、1期）と、長州生え抜きから隠れ長州、裏長州のエースを石本新六の下に配した。明らかに閥外の陸相を監視させたのだ。

ところが、明治四十五年四月、石本新六は五十九歳で死去してしまった。彼の急逝は陸軍の行く末に大きな影響をおよぼした。石本が二年でも陸相を務め上げれば、上原勇作（宮崎、旧3期）、木越安綱（石川、旧1期）、楠瀬幸彦（高知、旧3期）が陸相になる可能性は薄くなる。もちろん田中義一や宇垣一成にまでだれが繋ぐかという問題なのだが、大正期に陸軍の団結を誇示できれば、その後の展開もだいぶ違ったものになっていたはずだ。

日露戦争中、軍が編成されたときの参謀長は、第一軍が藤井茂太、第二軍が落合豊三郎（島根、旧3期）、第三軍が伊地知幸介（鹿児島、旧2期）、第四軍が上原勇作、鴨緑江軍が内山小二郎（鳥取、旧3期）であった。藤井、伊地知、内山が砲兵科、落合と上原が工兵科と、多数を占める歩兵科がいないのも面白い。小所帯の司令部で参謀長を務めた上原と内山が大将になり、ほか三人は中将で終わったと言うのも巡り合わせの妙だ。

第一軍は先陣を切って朝鮮半島に上陸して、緒戦の山場である鴨緑江渡河を成功させた。それからも独立して作戦する場面が多く、また砲兵火力が弱かったが、よく全軍を右翼からリードした。その多くは軍司令官の黒木為楨（鹿児島、草創期）の功績とされる。

藤井茂太

では、参謀長の藤井茂太はと言えば、リーダーシップに欠けて幕僚をまとめきれなかった、神経質にガミガミ煩《うるさ》かったと散々だ。藤井は陸大勤務が長く、参謀本部の要員からなる第一軍の幕僚に顔が利かないのも無理はない。また、作戦主任が勇ましい福田雅太郎（長崎、旧9期）だったことも、藤井が霞む一つの理由だろう。

日露戦争は、指揮官中心で語られたこともあり、藤井茂太の参謀長ぶりもさほど問題とはならなかったようで、大将へのハードルである野砲兵監をクリアーし、最後の関門である師団長職を関門の要塞を抱える小倉の第十二師団で務めていた。

ところが、大正三年に海軍の疑獄事件、シーメンス事件が発覚し、藤井茂太の実弟の海軍中将が逮捕、起訴される事態となったため、藤井はみずから辞職を申し出て待命、予備役となった。

「支那屋」のエース

陸士十六期からは、岡村寧次（東京）、土肥原賢二（岡山）、板垣征四郎（岩手）と大将になった著名な支那屋三人がそろっている。

磯谷廉介もこの期の支那屋だが後年、「東洋の哲人」とまで言われたように、人物的には三人の大将よりも上だろう。中央官衙勤務では、教育総監部第二課長、補任課長、参謀本部第二部長、軍務局長を歴任しているのだから、この点でも十六期の支那屋では磯谷が抜きん出ている。

磯谷廉介は、大正十四（一九二五）年八月から昭和三年五月まで広東に駐在していたが、ちょうど広東で国民党政府が成立し、蔣介石が国民革命軍総司令に就任して北伐をはじめたころである。

　そして、北上する国民革命軍と日本軍が済南で衝突する第二次山東出兵となるが、磯谷廉介は事態解決のため済南に出動した第六師団付ともなっている。これらの経験から彼は、国民党と蔣介石を熟知しており、信用できない相手と早くから認識していたという。

　昭和十二年七月の日華事変勃発時、磯谷廉介は第十師団長であった。七月二十七日、内地三個師団の動員が下令されたが、その一つが第十師団であった。その際、南方系に強い支那屋として意見をもとめられた彼は、「三個師団を投入して叩き、早期に撤収する」との一撃論を語っていたという。

磯谷廉介

　第十師団の戦績だが、華北では良好であったが、戦線が南下した昭和十三年三月末からの台児庄の戦闘ではミソをつけた。独立的に行動していた隷下の歩兵第三十三旅団が独断で後退する事態が起きた。これは退却ではなく後方機動だと強弁する向きもあったようだが、中国側が大勝利と宣伝している手前もあり、旅団長の瀬谷啓（栃木、22期）は基隆要塞司令官に飛ばされた。

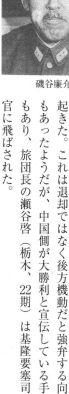

師団長の磯谷廉介は、それほど問題にされなかったが、昭和十三年六月に関東軍参謀長に回った。前任者は一期下の東條英機（岩手、17期）だから左遷の意味もある。また、関東軍司令部には猛者が集まり、とかく統制が乱れがちなので、経歴に重みのある磯谷を参謀長に起用したとの見方もあるそうだ。

そして昭和十四年五月、ノモンハン事件をむかえる。事件そのものは、単純な国境紛争だった。ところが、関東軍が中央の統制に服さずに戦線を拡大したので問題が複雑になった。その頂点が六月二十七日に強行されたタムスク空襲である。徐々に航空優勢を失いつつあるのに焦り、敵航空基地を叩こうとなった。

東京に話せば止められるから秘密のうちにやろうとなったが、話は漏れてすぐに自制するよう参謀次長の中島鉄蔵（山形、18期）が電報を入れた。さらに念のためと参謀本部第二課の高級部員であった有末次《ありすえやどる》（北海道、31期）を新京に派遣することになった。

関東軍の幕僚は、この次長電を握り潰し、止め男の来る前にやってしまえと二十七日朝にタムスクを空襲した。これを知った参謀本部は激高し、強い調子の詰問電を関東軍参謀長の磯谷廉介に打電した。

この返電が凄い。「支那事変の根本的解決のためにやっているのだ。いささか認識の違いがあるようだが、北辺の些細事はまかしてくれ」とやり、「右依命」と結んだ。軍司令官の命を受けて参謀長が打電したとの意味である。

ところが、関東軍司令官の植田謙吉（大阪、10期）、参謀長の磯谷、参謀副長の矢野音三郎（山口、22期）、この三役そろって詰問電を見ていないばかりか、強烈な返電のこともまったく知らない。

参謀で少佐の辻政信（石川、36期）が、軍司令官の印まで押して発信していた。どうしてこんなことを仕出かしたかと言うと、濃密な人間関係があったからだ。

辻が新品少尉で歩兵第七連隊の連隊旗手をやっていたとき、連隊長が磯谷廉介だったのである。矢野音三郎も歩兵第七連隊出身である。辻が第一次上海事件で負傷したときの第九師団長が植田謙吉である。辻はこの三人に可愛がられていたのをよいことに、甘えた結果がこれであった。

ノモンハン事件後の粛清人事で磯谷廉介は、特命、予備役となり、昭和十七年一月、召集されて香港占領地総督に就任した。華南に明るいから適任と言うことなのだろう。

十九年になり参謀本部付となって帰国するが、「早く召集解除にしてくれ」が口癖だったという。そろそろ中将の進級停年六年となり、間違って大将になったら申し訳ないということだから奥ゆかしい。そして終戦、香港総督が災いしてなんと終身刑となってしまった。

模範的な軍人一家

兵庫県人で最初の陸軍大将となった本郷房太郎は、師範学校を中退して陸士に入った。そのためか佐尉官時代は陸士の教官が長い。連隊長は山口の歩兵第四十二連隊で日露戦争に出征するが、明治三十七年九月に帰還して陸軍省高級副官となり次官の石本新六と兵庫県人コンビを組んだ。

その後、本郷房太郎は人事局長、教育総監部本部長をへて、次官となり同期の陸相、楠瀬幸彦を支えた。石本と本郷の二人を見ると、融通性があり、ひかえめな兵庫県人は次官に向いていると思えてくる。

本郷房太郎はその後、第十七師団長、第一師団長を務め、青島守備軍司令官のとき、大正七年七月に大将に昇進、軍事参議官を三年ほどやって予備役編入と、その容貌どおりの円満な大将街道を歩んだ。彼の名前が語り継がれた理由だが、長男、次男とも将官になったことが大きい。長男は本郷義夫《ほんごうよしお》（24期）、次男は本郷忠夫《ほんごうただお》（32期）である。

本郷義夫は陸大恩賜だが、歩兵連隊長を終えてから早大の配属将校もやり、軍縮時代の悲哀も知っている。その後、航空科に転科して飛行団長も経験している。昭和十八年六月、新編された第六十二師団長となり、華北警備から京漢線打通作戦をやり、同年八月に沖縄本島に入った。

昭和二十年三月の異動で、本郷義夫は関東防衛軍司令官に転出し、あと一ヵ月遅ければ玉砕するところであった。関東防衛軍はすぐに第四十四軍に改組されるが、本郷はこの四十四軍司令官で終戦をむかえて、シベリア抑留となったが、無事に帰国している。

本郷忠夫は騎兵科の出身で、本来は支那屋であり、北支那方面軍の第二課長もやっている。昭和十七年に入るとニューギニアの第五十一師団参謀長となり、悪戦苦闘の毎日をかさね、ついに十八年七月、サラモアで戦死、少将が遺贈された。

本郷義夫

前出の石本新六の次男は石本寅三《いしもととらぞう》（23期）、三男は石《いし》本五雄《もといつお》（30期）である。石本寅三は陸大首席、参謀本部の作戦班長も経験したエリートであった。軍事調査部調査班長のときに二・二六事件に遭遇し、軍法会議の判士長となり、まったく嫌な役目で死刑の判決を言い渡さなければならなかった。

その後も石本寅三は順調な軍歴をかさねていたが、第五十五師団長のとき、昭和十六年三月に病没した。石本五雄は資源関係に強い人で、インドネシアへの経済ミッションにも同行したが、これまた十五年九月に病没した。石本新六も若死したが、これも家系なのだろう。

後述する田中静壱も子弟三人を陸士に送り、三人とも佐官で終戦をむかえている。戦前の日本は超軍国主義のように語られてきたが、意外なことに高級軍人の子弟ほど武窓を敬遠する傾向があったそうだ。しかし、兵庫県出身の軍人は、まだ戦時体制になる前から進んで子弟を軍人にしている。これは、やはり兵庫県人独特な古武士の風格なのだろう。

運命の関東軍司令官

本庄繁は参謀本部第五課（支那課）長、張作霖顧問、駐支武官を務めた生粋の支那屋であった。彼は昭和六年八月の定期異動で、第十師団長から関東軍司令官となった。大正八年四月、関東都督府陸軍部が改組されて関東軍となり、昭和二十年八月に消滅するまで十五代、重複があるため十三人の関東軍司令官がいるが、いわゆる支那屋と呼ばれる人は本庄だけであった。

関東軍は、戦時になると北面する部隊であり、また平時は三人しかいない軍司令官のうちの一人であるから、傍流の支那屋には回ってこなかったのだろう。では、なぜ本庄繁となり、その在任中に満州事変となったのか。大正末からの関東軍司令官の人事を見てみよう。

大正十五年七月、関東軍司令官であった白川義則（愛媛、1期）は陸相就任の含みで軍事参議官に転出し、後任は武藤信義（佐賀、3期）となった。薩肥閥の総帥、上原勇作（宮崎、旧3期）の強い推薦があったにせよ、武藤は対ソ作戦のエキスパートだから、だれもが納得する人事だった。

ところが、昭和二年八月、教育総監であった菊池慎之助（茨城、旧11期）が急死して後任が問題となった。陸相となっていた白川義則の案では、菅野尚一（山口、2期）であったが、上原勇作は強引に介入して武藤信義とし、さらに関東軍司令官には自派の村岡長太郎（佐賀、5期）を押し込んだ。

河本大作

村岡長太郎が軍司令官であった昭和三年六月四日、奉天で張作霖が爆殺される。謀略の立案者は兵庫県出身の河本大作《こうもとだいさく》（15期）とされる。四年七月、この事件に関する責任者の処分が発表されて、河本は免職、村岡は予備役編入となった。

陸相は宇垣一成に代わっていたが、中央による統制を万全にするため秘蔵っ子の畑英太郎（福島、7期）を送り込んだ。ところが畑は、着任十一ヵ月で病死してしまった。

急ぎ後任は台湾軍司令官であった菱刈隆（鹿児島、5期）となった。菱刈は幕僚が作成した武力解決を主体とした「満蒙問題処理案」を持って上京し、軍司令官・師団長会議で説明したほど積極的であった。

ところが、昭和六年五月末、金州城攻撃の演習を派手にやったため中国側から抗議を受け、また旅順の司令部に民間人を集めて満蒙問題解決の講演会を開いたことなどが問題となり、同年八月に軍事参議官に回ることとなった。

ここで本題の本庄繁の登場である。南次郎（大分、6期）が陸相になって最初の人事であり、人事局長は中村孝太郎（石川、13期）であった。

前に述べたように、昭和に入ってからの関東軍司令官は、陸士三期、五期、七期、五期と変則的になっていたし、また、この昭和六年八月には台湾軍司令官のポストもあく。朝鮮軍司令官は五年十二月から陸士八期の林銑十郎（石川）であり、これらを勘案すると両軍司令官は九期から出すのが妥当となる。

当時の陸士九期の序列は、真崎甚三郎、本庄繁、阿部信行、松井石根、荒木貞夫であった。これからすれば当然、真崎が関東軍司令官、本庄が台湾軍司令官となる。ところが、参謀総長の金谷範三（大分、5期）が納得しない。なぜか真崎を嫌う金谷は、「真崎など軍司令官どころか第一師団長でクビだ」と息巻いていた。

これを聞いた一夕会の連中は真崎救援活動に乗り出し、その中心が第一師団で参謀長をしていた磯谷廉介であった。この熱意が効を奏して真崎甚三郎の首がつながって台湾軍司令官となり、あとは自動的に関東軍司令官は本庄繁と決まった。

本庄繁の関東軍司令官は、各方面から歓迎された。張作霖の顧問も長いから、倅《せがれ》の張学良も無下《むげ》にあつかえないだろうとの読みもあった。そしてなにより人柄が良く、温厚であったことが高く買われていた。

後任の軍司令官は本庄繁と聞いて一番ほっとしたのは、謀略の首謀者、奉天特務機関長で、本庄と入れ替わり帰国する鈴木美通（山形、14期）であったはずだ。大正十年前後、本庄が張作霖の顧問をしていたとき、鈴木は吉林省で同じく顧問をしていた間柄である。

昭和六年八月十六日、神戸を出港して二十日に旅順に着任した本庄繁は、九月一日に着任の訓示をした。そのなかで、「本職深く期する所あり」と述べ、何事か起きることを予告したかたちとなった。そして九月七日から十八日まで、着任時恒例の随時検閲を行ない、旅順の司令部に帰ったその夜に柳条湖事件となる。

軍司令官として当然のこと、本庄繁は菱刈隆のときに作成した「満蒙問題処理案」や参謀本部の年度作戦計画、関東軍の対支警備計画や対ソ作戦計画は熟知していた。張学良軍と衝突したならば、奉天に兵力を集中してこれを制圧し、朝鮮軍の増援を受け入れることなど、民間人をふくめてだれもが知っていた。

しかし、日本側の謀略で火を付けて、ソ連の権益である東支鉄道（北満鉄道）を越えて一挙に全満州を制圧する計画を、本庄繁が知っていたかどうかがポイントとなる。知らなかったとすれば、着任早々とは言っても軍司令官として怠慢の誹《そし》りは避けられない。知っていて黙認したとすれば、国外にある親補職ということからも大元帥である天皇にまで責任がおよぶ。

昭和七年九月、凱旋した本庄繁は宮中で昭和天皇から「満州事変は関東軍の謀略だとの噂があるがどうか」と訊かれ、「一部にそのような動きがあったと後で聞きましたが、本職と関東軍は謀略はしていません」と答えるほかなかった。

正直者の本庄繁が、堂々としらを切ったとは思えない。真実を知ったのは、おそらく侍従武官長のときであったろう。確実に言えるのは、終戦後にはっきりと知ったのだ。だからこそ、極東裁判では満州事変までを訴因とすると聞いて、彼は責任を痛感して自決したのであろう。

なぜか憲兵が多い風土

昭和十八年二月、十八期の一選抜の三人、山下奉文（高知）、岡部直三郎（広島）、藤江恵輔が大将に昇進した。また、同年九月、十九期で今村均（宮城）につづいて田中静壱が大将となった。山下、岡部の大将は納得するものの、藤江と田中はなぜかと疑問に感じるのではないだろうか。二人の経歴を追うと、これが東條英機流の人事かと納得させられる。

藤江恵輔は砲兵科出身で、大阪幼年学校からフランス語をやり、それを活かしてフランス駐在、駐仏武官補佐官、さらにはルーマニアとブルガリア駐在の経歴を持つ紳士であった。

砲兵科の人はとかく意固地なところがあり、フランスかぶれが目につくが、藤江恵輔は神主の子息だけあって、温厚で博学な人だったという。それを買われてか大佐のとき、京大の最初の配属将校に選ばれた。昔から反軍思潮の強い京大の教職員も、彼の人柄には感服したという。

専門職域を野戦重砲兵第四旅団長で卒業した藤江恵輔は、どういうことか憲兵の分野に入り、二・二六事件の直後に関東憲兵隊総務部長となる。同司令官は東條英機（岩手、17期）であった。つづいて彼は東條の後任となり、昭和十二年八月には憲兵司令官となった。

なぜ、藤江恵輔が憲兵で使われたかと言えば、フランスの進んだジャンダルメという憲兵組織の知識を活かしてほしいということがあったのだろう。また、縛る方が縛られるようなことを仕出かしてはこまるので、円満な彼が選ばれたとも思える。

憲兵という職域もクリアーした藤江恵輔は、第十六師団長となった。そこに政変が起きた。昭和十四年八月、独ソ不可侵条約締結によって平沼騏一郎内閣が総辞職となり、阿部信行（石川、9期）が組閣することとなったが、昭和天皇は人事に介入し、陸相は畑俊六（福島、12期）か梅津美治郎（大分、15期）のどちらかともとめた。梅津は関東軍司令官に決まっていたので動かせず、侍従武官長の畑を陸相に当てることとなった。

では、後任の侍従武官長をだれにするのか。昭和天皇の希望は蓮沼蕃（石川、15期）であったが、首相も石川県だからまずいということで、紳士であり、かつ侍従長であった鈴木貫太郎の女婿でもある藤江恵輔が適任とされた。

ところが、藤江恵輔は断固拒否した。拝辞の理由が、不動の姿勢でいると目眩《めまい》がするというのだから傑作だ。これでしかたがなく、昭和天皇の希望どおり蓮沼となり、終戦まで彼が侍従武官長を務めた。

難物な侍従武官長話を切り抜けた藤江恵輔は、天職ともいうべき陸大校長をへて太平洋戦争開戦は西部軍司令官でむかえ、東部軍司令官、それを改組した第十二方面軍司令官となったが、なぜか昭和二十年三月に待命、予備役となった。ところが、その三ヵ月後に召集、今度は東北の第十一方面軍司令官に補され、終戦をむかえた。

田中静壱は中学出身者だけの十九期で、イギリス駐在、参謀本部第二部第四課（欧米課）の第三班（米国担当）長、駐米武官を経験している数少ないアメリカ通であった。田中は歩兵科で陸大恩賜ながら、師団参謀長をやらされているから一格下と見られる。

名古屋の歩兵第五旅団長を終えた田中静壱は、昭和十一年八月に憲兵司令部総務部長となり、それ以降一年ごとに関東憲兵隊司令官、憲兵司令官と進む。しかも第十三師団長を挟んで十五年九月、ふたたび憲兵司令官というのもわからない人事だ。

太平洋戦争開戦を東部軍司令官でむかえた田中静壱は、昭和十七年八月にフィリピンの第十四軍司令官に転出した。フィリピンは軍民ともにだらけている、治安維持もなっておらん、憲兵司令官二度のキャリアーを活かして宜しく引き締めるようにとの東條英機の要望による人事であった。

熱帯地方を精力的に歩き回った田中静壱は、風土病で瀕死の重態となって帰国した。不思議と回復し、それ以降、藤江恵輔と同じようなコースをたどり、終戦時は関東地方の第十二方面軍司令官兼東部軍管区司令官であった。

そして、ポツダム宣言受諾反対のクーデターに遭遇する。軍務局員が主体となった決起で、近衛第一師団長の森赳（高知、28期）を殺害し、八月十五日午前一時ごろ、師団命令を出して宮城を封鎖した。

ところがそこまでで、東部軍管区が動かないばかりか、師団命令を取り消し、午前五時には田中静壱が宮城に入って反乱軍を制圧し、この日正午の玉音放送を可能にした。憲兵の勤務が長い田中の面目躍如の場面であった。

そして、大役を果たした田中は、八月二十四日に東部軍管区司令部が置かれていたお堀端の第一生命ビルで自決した。

藤江恵輔と田中静壱の二人に加えて、終戦時の憲兵司令官であった大城戸《おおきど》三治《さんじ》（25期）も兵庫県人だ。昭和の二十年間のうち、この三人で憲兵司令官を四年も担当したことになる。憲兵司令官ばかりでなく、兵庫県人にはなぜか憲兵科が目立つ。憲兵科出身の中将は八人とかぎられており、兵庫県人はいないものの、少将は四人とおそらく最多であろう。

とくに東條英機の懐刀で東京憲兵隊長として辣腕《らつわん》を振るった四方諒二《しかたりょうじ》（29期）がその一人だから目を引く。士官候補生をスパイに使って革新派をあぶり出した昭和九年の十一月事件の立役者、塚本誠《つかもとまこと》（36期）も兵庫県出身の憲兵科であった。

ここまで憲兵が多いとなると、偶然ではすまされない。やはり藤江恵輔と田中静壱の実績が大きい。そして、兵庫県人は平均的な日本人で、円満かつ公正、温厚だからだと見込まれたこともあるだろう。しかし、四方諒二や塚本誠がその評に当てはまるかどうか、個人攻撃になりかねないので論評はむずかしい。

奈良県

国名は勇ましいが

大和の国がそのまま奈良県となった。面積は三千七百平方キロと全国第四十位、しかも南部は山岳地帯が広がっている。日本最古の歴史があるせいか、この狭い地域は十九の城地に分かれていた。

慶応元年の配置を見ると、大和郡山の柳沢藩十五万石、高取の植村藩二万五千石が目ぼしいところで、あとは織田、片桐、柳生といった名門ながら一万石ていどの小大名が点在していた。

地盤が安定しているのか、奈良県で大きな地震という話も聞かないし、盆地だから台風にも襲われない。気候も温暖と住みやすい地域だそうだ。そのためか奈良県人の特徴は、良く言えばおっとり、悪く言えば覇気がないとされる。「京都の着倒れ、大阪の食い倒れ」に対して、奈良の「寝倒れ」は言いすぎだ。

どうも軍人には適さない風土のようで、奈良県が生んだ陸軍将官は、確認できるかぎりで二十四人。もちろん土地柄ばかりではなく、大正末の人口は五十八万人、沖縄県より少し大きいていどだから軍人が少ないのも無理はない。陸軍、海軍ともに大将を出していないのはしかたがないが、陸軍中将は十人輩出、これは福島県や長崎県より上だから奈良県の健闘に拍手をおくりたい。

奈良県人は教育熱心で秀才が多いと言われるが、これは軍人の世界でもそうで、秀才が目につく。奈良県出身の軍人の特徴と言われれば、どことなく運がなく、悲劇的な人が多いように思う。戦艦「大和」もそうであったが、国名の勇ましさとは裏腹に、南朝の吉野哀史をつい思い出してしまう。

二・二六事件当時の第一師団長

堀丈夫《ほりたけお》（13期）は、吉野神宮の神職の家に生まれ、氏も素性も生粋の大和の人であった。奈良県人は覇気がないのが通説と述べたが、堀にはまったくあてはまらず、気骨のある人で、生徒泣かせの陸士教官で有名であった。

騎兵科であったが堀丈夫は、少佐のときに航空科に転科した。同郷の福井四郎《ふくいしろう》（12

期)や杉山元(福岡、12期)らと並んで、陸軍航空の礎《いしずえ》をつくった一人である。陸大には進まなかったが、専門分野を持った強みで軍務局航空課長や航空本部総務部長などを歴任した彼は、航空本部長にまで上り詰めていた。

昭和十年八月、軍務局長の永田鉄山(長野、16期)が相沢三郎(宮城、22期)に白昼、斬殺された。これでまず陸相の林銑十郎(石川、8期)が辞任し、つづく後始末もなかなか大変であった。

犯人の相沢三郎を裁く軍法会議の指揮は、第一師団長の柳川平助(佐賀、12期)となる。皇道派で真崎甚三郎(佐賀、9期)の直系と見られている柳川を東京に置いておくと、またトラブルのもととなる。そこで柳川を台湾軍司令官に栄転させることとなった。

では、後任の第一師団長をだれにするか、これが難問であった。そこで候補に浮上したのが、航空本部長の堀丈夫であった。第一師団長は行事などで馬に乗る機会が多いが、堀は騎兵科出身だから適している。また、前任者の同意もあれば円満になるが、やかましい柳川平助も騎兵科出身だから都合が良い。

無派閥、無色透明なことは、なにかと騒がしい当節としては、願ってもないことだ。ただ無天の堀丈夫を花の第一師団長はどうかという声もあっただろう。そこは、ようやく陸大に滑り込んだ後宮淳（京都、17期）が人事局長だったから、「無天だから、どうした」の大声ですませた。南朝の流れをくむ名門となれば、当時はだれもが納得しただろう。

堀丈夫が三宅坂の航空本部から、市電で一本の青山・第一師団司令部に入ったのが昭和十年十二月二日。その三ヵ月もたたないうちに二・二六事件となり、第一師団の隷下部隊、しかも司令部から歩いてほんの十分の赤坂と麻布から決起部隊が出てしまった。

同じく決起部隊を出した近衛師団長の橋本虎之助（愛知、14期）も奇遇なことに騎兵科出身であった。俊敏な動きを売り物とする騎兵が二人そろっていたのだから、もっと素早くどうにかならなかったのか。堀丈夫も橋本も、決起将校に陸相官邸に呼び付ける者の名簿を突き付けられると、唯々諾々として応じるのだから情けない。

堀丈夫は事件直後の三月に待命、七月に予備役編入となった。翌年七月、日華事変がはじまると航空部隊が戦線に出動、内地の留守部隊をだれにまかすかが問題となり、彼しかいないとなった。そこで召集となり、留守航空兵団長となった。

二・二六事件の粛軍人事で使える将官がかぎられてしまった結果、このような措置が多く採られた。もう少し将来を見据えた人事がやれなかったのか。日華事変の緒戦の混乱がおさまった昭和十三年六月、堀丈夫は召集解除となり、その後は民間航空の発展に尽力した。

南朝哀史の再現

前田《まえだ》正実《まさみ》（25期）は工兵科で、砲工学校優等に加えて陸大三十四期の二枚看板だった。それよりも彼を有名にしたのが、奈良県ならではの話であった。前田の家は南朝の遺臣であり、さらには彼の祖父あたりが文久三（一八六三）年の急進的な攘夷派で挙兵して壊滅した天誅組に加わっていたのだそうだ。この手の話に目のない荒木貞夫（東京、9期）は、陸相に就任すると前田を秘書官に抜擢した。

陸軍の行く末に影響を及ぼすような人事ではないはずだが、それが大事件に発展した。昭和八年十二月に長らく待たれた皇太子（現上皇）の誕生もあり、昭和九年の正月は盛り上がった。とくに尊皇の念が篤い荒木貞夫のことだから、人一倍晴れやかな正月となり、メートルも上がった。

年始回りを終えてからも、前田正実を相手に飲み直しとなった。「閣下、ほどほどに」と止めればよいものを、前田は蟒蛇《うわばみ》ぞろいの工兵だから酒には後ろを見せない。酒にはじまり、酒に終わった昭和九年の正月、前田四十二歳、荒木五十七歳。

いまの五十七歳ならば若造だが、九十年も昔の五十七歳はすでに老人である。老人の深酒で季節は冬ともなれば、風邪から肺炎となって倒れる。横町の隠居ならばどうでもよいが、荒木貞夫は陸相だ。しかも第六十五議会が開会中であった。希代の精神家でもある荒木としては、議会に出席できなくなることが堪えられない。そこで彼らしく、あっさりと辞表を提出し、後任は林銑十郎（石川、８期）となった。

あと一年、いや半年、荒木貞夫が陸相であったならば、後任はだれになったろうか。期送りの順当なところでは十期の川島義之、十一期は人材がいないから、一挙に多士済々の十二期まで飛ぶ可能性もあった。いずれにせよ期が戻って八期の林銑十郎になることはなかった。そうなれば、「風が吹けば桶屋が儲かる」式の運びで、二・二六事件は起きない。

とすれば、あの大事件の影には地味な奈良県出身の工兵中佐がいたということになる。そして昭和四十一年、前田正実はすでに死去していたが、昔の縁で荒木貞夫は前田の故郷、奈良県十津川に講演に招かれ、同地で没した。荒木、九十二歳であった。因縁というものはあるものだ。

前田正実については、もう一つ語り継がれた話がある。そもそも陸軍が対米戦を考慮し、フィリピン攻略作戦を構想しだしたのは大正十二年からだとされる。十一年に陸大を卒業した前田は、大阪幼年学校出身ながら英語の才能があるとされ、この新しい分野の調査にあたることとなった。商社員に身をやつした前田は、十四年から四年もの間、フィリピン各地を歩いて調査にあたった。

つづいて田村浩（広島、28期）と能勢潤三（広島、28期）が現地に入ったが、なんとフィリピン通といえる人は、この三人だけだったそうだ。専門家が三人しかいないのに、七千もの島々を一挙に攻略して統治しようとしたのだから、日本人という人種には計り知れないところがある。

この経歴を買われた前田正実は、昭和十六年十一月にフィリピン攻略にあたる第十四軍参謀長に補された。大本営としては、第十四軍の作戦は本土や台湾から南方資源地帯への跳躍台と見ていたようで、軽く考えていたことは否定できない。しかし、現地と戦史を知る前田は悩んでいたことだろう。

それは古来から名将でも悩んできた問題で、敵野戦軍撃破を優先するのか、戦略目標の占領を重視するかだ。戦略目標への進攻路上に敵野戦軍主力が存在すれば、いわゆる「作戦線の一致」となって理想的なかたちとなる。さて、マニラを中心とするルソン島攻略戦で、自由意思を持つ敵に対して理想が実現するものなのか。

前田正実は、作戦の原則に関わることとして、敵野戦軍主力の撃滅とマニラ占領、このどちらを優先するのかという問題を提起した。一八九八年の米西戦争で、スペイン軍はマニラを放棄してバターン半島にこもった戦史に立脚している。大本営も明確に答えることはできず、ただ五十日、紀元節（二月十一日）までにマニラ占領してくれと呪文のように唱えるばかりであった。

やはりと言うべきか、前田正実の危惧は現実のものとなり、米軍はマニラを放棄してバターン半島やコレヒドール島に後退してしまった。第十四軍のマニラ入城は昭和十七年一月二日、予定より早かったものの、マニラ湾口のバターン半島やコレヒドール島などを制圧しなければ、南方への跳躍台となるマニラ港は使えない。

そこで第十四軍は追撃の形で米軍に迫ったが、攻撃開始の直前、主力である第四十八師団と第五飛行集団が抽出されてしまった。これではバターン半島の要塞に歯が立つはずもなく、第一次作戦は大損害をこうむって敗退した。

適切な判断と的確な指示をおこたり、しかも拙劣な兵力運用をした大本営は、みずからの責任を明らかにしないで、第十四軍司令部に責任を転嫁した。

とくにフィリピンの専門家として知られる前田正実に対する風当たりは強く、「専門家はえてしして予測を誤る」とまで語られたのだから、前田としては立つ瀬がない。そして、第二次攻撃の準備が進められるなか、昭和十七年二月に前田は参謀長を罷免された内地帰還となり、同年十二月に予備役編入となった。

陸士二十五期は、師団長の主力を占めていた。この期には、インパール作戦で抗命事件を起こした佐藤幸徳（山形）、フィリピンで敵前逃亡同然だった冨永恭次（長崎）がおり、二人とも不祥事の後に予備役編入となったが、すぐに召集となって師団長に親補されている。ところが、前田正実は召集もされなかったとは、意外な感を禁じ得ない。

実感させられる「戦運」

個人の力ではどうにもならない時代の流れに巻き込まれて、大成しなかった堀丈夫と前田正実を紹介した。これは「運」としか言いようがない。

木村松次郎《きむらまつじろう》（27期）も「戦運」に恵まれなかった一人だった。おそらく奈良県出身でただ一人、陸大恩賜をものにしたのが彼である。中学出身で小柄、アメリカ駐在の経験を持つとなるとおとなしい人と思われようが、気の強さが顔に表われているタイプで、堀と同じく気骨のある人だったようだ。

木村松太郎は、参謀本部部員兼陸大教官で日華事変をむかえ、昭和十三年七月から北満駐屯の第一師団歩兵第五十七連隊長であった。そして、十四年のノモンハン事件となる。第二十三師団参謀長の大内孜（宮城、26期）が七月に戦死、後任の岡本徳三（滋賀、25期）は負傷し、三人目の参謀長になったのが木村だった。彼がノモンハンの戦場に入ったのは九月十一日、十五日に停戦協定が成立した。

ノモンハン事件後の問責人事では、「興安嶺の西に責任なし」と第一線には関係ないはずだったが、現実は厳しかった。第六軍司令官の荻洲立兵（愛知、17期）と第二十三師団長の小松原道太郎（神奈川、18期）はともに翌十五年一月に待命、予備役編入となった。

停戦寸前、押っ取り刀で戦場に駆けつけた木村松治郎は、責任などまったくなく、ご苦労様の一言があってしかるべきだ。ところが、旭川の留守第七師団付に飛ばされた。以来、北部軍、北方軍、第五方面軍と名称は変わるが、十九年末まで木村はここの参謀長にとどまった。終戦時は、タイにあった第四師団長である。

この長い北方勤務の間に木村松治郎は、アリューシャン列島攻略作戦、アッツ島の攻防、キスカ島の撤収を手掛けた。アッツ島に増援として第七師団を送り込む計画も、海軍の反対で実現しなかった。アッツ島の二千六百人を見殺しにしなければならなかったのだが、救援中止を北方軍に伝達しに来た参謀次長の秦彦三郎（三重、24期）に涙を流しながら抗議した木村の気持ちは、いかばかりであったか。

キスカ島の撤収にしろ、成功しても誉められるはずもないし、失敗すれば激しく非難される。さらには手柄を海軍に横取りされる。「北方の棄軍」あつかいされつつ、そんな作戦をしなければならなかった木村松次郎は、戦さの運がなかったとしか言いようがない。

大将を生まなかった奈良県だが、戦後に陸上幕僚長を輩出したからよしとすべきだろう。第四代の陸幕長、杉田《すぎた》一次《いちじ》(37期)だが、彼は太平洋戦争中、戦運に恵まれすぎた。いや、戦後も恵まれて活躍の場をあたえられつづけた。運の良い人もいるものだ。

杉田一次は中学出身で、英米関係の情報屋として育ち、米軍での隊付勤務の経験もある。昭和十四年四月から開戦直前まで参謀本部第二部第六課の英米班長であった。彼の回顧談によると、「いくら言っても米軍の強さ、とくに海兵隊の精強さに耳を傾けてくれなかった」そうだ。そして開戦、マレー攻略に当たる第二十五軍の参謀で情報主任であった。ここで山下・パーシバル会談に立会して写真も残っている。

シンガポール早期攻略の大手柄を立てた杉田一次は、帰国して大本営参謀となり、ガダルカナルの撤収作戦も現地で指導した。さらに参謀本部第二部の部員、東久邇宮稔彦付武官、参謀本部第六課長と日の当たるところを歩き、とうとう昭和十九年四月には大本営の作戦班長の金的を射止めた。

中学出、しかも陸大恩賜でもないし、冷や飯が普通の英米の情報屋がここまでになるとは、よほど優秀な人だったのだろう。そして杉田一次が手掛けた大きなところは絶対国防圏の防衛やフィリピンと沖縄の決戦であった。だれが作戦班長でも結果は同じであり、杉田の作戦手腕を問うのは酷である。

そして、終戦まであと一ヵ月、杉田一次は皇土朝鮮の防衛を強化すべく第十七方面軍高級参謀に転出する。終戦となって英米通が急ぎ東京に呼び集められたが、杉田もその一人で、補職は以前から顔なじみの東久邇宮稔彦首相の秘書官である。戦後、シンガポールでの戦犯裁判もくぐり抜けたのだから、幸運児としか言いようがない。

ほとんどの高級軍人は、ここでそのキャリアーを終わる。ところが杉田一次には、軍歴第二幕が待っていた。

朝鮮戦争が勃発し、昭和二十五年月から警察予備隊の建設がはじまったが、当初は旧軍人をシャット・アウトしたため高級司令部の経験者がいなく、組織はガタガタとなった。そこでタガをはめることとなり、旧軍の大佐クラスを入隊させる運びとなった。二十七年七月、選ばれた十一人が久里浜にあった総隊学校に入校した。そのうちの一人が杉田一次であった。

キャリアーからして当然のことながら杉田一次は、第四代陸上幕僚長に就任した。昭和三十五年三月のことだが、日本では安保反対運動が巻き起こっていた。自衛隊の治安出動も予想され、何回かは出動の打診も行なわれたそうだ。では、彼の腹はどうだったのか。最高司令官である首相の命令があれば、良く訓練された軍人の杉田は躊躇なく治安出動しただろう。

しかし、銃器で武装していない同胞のデモ隊に対して、全面的に火力発揮できるかは、また別問題だ。もれ伝わってきた話によると、デモ隊の指導者に対する狙撃は準備したが、ほとんどの部隊は木銃で出動することとなっていたそうだ。この決心を聞いて、「木銃とは杉田さんらしい。あーやる気がなくなった」とぼやく猛者も多かったと言う。

和歌山県

薩長に伍した紀州

紀伊の国がと言うよりは、和歌山の徳川御三家、五十五万五千石がそのまま県となったと言った方が理解しやすい。この地域は三つの城地に分かれていたが、南部の田辺に安藤藩三万八千石、同じく新宮に水野藩三万五千石が設けられたのは明治維新になってからだった。

紀州の藩士は御三家を鼻にかけ、田舎者のくせに態度が大きいと言うのが街道筋の評だったが、全体的には明るい気質で、進取の気性に富んでいるとされてきた。

大藩で士族が多く、その気質からもか、和歌山県出身の将官は多く、八十人にものぼる。これは大分県を凌駕し、岡山県、長野県、愛知県に迫る数だ。陸軍大将はいないものの、海軍大将は、有馬良橘（海兵12期）、野村吉三郎（海兵26期）、豊田貞次郎

（海兵33期）の三人とはお見事。さすがは海外雄飛のお国柄である。

陸軍将官には、草創期の人が多いのも特徴であろう。最先任者になる津田出《つだいずる》の少将進級は明治七年二月であった。ちょうど佐賀の乱が起きたときだが、児玉源太郎（山口、草創期）や乃木希典（山口、草創期）がまだ大尉のころの話だ。日露戦争の前後までに将官に昇進した人数は、もちろん山口県や鹿児島県には大きく離されているものの、三位をうかがう好位置につけていた。

この理由をさぐると、どのような経緯かここの徳川藩は、全国でただ一つドイツ兵制を採用していた。帝国陸軍は当初、フランス兵制だったが、明治十年代後半からドイツ兵制に切り替えた。これが和歌山県人に幸いした面もあるだろう。

また、明治元年の陸軍編成法も関係している。この定めによると、石高一万石について兵員十人宛差し出させて畿内警備に当て、べつにまた一万石につき兵員五十人を差し出させ、それぞれの地域警備を担当させるとなっていた。そして四十八人を超えると、そのなかから指揮官を出させる。もちろん、これはほとんど空文に終わり、徹底されなかったが、一つの基準となっていたことは間違いない。そうなると五十五万五千石はものを言う。

勉強が得意な風土

和歌山県人は秀才が多いとは、とくに語られていないように思う。ところが陸軍の世界では、和歌山県は秀才を輩出した。目安として陸大恩賜をものにした人の数を見てみよう。

陸大一期から六十期まで卒業生は約三千人、うち恩賜をものにしたのは約三百三十人だった。うち確認できる範囲で和歌山県出身者は七人。大正末の和歌山県の人口は約七十九万人だったから、この七人という数はたいした記録になる。

明治十九年卒業の陸大二期生は九人で恩賜は二人だが、その一人渋谷《しぶや》在明《ありあき》（旧2期）が和歌山県出身であった。渋谷は騎兵科出身で、日露戦争では第一軍兵站監として出征し、騎兵監と輜重兵監をやっている。予備役になってからは宮内省主馬頭を長く務め、騎兵として頂点をきわめたといえよう。

このような先輩の存在は、後輩の励みとなり、陸大恩賜輩出の原動力となったと思う。つづく恩賜は時代が下がって陸大二十一期の二人、岡本連一郎《おかもとれんいちろう》（9期）と林　桂《はやしかつら》（13期）だ。この陸大二十一期は五人の大将を出したことで有名だが、そこで二人の恩賜とは和歌山県人もやるものだ。

岡本連一郎は、参謀本部第十課（外国戦史課）長、鈴木荘六（新潟、1期）と金谷

範三（大分、5期）の下で参謀次長を務め、満州事変のときは近衛師団長、昭和七年に予備役となった。英米駐在、駐英武官の経験もあり、数少ない英米通の一人であった。彼の陸士九期は、なかなか騒々しく、大将を六人も生んだこともあり、地味な英米屋の岡本が光らなかったのだろう。

林桂は陸士同期の先頭、それも一人だけ陸大に入り、恩賜をものにしたのだからただ者ではない。彼はなんと、幼年学校恩賜、陸士歩兵科恩賜、陸大と恩賜の三冠王であった。そんな秀才ぶりを鼻にかけることもなく、常識的な人であったそうだ。体格にも恵まれ、早くから大物とされていた。

陸大を卒業した林桂は、教育総監部勤務となり、上司の第一課長が宇垣一成（岡山、1期）であった。傲慢不遜な宇垣だが、部下には意外と親身なところがあり、この縁で林は宇垣に引き立てられつづけることとなる。

連隊長は近衛歩兵第一連隊、課長は軍務局軍事課、旅団長は歩兵第一旅団、部長は参謀本部第四部（戦史）、そして軍事調査委員長と、林桂は陸相への階段を着実に上っていた。そして、昭和五年八月の定期異動となるが、林の軍務局長が大方の予想であったのに、整備局長であった小磯国昭（山形、12期）が横滑りで軍務局長となり、林は小磯に代わって整備局長となった。

これが宇垣一成による最後の人事となったのだが、不可解な点、残念に思う点が多い。なぜ、整備局長以外に陸軍省勤務のない小磯国昭が中枢の軍務局長となったのか、納得のゆく説明を聞いたことがない。

もし、順当に林桂が軍務局長となれば、ほぼ陸相就任が確定し、中村孝太郎（石川、13期）が陸相になることもなく、わずか一週間で陸相辞任という醜態もさらさずにすんだはずだ。また、昭和十二年ころに林が陸相になる計算で、彼ならば支那事変の対応策もまた違ったものになっていたはずである。

林桂は整備局長を四年もやり、その成果は高く評価された。そして、中将昇進とともに教育総監部本部長に転出するが、このころから宇垣派の残党と目され、広島の第五師団長に出され、二・二六事件後の粛軍人事のごたごたの間に予備役編入となった。

航空をささえた人たち

林桂のつぎに陸大恩賜をものにした和歌山県人は、木下敏《きのしたはやし》（20期）であった。木下も陸士で歩兵科の恩賜だから、和歌山県は秀才の産地だというわけがわかってもらえると思う。

陸士二十期代の和歌山県人で中将になった者は六人おり、そのうち木下をふくめて四人までが航空科出身であった。寺本熊市《てらもとくまいち》（22期）、藤田朋《ふじたとも》（22期）、柴田信一《しばたしんいち》（24期）である。四人とも天保銭で、選ばれて航空科に転科した組だった。

木下敏は歩兵科であったが、大正十四年、少佐のときに転科した航空科の古参である。飛行連隊長を立川（第五）と浜松（第七）で二度やり、航空士官学校長の初代と三代、これも二度も務めている。二度目の航空士官学校長のとき、太平洋戦争がはじまり、昭和十七年十二月に満州の関東防衛軍司令官に転出した。

昭和十八年十二月、マレー方面を担当する第三航空軍司令官の小畑英良（大阪、23期）が行方不明になる事故があり、急遽、木下敏がその任に着いた。このとき、フィリピン正面担当の第四航空軍司令官は寺本熊市であったから、南方の空は和歌山県人コンビに任されていたことになる。

シンガポールで終戦をむかえた木下敏は、第七方面軍司令官であった板垣征四郎（岩手、16期）が東京に召還され、さらに昭和二十一年六月、南方軍総司令官であった寺内寿一（山口、11期）が死去したため、最先任者は木下となり、南方軍の後始末をする大任を果たした。

寺本熊市も歩兵科からの転科であり、米国駐在の経験があるアメリカ通の貴重な存在であった。浜松飛行学校長をへて、太平洋戦争開戦時は関東軍の第二飛行集団長であった。

昭和十八年、一度本土に帰ってから第四航空軍司令官となってニューギニア正面の激戦をむかえ、ついには連合軍に圧倒されてしまった。絶対国防圏の構想にしたがい、第四航空軍の作戦正面はフィリピンとなり、その時点で寺本は本土に帰還して航空本部勤務となった。

体力的にもう限界だったと思うが、後任が航空に素人な冨永恭次（長崎、25期）であったことを思うと、なんとか寺本熊市に頑張ってもらいたかった。そうすれば陸軍の恥辱、冨永の敵前逃亡も起きなかった。

さて、寺本は航空本部長で終戦をむかえたが、あの昭和天皇の放送があった直後、市ヶ谷台で自決した。

寺本熊市

藤田朋は騎兵科の出身で、教育畑の勤務が長い。日華事変がはじまると重爆主体の第四飛行団長となり、まず台湾に進出したが、昭和十三年二月には華北、さらに華中と転戦した。ここで藤田は功三級の金鵄勲章をものにした。本土にもどると水戸の飛行学校長、それが改称されて航空通信学校長、十六年十月に予備役となった。

これから大戦争だというのに、この人事は不可解の一言。金鵄勲章もあまり人事に影響しない好例だ。

柴田信一は歩兵科からの転科で、日華事変勃発時、立川の飛行第五連隊長であったが、急ぎ偵察機主体の飛行第一大隊長となって出征し、功四級をものにした。

これまた不可解なのだが、藤田朋の場合と同じく、それからの経歴は航空行政と教育ばかりとなり、昭和十七年十二月に鉾田飛行学校長のときに待命、予備役となった。年をとると空中勤務が難しくなるから、お払い箱にするということでもないだろうが、経験を積んだ航空科出身者の処遇には頭を捻《ひね》らせるものがある。

このほかにも航空科で名をなした和歌山県人は多い。終戦時を見ると、満州の第二航空軍参謀長の古屋《ふるや》健三《けんぞう》（30期）、宇都宮の教導飛行師団付の小川《おがわ》小二郎《こじろう》（30期）、福岡の第六航空軍参謀長の川島《かわしま》虎之輔《とらのすけ》（31期）の少将三人とも和歌山県出身だ。大佐となると、中京の第五十四軍参謀長の花本盛彦《はなもともりひこ》（34期）、関東の第一航空軍参謀長の河辺《かわべ》忠三郎《ただざぶろう》（34期）も和歌山県出身の航空科だった。

花の三十四期

花本盛彦の陸士三十四期は、陸大恩賜を十人もだした俊才の期として有名だ。うち首席は二人、花本と、これまた和歌山県人の西浦進《にしうらすすむ》である。この期には秩父宮雍仁がいたので、陸士の教官と助教に最良の人材を集め、選び抜いた候補生に気合の入った教育をしたからこうも優秀になったのだろう。なかでも陸大四十二期の恩賜トリオ、西浦、服部卓四郎（山形）、堀場一雄（愛知）は「三十四期の三羽烏」として著名だ。

西浦進は、陸士砲兵科の恩賜であり、もちろん駐在先はフランスであった。陸大卒業当初から軍政屋として育てられ、軍務局軍事課の生え抜きである。日華事変勃発時には、積極派の軍事課長であった田中新一（新潟、25期）の下で同課編制班長であり、参謀本部の予算要求をいつもは値切るのに、「それだけで足りるのか」と言って関係者を驚かしたという。

西浦進

太平洋戦争開戦を陸相秘書官兼副官でむかえた西浦進は、昭和十七年四月から二年半以上も軍事課長を務めた。同期の服部卓四郎が作戦を立案し、西浦がそれに予算をつけた戦争が太平洋戦争という評もまんざら的外れではない。そして十九年十二月、支那派遣軍第三課長、次いで同第二課長で終戦をむかえた。

このように旧陸軍のことをあれこれ書けるのは、西浦

岡村誠之

進のおかげである。彼は防衛庁防衛研修所戦史室（現在の防衛研究所戦史部）の初代室長であり、膨大な史料を整理して、百二巻にもおよぶ戦史叢書を編纂した。偉大な業績である。ただこの戦史には、評価が除かれていることは惜しまれる。やはり典型的な能吏であった西浦としては、八方美人になりがちで、あえて評価を下して敵をつくりたくなかったのではないか。

　もう一人の陸大首席の花本盛彦だが、これは地味の一言につきる。彼は名古屋幼年学校恩賜、陸士では歩兵科恩賜のまさに俊才であり、陸大卒業後は中国とソ連と二ヵ国に駐在し、陸軍の正統派を歩むはずであった。

　ところが、陸大教官のあとの花本盛彦は、航空本部での専門的な業務に終始した。そして、はじめて陸大首席のキャリアーを生かせる中京の第十三方面軍参謀副長に補せられたのは、なんと昭和二十年四月のことであり、さらに第五十四軍参謀長となったのは同年六月のことである。

　和歌山県が生んだ俊才と言えば、これまた陸大恩賜の岡村誠之《おかむらまさゆき》（38期）がいる。彼は終戦時、歩兵第百四十九連隊長だったが、おそらく最年少の連隊長であったろう。

岡村は学究的な人で、戦後は『孫子』の研究家として知る人は知る存在であった。

異色なところでは、太平洋戦争直前に「これさえ読めば勝てる」との南方作戦ハウツーものを編纂した林義秀《はやしよしひで》（26期）がいる。このパンフレットは辻政信の手によるものとされるが、やはり高雄要塞司令官、台湾歩兵第一連隊長を務めて熱帯について熟知している林が主務者で仕上げたものだ。それまでの教範などにない、だれにでもわかる記述は、才子そろいの和歌山県人の手によるものらしい。

林義秀は、その南方の知識を買われてフィリピン攻略の第十四軍参謀副長に選ばれた。ところが、予想に反して米軍はバターン半島にこもり、その攻略に手間取って第十四軍の失点となった。もちろん、責任追及は軍司令官、参謀長にとどまらず、参謀副長の林にもおよび、旅団長職を二度もやらされ、昭和二十年二月にビルマ戦線の第五十三師団長になり、苦しい撤退戦を戦うこととなった。

鳥取県

「量」より「質」

因幡と伯耆の国が合わさって鳥取県となった。慶応元年の配置を見ると、鳥取の池田藩三十二万五千石、現在は鹿野となっている因幡新田の池田藩三万石、若桜の因幡新田の池田藩一万五千石という配置であった。鳥取の池田家は徳川家門で、ほか二つの池田家は岡山の池田家の分家である。そして、米子一帯は天領であった。

鳥取県は姫路の第十師団の管区で、鳥取には長らく歩兵第四十連隊が置かれていた。軍事に関することと言えばそのくらいで、しかも大正末の人口は約四十七万人と全国最低であった（今日でも全国最低の約六十二万人）。当然のことながら軍人も少なく、鳥取県が生んだ陸軍将官は四十人を切っており、全国最低レベルだ。

ところが、陸軍大将は二人とは驚きだ。百二十人ちかくの将官を輩出しながら、大将二人の熊本県と比べると、「量じゃないよ、質だよ」という鳥取県人のうそぶきが聞こえるようだ。なお、海軍大将はいない。

鳥取県人の気質は、日本海沿岸に共通する「辛抱強い」「おとなしくて内向的」とされている。これは因幡の気質で、伯耆になると商人が多いため微妙に違うそうだが、他国の人には区別できないようだ。

こと軍人について見ると、この評を真に受けると痛い目に遭いかねない。いわゆる山陰の人の通念におさまらない、勇ましく軍人精神に徹底した人が多かったように思う。

ちょっと変わった大将

鳥取県出身の軍人で、全国的に有名になった最初の人は須知《すち》源次郎《げんじろう》（旧6期）であった。彼は陸相秘書官として日露戦争をむかえるが、後備近衛歩兵第一連隊長として出征、輸送船「常陸丸」で航海中、ウラジオ艦隊と遭遇して撃沈され、壮烈な戦死を遂げた。慰霊碑が東京の青山墓地にあるが、その巨大さを見れば、当時の反響の大きさを実感できるし、大将級のあつかいをうけていたことがわかる。

実際に大将にまで進んだ二人は、内山小二郎《うちやまこじろう》（旧3期）と西尾寿造《にしおとしぞう》（14期）であった。内山は陸大首席、西尾は恩賜と、小さい県ながら秀才をだすものだ。

内山小二郎は砲兵科出身、日清戦争では功四級であり、日露戦争前に駐露、駐仏公使館付武官を務めた紳士である。日露戦争には野砲兵第一旅団長として出征し、主に第二軍の火力支援に任じ、のちに鴨緑江軍参謀長に転じ、

内山小二郎

日露戦争後はふたたび駐露武官を務め、帰国してからは要塞司令官、師団長をそれぞれ二度ずつ勤め上げた。功二級となった。

大正二年八月、第十二師団長であった内山は、中村覚（滋賀、草創期）の後任として侍従武官長に就任した。そして十一年十一月、同じ砲兵科出身の奈良武次（栃木、旧11期）にバトンを渡すまでの長い間、なにかとむずかしい侍従武官長の職務をこなした。当時はまだ超難物の山県有朋（山口、草創期）が存命で、彼が理想とする帝王像を押し付けるが、その大正天皇は病弱、間に立たされた内山の苦労のほどがしのばれる。

ここまでならば日清、日露の両戦争で苦労して大成した明治の軍人の一般像となるが、内山小二郎の場合は子息が特徴となる。彼は四人の子弟に、英太郎、雄次郎、豪

三郎、傑四郎と名付けた。頭文字が「英雄豪傑」となるが、こういう名前の付け方をする人は変わっていると評してよいだろう。しかも全員、陸士に入れたばかりか、すべて親父と同じ砲兵科というのだから徹底している。

長男の内山英太郎《うちやまえいたろう》（21期）は、野戦重砲兵第五旅団長として南京攻略戦にも参加しているが、彼の檜舞台はなんといってもノモンハン事件である。内山は関東軍砲兵司令官として参戦、火砲八十二門を統一指揮した。結果は惨敗ということだが、日本の砲兵にとってこの一戦は、昭和十四年三月からの南昌作戦、二十年四月の沖縄作戦に次ぐ火力の集中であった。ちなみに、ノモンハン事件でソ連軍は、迫撃砲をふくむ火砲約五百五十門を投入している。

ノモンハン事件後の問責人事も関係なく内山英太郎は栄進をかさね、東部満州の第十二師団長、関東軍の第三軍と北支那方面軍の第十二軍と二度、軍司令官を務めて終戦時には本州西部と四国担当の第十五方面軍司令官であった。陸士二十一期でっとも大将に近づいた一人である。

不運なことに第十五方面軍司令官当時の捕虜虐待容疑でB級戦犯となった内山英太郎は、重労働四十年と同三十年の判決をうけて、巣鴨服役者中で最長期刑囚となった。重労働とは言うものの、実際に内山英太郎がやっていたことは、耳かき棒の製造で、服役者全員に行き渡るまで一人でつくるのを悲願としていたそうだ。ともあれ、無事に出獄したことはなによりであった。なお次男、四男は早逝したが、三男の豪三郎（29期）は大佐で終戦をむかえた。

能吏の典型

もう一人の陸軍大将、西尾寿造は癖の固まりのような人だったが、その軍歴は素晴らしいの一言。三官衙がまんべんなく回り、連隊長は故郷の歩兵第四十連隊と上司の配慮が目に見えるようだ。

その後も西尾寿造は、能吏ぶりを発揮して職務をこなし、二・二六事件直後、関東軍参謀長から参謀次長に栄転した。参謀総長は閑院宮載仁であるから、大次長でなければ困るのだが、それには能吏だけではもの足りない。その点、西尾には無理だったというのが一般的の評価だった。

近衛師団長のときに日華事変をむかえ、すぐに第二軍司令官となって出征した。教育総監をはさんで西尾寿造は支那派遣軍の初代総司令官となり、栄達をきわめたのだが、本人はまだ足らず参謀総長まで視野に入れていたという。

しかし、そうは上手く行くものではなく、昭和十六年三月に帰還した西尾寿造は軍事参議官となり、十八年五月に待命、予備役となった。翌年には東京都長官に就任し、能吏だから適役かと思われたのだが、一般の公務員には受けが悪かった。

西尾寿造は若いころ、いかにすれば口をきかないですむかを研究したというから、変わり者と言ってよいだろう。癖は貧乏ゆすりで、それだけならば良いのだが、ニヤニヤしながら嫌みを言う。それが過ぎると怒声となる。

しかも事務は厳格で、自分でも一字一句を疎《おろそ》かにしないのは結構だが、人のついうっかりも許さない。ついには部下から神経衰弱がでる始末。大将にまでなった人だからか、西尾評はおおむね良好なのだが、ほめ言葉のどこかに棘《とげ》があるように感じられる。

西尾寿造

こんな性格をフルに発揮したのは、教育総監部第一課長のときであった。大車輪で典範令の改正をやったのだが、まさに西尾寿造の本領発揮であったものの、部下がダウンしてしまった。あの精力旺盛の武藤章（熊本、25期）すらもまいって入院したというから凄まじい。

西尾寿造は、教育総監部第一課長から平壌の歩兵第三十九旅団長に転出したが、その送別会が笑える。部下を代表して武藤章が、「閣下の明晰な頭脳と部下の頭脳は違うのです。あまり厳しく教育されると部下は恐れて逃げ回ります」とやったのである。これには流石《さすが》の西尾もまいって、頭をかいたそうだ。

抜擢された二人の中将

太平洋戦争中、鳥取県出身で方面軍司令官を務めたのは、前述の内山英太郎と第十三方面軍の岡田資《おかだたすく》（23期）の二人、軍司令官は石黒貞蔵《いしぐろていぞう》（19期）、坂西一良《ばんざいいちりょう》（23期）、細川忠康《ほそかわただやす》（24期）の三人となる。ごく少ない将官なのにこの数字を残したことは、鳥取県は「量」ではなく「質」で気を吐いた証明である。

石黒貞蔵の陸士十九期は中学出身者だけ、しかも卒業生は一千六十八人と多く、早く整理してやろうと人事当局者に狙われていた期であった。加えて石黒は無天だから、格好のターゲットのはずだった。

ところが、この十九期で終戦時まで現役で生き残ったのは、今村均（宮城）、田中静壱（兵庫）、河邊正三（富山）、喜多誠一（滋賀）の大将四人と中将の石黒貞蔵だけだった。しかも軍司令官をハイラルの第六軍とマレーの第二十九軍の二度もやったのだから、奇跡の人と言ってよい。奇跡の軍歴は、石黒貞蔵が中佐のときにはじまった。

長い歩兵学校の勤務から、歩兵第一連隊付となり、ここで長年の経験を活かして教育主任として腕を振るい、連隊長が感謝感激した。その連隊長が東條英機（岩手、17期）であった。日華事変がはじまると、第十四師団の歩兵第二連隊長として出征し、実戦の腕も高く評価された。

平戦時を通じて才幹を評価されても、いかんせん石黒貞蔵は無天のため、豊橋の予備士官学校長で待命となるはずだった。ところが昭和十五年八月、ハルビンで新編された第二十八師団の師団長に親補された。陸相が東條英機であればこその人事であった。

岡田資は、第八旅団長として日華事変に出征しており、戦車学校長を経て相模造兵廠長のときに太平洋戦争をむかえ、昭和十七年九月に東満の戦車第二師団長となった。

同師団は十九年七月、フィリピンに転用されるが、その半年前の十八年十二月、同郷の岩仲義治《いわなかよしはる》（26期）と交替し、岡田は東海軍需監理部長に異動した。もし、師団長としてフィリピンに渡っていたならば、交替もできない状況だったので、終戦までルソン島で死闘を演じることとなったはずである。

本土決戦の準備として、昭和二十年一月に方面軍司令部六個が編成されたが、中京地区担当は第十三方面軍と

岡田資

なった。このころになると、将官のストックも尽きようとしていた。名古屋にはちょうど師団長を上がった岡田資がいたので好都合、軍司令官を経験していないが、そんなことも言ってられないと第十三方面軍司令官に任じられた。

陸士二十三期で方面軍司令官に任じられたのは、北支那方面軍司令官で終戦をむかえた根本博（福島）と岡田の二人だけである。

大変な抜擢であったが、第十三方面軍とは番号からして巡り合わせが悪い。航空機生産など軍需工場が集中していた中京地区は、米軍の戦略爆撃の主要ターゲットであった。そのため脱出する爆撃機の搭乗員も多く、その処理をめぐって岡田資は交戦法規、戦時国際法違反に問われたわけである。

法廷で岡田資は、剛直な姿勢で終始し、全責任は自分にあると主張しつづけ、絞首刑を宣告された。刑の執行は昭和二十四年九月と言うのも暗然とさせられる。

沖縄戦の「イフ」

鳥取県出身の軍司令官の一人、坂西一良の旧姓は稲田で、実弟が稲田《いなだ》正純《まさずみ》（29期）である。稲田正純は参謀本部第二課長もやった才子だが、幾分軽いところのある人だった。兄は重厚で、そこを買われてか、土肥原賢二（岡山、16期）が、彼を支那屋の大御所、坂西利八郎（和歌山、2期）の娘婿に世話した。

坂西一良は義父のように支那屋ではなく、駐独武官を二度もやった陸軍の本流、ドイツ屋であった。昭和十五年十一月から駐独武官を務めていた坂西一良は、独ソ戦の最中の十七年末にトルコ、イランを経由して帰国し、華北の第三十五師団長、つづいて華中の第二十軍司令官となった。

沖縄防衛の第三十二軍は、昭和十九年三月に新編され、同年八月に軍司令官の渡辺正夫（東京、21期）は胃潰瘍が悪化したとかで辞任してしまい、その後任が問題となった。

第三十二軍の参謀長は勇名轟く長勇（福岡、28期）、高級参謀は鳥取県出身の八原《やはら》博道《ひろみち》（35期）であった。あれこれ語られる二人だが、長については福岡県の項で紹介するとして、八原にも問題があった。

八原博道は陸大四十一期の恩賜で、駐米武官補佐官もやった英米通であった。若いころは明るい人だった

坂西一良

八原博道

が、駐米中に健康を害したようで、陰気になり、かつ秀才らしく我の強さばかりが目立つようになったと言う。

この長と八原、性格も水と油であるし、長は攻勢至上主義と言うか破れかぶれ、八原は徹底した持久を暗く主張する。この二人の上に立てる者となり、坂西一良に白羽の矢が立った。

だれの言うことも聞かないように見える長勇だが、そんな彼も陸大時代の教官だった坂西一良には、なぜか頭が上がらなかったそうだ。暗くネチネチやる八原博通でも、同郷の先輩である坂西とうまくやっていけるだろう。三方うまくおさまると思われ、人事当局は坂西をわざわざ東京に呼んで意向を聞くまでした。

ところが、坂西一良は、健康を理由にこの話を断わった。たしかに彼は昭和二十一年九月、抑留中に病死したから健康に自信がなかったのだろう。それ以上に坂西の義父に世話になった支那屋で、当時は第六方面軍司令官であった岡村寧次（東京、16期）が手放したくなかったのかも知れない。

このため第三十二軍司令官には、士官学校長であった牛島満（鹿児島、20期）にお鉢が回った。もし、部内にも顔が広い坂西一良が沖縄に回れば、第九師団の抽出、第八十四師団の増援中止という大問題も、また違ったかたちになったのではなかろうか。

また、長勇か八原博道のいずれかを更迭して司令部の意思統一をはかったかも知れない。

なにをしても第三十二軍は玉砕したにしろ、この沖縄戦の「イフ」は、人事の重要性を考える意味からも価値があると思う。

山陰の風雲児

山陰の風土は、熱情的な革命と縁が遠いように思う。ところが、昭和十一年の二・二六事件で刑死した西田税《にしだみつぐ》（34期）が鳥取県出身である。この地方に通じる人に言わせれば、西田のように米子の人は独特な雰囲気があり、国家革新運動に邁進しても不思議ではないとするが、他国の人はなんで山陰の人がと不可解に思う。

西田税は広島幼年学校を恩賜で卒業し、秩父宮雍仁と陸士同期となった。在学中、西田は秩父宮を短刀で脅かし、国家革新を誓わせたという話が残っている。そんなことはあり得ないとする人が多いものの、彼ならやりかねないと思わせるなにかがあるから、今日まで語り継がれるのだろう。

では、なぜ二十歳前の若者が、難しい理論を振りかざして国家革新運動に傾斜したのだろうか。西田税は米子ではもちろん、広島幼年学校でも秀才で通っていた。しかし、そこはやはり田舎の秀才で、秩父宮の同期ということで日本中の俊才が集まった陸士三十四期のなかに入れば、かすんでしまう。その挫折感が彼の人生を曲げてしまったのだと思う。

大正十一年に陸士を卒業した西田税は、朝鮮北部の羅南《らなん》に衛戍する騎兵第二十七連隊に赴任した。ここで陸士在学中に罹患した肋膜炎を再発し、広島の騎兵第五連隊に異動した。ここでも肋膜炎が完治しないため、依願予備役となった。郷里に帰って療養生活に入るかと思えば、すぐに上京して右翼結社に入って活動をはじめているから、肋膜炎もどこまで本当かと疑える。

東京でさまざまな政治団体に関係し、行き着いた先が北一輝であり、北の著作『国家改造法案大綱』であった。これをバイブルとして軍部の同志を糾合して、民間団体との結合をはかる革命ブローカーとして活動した。

西田税によるリクルートには、一つの特徴があった。主な対象は自分よりも後輩の者、すなわち陸士三十五期以降の者に絞ったことだった。もちろん二十期代の先輩とも交わるが、形式的な付き合いにとどめる。そこで怒った先輩のなかには、「貴様、本当にやる気があるのか」と彼に短刀を突き付けて脅す一幕もあったそうだ。

なぜ、このように偏ったリクルートとなったのか。ようするに西田税は、「お山の大将」になりたかったのだ。幼いころ、秀才、神童ともてはやされた人には、とかくこの傾向が生まれる。そのため、各国のクーデターにはかならず大隊長や連隊長の佐官が参加するのに、二・二六事件にはそれが欠けた。だからクーデターに広まりが生まれずに失敗したと総括できる。

山陰の人らしく、辛抱強く説得をかさね、悪く言えば陰険に事を運べば、ひょっとしたら二・二六事件は成功したかも知れない。

島根県

文武両道の超有名人

出雲、岩見、隠岐が合わさって島根県となった。慶応元年の藩配置を見ると、松江の松平藩十八万六千石、浜田の松平藩六万一千石、津和野の亀井藩四万三千石が主なところであった。隠岐は松江の松平藩の領地であった。

ここで有名なのは出雲大社ぐらいで、幕末の騒乱時も無風地帯であった。面積は六千六百平方キロで全国第十九位と意外に広いが、人口は大正末で七十二万人、そして現在は約七十九万人で全国第四十六位。人口の横ばいからしても、この地域の性格が理解できるように思う。

軍事的には、大正時代の二十一個師団体制下で松江に歩兵第三十四旅団司令部が置かれたが、軍縮で廃止され、浜田の歩兵第二十一連隊は広島の第五師団、松江の歩兵第六十三連隊は姫路の第十師団に編合されることになった。県が二分されたことは珍しいし、浜田は新潟県の村松、福井県の鯖江と並ぶ三大僻地連隊として有名だった。どちらの話題も勇ましさに欠ける。

そんなことで島根県が生んだ陸軍の将官は四十人弱と西日本にしては少ない。もちろん、海軍をふくめて大将はいなく、隣の鳥取県に水をあけられている。中将は十八人と鳥取県の倍もいるが、著名な人が少ない。鳥取県出身で方面軍司令官になった者は皆無、軍司令官経験者は、インドネシアの第十六軍司令官で終戦をむかえた長野《ながの》祐《ゆう》一郎《いちろう》（24期）ただ一人である。

長野祐一郎

どうにも寂しいのだが、探せばいるものだ。軍医の頂点、医務局長を務めた森林太郎総監（中将相当）、すなわち森鷗外は津和野出身の島根県人である。「やれ元帥だ、ほれ参謀総長だ」と言っても、森鷗外の知名度にはかなわない。日清、日露の両戦役に従軍した文武両道の巨人の存在で他国と釣り合いがとれるということだ。

明暗を分けた工兵と騎兵

島根県出身の古い中将では、落合豊三郎《おちあいとよさぶろう》（旧3期）と稲垣三郎《いながきさぶろう》（2期）の二人がおり、ともに陸大恩賜をものにしたが、島根県人で陸大恩賜はこの二人だけだ。落合は工兵科、稲垣は騎兵科出身であった。

落合豊三郎は、森林太郎からクラウゼヴィッツの『戦争論』の講義をうけた田村怡与造（山梨、旧2期）に高く評価され、戦時の軍参謀長要員として日露戦争前に駐伊武官から参謀本部第五部（戦史）長に抜擢された。

日露戦争開戦となり、予定どおり落合豊三郎は第二軍の参謀長に就いた。第二軍の参謀は陸大教官を主体としたためか、理屈ばかりが先行する連中が集まった。山梨半造（神奈川、旧8期）や鈴木荘六（新潟、1期）も第二軍の参謀だったと知れば、司令部の雰囲気がわかる気がする。

軍司令官は古武士タイプの奥保鞏（福岡、草創期）だから、とかく参謀同士がぎくしゃくし、落合豊三郎にはまとめ切れない場面が多々あったと伝えられている。

可哀想に板挟みになった落合豊三郎は、在任六ヵ月でお役御免となり、その後は韓国駐箚軍参謀長、満州軍総兵站監部参謀長、関東都督府参謀長と、戦地でたらい回しにされた。凱旋後は第一師団付、新設の交通兵旅団長、工兵監、そして東京湾要塞司令官で待命、予備役となった。中将にしてやっただけでも有り難いと思えとの仕打ちであった。部下の山梨半造や鈴木荘六は大将になり、我が世の春を謳歌したのだから、落合の貧乏くじは同情に値する。

これに対して華麗な経歴をかさねたのが稲垣三郎だった。地味な工兵科の落合、派手な騎兵科の稲垣という違いも関係しているように見える。

稲垣は、陸大恩賜の特権でイギリスに駐在し、これが華やかな人生のはじまりとなった。駐インド武官、華の騎兵第一連隊長、そして駐英武官でジョージ五世の戴冠式というビッグ・イベントにも参加できた。旅団長も騎兵第一旅団、シベリア出兵時は参謀長で苦労はしたものの、国際連盟陸軍代表にもなった。

軍人というより外交官のような経歴で、予備役になってからも閑院宮載仁の別当となって隠然たる勢力を誇った。鈴木荘六、森岡守成（山口、2期）、田中国重（鹿児島、4期）、南次郎（大分、6期）、植田謙吉（大阪、10期）、山田乙三（長野、14期）、蓮沼蕃（石川、15期）と連なる華麗な騎兵科出身の大将は、もちろん実力、運もあるが、やはり閑院宮載仁と稲垣三郎の存在を抜きにしては語れない。

歩きに歩いた将軍

長野祐一郎は昭和十六年三月、兵器本廠企画部長から山西省で治安作戦を行なっていた独立混成第三旅団長に転出した。同じく山西省にあった第三十七師団長の安達二十三（石川、22期）が北支那方面軍参謀長に転出したため、十六年十月、長野が後任の師団長となった。以来、一号作戦がはじまる十九年四月まで延々と治安作戦に従事し、その間に彼がどのくらい歩いたのか、記録がないのが残念だ。

中国大陸を南北に縦断する一号作戦、通称「大陸打通作戦」は帝国陸軍で最大の作戦となった。一号作戦がはじまる前、第三十七師団は第一軍に属し、黄河の大屈曲部付近の運城にあった。作戦開始にあたり、第十二軍の戦闘序列に入り、鄭州付近の覇王城に架かる京漢線の大鉄橋で黄河を渡り、南下をはじめたのが昭和十九年四月十七日であった。

初期の目的である京漢線を打通したのは五月末、つぎに徒歩で信陽に向かい、ここから運行されていた鉄道で漢口に至り、ここで第十一軍の戦闘序列に入る。第三十七師団と長野祐一郎の征旅は、終わりではなくこれからだ。

南下する第十一軍の右翼を宝慶まで進み、桂林攻略戦では南から回り込むと忙しい。昭和十九年十一月初旬、桂林を占領すると引きつづいて、米軍の航空基地がある柳州に入る。さらに南下してベトナムに至り、第三十八軍の戦闘序列に入り、ハイフォンで仏印処理を行なった。これが二十年四月上旬で、華北の運城発進からちょうど一年であり、機動距離は六千五百キロを超えた。

長野祐一郎は、ここで第十六軍司令官に転出した。彼は帝国陸軍八十年の歴史で一番歩いた将官として、その名をとどめている。ちなみに第三十七師団の南下はまだつづき、タイのバンコク、終戦時にはマレー半島にまで頭を出していた。

同じく島根県人である平田正判《ひらたまさちか》（25期）も第二十二師団長として、一号作戦の後段となる湘桂作戦に参加して歩かされている。彼は優秀な人で、有名人がそろっている陸士二十五期の序列では、つねにトップの十人のなかに入っていた。

平田は中学出身で語学は英語、陸大卒業後にはアメリカ駐在、そして昭和十一年八月から昭和十三年四月まで駐米武官を務めた。駐米武官はだれでもそうだといえばそのとおりなのだが、そのキャリアーはまったく活かされなかった。

帰国後の平田正判は、台湾歩兵第二連隊長、北支那方面軍参謀副長、公主嶺学校幹事などアメリカとの関係はまるでない。昭和十九年一月にようやく師団長となったが、それも華中の第二十二師団で、湘桂作戦後にバンコクまで南下して終戦となった。アメリカを知る人をこのように使うとは、じつにもったいない話ではないか。

岡崎清三郎《おかざきせいざぶろう》（26期）は、つねに同期の五本の指に入る人だったが、いかにも地味な島根県人らしく、教育畑でコツコツとやってきた。

ところが、太平洋戦争勃発に備えた人事で、ジャワ進攻の第十六軍参謀長に抜擢された。第十六軍司令官の今村均（宮城、19期）が教育総監部本部長のとき、岡崎は歩兵学校幹事、教育総監部第一部長、同総務部長という関係である。

昭和十七年十二月に中将に進級した岡崎清三郎は、ジャワにいたこともあり、ガダルカナルから撤収してきた第二師団長となった。すぐビルマに転戦し、ここでほぼ一年半、ガダルカナルに匹敵する苦戦をかさねた。

そして、本土決戦要員ということで近畿軍需監理部長として内地に帰還し、すぐに鈴鹿以西を担当する第二総軍の参謀長となり、広島で原爆に遭い終戦をむかえた。

帝国陸軍の「ユダ」

やはり山陰の出身だと納得させられる人ばかりを紹介してきた。もちろん突然変異はどこの世界にもあることで、地味な島根県が突拍子もない軍人を生んでいる。極東国際軍事裁判（東京裁判）で爆弾証言をして「日本のユダ」と呼ばれた田中隆吉《たなかりゆうきち》（26期）である。

東京裁判は昭和二十一年五月三日からはじまり、だらだらとつづいて二十三年十一月十二日に判決を下した。アジアの片田舎の出来事で世界は注目しないし、被告は戦意を喪失しているし、通訳は日茶苦茶と、終始を通じて精彩を欠くものだった。

そんななかで、日本人に裁判への興味をかき立てたのが、田中隆吉の存在であった。最初に彼が検察側証人として出廷したのは、昭和二十一年七月五日のことであった。ここで田中は、満州事変の裏面史をスラスラと語った。

参謀本部第二部ロシア班長であった橋本欣五郎（福岡、23期）中佐も首謀者の一人と証言し、では橋本はこの法廷にいるかと問われると、口癖の「イエス」と答えて、被告席にいる橋本を指さした。翌二十二年一月にも田中は法廷に立ち、今度は武藤章（熊本、25期）を槍玉に上げた。「東條は蓄音機で、それを操作したのは武藤だ」と本人たちの前で証言したのだから、たいした根性で人間離れしている。

どうにも派手な島根県人だが、聞くところによると田中隆吉は東の安来の産で、島根の人とは言いにくいのだそうだ。お調子者の安来の人が、東京裁判という舞台で泥《ど》鰌《じょう》すくいを踊ったということなのだろう。泥鰌は起訴された A 級戦犯ということになるのだろうが、被告の多くは田中の先輩、親しい仲間だったのだから、本当のことだとは言いながら、どうかと思う。

田中隆吉

では、田中という人は、どういう軍人だったのか。

田中隆吉は広島幼年学校出身、陸士時代の区隊長がA

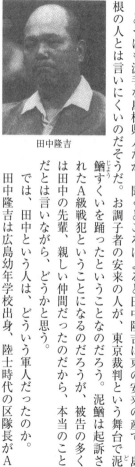

級戦犯として刑死した板垣征四郎（岩手、16期）で、その影響で支那屋の道を歩み出したとされる。では、彼が中国大陸でなにをやったのか。謀略の性格上、はっきりしない点が多いし、田中という人は「これもやった、あれも俺が」と自己宣伝が好きだったから、本当のところは藪のなかだ。

ただ、はっきりしているのは、満州事変が上海に飛び火するきっかけとなった昭和七年一月の日本人僧侶暴行致死事件、内蒙古分離工作によって十一年十一月に起きた綏遠《すいえん》事件、十五年三月からの閻錫山《えんしやくざん》帰順工作、この三つは田中が中心となってやったことは確実だろう。

昭和十四年一月、田中隆吉は兵務局兵務課長となった。時の陸相は板垣征四郎であった。そして、第一軍参謀長を経て兵務局長に栄転する。陸相は東條英機（岩手、17期）のときであった。

中国大陸でやりたい放題の田中隆吉を、なぜ軍紀、風紀をあつかい、軍人の非違行為を監視し、監督する部署の中心にすえたのか、そこがわからない。「毒をもって毒を制する」か「蛇の道はヘビ」という意図かは知らないが、変わった人を要職にすえる東條人事の代表例となった。

では、なぜ昭和十七年九月に罷免され、すぐに予備役に追われたのか。一説によると、田中隆吉は着流しで次官の木村兵太郎（東京、20期）を訪れ、早く和平の道をさぐれと意見具申し、東條英機の逆鱗に触れたからだとされる。意見具申の内容もそうだが、着流しとは不軍紀もきわまりなしということだったようだ。

どうして田中隆吉は着流しで陸軍省に行ったのかだが、精神に問題あるからとされた。東京裁判でもその証言の信憑性を崩すために、弁護団が執拗に追及した点だが、どうにもはっきりしていない。大陸の生活が長いから、麻薬中毒による神経障害か、梅毒による進行性マヒの可能性が高い。

戦争も押し詰まった昭和二十年三月、田中隆吉は召集されて朝鮮北部の羅津要塞司令官を命じられた。羅津に着任していれば、ソ連軍の捕虜となってシベリア抑留、丸く一件落着で、東京裁判で爆弾証言する機会もないということになる。ところが、軍紀など関係ない彼は、航空総監であった親しい阿南惟幾（大分、18期）に頼み込んで召集を解除してもらい、終戦時には東京にいた。

なかなか筆の立つ田中隆吉は、生活費の足しにするつもりか、昭和二十一年一月に『敗因を衝く軍閥専横の実相』を出版した。これに目を付けたＧＨＱの国際検事局が彼の身柄を拘束して、証人として使ったということになる。ＧＨＱの権力を考えれば、証人になることを拒否できなかったことはわかる。しかし、あれほど陸軍を痛罵する意図はなんであったのか。

田中隆吉の軍歴から見れば、義憤に駆られたとは言いにくい。彼自身、訴追される可能性があったため、司法取引して検察側証人となったという説、金欲しさ説、武藤章に対する私怨説とさまざまに語られている。

のちの田中隆吉本人の弁解によれば、国体護持のためとなる。昭和天皇の免訴と出廷阻止というハイレベルな画策があり、容貌、経歴、人間関係から最適な田中が役者として選ばれ、大舞台で踊ったというのである。その代償として、皇室から舶来洋酒一瓶を下賜されたというのが、晩年の彼の自慢の種であったが、真偽のほどはさぐりようがない。

岡山県

長州との深い縁

美作の北部、備前の東部、備中の西部、これが合わさって岡山県となった。藩の配置も複雑で、慶応元年を見ると、美作は津山の松平藩十万石と勝山の三浦藩二万三千石、備前は岡山の池田藩三十一万五千石とその支藩二つ、備中は高梁の板倉藩五万石を中心に小藩が五つあった。

まとまりの悪い地域とは思うが、ここは古来から豊かで、しかも勇猛な侍を多く生んでいる。宮本武蔵が美作の人と言うだけで十分だろう。

戊辰戦争時、戦国時代から毛利家と縁が深いからか、東征軍の経路となったためか、この一帯の血の気の多い士族が多数これに加わった。函館まで攻め上がった部隊の主力は、長州の毛利藩士と並んで備前の池田藩士だったという。

明治元年、京都に兵学校と仏式伝習所、横浜に語学所が設けられ、軍人養成がはじまった。兵学校は兵学所、兵学寮と改称されて大阪に移転した。仏式伝習所は、宇治の付近の河東と呼ばれていたところに開設され、主に函館から帰還した将兵の再訓練が行なわれた。前述したように、これは毛利藩士と池田藩士が中心で、河東兵と呼ばれていた。

戦場を歩いてきたから当然にしろ、この河東兵は乱暴で、京都の人の鼻つまみになっていたと伝えられている。このあたりから岡山県人と山口県人の不可解な縁が生まれてくるわけである。宇垣一成《うがきかずしげ》（1期）が長州閥を引き継いだと言われるのも、けっして不思議なことではないのだ。岡山県は面積約七千平方キロで全国第十八位とかなり広く、人口も大正末で約百二十四万人と中堅どころであった。

前述した建軍当初の経緯もあり、岡山県が生んだ陸軍の将官はほぼ八十人とそれなりの数になっている。陸軍大将は、宇垣一成（1期）、岸本鹿太郎《きしもとしかたろう》（5期）、岸本綾夫《きしもとあやお》（11期）、土肥原賢二《どいはらけんじ》（16期）の四人、佐賀県や高知県と同じスコアーは大健闘だ。海軍大将には藤井較一（海兵7期）がいる。

砲兵科の系譜

建軍当初の経緯もあり、草創期の将官には岡山県人がそれなりにいた。最先任者は明治十四年七月、少将に進級した原田《はらだ》一道《かずみち》だ。彼は砲兵科として最初の将官となるが、それよりも孫で歴史に名前をとどめることとなった。

原田一道の子息は画家でフランスに遊学し、そこで西園寺公望と知り合いとなり、その縁で一道の孫になる原田熊雄が西園寺の秘書となった。昭和三年から同十五年まで、原田熊雄は西園寺の言行を日記とし、東京裁判で検事側証拠として使われた（出版名は『西園寺公と政局』）。

原田一道につづく岡山県人の砲兵科出身の将官は、草創期の黒瀬《くろせ》義門《よしかど》、出石《いずいし》猷彦《みちひこ》がおり、つづいて野中《のなか》勝明《かつあき》（旧8期）、新免《しんめん》行太郎《いくたろう》（旧11期）とつづき、岸本綾夫で大将をものにした。砲兵科の基盤をつくった地味な人たちで、ささやかな岡山閥と言えるだろう。ちなみに、野中の四男が二・二六事件の決起将校の先任者であり、自決した野中《のなか》四郎《しろう》（36期）である。

岸本綾夫

岸本綾夫は技術畑の人で、東大の造兵科を卒業し、ドイツに三年留学している。また陸軍省副官、軍事調査委員、軍務局砲兵課長と中央官衙の勤務も多く、野戦重砲兵第四連隊長も歴任し、技術畑だけでなく砲兵科全般を経験している。昭和十一年八月、造兵廠長から技術本部長となり、その在任中に大将進級のうえ、待命となった。

長らく無天でも、砲兵科で技術畑のトップならば、大将の指定席があたえられていた。しかし、岸本綾夫の以降、無天の大将は一人もいない。日華事変の勃発も影響しているのだろうが、陸軍に技術軽視の風潮があったとしたら、このあたりからはじまったとも言えるのではなかろうか。

岸本綾夫が岡山県人らしい向上心を発揮するのは、軍を去ってからであろう。昭和十七年に東京市長となり、行政手腕を発揮した。さらに鉄鋼の増産をはかるため、みずから進んで鞍山製鉄所長となり満州に渡った。そして終戦、本人は抑留となって昭和二十二年に病死、夫人は拳銃自殺を遂げた。

強腕一代記

岡山県の県民性は、首相をやった犬養毅、平沼騏一郎、橋本竜太郎の三人を見ると、どことなくわかるのではないだろうか。向上心が旺盛な勉強家は結構だが、個性が強いせいか自己を押し通して協調性に欠ける難がある。あと一歩のところで首相の座を取り逃がした宇垣一成は、そんな県民性に強腕と傲慢をプラスしたような性格で、岡山県人の枠にもおさまらない人だったようだ。

　宇垣一成の容貌から態度、声から言い回しと、全身から発散するもの、これすべて傲慢と表現できたというから、とてつもない人物だ。

　とくに宇垣一成の癖には、だれもが辟易したようだ。人の話を聞くとき、小指で耳をほじる癖だ。陸相のとき、中耳炎で入院して代理を立てなければならなくなった。もともと耳の調子が悪いので癖になったのか、悪い癖のために病気になったのかは定かではない。

　宇垣一成は、軍事課長時代、陸相の岡市之助（京都、旧4期）をささえて、懸案の朝鮮二個師団増師を仕上げた。そして、大正十三年一月、田中義一（山口、旧8期）陸相の下で次官であった宇垣は、清浦奎吾内閣で陸相に就任した。この陸相人事は、

宇垣一成

福田雅太郎（長崎、旧9期）、尾野実信（福岡、旧10期）、そして宇垣一成の三人が争った大きな出来事と記録されている。
　ところが、宇垣の回想では簡単なことだ。参謀総長の河合操（大分、旧8期）と教育総監の大庭二郎（山口、旧8期）が熱心に薦めるし、もし自分が出馬しなければ

清浦内閣が組閣できないから、「やってやっただけの話」だというのだから恐れ入る。それから実質六年、五つの内閣で宇垣は陸相の重責を担う。

陸相になった宇垣一成がやったことは、戦略単位とされていた師団を四個廃止し、それによって浮いた予算を近代化に回すという軍備整理、世に言う「宇垣軍縮」の強行であった。もちろん猛反発が予想され、事実、大正十三年八月の三日にわたる軍事参議官会議は荒れた。

会議の席上、軍事参議官であった福田雅太郎は、宇垣一成を反逆者だとまでほのめかしたが、宇垣は「福田閣下、感情を交えないでいただきたい」と先輩をたしなめたというのだから、宇垣の度胸はたいしたものだ。

そして、大正十四年五月までに、軍備整理に反対した福田雅太郎、尾野実信はもちろん、宇垣一成と同期の石光真臣（熊本）、井戸川辰三（宮城）まで予備役に編入したのだから、だれもが震え上がった。将軍だ、閣下だと大きな顔をしていても、人事権を握られた軍人は子供も同然なのだ。

そして、大正十五年三月、参謀総長の河合操が退任して後任が問題となった。薩肥閥の総帥である上原勇作は、武藤信義（佐賀、3期）を強く推した。参謀本部の第二課長（作戦課長）、第一部長、同総務部長、さらには参謀次長を歴任した武藤は、参謀総長に適任であったにしろ、河合の旧八期から三期まで飛ぶのが難点であった。そこで妥協の産物だったのだろうが、宇垣一成と同期の鈴木荘六（新潟）となり、これが意外なことに昭和五年二月までの長期政権となった。

さて、鈴木荘六の後任だが、五年も待った上原勇作は、武藤信義の参謀総長をもとめて、閑院宮載仁と侍従武官長の奈良武次（栃木、旧11期）を動かして、なんと上奏の挙に出た。これに対する宇垣一成の対応は凄まじいものであった。まず、閑院宮と奈良武次に、「余計なことをすると身のためになりませんぞ」と脅かし、上原勇作には、「閣下は、そもそも元帥の資格なし」と迫って上奏を取り消させた。そして武藤信義には、参謀総長の後任は金谷範三（大分、5期）で行くことをのませた。

このような強腕を振るえたのは、元老から実務レベルの者までが、強く宇垣一成をささえていたからだ。長州閥の元老クラスは、彼をささえると言うよりは頼りにするという関係だったろう。彼と同期で大将にまで昇進した鈴木荘六と白川義則（愛媛）は、たんに同期だからという以上に宇垣に協力したと思う。また、同期でおそらく一番の秀才であったものの、次官のときに早逝した児島惣次郎《こじまそうじろう》は同郷であった。

そして、宇垣一成に心服している後輩の陣容が素晴らしい。彼が後継者と育てたものの関東軍司令官のときに死去した畑英太郎（福島、7期）、宇垣が中耳炎で病気療養中に代理を務めた阿部信行（石川、9期）、白川と同郷の縁から川島義之（愛媛、10期）、長州閥御曹司の寺内寿一（山口、11期）、この四人だけでもたいしたものだ。

さらに期を進めると、これが強力だった。杉山元（福岡、12期）、二宮治重《にのみやはるしげ》（岡山、12期）、小磯国昭（山形、12期）、建川美次（新潟、13期）の「宇垣四天王」だけでも、これに対抗できる人脈はそう見当たらない。

どうしてこんな確固とした人脈を、宇垣一成が構築できたのか。備前出身の勇猛な性格、軍事課長以来の実績、魁偉な容貌などさまざまある。決定的だったのは、陸相にあたえられた人事権を果敢に行使したことだろう。岡山県人らしい強気な性格が、それを可能にしたと思える。

宇垣一成をささえた人たちは、郷土も違うし、軍で育った系統もまちまちだが、一つの共通点がある。ほぼ全員が中学出身者であり、幼年学校出身者がほとんどいないことだろう。これから宇垣の人の好みがはっきりとわかり、そこから彼の考え方の輪郭も浮かび上がってくる。そしてその好みがあまりにはっきりしているので、幼年学校出身者の反発を買ったことは間違いない。

昭和十二年一月に広田弘毅内閣が倒れ、後継内閣組閣の大命が宇垣一成に下った。省部の幕僚など歯牙にもかけない強腕親爺の来襲と三宅坂一帯に衝撃が走った。

そこで参謀本部第一部長心得だった石原莞爾（山形、21期）が中心となって秘策を練り、憲兵司令官であった中島今朝吾（大分、15期）を先頭に押し立てて宇垣内閣阻止に乗り出した。この二人、石原は仙台、中島は東京の幼年学校出身である。

宇垣内閣阻止の戦術は簡単だった。後任陸相を出さなければよいだけの話なのだ。一応は参謀総長の閑院宮載仁、陸相の寺内寿一、教育総監の杉山元と三長官会議を開き、陸相候補として杉山、教育総監代理の中村孝太郎（石川、13期）、近衛師団長の香月清司（佐賀、14期）を候補としたものの、三人ともその任に非ずと辞退したので、あしからずとしたのである。

こまった宇垣一成は、朝鮮軍司令官であった小磯国昭に、みずから電話をして陸相を引き受けてくれるよう要請したが、小磯は断わった。たとえ引き受けても、予備役編入の人事発令一本で話は終わるということだった。これで万策尽きて大命拝辞となった。

このような大事が幕僚の画策だけで決まるものかと長年疑問に思っていた。それも平成二年に公表された『昭和天皇独白録』で氷解した。これが本物だとすれば、こういうことだった。なんのことはない、昭和天皇は宇垣一成を嫌っていたのだ。宇垣は曖昧な言葉を使うと指摘し、「この様な人は総理大臣にしてはならぬと思ふ」とまで語っている。

宇垣一成は陸大校長時代、「顕微鏡をのぞくなど帝王の趣味でもあるまい」ともらしており、それが昭和天皇の耳に入っていたのかも知れない。また、傲慢な宇垣の姿に山県有朋の影を見たのだろうか。それならば、なぜ組閣の大命を下したのか。陸軍の意向をたしかめる観測気球だったとすれば、あってはならないことだ。

組閣に失敗したものの、宇垣一成は巨星でありつづけ、昭和十三年五月には外相になった。また戦後、二十八年四月の参院選挙で最高得票で当選した。当時、彼は八十五歳であった。また、再軍備が話に上るたび、宇垣をどのように使うかが語られていたという。彼は三十一年に死去したが、まさに超大物の一生であった。

「誠」を旗印に

宇垣一成につづく岡山県出身の大将に岸本鹿太郎がいる。最初に紹介した岸本綾夫とは、同姓ながら血縁関係はないそうだ。彼はまず教導団に入って軍曹となり、それから改めて陸士に進んだ苦労人であった。

陸大卒業後、岸本鹿太郎は参謀本部第三部に勤務して運輸一筋の軍歴がはじまった。日露戦争では大本営運輸通信長官部の参謀を務め、その後、参謀本部第六課（運輸課）長、同第三部長となり、専門分野の頂点をきわめた。

それからの岸本鹿太郎は、参謀本部総務部長、教育総監部本部長と先輩の宇垣一成と似通った道も歩んでいる。そして世間がそろそろ騒がしくなる昭和四年八月、東京警備司令官のときに大将進級のうえ、待命となった。

地味な運輸という分野の人であったから、岸本鹿太郎は目立つこともなく、大将ながらつい名前を失念する。名誉進級ながら、よくぞ大将になったものだ。郷土の先輩、宇垣一成の庇護がなかったと言えば嘘になろうが、岸本には彼独特の雰囲気があった。酒好きの陽気な人で、なにより声が大きかったという。声が大きいことは軍人にとって大事な要素と言われるが、それを岸本は証明したということになる。

岡山県が生んだ四人目の大将が、Ａ級戦犯として刑死した土肥原賢二である。彼は

土肥原賢二

支那屋一筋で、中国勤務は都合十回、二十年以上におよぶ。岡山県人は自己主張が強いが、土肥原にはそれがまったくない。
表面に出ない情報屋勤務のなかで、岡山県人らしい性格が薄れたのか、仙台幼年学校出身だから東北人の色に染まったのか。土肥原賢二の父は陸軍少佐で、実兄は騎

兵科出身の少将、土肥原鑑《どいはらてらす》（3期）であり、兄が東北勤務のとき、仙台幼年学校に入ったことになる。

土肥原賢二は、青木宣純（宮崎、旧3期）にはじまり、坂西利八郎（東京、2期）、本庄繁（兵庫、9期）と連なる正統派支那屋の直系である。支那屋にもさまざまなタイプがあったようだが、この正統派は主に華北で活動し、満州でロシア、ソ連と戦う場合、その背後に中立、できれば親日的な勢力を確保しておくのが、その任務であった。

謀略と言ってしまえばそれまでだが、その方法は各地に割拠する軍閥の合従連衡に関与することで、言われるほど悪辣なものではなかった。むしろその逆で、中国の大人と付き合うのだから、人間としての「誠」がないとやって行けない。

この「誠」が土肥原賢二の指針であり、それに忠実に生きてきた。昭和十四年五月、上海で中国統一政権の樹立工作の任務を終えてから関東軍の第五軍司令官となり、それ以降は中央の都合のままに使われても、不平の一つももらさなかった。十五年十月からは陸士校長、専門外の航空総監、シンガポールの第七方面軍司令官と、土肥原の経歴にふさわしくない補職も黙って受け入れるところは、岡山県人とは思えない。

終戦時、教育総監であったが、陸相の阿南惟幾（大分、18期）が自決したため、その後任と内定したものの、首相となった東久邇宮稔彦の意向で下村定（高知、20期）に差し替えとなっても、いっさい波風を立てない。第十二方面軍司令官の田中静壱（兵庫、19期）が自決し、その後任と求められた。明らかに格が落ちるのに、「喜んでご奉公したい」と引き受ける。さらに第一総軍総司令官も気持ち良く引き受ける。

この土肥原賢二の生き方は、だれにでもできるというものではない。そんな彼をよく知る人は、「よほどの大人か、よほどの鈍物か」と評したという。

そんな人がなぜA級戦犯となり、「侵略の扇動者」とまで論告され、絞首刑に処せられなければならなかったのか。彼を担いだ連中が、「東洋のローレンス」と謀略の神様のように宣伝したことが災いした。また、彼の姓を中国語読みにすると、「土匪源」と同じになり、東洋鬼宣伝の格好の材料になってしまった。

人事のプロ

これまで旧陸軍の人間模様を見てきたが、結局、これは人事の話に帰結する。どこの組織でも人事の背景は秘密にされるもので、とくに旧軍の人事は噂話が先行して本当のところに謎が多い。そのごく一部にも迫れたのは、岡山県人の額田坦《ぬかだひろし》（29期）が体系立った回想を残してくれたからだ（『陸軍省人事局長の回想』芙蓉書房）。

昭和十一年十二月、額田坦は人事局課員となり、補任課研究班長となった。彼はそれまで歩兵学校や教育総監部の勤務が多く、人事屋として育てられた人ではない。二・二六事件の後始末人事や人事刷新のため、人事局に送り込まれた無色透明な一人が彼であったのだろう。この補任課員は、秘密が守れる者を集めるということで、幼年学校出身者だけで固めていた。額田は広島幼年十四期である。

その後の額田坦は、昭和十三年七月から補任課長、十七年十二月から参謀本部総務部長、二十年二月から人事局長となり、終戦をむかえている。二・二六事件から終戦までの激動の時代、七年間も人事に直接関与したのだから、彼こそ人事一筋と称してよいだろう。

陸軍の人事の概要は、つぎのようになっていた。「省部（陸軍省、参謀本部、教育総監部）協定」によって、本来、将校の人事は三長官の協議決定によるとされていたが、この場合の将校は将官に限定されるものと理解され、佐官、尉官の人事は陸相の管掌するものとされていた。

この面で陸相を補佐するのは人事局長だが、人事局長があつかうのは主に将官人事で、ほかは補任課長があつかう。ただし、陸大を出た参謀適格者は別あつかいとなり、参謀本部総務部長とその下の庶務課長の管轄となる。

これら人事当局者は、各人の考課表を握るので、隠然とした勢力を持つのも無理はない。また、自分の将来を工作することも可能だろうから、人事畑の者は出世すると陰口を叩かれる。

しかし、この部署で実権を握っていたのは、文官の属官、雇員であったというのも隠された歴史の一面であろう。コンピューターはもちろんコピーもボールペンもなく、毛筆と邦文タイプでやっていた時代に万単位の人事をやるのだから（終戦当時の現役将校は約四万八千人）、二年や三年勤続の軍人では、練達した雇員に歯が立たないのも無理はない。

第一線をささえた少候出身者

主要な役割を演じた人という観点から見てきたため、草創期をのぞきすべて士官学校の出身者のみを語ってきた。

この人たちは明治十年十二月卒業の士官生徒一期（旧一期）から昭和二十年八月修業の士官候補生六十一期まで、総数約五万一千人にのぼる。これが正規な現役の兵科将校であり、「軍の楨幹《ていかん》」とされ、「実包」とも俗称されていた。

もちろん、陸軍は巨大な組織であり、この兵科将校だけでは組織が成り立たない。

兵技、経理、衛生、獣医、法務の各部将校の存在も忘れてはならず、終戦時にはその総数約八万三千人にも達していた。

兵科将校への道も陸士だけではなかった。明治二十二年改正の徴兵令では、中学以上の学歴を持つ者は一年間の現役勤務を終えると予備少尉に任官させる制度が設けられ、これを「一年志願」と呼んでいた。日露戦争ではこの制度によって、小隊長の補充が容易になった。

大正十四年の「宇垣軍縮」によって生まれた学校教練と連携し、昭和二年制定の兵役法で一年志願制は幹部候補生制度に発展する。

この制度も細かく変遷するが、学校教練や青年訓練を受けた者は、徴兵で入営してから三ヵ月後に甲種幹部候補生か乙種幹部候補生の試験を受け、甲種は将校、乙種は下士官の道を進む。これによって予備役の少尉に任官する。十四年には、予備役将校が応召して志願すれば、現役に編入する制度も生まれている。

昭和二十年、兵科（兵種）将校の総員は約二十九万人とされ、その七十五パーセントが予備役将校であり、そのなかには十パーセント強の特別志願将校がいたと推定される。圧倒的多数がこの甲幹出身であったのだが、考え方が古い陸軍は、彼らをあまり戦力とは期待しないで、第二線的な配置が多かったという。米英軍のように、より活用すればまた違った展開になったことだろう。

陸士で学んで現役の兵科将校になるには、下士官からの登用もあった。日露戦争にそなえて陸士が大量に採用したため、人事が停滞して下士官からの昇進がなくなっていたものの、大正六年に准尉制度が生まれ、この一期生は陸士二十九期生と同じ時期に任官した。

この制度が大正九年の陸軍補充令の改正で、少尉候補者制度となる。二年以上の勤務経験を持つ特務曹長（のちに曹長、航空科では軍曹まで拡張）の中から選抜され、陸士で一年間学んで少尉候補者となって帰隊し、二ヵ月後に任官する。

この少候一期生は、大正十年十一月に卒業した。人数はおおむね士官候補生に準じており、昭和二十年七月卒業の二十六期生まで、航空士官学校もふくんで約一万二千人であった。終戦時、軍務に服していた者は、約九千人といわれる。

人事上、正規の士官候補生出身者と同格が建前であったが、実際には少佐に進級するのに三年遅れており、終戦時の最高位は中佐であった。また、長らく中隊長に補職される者もいなかった。日華事変の勃発とは関係ないようだが、昭和十二年度から中隊長に当てられる者も出てきて、終戦時には中佐の連隊長が数人いた。

なぜ、このような差別待遇のように見えることとなったかと言えば、少尉候補者出身に陸大が門戸を閉ざしていたからだ。初審を突破した人もかなりいたが、なぜか再審ですべて不合格とされた。日本軍は下士官でもった軍隊と言われ、それから選りすぐった少尉候補者を活用することを怠《おこた》ったと批判できるだろう。

少尉候補者出身の将校がいかに優秀であったかは、さまざまに語られてきた。なかでも岡山県人の金光恵次郎《かねみつけいじろう》（少候7期）は有名であった。「拉孟《らもう》の守備隊長」と言えば、中国でも広く知れ渡っており、蔣介石は、「拉孟などにおける日本軍の善戦健闘ぶりに比べて我が軍は見劣りする。しっかりしろ」と布告したことすらある。二十倍から三十倍の敵に包囲されて完全に孤立したものの、百二十日間も粘り抜いて全滅したのだから、敵の賛嘆を集めるのも当然だ。

拉孟はビルマ北部を越え、すでに中国の雲南省である。ベンガル・アッサム鉄道のレドから昆明に至るレド公路が怒江を渡る地点が拉孟である。レド公路は主要な援蔣ルートであり、それを扼《やく》する拉孟で激戦が展開されるのも当然のことであった。この一帯に久留米で編成された第五十六師団が入ったのは昭和十七年六月で、騰越《とうえつ》、拉孟、平戞《へいかつ》などに拠点を構築していた。

当初、拉孟には歩兵第百十三連隊の主力が守備にあたっていた。同連隊は師団の予備となって作戦したため、拉孟には軍旗と歩兵一個中隊相当、野砲兵一個大隊などが取り残されるかたちとなっていた。そんな状況の昭和十九年一月、野砲兵第五十六連隊第三大隊長として着任したのが当時四十歳であった金光恵次郎少佐である。

金光恵次郎は、すぐさま陣地の強化に乗り出した。自分もシャベルを振い、掩蓋に使う大木を担いだのである。その姿は、率先垂範という言葉だけで表現できるものではない。そして、けっして大声を出すわけでなく、ただ黙々と作業に従事し、現場を去るのは最後という毎日をかさねた。それが彼の二十年におよぶ軍隊生活の総決算であった。

昭和十九年五月、雲南正面の中国軍は一斉に怒江を渡河して反攻に出た。たちまち包囲された拉孟には、患者三百人をふくめて兵力一千四百人、火砲十二門、機関銃約二十梃があった。攻める中国軍は常時、火砲二百門、一個師団から二個師団を投入した。この戦力格差では、一揉みのはずだったが、拉孟守備隊が玉砕したのは九月十日、なんと百二十四日も激闘をかさねたのであった。

その間、守備隊長の金光恵次郎は、増援をもとめることはいっさいなく、ただ弾薬の欠乏を報告して空投を要請するのみであった。しかも、空投する友軍機が対空射撃を浴びるのを見て、「心痛ニ堪ヘザル所余リ無理ナキヤウオ願ヒス」とまで打電し、全軍は粛然とした。

砲兵には軍旗はない。その代わりに火砲があり、砲側を我が墓場にするのが砲兵の真骨頂とされた。しかも拉孟には歩兵第百十三連隊の軍旗がある。その二つを枕に拉孟守備隊は玉砕した。状況が違っているから一概には同列視できないものの、同じ戦線のミートキナでは、軍旗があったため撤収した。正規な陸士出身の「実包」が下がり、「兵隊上がり」と軽く見られた少候出身者が帝国陸軍の伝統を守って玉砕した。

広島県

幼年学校あっての軍人大国

備後と安芸で広島県となった。慶応元年の配置を見ると、備後は福山の阿部藩十一万石、安芸は広島の浅野藩四十二万六千石とその支藩三万石であった。二つの国が合わさっても、まとまりの良い県だ。両藩とも政策は寛容で、とくに浅野藩は学問を奨励していたことで有名だった。この傾向は明治になっても引き継がれたようで、後述するように頭の切れる軍人を多数輩出することとなる。

古くはこの一帯、毛利家が支配していたし、浅野家は外様なのだから、それ討幕だと長州勢に助太刀するものと思うが、そうでもない。とかく隣り同士は、仲がしっくりいかないもののようだ。

そのためか草創期、広島県出身の陸軍将官はごくかぎられていた。日清戦争の緒戦、歩兵第十八連隊長として平壌攻略戦に戦功を上げた佐藤正《さとうただし》、要塞砲兵を育てた太田徳《おおたとく》三郎《さぶろう》の二人と西国としては寂しい結果となった。

陸士の教育がはじまってからも、この傾向がつづく。古い人で目立つところは、日露戦争の旅順要塞攻略戦で攻城砲兵司令官兼第三軍砲兵部長を務めた豊島陽蔵《としまようぞう》（旧2期）、大正十二年九月の関東大震災時、憲兵司令官であった小泉六一《こいずみろくいち》（7期）の二人ぐらいだろう。

広島県は大正末の人口は百六十万人、中国地方では一番、全国的にも中堅どころだ。しかも、早くから広島鎮台が置かれ、明治二十一年からは第五師団の司令部が置かれた広島なのに、これはどうしたことか。と、思って帳面をしめてみると、広島県が生んだ陸軍将官は約百四十人で全国ベスト5、なかでも中将の五十六人は東京都、山口県に次ぎ、福岡県と並ぶ第三位とは驚かされる。

では、なぜ急に武窓に進む広島県人が増えたかというと、明治三十年、ここに地方幼年学校が開校されたことが決定的だった。昭和三年三月、広島幼年学校は地方幼年五校のうち最後に廃校となるが、最後の最後まで存続運動をやっていたのが、ここ広島である。そして十一年、最初に復活したのも広島であった。

よその県は、幼年学校出身のPコロと中学出身のDコロがだいたいバランスが取れているものだが、広島県人では、将官ならば、まず広島幼年学校出身と思えば間違いない。広島幼年学校あっての広島県といった感がある。

陸軍大将は岡部《おかべ》直三郎《なおさぶろう》（18期）ただ一人とは寂しい。これは出遅れのためだ。海軍大将は、加藤友三郎（海兵7期）、安保清種（海兵18期）、谷口尚真（海兵19期）、小林躋造（海兵26期）の四人、さすがは軍港呉をかかえる土地柄である。

軍人か、学者か

幼年学校出身者が多いとなると、どうしても乱暴、横暴、絵にかいたような帝国陸軍軍人を想像してしまうだろうが、それは間違いだ。少なくとも広島県出身の将官は、異様なまでに勉強熱心の秀才が多い。それも頭脳で勝負の砲兵が多く、これから述べる秀才の四人とも砲兵科出身である。

豊島陽藏

まず、広島幼年学校二期の桑木崇明《くわきたかあきら》（16期）、彼が広島県の秀才の典型だ。広島幼年学校、中央幼年学校、陸士、陸大すべて恩賜と言うのだから脱帽。一流の兵学者の命名が高く、しかも『陸軍五十年史』との著作もある。

さて、この秀才がどのように使われたのか。頭の切れすぎる人は敬遠され、陸大あたりで押し込めに遭いがちだが、桑木も例外ではなかった。

大正十一年から昭和三年まで、桑木崇明は陸大兵学教官を務めた。さすがは恩賜四連発の秀才と納得させた反面、「出羽教官」「出羽戦術」とのありがたくない異名を奉られた。すぐに彼は、「ドイツでは」「フランス語では」と、「デハ連発」の講釈を垂れるのである。

「桑木は学者だ」と敬遠する向きもあったにせよ、野戦重砲兵第三旅団長、台湾軍参謀長も無難にこなしたから、二・二六事件直後に参謀本部第一部長の要職に抜擢された。このポストは、大尉のころから第二課（作戦課）で見習い奉公からはじめた連中のなかから選ばれ、しかも陸軍省の軍務局長と渡り合える政治力とアクの強さがないと務まらない。恩賜四連発だけでは、足元の第一部ですらまとめきれない。

案の定、桑木崇明は一年も経たずに追い出されるかたちで留守第一師団長、つづいて第百十師団長として華北に出征することとなった。秀才のお手並み拝見ということだ。

この日華事変初期の百番代師団は、特設師団と呼ばれ、団結が弱くて統率が難しいとはされていた。それにしても桑木崇明は、師団長としての統率力が足りないとの声が上がった。第百十師団は、北支那方面軍の直轄として作戦する場合が多かったのも運が悪かった。方面軍司令官の杉山元（福岡、12期）は、桑木と話が合うはずがない。そんなことがかさなり、桑木崇明は昭和十四年十二月に待命、即日予備役編入となり、召集されることもなく軍歴を閉じた。

彼と同期、陸士十六期の四大将、岡村寧次（東京）、板垣征四郎（岩手）、土肥原賢二（岡山）、安藤利吉（宮城）よりも、はるかに頭脳明晰であったことは衆目が認めるところであった。その才能が太平洋戦争に使われなかったことは残念だ。同時に学校の秀才というものの限界をも知らされた思いがする。

岡部直三郎

広島県が生んだ陸軍大将、岡部直三郎も桑木崇明に似た人で、広島幼年学校と陸士で恩賜をものにしている。ちなみに彼の陸士十八期は、山下奉文（高知）、藤江恵輔（兵庫）、阿南惟幾（大分）、山脇正隆（高知）と五人の大将を輩出したが、大阪幼年学校出身の藤江以外の四人とも広島幼年学校の出身であった。

陸大専攻学生の三期生の岡部直三郎は、「戦時に於ける帝国の戦争指導」という論文をものにしている。このように戦略問題についても明るいと同時に、砲兵科らしく軍事技術にも通じており、技術本部長も歴任している。

岡部直三郎も陸大勤務が長い。とくに注目されるのが昭和九年八月からの陸大研究主事、つづいて昭和十二年三月までの陸大幹事のときだろう。校長はとかく精神至上主義に走りがちな小畑敏四郎（高知、16期）であったが、岡部はそれに迎合することなく、科学技術との調和をもとめつづけた。

また、昭和十七年十月、陸大校長となるが、戦争中にもかかわらず科学に通じた教官を集めようと努力をかさね、この非常時になんとも悠長なことをと批判を浴びたこともあったようだ。

統帥と技術の融合が岡部直三郎の一生のテーマであった。そんな「理屈っぽさ」だけではなく、明るさのある人だったので、広く使われた。昭和十八年十月、陸大校長から関東軍の第三方面軍司令官に転出、さらに北支那方面軍司令官、終戦時は華中の第六方面軍司令官であった。

そして、戦犯容疑者として上海で拘禁された岡部直三郎は、昭和二十一年に獄死のかたちとなった。長年、中国と関係し、しかも終戦時の支那派遣軍総司令官であった岡村寧次が、おとがめ無しで帰国が許されているのにと、奇異に感じる人は多いと思う。

暗転した天運

砲兵科や工兵科の者は、まず砲工学校に進み、優秀な者はそこの高等科で学び、その上位二人ほどが優等で、陸大恩賜と同等にあつかわれ、ほぼ中将が保証されていた。それにも飽き足らず陸大を志望する勉強熱心な人もおり、そこでまた恩賜をものにする二冠王がいるのだから驚かされる。もちろん、この二冠王はごくかぎられていて、砲工学校高等科一期（陸士旧十期生）から数えて五人たらずだが、そのうち橋本群《はしもとぐん》（20期）、影佐禎昭《かげささだあき》（26期）の二人が広島県出身であった。

橋本群の陸士二十期は、皇族二人をふくめて五人の大将を輩出したが、中将で終わった彼こそが本当のトップであり、陸相でも参謀総長でもこなせたキャリアーの持ち主であった。

橋本は砲工校十八期優等、陸大二十八期恩賜、近衛砲兵連隊中隊長、フランス駐在と、砲兵としてはこれ以上がない経歴を引《ひ》っ提《さ》げて参謀本部に入り、第一課（編制動員課）の編制班長に補せられた。課長は山脇正隆であったから、広島幼年学校コンビを組んだことになる。

つづいて連隊長は、これまた名門の野砲兵第一連隊である。そして参謀本部第一課長だから、同期で同じ砲兵科、大将にまでなった下村定（高知）や木村兵太郎（東京）と大きく水をあけていたことになる。これほどのエリートになると、軍令系統だけでなく軍政系統でもキャリアーを積ませなければとなり、陸軍省の中枢、軍務局軍事課長に補された。

ところが、昭和十年八月十二日、隣の室で軍務局長の永田鉄山（長野、16期）が斬殺された。関係ないと言えば関係ないし、なぜ暴漢を取り押さえなかったかと言われても無理な話だ。しかし、減点主義の陸軍では見逃されず、橋本群は朝鮮軍の鎮海湾要塞司令官に飛ばされた。

砲兵科出身の将官としては、ここで終わりのポストだが、橋本群の才幹と二・二六事件後の粛軍人事もあって生き残り、支那駐屯軍参謀長に転出した。ここで日華事変をむかえ、改編があって第一軍参謀長となる。微妙な任務をそつなくこなした彼は、昭和十三年一月に参謀本部第一部長となり、中央部に返り咲いた。

それまで第一部長は、桑木崇明、石原莞爾、下村定と少し場違いな人ばかりだったが、橋本群の復活で常道に戻った感があった。

ところが、昭和十四年五月からのノモンハン事件となり、その責任を取るかたちで橋本は待命、予備役編入となった。これで軍令系統の人事は大きく狂ってしまったことは、帝国陸軍にとって残念なことであった。

「作戦の神童」

広島県を代表する秀才で、学校の成績ばかりでなく、実際に頭の切れ味を見せたとなると、鈴木《すずき》率道《よりみち》（22期）となる。彼は広島幼年学校七期の恩賜、陸士は砲兵科のトップ、陸大は首席である。彼が昭和三年の『統帥綱領』改訂の主務者であり、その作業の見事さで有名となった。『統帥綱領』は、軍以上の作戦計画を立案する場合に準拠すべきドクトリンであり、参謀総長の作戦訓令とされ軍事機密であった。その手引き書である『統帥参考書』ですら軍事極秘とされていた。年度作戦計画を秘密にするのはわかるが、他国とそれほど変わらない原理原則のマニュアルまで隠すとは、なんともお堅い話である。

鈴木率道

ドイツ軍の『大軍運用必携書』を翻訳したものを元にして、大正三年に制定されたのが『統帥綱領』の最初であった。これに第一次世界大戦の戦訓を加味する第一次改訂が七年に行なわれた。国際情勢の変化などから、さらなる改訂がもとめられて十四年五月、荒木貞夫（東京、

9期）が参謀本部第一部長になってから、第二次の改訂作業が進められることとなった。

担当の第二課長は小畑敏四郎（高知、16期）、主務者は少佐の部員であった鈴木率道であった。鈴木がすらすらと起案し、荒木が驚嘆したというのは話半分で、実際にはかなり難航し、昭和三年にようやく完成した。とにかく国軍最高のドクトリンを手掛けたのだから、この小畑と鈴木のコンビは令名さくさくたるものとなり、小畑は「作戦の神様」、鈴木は「作戦の神童」とまで持ち上げられることとなった。

満州事変が上海に飛び火して事態が深刻となった昭和七年二月、陸大教官であったこのコンビは、急ぎ参謀本部第二課長と作戦班長となる。そして三月には戦闘が終息、見事な手際ともてはやされた。そして、ともに在任二ヵ月で、小畑は参謀本部第三部長、後任の第二課長は鈴木となった。連隊長もやっていないうえにまだ中佐で、だれもが望む第二課長だから嫉妬されるのも無理はない。

さらに悪いことに、当時の第一課（編制動員課）長が東條英機（岩手、17期）であったことだ。作戦第一の鈴木率道は、遠慮なく要求を突き付ける。それを持って陸軍省を回り、予算を付けてもらう苦労を察してくれと言いたくなる東條の不満もわかる。東條は性格に問題があるが、頭が切れすぎて強気な広島県人の鈴木にも難がある。

東條英機が用件があるから顔を出せと言っても、鈴木率道は、「用があるなら貴公が来い、同じ課長だろうが」とやってしまう。これを痛快だと面白がるのは無責任な外野であって、やはり五期先輩の顔を立てるのが良識ある社会人だろう。また鈴木は、秀才にありがちな陰険なところがあり、東條のまた違った陰険さとぶつかれば、結果は容易に想像できる。

昭和十一年五月、鈴木率道は連隊長に転出する。少将進級のために必須なステップだが、行った先が支那駐屯軍の砲兵連隊というのも、部内で彼がどう見られていたかを物語るようだ。もちろん二・二六事件後の粛軍人事なのだが、やはり彼に対するやっかみが強かった結果だと思う。

鈴木率道が連隊長を下番したのは昭和十二年八月だから、盧溝橋事件を天津でむかえていることになるが、どのような役割を果たしたのかははっきりしない。ともかく帰国してすぐに航空科に転科したうえで少将に進級し、同年八月末には華北の第二軍参謀長に転出する。

昭和十二年の夏から秋にかけて、第二軍の作戦地域となった河北省一帯は洪水に見舞われていた（この洪水は長雨の結果であり、国民政府軍が黄河の堤防を爆破して洪水を引き起こしたのは十三年六月十二日）。

第二軍の作戦は、困難な水陸両用作戦になったのだが、鈴木率道の信念である「強烈な意思」で作戦を積極的に推し進めた。その反面、中国軍の戦意が強烈なことも認め、事変の行く末に疑問を投げかけていたという。

戦場での「作戦の神童」を上司はどう評価していたのか。第二軍司令官は西尾寿造（鳥取、14期）、北支那方面軍司令官は寺内寿一（山口、11期）だったことは鈴木率道の不運であった。この「寿コンビ」は癖があり、中国をなめる傾向が強い。中国軍を相応に評価する鈴木に不満であったことは、容易に想像がつく。戦地で上司に赤点を付けられると将来に暗雲が垂れ込める。しかも寺内、西尾ともに有力者だからまずい。

案の定、鈴木率道はこれ以降、軍の中枢部から外され、ていよく航空の分野に追いやられた。昭和十三年十二月から十五年三月まで航空本部、航空総監部勤務となるが、その全期間、上司は佐官時代からの仇敵、東條英機だったとは人事当局者も嫌みなことをやるものだ。

東京で顔を合わせた東條英機と鈴木率道の間で、なにがあったのかは知らない。「この前は失敬でした」「いやー先輩、こちらこそ」とやれるほど心の広い二人ではないことだけはたしかだ。

太平洋戦争開戦を前に鈴木率道は、関東軍の航空部隊を統括する航空兵団司令官に転出し、第二航空軍への改編を経て昭和十八年五月まで在任した。着任早々の十七年秋から、関東軍の航空部隊の南方抽出がはじまっており、鈴木としては心中穏やかではなかったであろう。

関東軍の昭和十八年度作戦計画の検討が行なわれると、依然として攻勢の立場の関東軍と防勢への転換をもとめる中央部との意見対立が表面化した。この問題は関東軍総司令部の問題だが、知恵者で一言多い鈴木率道が黙って見ていたとは思えない。防勢に転じれば、すぐにも南方に抽出されるのは航空部隊だから、その責任者の鈴木が積極的に介入するのも無理ないところだ。

昭和十八年八月の定期異動で関東軍総司令部が大きく動くが、その前に難物を処分しておこうということか、変則人事で五月に鈴木は更迭されて参謀本部付、すぐに待命、なんと翌日に予備役となった。

予備役となった鈴木率道は、自分が手掛けた『統帥綱領』の再改訂に熱意を燃やしていたと言われるが、昭和十八年八月に急逝した。

昭和期で最高の頭脳と言われた鈴木は、結局のところ太平洋戦争に使われることなく終わった。「鈴木さんを使っても勝てなかったよ」という声が聞こえてくる気がするものの、最良の頭脳が野に置かれたままで敗戦をむかえたのだから、なにかモヤモヤした不満感が残る。

「松竹梅」の揃い踏み

前にも触れた砲工学校高等科優等、陸大恩賜の二冠王、加えて東大政治学科卒業という影佐禎昭は、それだけでも異色だが、軍歴を見るとこういう軍人もいたのかと改めて驚かされる。

空前絶後の学歴を持ちながら、影佐禎昭が傍流の支那屋になったというのも解せない。陸士時代、区隊長だった板垣征四郎に薫陶されたからだそうだが、同郷で威勢のよい支那屋の佐々木到一《ささきとういち》（18期）の影響も大きかったと思う。

東大の派遣学生を終えた影佐禎昭は、軍務局課員となり、すぐに中国駐在員となる。その後、昭和八年七月に参謀本部第五課（支那課）の支那班長となるが、課長は同郷の酒井隆《さかいたかし》（20期）であった。日華事変がはじまってから影佐は、参謀本部第五課長、初代の同第八課（謀略課）長、軍務局軍務課長を歴任し、彼のすべてを賭けた汪兆銘工作となる。

蔣介石と並ぶ国民党の巨星、汪兆銘を日本側に寝返らせて中国を切り崩す工作は、新聞記者や満鉄関係者がはじめたそうだ。もちろん民間だけではどうにもならないので、東大出のインテリと毛色の変わった影佐禎昭ならば、話ぐらいは聞くだろうと、第八課長であった影佐に話をもちかけた。八方塞がりであった彼は、これに賛意を示して、軍としての工作をはじめることとなった。

昭和十三年六月、影佐禎昭は軍務課長となるが、すぐにこのポストを捨てて、汪兆銘に対する謀略の「梅機関」長となり中国に飛んだ。そして十四年四月、汪をハノイに脱出させて、日本側陣営に抱き込んだ。

学識豊かで常識人であった影佐禎昭は、汪兆銘を盛り立てて日中が大同団結し、和平への道に進む理想を描いていたと思いたい。しかし、それが日本政府と軍部の共通認識とはならなかった。ようやくつくった南京政府に、属国化するような要求を突き付け、結局はどこから見てもカイライ政権しか樹立できず、ますます国民政府の継戦意思を強化する結果となってしまった。

酒井隆

影佐禎昭

もし、影佐禎昭が傍流の支那屋ではなく、本流を歩む正統派で将来の陸相と目されていたらどうだったろうか。ひょっとしてとは思うが、大勢は変わらなかったであろう。巨大な国際政治の渦の中、個人プレーの謀略ではどうにもならなかったのだ。

本人も「梅機関」は失敗と認めたそうだが、失意の影佐禎昭は南京政府軍事顧問から第七砲兵司令官、そして昭和十八年六月にガダルカナルから撤収した第三十八師団長となり、終戦まで孤立したラバウルの守兵として過ごした。

なぜか支那屋には、広島県人が多い。前述した佐々木到一は、新しいタイプの支那屋であり、孫文や蔣介石にほれ込んだ南方重視の人であった。どこの世界にも「可愛さあまって憎さ百倍」があるが、ほれ込む度合いが深いほど裏切られたときの反発は強い。佐々木はその好例で、熱烈な親中派から激烈な反中派へと転向した。

昭和十二年十二月、佐々木は第十六師団の歩兵第三十旅団長として南京攻略戦に参加、ここで南京事件という大きな問題を引き起こす一人となった。彼は第十師団長を最後に予備役となったが、終戦の直前に召集されてハルビンにあった第百四十九師団長となり、シベリア抑留を経て中国に引き渡され、撫順の収容所で三十年に没している。

酒井隆も対中強硬論者とされているが、彼の場合は立場上そうならざるを得なかった面がある。昭和八年二月、関東軍は熱河作戦を行ない、その圧力を背景に旧タイプの支那屋、岡村寧次（東京、16期）は同年五月末に塘沽《タンクー》協定にこぎつけ、華北は安定したかに見えた。ところが翌年五月、天津でテロ事件が起きると協定違反と支那駐屯軍が憤り、国民政府と国民政府軍の河北省からの撤退を要求した。

この結果が昭和八年六月十日の梅津・何応欽《かおうきん》協定だが、交渉にあたったのが支那駐屯軍参謀長であった酒井隆であった。要求の内容もさることながら、「足を組んで、貧乏ゆすりをしながらとはもってのほか」と何応欽はいたく怒ったそうだ。終戦後、予備役で東京にいた酒井を、とくに戦犯に指名し、南京で裁判に付して死刑とした。さて、この教訓、中国人のメンツは潰さない方が無難ということだ。

広島県人の支那屋はまだまだいる。吉林、天津、漢口の特務機関長を務めた森岡《もりおか》皐《すすむ》（22期）、満州事変時の関東軍参謀、満州国軍政部最高顧問の竹下義晴《たけしたよしはる》（23期）、そして土肥原賢二直系の和知鷹二《わちたかじ》（26期）らも著名な支那屋で広島県出身である。和知は華南を守備範囲とし、「蘭機関」を組織して香港在住の有力者をパイプとして重慶と和平工作を画策した。これは不調に終わり、前述した影佐禎昭の「梅機関」による汪兆銘工作に移る。

一時期、参謀本部は対中謀略に熱心であったため、「参謀本部ではなく謀略本部だ」と揶揄《やゆ》されるまでになった。その本丸、第八課長を日華勃発直後と太平洋戦争直前の二回も務めた唐川安夫《からかわやすお》（29期）も広島県出身であり、彼は欧米と中国の両刀使いの情報屋であった。

華北で親日軍を建設しようとした「竹機関」は、大迫通貞（鹿児島、23期）が創設したものだが、これを引き継いだ川本芳太郎《かわもとよしたろう》（31期）は広島県出身である。川本はこの経験を活かして上海付近でも工作を行ない、これが「松機関」と呼ばれた。

こうして「蘭」に加えて「松竹梅」と揃った。どれも広島県人が主導したとは出来過ぎた話だ。また、どれも中途半端で終わったことは、熱しやすく冷めやすい広島県の風土そのものだと冷やかしたくなるものの、なんでもやってみようという行動派の多い土地柄とも言えるだろう。

山口県

長州閥の消長

山口県すなわち長州とは言うが、そう簡単には割り切れない。長州すなわち長門一国だけでなく、周防の国が加わって山口県となったから、正確には防長二州と言うべきなのだろう。おおまかには裏日本側が長門、瀬戸内海側が周防とされるが、これまたそう簡単ではない。周防は東は岩国から、西は宇部半分まで、そこから西は長門となる。内陸部も山口は周防に属する。

慶応元年の配置を見ると、周防は徳山の毛利藩四万石、長門は萩の毛利藩三十六万九千石と支藩五万石であった。防長ともに毛利藩だからお国柄も同じになりそうなものだが、やはり気候風土、歴史などが違うので地方性が現われる。おおざっぱに言えば、長門が暗く、周防が明るい。これは長門の山県有朋《やまがたありとも》、周防の児玉源太郎《こだまげんたろう》を見れば、

山県有朋

児玉源太郎

寺内寿一

なるほどと頷《うなず》ける。

陸軍将官で山口県出身者が占める割合は圧倒的で、その数三百人ちかくにもなり、まさに「陸の長州」である。東京都の将官は三百八十人を超えているものの、未練もなく本籍地を東京に移した長州人も多かったようだから、実質的には山口県トップとなるだろう。陸軍大将は百三十四人生まれたが、そのうち十九人までが山口県出身だ。ちなみに海軍大将七十一人のうち二人、末次信正（海兵27期）と沢本頼雄（海兵36期）が山口県人である。

凄い実績にしろ、帝国陸軍八十年の歴史は、山口県出身者によって主流を占めつづけられたわけではない。これも時代ごとの大将の数を見るとよくわかる。草創期の大将は三十八人のうち十一人、三割ちかくを山口県人が占めていた。ところが、士官生徒制度の間は二十六人中三人、士官候補生の間は七十人中五人と時代を追うにしたがって細って行く。

太平洋戦争を戦った山口県出身の陸軍大将はただ一人、寺内寿一《てらうちひさいち》（11期）だけであった。これも無理ないことだ。山口県の面積は全国二十三位、大正末の人口は約百十万人の中堅どころ。公平な競争をすれば、いつまでも「陸の長州」と言ってられるはずがない。

政友会を買った男

山口県は首相を八人も輩出して日本一だ。軍人出身は、山県有朋、桂太郎《かつらたろう》、寺内正《てらうちまさ》毅《たか》、田中義一《たなかぎいち》（旧8期）の四人、まさに長州閥の総帥で陸軍を背景にした強力な首相だった。

寺内正毅

人と会えばニコニコして肩をポンと叩く「ニコポン」の桂太郎、「オラが」を連発した田中義一の陽性二人、皇族と宮中で出会っても敬礼しないで睨みつける山県有朋、「ピリケン」と部下にやかましい寺内正毅の陰性二人、はっきりと二つに分かれるのが面白い。ここでは、昭和まで存命した田中に絞って見てみたい。やたらと明るく、庶民的な田中義一は周防の人かと思えば、生粋の長州、萩の人で明治九年の萩の乱にも加担している。うまく逃げ延びたのか、十四歳の子供だから見逃してもらったのか、とにかく無事にすみ、明治十六年に教導団に入り、そこから陸士に進んだなかなかの苦労人だった。そこが庶民の人気を集めた理由であろう。

田中義一の不思議なところは、将来、長州閥を背負うと早くから見られていたものの、直接の上司や親しい同僚に長州人がいなかったことだ。日清戦争では、西寛二郎（鹿児島、草創期）の下で第二旅団副官、山地元治（高知、草創期）の下で第一師団参謀を務めている。

明治三十一年からロシア駐在となった田中義一は、いわゆるロシア屋の草分けとなる。この分野を引き継がせた相手が、後に反長州の旗頭となった武藤信義（佐賀、3期）である。また、同じ情報畑で盟友の関係にあったのが、福田雅太郎（長崎、旧9期）であった。

日露戦争中、田中義一は満州軍総司令部の第一課（作戦課）の主任を務めたが、上司の第一課長は松川敏胤（宮城、旧5期）だ。総参謀長は児玉源太郎にしろ、同僚の参謀で同郷は国司《くにし》伍七《ごしち》（5期）ただ一人だった。凱旋後の明治四十年五月、田中は麻布の歩兵第三連隊長に出るが、ここで御大、山県有朋の仇敵、大隈重信を部隊に招いて講演会を催して世間を驚かさせた。

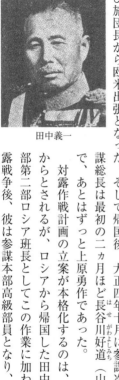

田中義一が軍務局長のとき、明治四十五年四月に陸相の石本新六（兵庫、旧1期）が急死し、後任陸相が問題となった。田中はなんと第十四師団長であった上原勇作（宮崎、旧3期）を推した。上原が陸軍省と縁のないこともさることながら、大分を除く九州連合軍（薩肥閥）の頭領を長州閥のプリンスが応援するとは奇妙な展開だった。

とにかく上原勇作は陸相となったものの、朝鮮二個師団増師問題で紛糾して、単独上奏で陸相自爆という結果となった。軍務局長の田中義一も無事ではすまず、ふたたび旅団長から欧米出張となった。そして帰国後、大正四年十月に参謀次長となる。参謀総長は最初の二ヵ月ほど長谷川好道《はせがわよしみち》（山口、草創期）で、あとはずっと上原勇作であった。

田中義一

対露作戦計画の立案が本格化するのは、明治三十三年からとされるが、ロシアから帰国した田中義一は参謀本部第二部ロシア班長としてこの作業に加わる。そして日露戦争後、彼は参謀本部高級部員となり、明治四十年四月決定の『帝国国防方針』をまとめ上げた。「開国進取」「速戦速決」「仮想敵は露、米、仏の順」「戦時五十個師団」を主な内容とするこの最高戦略方針は、大正七年六月の補修、同十二年二月と昭和十一年六月に改定された。もちろん仮想敵の順や所要兵力量は変わるものの、底を流れる戦略構想は田中義一が定めたものから大きくはずれてはいない。大正七年六月の補修も彼が主導しているのだから、とてつもない大きな仕事を残したことになる。

ところが、歩兵第三連隊長に出るころから、眠っていた長州人らしい政治好きが目覚めたようだ。連隊長を終えた田中義一は、それまでと一転して軍政畑を歩きだす。明治四十二年一月、軍務局軍事課長となり、「良民即ち良兵」という政治的なスローガンを掲げて軍隊内務書を改正して、さらに帝国在郷軍人会を創設した。選挙の基盤を作っておく遠謀深慮と見れなくはない。

そして、大正七年九月、田中義一は原敬内閣の陸相に就任した。それからの彼は、総理への道の地ならしに専念する。田中は佐官のころから、「オラが政友会を買うダ」とうそぶいて、周囲の笑いを誘ったという。ところが、本当にやってのけた。大正十四年の四月かに、政友会総裁の椅子を高橋是清から「一金三百万円也」で買い取ったのだ。国家歳出総額が十五億円ほどの時代の話である。

この資金の出所は、陸軍省の機密費だともっぱらであった。大正末から昭和にかけて陸軍省の機密費は年間およそ二百数十万円だったとされる。田中義一が陸相に就任した前後、シベリア出兵の処理があったため増額され、七百七十万円のプールがあった。田中はこれを流用したのではないかと疑われている。

次官は同期で長年にわたる親友で銭勘定が上手な山梨半造（神奈川、旧8期）、軍務局長は長州閥のプリンス菅野《すがの》尚一《ひさいち》（山口、2期）、高級副官は松木《まつき》直亮《なおすけ》（山口、10期）だから、なんでもできるというのはたしかだ。一時期、この牙城に軍事課長として迷い込んだのが真崎甚三郎（佐賀、9期）だった。真崎は一年たらずでお役御免となるが、その理由はなにか、真崎が生涯、反長州であった理由はなにか。すべてこの機密費流用で説明はつく。

陸軍省の機密費だけではない。白系ロシア軍のセミョーノフが軍資金としていた金塊も奪って政治資金にしたとも噂された。検察当局は金塊疑惑を追及したが、大正十五年十月に担当検事が怪死したりでうやむやとなった。

昭和四年六月、表面化した釜山証券市場をめぐる朝鮮疑獄も、はたして朝鮮総督であった山梨半造だけの問題だったのか。これらの問題は、軍人を語る場所ではふさわしくないと思うので、田中の頃とともに終わりにしたい。

空前の親子元帥

野戦軍を率いて多大なる勲功を上げた者は、元帥府に列して終生現役とし、天皇の軍事上の最高顧問とした。この最高位まで上り詰めた者は、陸軍で十七人、海軍で十二人であった。陸軍では皇族が五人、山口県出身が四人であり、この四人のうち寺内正毅と寺内寿一は親子で、世界的にも珍しいケースとなった。

寺内正毅は、日清戦争中は大本営運輸通信部長、日露戦争中は陸相と出征していないから、元帥府に列する資格があるのかと疑問を感じる。では、上原勇作、武藤信義はどうなのかとの反論もあろうし、明治三十五年三月から同四十四年八月までと陸相在任期間の記録をつくり、韓国統監、朝鮮総督として日韓併合を成し遂げたのだから、元帥は当然かも知れない。

その子息、寺内寿一は日華事変緒戦の北支那方面軍司令官、太平洋戦争の全期間を通じて南方軍総司令官であるから、昭和十八年六月に元帥府に列するのも当然なのだろう。父親の寺内正毅はとにかく難しい人で、すぐに雷を落とし、周囲をピリピリさせていた。そこで見事な禿頭と合わせてピリケンと呼ばれたのだろう。また右手が不自由で、左手で敬礼しながら大将にまでなったことでも有名だった。

なぜ、右手が不自由だったのか。大尉のとき、西南戦争に従軍して明治十年三月の田原坂の激戦で負傷したためである。これ以来、寺内正毅は鹿児島県人に心を許さず、薩摩閥を全滅させようとしていたというのが定説のようだ。

しかし、実際はそれほど単純ではない。寺内正毅は金にこまると西郷従道を頼りにしていた。西郷は明治三十五年に亡くなるが、それからも実子の西郷従徳（11期）がなにかと寺内家を援助していたという。寺内寿一とこの西郷従徳、異腹の西郷豊彦が陸士同期というのも人間関係の妙だ。

寺内寿一は、明治三十三年六月に任官した。終戦時、陸士七期の梨本宮守正に次ぐ国軍最古参の現役将官であった。彼の評価はまったく二分される。東京生まれの東京育ち、学習院から陸士に入った軟弱な二代目、武人どころか、たんなる遊び人だとの酷評すら聞く。その一方、勉強こそしなかったが頭脳明晰で、なにより出世欲がないのが素晴らしいと語る人もいる。苦しい褒め方にしろ、間違ってはいないと思う。

なにはともあれ、大将にまで上り詰めるには、部内の評判が悪いだけのはずはない。ピリケンの息子さんが、なぜ好評の一面があったかと言うと、長州人に似ず金離れが良かったことに行き着く。また食通で、人に御馳走するのが好きだったことも彼の評価を高めた。なんとも軍人らしからぬ、意地の汚い話だが、陸軍も人間社会だから、そういうこともあって不思議ではない。これについてのエピソードを二つほど。
昭和四年八月から一年間、寺内寿一は独立守備隊司令官で公主嶺にいた。翌五年五月、恒例の陸大満鮮旅行の一行をむかえた。陸大四十三期生で秩父宮雍仁もいたからか、寺内は張り切って接待これ努めた。公主嶺には満鉄経営の牧場があり、羊肉料理が名物で羊のシャブシャブ食べ放題で学生を満足させた。数十人の勘定は寺内の身銭と聞いてまたびっくりし、「ピリケンの息子さんも、なかなかの人だよ」との評が広まっ
昭和八年六月、大阪市内で「ゴーストップ事件」が起きた。信号を無視した軍人と警官との、つまらないいざこざである。このとき、大阪の第四師団長が寺内寿一であった。寺内はなかなか強硬に軍の立場を訴え、陸相の荒木貞夫（東京、９期）が「寺内を見直した」と言ったとか。この事件を軍部独走のはじまりとか理屈をつけて大きくあつかうが、当時部内でもちきりの話はもっと別なことであった。
軍と警察の話がつくと、寺内寿一は警察や大阪府の役人を多数、ミナミの料亭に招待し、自分もちで大盤振る舞いをやってのけた。聞けば、第四師団長が最後の務めと定め、代々木にあった屋敷を整理し、たっぷりと軍資金をかかえて大阪に赴任したことも明らかとなり、またまた寺内の男が上がった。

もちろん元帥の御曹司だから、なにもしなくとも有名人だが、その成績や能力については注目されなかった。ただ関東大震災のとき、近衛師団参謀長であり、てきぱきと処置をして、「さすがは東京育ち、地理に明るい」とされたぐらいであった。京都の歩兵第十九旅団長のときだと思われるが、将官演習旅行の成績が悪かったようで、ここで予備役に編入、貴族院議員でご奉公と決まったようだ。

当時、陸相であった宇垣一成（岡山、1期）の話によれば、大先輩の跡取りだから前もって伝えたところ、寺内寿一が、「どこでもよいです、最後まで置いて下さい」と哀願するので現役にとどめたという。宇垣という人は話をつくるのが上手だから、どこまで本当かはわからないにしろ、有り得ることではある。

なんとか中将となり、独立守備隊司令官となった寺内寿一は、本人もここで終わりと観念していたようだ。昭和五年八月、宇垣一成最後の人事で内地の師団長と内示された彼は、「小官その任に非ず」と辞退したという。前の宇垣の話と矛盾するが、どちらが本当かはっきりしない。

そして、なんとか第五師団長として生き残り、本人もここで終わりと観念していた。無欲というのは最強の武器ともなり、見かねた阿部信行（石川、9期）が助け舟を出して、自分のあとを歩ませ、第四師団長、台湾軍司令官となり大将に進級した。そして、軍事参議官、これでだれもが親父の寺内正毅にも義理を果たした、本当に終わりだと思ったことだろう。

ところが、そこに昭和十一年、二・二六事件が突発する。寺内寿一は、皇族を別とすれば最年少の軍事参議官であったために事件の責任はないとされ、西義一（福島、10期）と植田謙吉（大阪、10期）とともに生き残ったばかりか、親子二代の陸相となり、徹底した粛軍人事を行なうこととなった。よくもあのおぼっちゃんがやれたと思う。やはりそこに冷徹な能吏、梅津美治郎（大分、15期）が次官にいたからこそである。

対英米戦が不可避となった昭和十六年秋、人事上最大の問題は、だれを南方軍総司令官に当てるかであった。親子二代にわたって犬猿の仲である東條英機（岩手、17期）が、よくも寺内寿一を起用したものと思う。この人事でまず大事なことは、海軍とのバランスだ。連合艦隊司令長官の山本五十六（新潟、海兵32期）の大将進級は昭和十五年十一月だから、それより先任者が望ましい。この条件を満たす者となると、七人ほどに絞られる。そのなかで手が空いている軍事参議官かつ最先任となれば寺内寿一に落ち着く。彼を東京に置いておきたくない東條英機の気持ちも関係しているのだろう。

寺内寿一本人が、この補職そのものをどう受け止めていたかは、はっきりしないが、中央部とくに東條英機に対する不満は募る一方だったようだ。東條が占領地視察に訪れても、出迎えすらしない。昭和十九年三月、南方軍の総司令部をシンガポールからマニラに移動させるときなど、もう大本営との喧嘩である。

間に立った南方軍の総参謀長はたまったものではなく、五人も交替を余儀なくされている。大本営も寺内にはてこずり、どうしても承諾してもらいたい案件の場合、特別な使者を立てたそうだ。それが前に述べたようにいわく因縁のある西郷従徳の子息、西郷従吾（36期）だった。西郷は侯爵、寺内は伯爵、この薩長会談で話をつけたというのだから傑作だ。

昭和十九年六月、絶対国防圏が崩れて東條英機内閣が倒閣運動にさらされたとき、後継首班の第一候補が寺内寿一であった。ところが、東條に意見をもとめたピントが合わない人がいて、東條が、「作戦中に指揮官を交替させるのは不適」としたため、この話はなくなった。東京ですんなり決まったとしても、寺内が素直に受け入れたかどうか、あれこれ想像すると面白い。

昭和二十一年六月、寺内寿一はベトナムのダラットで客死するが、大陸軍の創業者の二代目としてヤンチャに過ごせたことは同慶に堪えない。元帥寺内、最後のわがままを一言。

南方軍の降伏を受け入れたのは東南アジア方面連合軍最高司令官のルイス・マウントバッテン公爵であた。寺内寿一は病気のためシンガポールでの降伏調印式には出席できなかった。マウントバッテンと寺内は面識があるので、貴族らしい格式高式典を改めてやることとなった。

すると寺内寿一は、「おっと、名刀を持って来ていない。この差料では恥ずかしい限り。大磯から刀をもて」とやったのである。そのためわざわざ飛行機を仕立てて参謀が名刀を取りに行き、デュークとコートの儀式が滞りなく行なわれた。

意外と多い野戦タイプ

陸士十期代は山口県の不作がつづき、これはと言う人は出ていない。これを見て、山口県人だと陸大に入れなかったのではとの話につながるのだが、決してそんなことはないことは前にも述べた。草創期の人の子弟が多くなる陸士二十期代になると、また「陸の長州」が復活し、山口県人はそんなに頭が良かったのかと思うほど秀才がそろう。とくに矢野《やの》音三郎《おとさぶろう》（22期）、桜井省三《さくらいせいぞう》（23期）、十川次郎《そがわじろう》（23期）の陸大恩賜三人組が光っている。秀才と言えば西村敏雄《にしむらとしお》（32期）だ。彼は大阪幼年学校、中央幼年学校、陸士、陸大すべて首席というただ一人の記録保持者である。それを見込まれ、一時期田中義一の養子になったこともある。

彼らは青白い秀才ではない。矢野音三郎は豪放な人で、日華事変がはじまるとすぐに支那駐屯軍参謀副長として現地に入り、改編で第一軍高級参謀、むずかしい緒戦を乗り切った。関東軍参謀副長のとき、ノモンハン事件に遭遇したため懲罰人事に引っ掛かり、能力に見合った土俵に恵まれなかった。

十川次郎は歩兵第一連隊長、第十師団長、華中の第六軍司令官を歴任し、野戦の将帥として期待された人だった。

桜井省三

十川次郎

桜井省三は、ピカ一の戦さ上手の定評がある。彼は本来、地味な運輸を専門とし、参謀本部第六課の船舶班長をやり、満州事変での海上輸送を差配した。専門に似合わず勇ましい人で、部隊の統率方針は「戦えば勝つ、攻めれば取る、常勝陸軍」であった。

太平洋戦争緒戦時、桜井省三は第三十三師団長で、

ビルマ進攻作戦に従事し、昭和十八年三月に帰国して機甲本部長、そしてインパール作戦がはじまる直前にベンガル湾沿岸防衛のため新編された第二十八軍の司令官となり、ふたたびビルマの戦場に立つこととなった。

昭和十九年七月、インパール攻略のウ号作戦が中止されてからは、ビルマ方面軍は深刻な事態となった。第十五軍はインド方面から、第三十三軍は雲南方面から圧迫され、二十年四月末に至ると第二十八軍は敵中に孤立してしまった。三千人もの患者をかかえ、イラワジ川、シッタン川という大河を雨季に渡るという、敵がいなくとも大変の後退作戦となった。

絶望的と見られたが、第二十八軍は昭和二十年七月末までにシッタン川を渡り、タイ領内に入ることに成功した。同軍の第五十四師団長は宮崎繁三郎（岐阜、26期）、その歩兵団長は木庭知時（熊本、25期）という抜群なコンビがいたから成し遂げられたと言われるが、やはり軍司令官の桜井省三の力量とするのが公平でろう。

とにかく山口県出身者は多いから当然にしろ、陸士二十期代の無天組で戦死した人が目立つ。レイテの第二十六師団長の山県栗花生《やまがたつゆお》（23期）、サイパンの独立混成第四十七旅団長の岡芳郎《おかよしお》（25期）、雲南の騰越で玉砕した歩兵第百四十八連隊長の蔵重康美《くらしげやすよし》（26期）、ルソンの戦車第三旅団長の重見伊三雄《しげみいさお》（27期）、これみな陣没した山口県人である。草創期のイメージが強烈なためか、長州人は政治色が濃いと思ってしまうのは誤解であって、このように野戦タイプの人も多かったのだ。

極端に振れる風土

長州人は政治好きで、保守的だというのが定説のようだ。一度は天下を取ったのだから保守に傾くのが当然で、たしかに超保守派の人が多い。また、同時に超革新派も多く、一時期、日本共産党の幹部は山口県人で統一されたかの感すらあった。この振幅の大きさは、日本ではあまり見られず、朝鮮半島の風土のようだと極論する人もいる。

陸軍での振幅の大きさとなれば、昭和十一年の二・二六事件となる。この事件で銃殺となった十九人のうち、山口県の出身は二人、磯部《いそべ》浅一《あさいち》（38期）と田中勝《たなかまさる》（45期）であり、事件後に徹底した粛軍人事を行なったのは長州を代表する寺内寿一

蔵重康美

重見伊三雄

であった。

この銃殺された二人は、まさに首魁であり、二人が発するエネルギーによって、「遂に一路奔騰《ほんとう》」したと言える。ちなみに佐賀県出身者は四人、やはり佐賀の乱、萩の乱の土地柄で、血が熱いのだろう。

磯部浅一がなぜ急進的な革新の道を歩みはじめたのか、さまざまに説明されている。広島幼年学校の先輩に西田税（鳥取、34期）、陸士同期に安藤輝三（岐阜、38期）がいて互いに影響し合ったからだ、陸士の幹事、校長が真崎甚三郎（佐賀、9期）だったからだと諸説ある。

どれも否定はできないにしろ、命を賭ける決定的な動機となるものではない。磯部浅一の場合は、生まれ育った環境にその因をもとめるのが妥当だと思う。

昭和十二年八月の第二次処刑となったため、磯部浅一は多くの獄中手記を残している。その中で菱海と号しているが、これは彼の生まれ故郷、菱海村による（現在の大津郡油谷町）。貧しい家庭に生まれ、高等小学校だけで働きに出なければならない境遇であったが、山口県らしく選ばれて武窓の予備校の武学養成所に入り、広島幼年学校へと進んだ。

当時、小学校だけで幼年学校へ進む者は、各校で五、六人いたそうだ。中学二年、三年から来た者と比べて学力の差があり、そのためさまざまな形で屈折し、過剰なまでにエネルギーを溜め込むケースがあった。有名な辻政信（石川、36期）もそんな一人で、彼の場合は異様な出世欲に結び付いて行く。磯部の場合は、社会の矛盾是正に向かったのだろう。

陸士を卒業した磯部浅一の赴任先は、朝鮮北部の咸興、歩兵第七十四連隊であった。そこでまた彼は、日本では暮らせないで朝鮮、満州に渡った底辺の人々、さらには朝鮮の人々の苦しい生活を見たのである。磯部は妻とここで巡り会うが、彼女は佐賀県の没落士族の娘で、家のために苦界に身を沈めた人であったという。長州の草莽《そうもう》の士が命を捨ててつくろうとした日本は、けっしてこんな国のはずでないと磯部の血が熱くなるのもわかる。

昭和七年、磯部浅一は兵科将校から主計科に転じる。「国家革新運動をするには東京にいなければ」が転科の理由とされている。しかし、主計科になっても地方や朝鮮勤務になる場合が多いから、これもつくられた話だろう。

目が悪い磯部浅一は、歩兵科の将校には適していなかった。身体的な問題で転科する場合、憲兵になるケースが多い。もし磯部が憲兵になっていれば、事態は大きく違った方向に動いたはずだ。

田中勝の両親は、ともに教師で、退役軍人の子弟が多い決起将校のなかで異色だ。両親の職業から、能力があっても中学にも進めない者が多い社会の矛盾を早くから知ったことであろう。彼は陸士四十五期となっているが、病気で一年遅れている。陸士四十四期は、陸大首席二人、同恩賜五人を輩出し、太平洋戦争末期には少壮幕僚の中心となった優秀な期であった。と同時に五・一五事件の参加者十人を出すという両極端の期でもあった。四十五期も終戦時の宮城占拠事件の首謀者を出し、血の気の多い期であった。

このようなことから、田中勝が国家革新の道を進むのは必然であった。また同郷の磯部浅一も田中を頼りにしていた。昭和十年十二月ごろ、すでに磯部は、田中と事件後に自決した河野寿（熊本、陸士40期）を実行部隊として、首相の岡田啓介（福井、海兵15期）と内大臣の斎藤実（岩手、海兵6期）の殺害を計画していたという。

田中勝と河野寿の関係だが、熊本幼年学校の先輩と後輩、それに加え市川の野戦重砲兵第七連隊で勤務を同じにした時期がある。事件当日、田中は市川の野戦重砲兵第七連隊の自動車を持ち出して参加し、これが決起部隊の機動力となった。しかし、田中自身は一件も殺傷行為には加わらなかった。それでも先鋭分子とされて銃殺となった。

徳島県

大阪圏の土地柄

阿波の国は、徳島の蜂須賀藩二十六万石で占められ、そのまま徳島県になったので、まとまりの良い地域である。海運の関係や、染料の藍が特産物であったこともあり、早くから大阪との関係が深かったという。

そのためか徳島県人は大阪人によく似ていて、勤勉で貯蓄を尊び、陽気な人が目立つものの、ある面で打算的なところがあるとされる。コツコツと働き、年に一回、阿波踊りで発散させるということのようだ。

大阪的となれば「尚武」の反対側だろう。また、蜂須賀家は豊臣恩顧の家柄だから、「尚武」の心を表面に出せば幕府に睨まれ、取り潰しに遭いかねない。そんな風土だから軍人志望者は少なくなる。

徳島県が生んだ陸軍の将官は約四十八人、大正末の人口は約六十九万人と小さな県だから、土地柄も合わせてこのぐらいが妥当だろう。ただ徳島県には、長らく歩兵旅団司令部と歩兵連隊が置かれていたことを思えば、少し寂しい数字だ。

ところが、陸軍大将が二人、これは大健闘だ。上田《うえだ》有沢《ゆうたく》（草創期）と吉本貞一《よしもとていいち》（20期）である。上田は明治四十五年二月に、吉本は昭和二十年五月にそれぞれ大将に進級している。明治期で最後の大将、そして正規の大将の最後、ともに徳島県人だったことになる。なお、海運の盛んなところなのに、海軍大将は出ていない。

ざっと徳島県出身の将官を見ると、草創期に七人ほどと、それなりの勢力を持っていた。上田有沢はそのなかの一人で、明治五年四月に大尉が初任という古い人だった。彼は第五師団参謀長として日清戦争を、第五師団長として日露戦争を戦っている。その間の三年ほど陸大校長を務めており、宇垣一成（岡山、1期）、武藤信義（佐賀、3期）などの逸材を送り出した。

日露戦争後、上田有沢は、第七師団、近衛師団で師団長を務めた。都合三回の師団長とは信じられないが、当時はよくあるケースだった。この人事の停滞は、戦争には勝ったが、軍備増強が思いにまかせない苦悩をよく現わしている。上田は日韓併合直後の緊張状態のなか、明治四十四年八月に朝鮮駐箚軍司令官となり、後備役に編入される際、大将に進んだ。

華々しい陸大二十八期

吉本貞一（20期）と並んで大将に進級したのは、陸士同期の下村定（高知）と木村兵太郎（東京）であった。この陸士二十期は、その前の十九期と同じく特異な期だった。日露戦争中の大量募集で中学出身者だけを集めたのが十九期で、中央幼年学校出身者が修学期間を短縮してこれに合流する予定だった。

ところが戦争が終わり、修学期間の短縮が取りやめとなったので、別に二十期を設けることとなった。したがって、ごく一部の留年組をのぞいて、この二十期は幼年学校出身者のみとなり、吉本は東京幼年学校の五期生となる。

上田有沢

吉本貞一

吉本貞一を語る場合、彼が卒業した陸大二十八期を説明した方がわかりやすい。これは中央官衙に勤務するエリートに共通することで、陸士同期よりも陸大同期、そして陸大教官との関係の方が大きな紐帯となっており、その人脈が重要となってくる。

さて、陸大二十八期は、大正二年に入校、同五年卒業だから、校長は大井成元（山口、旧6期）、由比光衛（高知、旧5期）、河合操（大分、旧8期）、幹事は鈴木荘六（新潟、1期）、朝久野勘十郎（大分、3期）という時代だった。この期の首席は下村定、恩賜は山下奉文（高知、18期）、田中静壹（兵庫、19期）、橋本群（広島、20期）、吉本貞一、村上啓作（栃木、22期）と有名人がそろっている。

橋本群は、ノモンハン事件当時の参謀本部第一部長であったため、引責辞任して待命となり、大将を逃した。村上啓作は年齢の関係で大将まであと一歩の中将どまりとなった。ほか四人は大将に進級し、さらに板垣征四郎（岩手、16期）、木村兵太郎（東京、20期）、牛島満（鹿児島、20期）が大将に進んだ。合計七人の大将というのは、陸大の期別の記録となる。

華々しい反面、この陸大二十八期は悲劇の期ともなった。板垣征四郎と木村兵太郎はA級戦犯で刑死、山下奉文と酒井隆（広島、20期）も戦犯で刑死した。牛島満、田中静壹、吉本貞一、そして永田鉄山斬殺事件のからみで山田長三郎（宮城、20期）が自決した。藤井洋治（広島、19期）は広島の原爆で爆死している。後述する不運な佐《さ》藤正三郎《とうしょうざぶろう》（徳島、19期）も陸大二十八期であった。

さて、話は吉本貞一に戻り、彼の軍歴を見ると、日本の陸軍にもこんな恋愛人事があったのかと奇異に感じる。彼は陸軍省軍事課高級課員、参謀本部庶務課長、関東軍参謀長を歴任しているが、上司の軍事課長、参謀本部総務部長、関東軍司令官はすべて梅津美治郎（大分、15期）であった。また、吉本は第二師団長、第一軍司令官もやっているが、梅津と同じコースである。

昭和十九年十一月、華北の第一軍司令官であった吉本貞一は、内地に帰還して参謀本部付となり、翌二十年二月に第十一方面軍司令官、次いで同年六月に第一総軍付となった。これは健康を害していた参謀総長の梅津美治郎の予備要員とされていたのであろう。

これも梅津の同意があってのことだろう。あの厳格で暗い面がある梅津が、なぜ徳島県人らしい陽気な吉本を重用したのか、そこが人間関係の面白さである。

吉本貞一は、中国戦線での第十一軍参謀長、中支那派遣軍参謀長を歴任しているが、その上司はそれぞれ岡村寧次（東京、16期）、畑俊六（福島、12期）であった。梅津美治郎も加えてこれほどの大物に仕え、円満な人間関係を保ち、大過なく任務をこなした吉本もまた大物と言わなければならない。良い意味で抜け目がない徳島県人の性格が生かせたということが言えるだろう。

そして、第一総軍司令官の杉山元（福岡、12期）のあとを追って自決した。彼にはそこまでしなければならない責任はないと思うが、どんなものだろうか。

消えたロシアの専門家

軍隊は、偶然の巡り合わせで決まることが多く、そのため「運隊」とも言われた。これは徴兵で入営した兵卒ばかりの話ではなく、陸大を卒業したエリートでもそうだった。

ここまで述べてきた軍人の中でも、どうしてこの人がこれほど栄達したのか、よく理解できない場合も多い。その一方で、これほどの実績を残し、人望もあるのに、挫折してしまった有為な人もいる。徳島県人では坂部十寸穂《さかべとすお》（9期）と佐藤正三郎が後者の例となる。

坂部十寸穂は、日露戦争に従軍、ロシア駐在、シベリア出兵時にはウラジオ派遣軍参謀と、正統派のロシア屋で、同期の荒木貞夫（東京）とよく似た経歴であった。荒木は陸大十九期の首席、坂部は二十期の恩賜と、二人は将来を嘱望されていた。連隊長は、坂部は近衛野砲兵連隊、荒木は熊本の歩兵第二十三連隊で務めたから、坂部の方が格上だった。

砲兵科であったため、坂部十寸穂は陸大恩賜でも第十四師団で参謀長を務め、大正十二年八月の定期異動で参謀本部第二課長（作戦課長）の要職に就いた。荒木貞夫は一年前に参謀本部第六課長（支那課長）になったが、この時点までは同じロシア屋でも坂部が重用されていたことになる。坂部は大正十一年八月から一年間、第二課長に在任するが、参謀本部そのものが難しい時期であったことが、彼に災いしたように思える。

大正四年十二月以来、参謀総長は上原勇作（宮崎、旧3期）であったが、この長期政権も十二年三月に終わり、後任は河合操（大分、旧8期）となり、その後の最初の定期異動で坂部十寸穂は、第二課長を下番して陸大に転出した。

部内の事情がどうだったのかはっきりしないが、どの組織でも長期政権後の人事はむずかしいものだ。当時は、革命後のソ連の国力が最低の時期で、いくらロシア屋が警鐘を鳴らしても、「自分たちが失業してしまうから、おおげさに言う」と冷笑されていた。また、世界的な軍縮傾向に対応するシフトへ転換をはかる時期でもあり、ロシア屋の坂部が冷遇されるのも無理はない。

その後の坂部十寸穂は、陸大幹事、野戦重砲兵第四旅団長、砲兵監と歩き、省部に戻ることはなく、第三師団長在任中に病没した。もし、第二課長の重責を担った者らしく、砲兵科の勤務に偏することなく省部に地位を占めれば、彼がロシア屋の本流となり、荒木貞夫の出番はなくなったであろう。

さらには、急速なソ連の立ち直りに驚き、慌てて軍備の見直しをはかることもなかった。そうなれば、昭和の歴史も大きく変わっていたことになる。

悲劇の第百一師団

佐藤正三郎は、気の毒になるほど運命が暗転した人であった。彼は陸大恩賜こそ逃したもののイギリス駐在をしているから、上位十五位はキープしたことになる。イギリス帰りらしく、李王垠付武官、連隊付中佐は近衛歩兵第二連隊と紳士でなければ務まらない職務をこなした。

そして、同期の先頭で大佐に進級した佐藤正三郎は、山形の歩兵第三十二連隊長となった。当時としては、大佐進級と同時に連隊長は異例の厚遇であった。昭和九年三月からは、第三師団参謀長として満州に出征している。

昭和十年八月の定期異動で佐藤正三郎は、歩兵第一旅団長となる。これは最高のポストで、同期のエース、今村均（宮城）の朝鮮・竜山の歩兵第四十旅団、本間雅晴

（新潟）の和歌山の歩兵第三十二旅団よりも格が上であった。それまで派手な中央官衙の勤務はないものの、これで中将は確実となった。何事もなければ悪くても豊予要塞司令官か、運が良ければ善通寺の第十一師団長となって故郷に錦を飾れたことだろう。

ところが、佐藤正三郎が東京の歩兵第一旅団長に就任して二週間もたたないうちに、永田鉄山斬殺事件が起きた。ここから彼の人生の暗転がはじまる。犯人の相沢三郎（宮城、22期）を裁く軍法会議の裁判長となったのが、佐藤だったのである。

激烈な派閥抗争がからんでいる事件だから、部内ばかりでなく社会全体を巻き込んだ騒ぎとなった。佐藤正三郎が厳刑を宣告しても、寛刑を選んでも、非難は彼に集中して苦しい立場になったことは間違いない。

裁判が最高潮に達した昭和十一年に二・二六事件が突発した。佐藤正三郎の歩兵第一旅団の下にある歩兵第一連隊から決起部隊が出てしまった。監督不行届で連隊長が責任を追及されるのはわかるが、中間指揮結節で平時には部下四人しかいない旅団長の責任を追及してもしかたがないように思う。しかし、建軍以来の大不祥事ということで、佐藤正三郎は事件後一ヵ月で待命となり、すぐに予備役編入となった。

これで終われば、まだ救いがある。ところが、それで終わらなかった。佐藤正三郎が予備役になってから一年で日華事変がはじまった。佐藤はすぐに召集され、特設された第百一師団の歩兵第百一旅団長に補された。

同じく二・二六事件で予備役に編入された第二旅団長の工藤義雄（岡山、17期）も召集されて歩兵第百二旅団長となった。再起の機会をあたえる、名誉挽回と思って頑張ってくれと言えば聞こえは良いが、本当にそうだったのか。どことなく再度、懲罰という雰囲気がただよっている。

そもそも東京の第一師管内で編成した部隊は、いろいろ問題があった。それも特設師団で兵員は所帯持ちの応召兵ばかり、幹部も現役はごく少なく、応召の老兵が主体。これで戦えるのかと参謀本部の部員が漏らしているほどだった。それでもまあ、相手が中国軍であるし、警備など軽い任務に当てればよいだろうと甘く考えていたのだろう。

第百一師団が動員されたのは昭和十二年九月だが、すぐに上海戦線に送られた。そして警備どころの話ではなく、すぐさま激烈な市街戦に投じられた。そして、休む間もなく南京攻略戦である。十三年初頭、南京を攻略した後、第百一師団は復員するはずだったが、すぐに漢口攻略となって引き続き華中で戦うこととなった。まったく苦戦の連続で、同じく特設師団の第百六師団も大きな損害をこうむっている。

佐藤正三郎はなんとか面目を保ったが、工藤義雄は不可となり、作戦が一段落すると召集解除でお役御免となった。第百一師団は第百六師団とともに、昭和十四年十一月に復員するが、佐藤も第一師団付となり、翌年に召集解除となった。この両師団の戦績は芳しくなく、「特設師団の運用には一考を要する」とまで言われ、結局、この部隊番号は使わないまま終戦をむかえている。個人的には、佐藤は二度も恥をかかされたことになる。

香川県

「讃岐に大将なし」

讃岐の一国で香川県となった。幕末の区分は高松の松平藩十二万石、丸亀の京極藩五万石、多度津の京極支藩一万石となっていた。松平家は徳川家門、京極家は室町以来の名門だから、落ち着いた地域であったろう。加えてこの地域は、四国に珍しく平野が広がり、また本州との連絡も良く、それなりの繁栄を享受したようで、おっとりした気風になったとされる。

陸軍との関係は古く、明治六年に第五軍管の営所が丸亀に置かれたことからはじまる。次いで明治三十年には善通寺に第十一師団司令部が置かれた。乃木希典（山口、草創期）もここで師団長を務めた。第十一師団は、旅順要塞攻略戦に参加し、苦戦のすえに東鶏冠山北堡塁を攻略した戦歴を誇る。

そんな縁で善通寺の衛戍地には、水師営のナツメの木が移植され、今日でも観光名所の一つになっている。旧軍とまったく同じ場所に陸上自衛隊の駐屯地も置かれ、長らく軍都であったためか、暖かくむかえ入れられ、日本全国で一、二を争うほど自衛隊に好意的な町でも知られている。

このような土地柄なのに、香川県出身の軍人は少なかった。海軍もふくめて大将はいないし、陸軍の将官は四十人ほどで、徳島県よりも少ない。大正末の人口が約七十万人と少ないことがその主因にしろ、やはり讃岐の風土が関係しているのだろう。それなりに豊かな地域のせいで、香川県人は小さくまとまり、弘法大師のほかに大物が育たないとされる。

そこで一般的な意味で、「讃岐に大将なし」と言われるようになった。

災難だった二度目の務め

香川県人で大将の座に最も近づいたのは、斎藤弥平太《さいとうやへいた》（19期）であり、彼一人だけが軍司令官を経験している。斎藤は整備局統制課長、関東軍作戦課長を歴任したエリートで、つねに一選抜で進級しており、昭和十三年三月に同期の先頭で中将となった。

あまり早く中将になると、空きがなくて一等師団に回れない場合が多くなり、そこで挫折するケースも生まれる。

さて、斎藤弥平太の場合は、案の定と言うべきか酷評を浴びた華中戦線の第百一師団で師団長を務めることとなった。そこであたえられた任務は、これまた問題をかかえていた第百六師団と並列しての南昌攻略である。

戦績が芳しくない両師団に自信を付けさせるためにと、担当の第十一軍は火砲約二百門を集中させて支援することとなった。これほどの火力支援を受ければ、どんな部隊でも戦果が上がるのは当然で、一週間で二百キロも突破して、両師団はそれまでの汚名を雪《すす》いだ。また、斎藤弥平太も師団長合格と認められた。

太平洋戦争開戦を兵器行政本部長でむかえた斎藤弥平太は、昭和十七年七月に山下奉文（高知、18期）の後任として第二十五軍司令官となる。進攻作戦が終わってからの第二十五軍は、戦局の焦点からはずれたスマトラの防衛という地味な任務に終始した。そのため斎藤は、これといった役割を演じることもなく十八年五月に予備役編入となった。

二度目の務めは満州拓殖公社の総裁だったが、ソ連軍に抑留されるためだけに新京に赴く結果となった。それも帰還できればまだましだったが、斎藤弥平太の場合は行方不明となり、命日すらわからない悲惨なことになってしまった。

香川県出身で師団長を務めた人は六人だが、そのうち中山惇《なかやままこと》（23期）と柳川悌《やながわやすし》（23期）は、斎藤弥平太のように二度目の務めで悲劇を味わうこととなった。陸士二十三期は太平洋戦争中、将官の主力で五十人もの師団長を輩出している。しかし、師団長を終えて予備役に入り、召集されて再度師団長というケースは、この中山と柳川の二人だけである。

中山惇はまず第六十八師団長となり、華中での浙贛《せっかん》作戦に参加している。柳川悌は第五十九師団長となり、華北の治安戦に従事した。どういう理由かはっきりしないが、二人とも予備役に編入され、すぐに召集で留守師団長を務めたあと、いわゆる根こそぎ動員で編成された百三十番台の師団長に補された。中山は奉天の第百三十六師団、柳川は華中の第百三十二師団であった。どちらも小銃すら満足にそろっていない戦時急造の部隊であった。

結局、どういうことになったのか。どちらの師団も戦力にならないうちに終戦をむかえた。そして、中山惇はソ連軍に抑留され、柳川悌は中国軍の俘虜となった。中山は帰国できたようだが、柳川は漢口で客死した。まったく便利に使われ、結末は災難であった。

殴られた少将閣下

これまた災難話だが、歴史的な問題に発展したエピソードを紹介しよう。

香川県人の将官には、後述するように航空科出身が目につくが、砲兵科出身者も多い。その中の一人に和気忠文《わきただぶみ》（31期）がいる。彼は技術畑のエリートで、太平洋戦争開戦時には技術本部のアメリカ駐在官であった。交換船で帰国して兵器行政本部の技術課長、一選抜で少将に進級している。それから二年ほど仁川の造兵廠の廠長を務め、そこで終戦をむかえた。

この仁川時代に、和気忠文の部下の工場長に朝鮮出身の蔡秉徳（平安道、49期）がいた。平壌生まれの蔡も重砲兵育ちの技術畑で、体重が百キロを超す巨漢であった。朝鮮北部の人は気性が激しいし、肥満体の人は意外と気が短い。あるとき、和気の言動に憤った蔡は、相手もあろうに少将閣下に手を出した。巨漢のパンチだから、和気も痛かっただろう。

人を殴ることが日常化していた帝国陸軍でも、少佐が少将を殴るとは前代未聞のことだった。当然、陸軍刑法の抗命の罪、暴行強迫及び殺傷の罪で軍法会議となる。しかし、和気忠文は相手が朝鮮系ということを考えてか、それとも自分の言動を恥じてか、不問に付した。蔡秉徳も自分の短気を反省し、この武勇伝を話すことはなかったが、そばにいた人の話で広まった。

これは蔡秉徳が大阪の造兵廠にいたときのことで、殴った相手は和気ではないとも言う。今日では確認のしようがなく、話が合う仁川での出来事とするのが自然だろう。

さて、それからの展開が意外なことになる。終戦後、蔡秉徳は故郷の平壌に帰ることなくソウルにとどまり、韓国軍に入隊する。そして建軍で中枢的役割を演じて、昭和二十五年六月の朝鮮戦争勃発時には陸軍参謀総長であった。承知のように奇襲を受けた韓国軍は、緒戦で大敗を喫したが、その責任を追及された蔡は更迭され、南部の臨時編成の部隊指揮官となり戦死する。

和気忠文としても、まさか自分を殴ったあの少佐が韓国陸軍参謀総長になるとは思わなかっただろうし、その事実も知らなかったと思う。もし、蔡秉徳が軍法会議にかけられて、内地の軍刑務所に送られていたならば、韓国軍入隊が遅れて陸軍参謀総長にはなれなかったかも知れない。しかし、戦死することもなかったろうし、韓国軍の歴史もだいぶ違ったものになった可能性がある。

新分野のパイオニア

香川県出身の将官を見ると、航空科出身の人が多いことに気がつく。中将ではともに陸士二十六期の近藤兼利《こんどうかねとし》と安田利喜雄《やすだりきお》の二人、少将は四人いる。将官を多く輩出した県ではそれほど多いとは言えないが、数がかぎられている香川県では航空科が高率になる。香川県人は新しいもの好きと言われるが、そんな風土が航空の道を選ぶ理由の一つだろう。

また、これには航空草創期からの人脈も関係している。陸軍最初の航空大隊が編成されたのは大正四年一月、中央に航空部が置かれたのは八年四月であった。このはじめから関与していた一人に、香川県出身の上原平太郎《うえはらへいたろう》（7期）がいる。航空兵科が独立するのは十四年五月のことで、その前に少将に進級した上原は歩兵科のままで航空関係に携わっていた。

パイロットの養成を行なう航空学校は、大正八年四月に設けられるが、この二代目の校長が上原平太郎であった。航空学校が所沢の飛行学校に切り替わるが、その初代校長が上原となる。陸軍航空と言えば徳川好敏（東京、15期）だが、彼が中佐で飛行学校の研究部長のとき、上原は少将で校長だったから、陸軍航空のパイオニアで最先任者は彼だと言える。こういう同郷の先輩がいると、「では俺も」となるようだ。

航空戦力の一部に空挺部隊があるが、このパイオニアで初代の第一挺進団長を務めた久米精一《くめせいいち》（31期）も香川県出身であった。そして、フィリピンのクラークフィールド付近で悪戦苦闘した第一挺進集団の高級参謀（建武集団参謀長）の岡田安次《おかだやすじ》（37期）も同郷だったことは、見えない因縁の糸を感じさせる。

陸軍が空挺部隊に注目したのは各国よりもかなり遅れ、昭和十五年二月に示された『航空作戦綱要』に空中挺進部隊と記されたのが最初とされている。同年十一月に浜松の飛行学校に練習部が創設され、翌年一月から選抜された要員を東京の戸山学校に集めて教育がはじまった。

まず、着地の動作を習得するということで、東京・多摩川沿いの二子玉川の遊園地にあった落下傘塔が使われた。戸山学校から二子玉川まで通うときは、機密保持のために各自、学生服を着用して大学生を装うこととなった。ところが、警官の職務質問に遭い、新聞に「渋谷にニセ学生出没」と書かれたこともあったそうである。

実機を使った降下訓練は、内地では人目に触れるということからか、満州の白城子で行なわれた。海軍も同じころ、空挺特別陸戦隊を創設したが、こちらは堂々と東京湾の入り口、館山の飛行場で降下訓練を行なっていた。

要員の訓練が一段落したところで、宮崎県の新田原に集結し、開戦間近の昭和十六年十二月四日に第一挺進団本部と第一挺進連隊の編成を完結した。団長は爆撃機育ちで飛行第十六戦隊長であった久米精一である。

南方作戦での最重要目標は、スマトラのパレンバンの油田地帯と精油施設であった。早急に占領しないと敵の破壊行動が予想されるため、第一挺進団を投入することとなった。

ところが、第一挺進連隊が乗船していた明光丸が、昭和十七年一月三日に焼夷弾の自然発火が原因で沈没して、装備をすべてを失ってしまった。そこで急ぎ新田原で待機していた第二挺進連隊が急行し、同年二月十四日に空挺作戦が敢行された。

久米精一は一番機に搭乗し、強行着陸した。これが今日までつづく「空挺部隊は指揮官先頭」という伝統がつくられる端緒となった。タイミングが難しい空挺作戦だが、降下翌日には海上機動部隊とリンクアップして大成功をおさめ、油田や精油所の施設をほとんど無傷で占領した。

ここまで大きな戦果をおさめたならば、各国軍では無条件で即日進級するものだ。ところが、帝国陸軍はなんとも渋く、久米精一は昭和十九年八月まで大佐に止め置かれた。同期の一選抜は一年前に少将に昇進しているのだから、戦場の功績は関係ないという姿勢としか思えない。

少将となった久米精一は、重爆乗りということで航空輸送部長となっていた。戦争も押し詰まった昭和二十年四月、本土決戦準備で多数の師団が新編された。敵の砲火はものかはと、肉弾のスクラムを組んで橋頭堡に押しかけるのだから、「勇ましいやつはいないか、少将でもかまわないから師団長にしろ」となり、久米も目をつけられ、第二百九師団長となった。

この師団は関東正面の機動打撃集団である第三十六軍の戦闘序列に入ったが、展開が遅れて終戦時には石川県の金沢付近にあった。

愛媛県

文化的な風土

伊予一国で愛媛県になった。幕末の配置を見るとなかなか複雑で、松山の松平（久松）藩十五万石を筆頭に宇和島の伊達藩十万石、大洲の加藤藩六万石など八つの藩が分立していた。徳川家門の松平家を筆頭に名門の藩ばかりで、昔から文化、文物の移入に熱心であった。それに温暖で豊かな風土と合わさって、文化的でおっとりとした土地柄に育った。ギスギスとしたところがないせいか、先輩を敬い、後輩を引き立てる美風があり、藩閥とはまた違った味があるとされていた。

軍事的な歴史は、明治二十一年に広島鎮台が第五師団に改編された際、その歩兵第十旅団司令部が松山に置かれたことにはじまる。明治三十年に第十一師団が創設されると、部隊は港湾が多い四国東部に集められた。松山の旅団司令部は徳島に移され、大正軍縮以降は松山に歩兵第二十二連隊が置かれるだけとなった。

そんな環境で、しかも俳句で知られるように「尚文」の土地柄にしては、愛媛県は高知県と並んで多くの軍人を輩出しているのだから不思議だ。海軍大将こそいないが、陸軍大将は、秋山好古《あきやまよしふる》（旧3期）、白川義則《しらかわよしのり》（1期）、川島義之《かわしまよしゆき》（10期）の三人を数え、陸軍の将官は合計九十人を超えている。

これは全国的に見ても上位にランキングされ、兵庫県や高知県に匹敵する。どうしてかと考えると、幕末からの混乱期でもしっかりとした基盤を保った藩ばかりだったことと、文化程度の高い士族が多かったからであろう。基本的には、大正末年の人口が約百十万人というかなりの規模の県であったことが大きい。

一味違った武人

草創期から終戦まで、愛媛県は人材を陸軍に送りつづけていた。その最先任将官は黒川通軌《くろかわみちのり》であり、明治十年の西南戦争では旅団長、十八年五月に中将であるから野津道貫（鹿児島、草創期）と同期になる。初代の第三師団長を務め、二十六年十一月から東宮武官長、三十六年に死去している。

これにつづくのは仙波太郎《せんばたろう》（旧2期）だ。彼はよく岐阜県人とされるが、それは夫人の出身地だそうだ。仙波は陸大一期の恩賜をものにして有名になり、日露戦争中、非常にデリケートな立場の清国駐屯軍司令官を務めたことで広く知られるようになった。

仙波太郎をさらに有名にしたのは、彼の趣味と名前である。仙波の浄瑠璃は玄人はだしであったそうだ。また名前から、桂太郎（山口、草創期）、宇都宮太郎（佐賀、旧7期）と並ぶ「陸軍三太郎」と呼ばれ、部内外での著名人となった。そして、予備役に入ったのち、妻の郷里の岐阜県から国会議員に出馬して話題をまいた。

陸大一期で面白いことは、卒業十人中、恩賜を逃した井口省吾（静岡、旧2期）と秋山好古が大将になり、恩賜の仙波太郎、東条英教（岩手、草創期）、山口圭蔵（京都、旧3期）がかすんだことだ。

そして、この秋山好古が、愛媛県人で最初の大将となる。彼は連合艦隊参謀の秋山真之の実兄であることで有名なようだが、陸軍では「騎兵の父」と重んじられていた。日露戦争中は全軍の最左翼で行動した騎兵第一旅団長で、秋山の武名は鳴り響いている。大正五年十一月、朝鮮駐箚軍司令官のときに大将となり、教育総監を務めて待命となった。

大将にまでなる人には、どこかギラギラしたものが目につくものだが、秋山好古に

秋山好古

かぎってそれがない。権勢欲を露にした上原勇作（宮崎、旧3期）が同期だから、ますます際だつのだが、とにかく秋山には物欲というものがない。

秋山好古は、仙波太郎の前任の清国駐屯軍司令官であった。帰国するにあたり、居留民団は七百ドルも募金して記念の金時計を贈ることとして、後日、上海であつらえて日本に送ると伝えた。口上を聞いた彼は、「野人ですから高級時計などもったいない、せっかくですから現金でいただきます」と希望した。現金で渡されると決まると、その全額を居留民学校に寄付し、目録だけ有り難そうにおさめたという。

予備役に入ってからも、東京での名誉職をいっさい辞退し、故郷の私立中学の校長におさまり、事務もみずから見たというのだから徹底している。「恬淡《てんたん》」「淡泊」という言葉がぴったりの秋山好古であるが、その大将としての影響力をもう少し発揮してもらいたかったと残念がる人も多かった。

教育総監部本部長として秋山好古に仕えた宇垣一成（岡山、1期）は、彼を「単純無垢無策」と辛辣に評している。上原勇作（宮崎、旧3期）の暴走にブレーキをかけられるのは、同期の秋山しかいないのに、彼はなにもしなかったとの不満である。また、教育総監のとき、

桜井忠温

なぜ山梨半造（神奈川、旧8期）の肩をもって陸相にしてしまったかとの鬱憤もあったであろう。しかし、温厚で無私無欲の愛媛県人にそこまでもとめるのは無理だと思う。とにかく相手が上原勇作と山梨半造だから、太刀打ちできる人はそう多くはない。

また一人、一味違った愛媛県出身の軍人に桜井忠温《さくらいただよし》（13期）がいる。彼は歩兵第二十二連隊の連隊旗手として旅順要塞攻略戦に参加し、その体験を活写した『肉弾』は大ベストセラーとなった。旧軍人には文才に恵まれた人が多いが、中尉のときに著作を市販した人は珍しい。やはり文化的な愛媛県人は一味違う。また、軍人は写景図の訓練をうけるせいか、絵が上手い人も多いが、桜井は本格的に絵画にも通じていた。

大正デモクラシーに対抗しようとしたのか、マスコミ対策が重視されて大正十一年七月、陸軍省に軍事調査委員長直轄の新聞班が設けられた。初代の班長は、満州事変勃発時に関東軍参謀長の三宅光治（三重、13期）であった。三宅は当時の軍人にすれば、弁舌が優れ、人当たりの良い軍人であった。三宅の後任が彼と同期の桜井忠温である。

大ベストセラーをものにした桜井忠温をこのポストに当てるとは、人事当局も味なことをする。また、新聞記者のだれもが一目を置いたことであろう。彼は昭和五年八月まで新聞班長を務めた。陸軍に関しては大きな問題もなく、桜井は暇をもてあます毎日だったようだ。

ところが、桜井忠温の後任、古城胤秀（鹿児島、15期）になると騒々しくなる。古城の在任中に満州事変となるが、その前に未発に終わった三月事件があった。この事件の概略を公表するかどうか問題となった。新聞班を中心として、発表するべきだとの意見もあったのだが、内務省の意向が強くはたらき、発表されることはなかった。班長が桜井だったならば、どうなったのか考えると面白い。

テロに斃れた大将

人材豊富な陸士一期生の中で、白川義則は宇垣一成よりも半年早く大将に昇進している。彼は大将まで極めるに必要な「運」のある男として有名であった。松山中学に在学中、なにを思ったのか教導団に入って工兵の軍曹になり、それから士官候補生となった苦労人であった。日清戦争では、広島の歩兵第二十一連隊の小隊長、日露戦争では同じく中隊長で出征している。

白川義則は日清戦争を挟む陸大十二期であり、同郷の秋山好古の家に下宿して青山に通った。このころの陸大は小さく、十二期の卒業生は十七名であった。この期で恩賜の鈴木荘六（新潟、1期）は卒業するとすぐに参謀本部勤務となったが、白川の成績はかすんでいたようで、陸士の教官に回された。

ところが、「運」というものはわからないもので、上司の教官であっ本郷房太郎（兵庫、旧3期）に認められたことが、白川の将来に大きく影響することになる。その経歴から野戦将校と見られ、白川義則は良くて中将、師団長で軍歴を終えていただろう。ところが、日露戦争後、人事局長となった本郷房太郎は公平で派閥色のない白川を見込んで、第十三師団参謀から人事局員に引っ張った。これが彼の中央官衙勤務のはじまりとなる。

そして大正五年八月、大島健一（岐阜、旧4期）陸相の下で、白川義則は人事局長に抜擢された。その後、第十一師団長としてシベリア出兵に従軍して凱旋し、第一師団長となるが、同期で次官であった児島惣次郎（岡山）が十一年十月に急死したため後任となった。

運悪く次官に就任した翌年に関東大震災に遭う。社会主義者の大杉栄を殺害した甘粕事件などさまざまな問題が起きて、次官の白川義則は苦しい立場となった。その責任というわけでもないようだが、彼は関東軍司令官に転出する。

当時の中国は、軍閥抗争が激化しており、間に挟まれた関東軍はむずかしい立場にあった。白川義則は、張作霖をもり立てつつ満州の権益だけはなんとか確保した。それで「満蒙問題は白川」という評価となり、昭和二年四月からの田中義一内閣の陸相に就任することになった。

陸相時代も多難であった。蔣介石による北伐となり、済南事件を挟んで二次にわたる山東出兵が無名の師と批判を浴びた。とどのつまりが昭和三年六月の満州某重大事件で、白川義則が庇護してきた張作霖が関東軍によって爆殺されたのである。関東軍の事情に明るい白川は、早くから事件の真相を知っていただろう。

ところが、部内の強い意見もあって、人事を握る陸相としても断固とした処分ができない。温和な愛媛県人ということもあるが、複雑な人間関係も絡んでいた。

白川義則

事件の首謀者、河本大作（兵庫、16期）の姉は、白川の恩人である本郷房太郎の妻だった。ちなみに妹は、支那屋で有名な多田駿（宮城、16期）の夫人となる。
結局、事件の真相は昭和天皇の耳に入ってしまい、田中義一内閣は総辞職となり、白川義則は軍事参議官となった。

そして昭和七年一月、満州事変が華中に飛び火し、第一次上海事変となるが、上海派遣軍司令官に選ばれたのが白川であった。昭和天皇の意を体して不拡大方針を堅持した彼は、同年三月までに事態を収拾し、停戦交渉に入った。

そして昭和七年四月二十九日、上海で開催された天長節の祝賀式場で、朝鮮独立運動のテロが起きた。弁当箱に詰められた爆弾を投げつけられた白川義則は、全身に百八ヵ所もの傷を受けた。それでも自分で壇を降りたというから、心身を鍛え上げた人は違う。

しかし、やはり人間だからこの重傷には耐えられず、五月二十六日に死去した。

このテロを主導したのは、朝鮮独立運動の中心にいた金九であった。金九もまた韓国独立後の昭和二十四年に暗殺された。金九の次男、金信は軍人となり、韓国空軍の参謀総長を務めた。白川義則の三男、白川元春《しらかわもとはる》(51期)も軍人の道を進み、航空自衛隊の幕僚長を務めた。この二人は顔を合わせたことがあると聞いているが、殺した側、殺された側を結ぶ奇なる糸を感じさせる。

二・二六事件時の陸相

もう一人、愛媛県出身の陸相が川島義之だ。彼は教育総監部の勤務が長い。陸士などを担当する第二課長、歩兵学校などをあつかう第一課長を連続して務めている。そのときの教育総監が秋山好古であった。川島は人事局長も経験しており、公平な人だと評判になった。そのときの陸相が白川義則であった。

これらの関係は伊予閥と言うよりは、先輩、後輩の関係が暖かい愛媛県の風土がなせるわざと言える。昭和七年一月、川島義之は第三師団長を終えて教育総監部本部長となり、激動の歴史の中に入って行く。

昭和七年に五・一五事件が起きて、陸士の生徒が参加したことから、陸相の荒木貞夫（東京、9期）は引責辞任を決意した。後任は朝鮮軍司令官の林銑十郎（石川、8期）とほぼ決まり、林の後任は川島義之となった。

川島義之

ところが、各方面から慰留されたということで荒木は陸相辞任を取り止め、教育総監の武藤信義（佐賀、3期）が代わりに辞任して、林がこの後任となった。

川島義之は、予定どおり朝鮮軍司令官に着任した。ところが昭和九年一月、正月に酒を飲みすぎて寝込んでしまった荒木貞夫は、今度こそ本当に陸相を辞任し、林銑十郎が引き継いだ。林の後任の教育総監は、参謀次長であった真崎甚三郎（佐賀、9期）となり、二・二六事件の舞台装置が形になって行く。

朝鮮軍司令官を二年務めた川島義之は、同期の植田謙吉（大阪）に譲り、昭和九年八月に軍事参議官となって東京に戻った。昭和十年八月、永田鉄山斬殺事件が起きて林銑十郎は陸相を辞任するが、後任が大きな問題となった。派閥抗争が血を見るまでになったのだから、だれがやってもひと波乱は避けられない。

しかも、後任陸相を決める三長官会議が、本来の機能を発揮できなくなってもいた。昭和六年十二月、参謀総長に閑院宮載仁が就任して以来、実質的には二長官会議で決定され、不明朗だという声が強まり、その改善策が検討されていた。

その一案には、侍従武官長が兼務する人事総裁、もしくは人事長官のポストを設けて、陸軍省の人事局をこの下に入れるというものもあった。こうすれば、天皇の意向が人事面に反映され、不満も鬱積しないだろうというのである。これは第六師団長であった香椎浩平（福岡、12期）の意見具申にあったとされる。ちなみに香椎は、二・二六事件当時の戒厳司令官を務めている。

三長官会議の機能を回復させるには、時間が必要であり、突発事態に対応できるはずもない。結局は林銑十郎と教育総監の渡辺錠太郎（愛知、8期）の二長官会議で後任陸相を決めることとなった。

林はまず、同期の渡辺に、「貴様、やってくれ」と頼んだが、大波乱の真崎甚三郎更迭で教育総監に就任したばかりの渡辺としては、あまりに刺激的と陸相就任を断わった。

これで陸士八期は諦め、陸士九期で陸相代理もやった阿部信行（石川）も候補に上がっただろうが、石川閥横暴と言われかねないので、これも断念して陸士九期も消えた。さて、つぎは十期だが、第一候補は川島義之となるのは当然だった。

林銑十郎の懇請をうけた川島義之は、なんども、「自分は政治に縁がないし、人事局長をしただけで陸軍省についても暗い」と断わったという。なぜ強く断わったかと言えば、彼は朝鮮軍司令官のときに軽い脳卒中を患い、言葉が少し不自由だったからだそうだ。しかし、林は川島の自宅に二度も足を運んで口説き、ついに川島は陸相を引き受けざるを得なくなった。

ところが、次官のなり手がいない。だれもが日和見をきめこんでいたのだ。次官候補は、古荘幹郎（熊本、14期）、河邊正三（富山、19期）の秀才二人であったという。あまり若返りすぎてはいけないということで、次官は古荘となったが、もし河邊が次官となれば、盧溝橋事件からさらにはインパール作戦までが、どうなったかわからない。そう見ると、この次官人事もまた日本の曲がり角となったように思う。

陸相となった川島義之には、このままではなにかとてつもない事件が起きるとの予感があったはずだ。前任者の林銑十郎の下で補任課長の小藤恵（高知、20期）の施策、「腐ったリンゴは一つの籠に」で過激分子を東京に集めたことが裏目に出て、暴発の可能性が大きいことも川島は知っていただろう。

そこで、どうするかと苦慮した川島義之は、革新派将校の理論的支柱であり、陸軍から放逐された村中孝次（北海道、37期）と磯部浅一（山口、38期）を陸軍省の予算で外遊させることまで考えた。部外者を介して話をしたのだが、この二人は返事を引き伸ばし、ますます暴発しかねない雰囲気となった。

昭和十一年二月二十六日午前五時半過ぎ、各地で襲撃を終えた決起部隊は、香田清貞（佐賀、37期）を先頭に三宅坂の陸相官邸に押しかけた。脳卒中の後遺症があるうえに風邪で寝込んでいた川島義之が、断固とした態度に出られるわけがない。

それを知らない香田清貞以下は、これなら威圧できる、決起は成功すると確信したに違いない。無理もないことにしろ、大事な初動の場面で受け身に立ってしまったため、陸相官邸は決起部隊の指揮所と化してしまった。

一方、決起側にも不用意な点がある。香田らが決起趣意書や要望書を読み上げるのはよいとしても、決起部隊の配備状況から地方にある同志将校の名前まで告げるとは、クーデターのイロハを知らない。

そこで、川島義之が陸相としての伝家の宝刀、人事権を発動して、「お前ら皆、クビだ」と叫べば、決起将校は指揮権を失い、武力発動の基盤が消えてしまう。

また、決起側は、川島ならば強い態度に出ないとたかをくくっていたふしもあるから、予想に反する出方をされると勢いに押されて、ここで手仕舞いとなった可能性もなくはない。しかし、教育畑育ちの愛媛県人に、そこまでもとめるのは無理と言うものであろう。

輜重兵を生む風土

歴史の表舞台に立った人ばかりを語ってきたが、たとえ将官にまで昇進した人でも、その多くは地味な勤務に明け暮れ、予備役編入の日をむかえたものだ。これはどの県の人でも同じだが、とくに愛媛県人は「地味」という印象が強い。これは輜重兵科出身の将官が多いせいだろう。

愛媛県が生んだ陸軍中将は三十人ほど、うち輜重兵科出身は武内俊二郎《たけうちしゅんじろう》（23期）と田坂専一《たざかせんいち》（27期）の二人がいる。各期で輜重兵科出身の将官が一人出るかどうかが普通だから、この中将二人は突出した数字となる。確認できる少将では、輜重兵科が四人となるが、これも記録になるだろう。武内は輜重兵監を務めたが、少将の今村基成《いまむらもとなり》（17期）も輜重兵監を経験している。輜重兵科のトップが二人というのも目立つ数字だ。

輜重兵科については秋田県の項でも述べたが、かならずしも輜重兵科が冷遇されていたとは言えない。武内俊二郎の陸士二十七期を見ると、卒業生七百四十人中、歩兵科は五百十人、輜重兵科は四十人であった。

この期の一選抜が大佐に進級したのは昭和十二年八月であったが、このころは十七個師団体制で、歩兵連隊は六十八個、輜重兵連隊は十七個である。一応の区切りとなる連隊長までのレースでは、輜重兵科のほうが歩兵科よりもはるかに有利であることがわかる。事実、大佐に進級する率は輜重兵科が最も高かったそうだ。

輜重兵科だけでなく、輸送や鉄道関係に従事して大成した人が愛媛県に多い。中将では歩兵科出身だが船舶兵団長を務めた沢田《さわだ》保富《やすとみ》（25期）がいる。少将ではやはり歩兵科出身で南方軍野戦鉄道司令官を務めた桑折《くわおり》勝四郎《かつしろう》（24期）が愛媛県人だった。

このように交通関係に進んだ人が多い背景には、やはり先駆者がいた。日露戦争中、鴨緑江岸の安東から奉天まで軽便鉄道を敷設したが、この工事の指揮官である工兵科の井上仁郎《いのうえひとお》（旧7期）が愛媛県出身だった。

井上は鉄道の権威として知られ、初代の交通兵団長であり、気球の導入にも大きな役割を果たしている。ここにも後輩を引き立てる伊予の良き風土が感じられる。

高知県

超軍人大国の可能性

土佐一国、高知の山内藩二十五万石だけで高知県になった。一藩一県は、鹿児島県と同じケースだ。そのほかの点でも、この両県はよく似ている。日本人離れした容貌の人を生み、男らしさがなにより尊重され、士族と農民の中間に位置する郷士層が厚いと共通点は多い。飲む酒が焼酎か、日本酒かの違いぐらいか。

そのような風土だから、高知県は多くの軍人を生んだ。大正末の人口が約六十九万人と小さい県なのに、百人を超える陸軍の将官を輩出している。

陸軍大将は、由比《ゆい》光衛《みつえ》（旧5期）、山下《やました》奉文《ともゆき》（18期）、山脇《やまわき》正隆《まさたか》（18期）、下村《しもむら》定《さだむ》（20期）の四人、海軍大将は、島村速雄（海兵7期）、吉松茂太郎（海兵7期）、永野修身（海兵28期）の三人、さすがは土佐というメンバーだ。これだけでも軍人大国だが、明治維新の経過を見ると、これ以上の超大国になってもおかしくはなかった。

山内藩では、尊皇派と佐幕派の対立が激しく、有為な人材が明治維新を前に倒れた。それでも残った大物も多い。まず、西郷隆盛と同ランクの板垣退助がいる。彼が政治家に転身しなければ、陸軍はどうなっていたか。大山巌と同輩で西南戦争の英雄、谷《たに》干城《たてき》は政治に口を出し、明治十四年十月に軍を去ったが、これも陸軍にとって大きな出来事だった。この二人が陸軍に残っていれば、「陸の長州」とは言われなかったであろう。

明治維新で功績大となれば薩長土肥だ。ところが軍においては、薩長ばかりが日の当たる場所を占めていると土佐と肥前がひがむ。佐賀県人は、陰にこもって暗い策謀に出たと言えるだろう。ところが、これが土地柄というもので、高知県人はそれをバネに勉学に励んだように思う。とにかく高知県出身の軍人には努力家が多い。

山下奉文

山脇正隆

薩長の狭間にあった陸相

太政官制から内閣制度に

切り替わった明治十八年十二月から、陸軍省廃止となる昭和二十年十一月まで陸相は三十五代、二十九人を数える。うち第十四代の楠瀬幸彦《くすのせさちひこ》(旧3期)と最後になる第三十五代の下村定(20期)が高知県出身であった。陸相人事は下馬評どおりには行かないものにしろ、この二人はまったくの番狂わせであった。

大正初頭の第三次桂太郎(山口、草創期)内閣と第一次山本権兵衛(鹿児島、海兵2期)内閣で陸相を務めた木越安綱(石川、旧1期)は、陸軍省官制を改正して予備役将官も陸相就任を可能にした。この措置は陸軍部内の猛反発をまねき、彼は満身創痍となって辞任した。どの人事でも前任者の意向が大きいものだが、まったく孤立してしまった木越には、後任者の希望を述べる機会もあたえられなかったとされる。

さて、山本権兵衛はだれを陸相に選ぶか、世間の注目が集まった。山本は彼の陸軍顧問である三浦梧楼(山口、草創期)と上原勇作(宮崎、旧3期)の助言をうけて、技術審査部長の閑職にあった楠瀬幸彦を選んで世間を驚かせた。大正二年六月のことである。この意外な人事は、事情通ならば、「ああ、なるほど」と背景がすぐにわかるものであった。

楠瀬幸彦は煮え切らないところがあるうえに言語不明瞭・意味不明だったので、「グズノセ」と揶揄されていた。しかし、若いころはなかなか優秀で、フランス、ロシア、イギリスと三ヵ国駐在の経歴を持ち、訪欧する要人の接待で名を上げていた。その要人の一人に川上操六（鹿児島、草創期）がおり、楠瀬は川上の薫陶をうけた最後の一人とされていた。山本権兵衛が一目置くわけはここにある。

はっきりしないと言われた楠瀬幸彦ではあるが、なかなかの度胸を発揮したこともある。明治二十八年十月、朝鮮王朝で親露派の閔妃《ミンピ》を暗殺する事件が起きる。首謀者は駐韓公使の三浦梧楼、公使館付武官であった楠瀬も軍刀を吊って慶福宮に討ち入った。この事件に加わったことで、楠瀬は怪物的な存在であった三浦の恩顧をこうむることとなった。

いくらなんでも白昼、他国の王宮に討ち入り、王妃を殺害して遺体を焼いたとなれば大問題で、楠瀬幸彦は身柄を拘束され、広島で軍法会議にかけられた。結果は無罪だったが、それからは閑職に回されていた。

そこに救いの手を差し出したのが、同期の上原勇作であった。楠瀬幸彦は砲兵、上原は工兵と、ともに特科の出身でフランス駐在と共通点が多い。

日露戦争勃発で第二軍兵站監となっていた楠瀬を、第四軍参謀長であった上原は第四軍の砲兵部長に引っ張った。第四軍司令官は野津道貫（鹿児島、草創期）だから居心地がよかろう、砲兵の特技も活かせようという配慮だった。これでますます楠瀬は薩州閥の一員と見なされるようになった。

無理して陸相となった楠瀬幸彦であったが、元来、陸軍省の事情に暗いうえに、薩州閥からは早く朝鮮増師問題を解決しろとせっつかれ、長州閥からは無視され、なにもできなかった。これではますます「グズノセ」になるしかない。

結局、第一次山本権兵衛内閣はシーメンス事件で総辞職となり、楠瀬幸彦は在任十ヵ月で辞職し、切れ者の岡市之助（京都、旧4期）にバトンを渡した。しかも楠瀬に大将昇進の声も上がらなかったとは、酷い仕打ちを受けたものだ。ちなみに、第六十二師団参謀として沖縄で玉砕した楠瀬《くすのせ》梟師《たけける》（43期）は彼の実子である。

最後の陸相

高知県が生んだもう一人の陸相、それも最後の陸相となったのが下村定である。終戦時に自決した阿南惟幾（大分、18期）の後任で、混乱が極めたころだからか、それほど注目を浴びなかったにしろ、これまた意外な人事であった。

昭和二十年の春になると、情勢の急変に応じられるように、各戦線からこれといった人材を内地に呼び戻しはじめた。その一人がシンガポールにあった第七方面軍司令官の土肥原賢二（岡山、16期）であり、教育総監に任じられたが、阿南惟幾に万一のことがあれば後任陸相にと内定していたそうだ。

昭和二十年八月十五日、鈴木貫太郎（千葉、海兵14期）内閣総辞職し、同月十七日に東久邇宮稔彦（20期）内閣が成立した。陸相は土肥原賢二と示されると、東久邇宮は陸士同期の下村定を強く希望した。当時、下村は北支那方面軍司令官で北京にいたが、急ぎ帰国して教育総監兼務の陸相に就任した。

未曾有な国難のときに、なぜこの意外な人事となったのかについては長い物語がある。

下村定は名古屋幼年学校の四期だから、本来は陸士十八期となる。ところが、持病の喘息のため留年するのだが、間に臨時に募集した中学出身者だけの十九期がはさまるため、二十期となって東久邇宮稔彦と同期になった。下村は陸大二十八期の首席、

下村定

砲兵科の人に多いがフランス語を専攻していた。そのため留学、駐在先はフランスとなり、フランスの陸軍大学も卒業した秀才であった。

パリ駐在時代、下村定は東久邇宮稔彦と再会する。東久邇宮は陸大卒業後、フランスの陸軍大学に留学したままでは良いが、絵画の研究に熱中し、留学期間がすぎても

帰国しようとしない。同期の下村もこまり果てていたのが実情だったろう。結局、東久邇宮はだれの言うことも聞かず、大正天皇の大葬でようやく帰国して軍務に復帰することになる。

語学の才能を生かして国際連盟軍縮関係のポストを務めた下村定は、主に軍令系統を歩き、日華事変が突発したときは参謀本部第四部（戦史）長であった。そこに第一部長の石原莞爾（山形、21期）が更迭されたため、後任が下村となった。ところが、喘息の持病がある下村定は、第一部長の激職には耐えられず、わずか三ヵ月で退いた。あの歴史の転換期に、作戦中枢の人事が安定していなかったとは、陸軍も運に見放されていたと言える。

病気のため参謀本部付となった下村定は、本来ならば待命、予備役編入となるのだろうが、日華事変の拡大で将官がたりなくなったため、首がつながり東京湾要塞司令官に補職された。ここは最高の閑職で、「ゆっくり休んでくれ」という人事局長であった阿南惟幾の温情ある措置であった。

ここで二年、下村定の持病も海辺の空気でおさまったようで、つぎは砲工学校長で復活への足慣らしとなった。このときの次官が、また阿南惟幾である。阿南はこのように心くばりのある人だったから、戦争は下手だが人気があったのだろう。

陸大校長を経て下村定は、上海付近の警備を担当する第十三軍司令官となる。旅団長、師団長を経験しないで軍司令官、方面軍司令官をやり、大将に昇進した人は彼だけである。しかも軍令系統育ちで陸軍省勤務の少ない彼が陸相になったのだから、まさに意外な人事であった。

それも皇族のわがままなのであるが、結果は良かったということになる。下村定は幣原喜重郎内閣にも留任したが、昭和二十年十一月二十八日の議会で男を上げた。軍部の責任を追及する質問に下村は、

「軍の指導者が間違っていた。……陸軍の最後に当たり、全国民に衷心よりお詫び申し上げる」

と声涙下る調子で答弁した。ちなみに海相の米内光政（岩手、海兵29期）は、一言も答弁していない。

結果は良かったというのは、この答弁の内容ではなく、あの時代の状況と下村定の風貌容姿がマッチしたことである。これがもし、よく戯画化された軍人像そのままの酒焼けした赤ら顔で腹が出て、そっくり返った姿勢だったらどうだったろうか。その点、彼は喘息に悩んでいるだけに線が細い感じを受ける。それが敗戦の痛手に悩む軍内外に共感を得たということだった。

実現しなかった大物陸相

意外な陸相に対して、何度も陸相確実とされながら、とうとう現実のものにならなかったのが山下奉文であった。山下陸相が実現しなかった理由、それそのものが昭和陸軍の裏面史とも言えよう。

彼はマレー進攻の第二十五軍司令官、初代の第一方面軍司令官、フィリピンの第十四方面軍司令官と、緊要な正面に起用された太平洋戦争を象徴する野戦の将帥だが、本来は軍政畑の人であった。

山下奉文はドイツ駐在から帰朝した大正十一年二月から、軍事課編制班長となった。ちょうどこのころ、いわゆる宇垣軍縮で四個師団廃止の計画が進んでいた。「おれの原隊を廃止したら勘弁しない」などと厄介な問題が山積するなか、ジグソーパズルを解くような作業をまとめ上げたのが山下だったのである。

ここで陸相の宇垣一成（岡山、1期）をはじめとして、次官の津野一輔（山口、5期）、軍務局長の畑英太郎（福島、7期）、軍事課長の杉山元（福岡、12期）林桂（和歌山、13期）といった超大物に認められた。中佐のころから山下奉文は、「将来の陸相」との呼び声も高くなるのは当然だった。今日で言う軍備管理のエキスパートと見られ、軍制調査会幹事、軍事課長、軍事調査部長を歴任し、これで陸相確実と見られた。

そこに起きたのが、昭和十一年の二・二六事件である。体格に似合わず細かい心遣いをする山下奉文は、どちらの顔も立てて穏便に事を収拾しようと、軍事課長の村上啓作（栃木、22期）と協議して原案を起草したのが、あの「陸相告示」であった。

これは五項目からなるが、第一項「決起の趣旨に就いては天聴に達せられあり」、第二項「諸子の真意は国体顕現の至情に基くものと認む」が問題となる。だれが読んでもクーデター容認と思うだろうし、昭和天皇が激怒するのも無理はない。

それにしても、昭和天皇に「山下は軽率である」と決めつけられては、山下奉文も災難であった。ここまで言われると、良くて予備役編入となるのだが、山下は生き残った。その背景には、皇道派とか統制派と単純に割り切れない複雑な人間模様があった。

大正六年に山下奉文は、永山元彦（佐賀、1期）の長女と結婚した。永山は騎兵第二旅団長で待命となった人で、父親の貞応は近衛連隊の中尉で佐賀の乱に出征して戦死している。永山元彦の妻は、福原豊功（山口、草創期）の娘であった。福原は日清戦争に出征し、少将で戦病死しているが、寺内正毅（山口、草創期）と同期の親友で、児玉源太郎（山口、草創期）とも親しかったという。

また、永山元彦は騎兵科ということもあり、伏見宮貞愛元帥付武官を務めるなど皇族とも縁が深い。そんな関係があったので、永山家は二・二六事件後の粛軍人事を行なった陸相の寺内寿一（山口、11期）とも親戚付き合いをしていたとされる。

ぼっちゃん育ちで遠慮というものがない寺内寿一でも、父親の親友の孫の連れ合いともなれば、情にほだされ手加減する。天皇に睨まれた山下奉文を、予備役編入にすることなく、人目につきにくい京城・龍山の歩兵第四十旅団長に出して匿《かくま》うかたちにした。

それからも寺内寿一と山下奉文の縁は深く、寺内が北支那方面軍司令官のとき、山下はその参謀長であったし、寺内が南方軍総司令官のとき、山下はその隷下の第二十五軍、第十四方面軍の司令官をやっている。山下ならば永山家との姻戚関係から、寺内と上手くやってくれるだろうと、こんな人事になった一面があるとされる。

軍革新を唱導した一夕会のなかでも山下奉文は、同郷の小畑敏四郎《おばたとしろう》（高知、16期）に傾斜したためか、皇道派のプリンスと騒がれ、その巨軀からか一人で一派をなす大物視されつづけた。しかも大元帥から睨まれているとなると、中央への復帰はまず無理で、外回りに終始していた。

そこに助け舟を出したのが、広島幼年学校からの親友、沢田茂《さわだしげる》（高知）と山脇正隆（広島）であった。山下奉文は昭和十二年十一月に中将に進級したが、師団長を経験しないと大将への道は開けない。なんとか山下を男にしたいと念じていた沢田は、自分が第四師団長を下番する際、後任に山下を推した。

これは昭和十四年のことだが、当時、第四師団は満州北部のチャムスに駐屯していたから、人目につきにくく、山下奉文の任地に適している。この人事を形にしたのが、陸軍次官であった山脇正隆だった。

第四師団長で終わりと本人は覚悟していたようだ。しかし周囲、なかでも沢田茂は諦めなかった。昭和十四年十月に参謀次長となった沢田は運動をかさねて、山下奉文を航空総監兼本部長に押し込み、彼の中央官衙復帰に成功した。昭和十五年七月のことであり、前任の航空総監は東條英機（岩手、17期）であった。

小畑敏四郎

沢田茂

異動内示をうけた東條は沢田に、「後任はだれか」と尋ねたが、山下と聞いて、

「なに、山下」と口を閉ざしたという。

広島幼年学校以来、篤い友情で結ばれた三人もここまでで、昭和天皇の信任を武器とする東條英機の天下となると、山下奉文はふたたび外回りに終始した。そんななかでも、「山下を陸相に」という声は何度もあり、とくに昭和十九年七月の小磯国昭（山形、12期）内閣成立時、小磯自身が、「陸相は山下か、阿南をくれ」と望んだ。

しかし、どの場合も諸般の事情で山下奉文の陸相は実現しなかった。今日なお一部で残念がるが、あの歴史の大波のなかで彼個人の力量がどこまで発揮できたかは疑問である。

山下個人としては、太平洋戦争を代表する野戦の将師としてまっとうできたことを誇りにしていたと思うし、B級戦犯として最初に処刑されたことも、彼の勲章であり、今日なお「山下さん」と語り継がれることとなった。

土佐ッポの真髄

坂本龍馬、武市半平太の直伝、軍人大国の高知県出身の勇将、智将は、いくらでも指が折れる。本来、陸軍の主流である対ソ作戦屋と言えば、小畑敏四郎、沢田茂、土《ど》居《い》明夫《あきお》（29期）だ。若手の俊才となれば、荒尾《あらお》興功《おきかつ》（35期）と島村矩康《しまむらのりやす》（36期）の二人が目立つ。これ皆、高知県人である。

荒尾興功は終戦時に陸軍省の中枢、軍事課長を務めていた。もし彼が本気で戦争継続を決心すれば、事態はどう動いたかわからない。島村矩康もなかなか強気の人だったそうだが、フランス語の天才だった。モーパッサンの短編小説一冊を正確に暗記して筆記できたというから、陸軍には異能な人がいたものだ。

秀才ばかりでなく、無天の戦さ上手も高知県には多い。パラオの守将、第十四師団長の井上貞衛《いのうえさだえ》（20期）、ビアク島で粘りに粘った歩兵第二百二十二連隊長の葛目《くずめ》直幸《なおゆき》（25期）の二人を上げるだけで十分と思う。葛目は満州事変からつねに第一線にあり、山西省では困難な治安作戦に従事した。こういう軍人には、死んでから二階級特進させるのではなく、生きているうちに将官にするのが本当の軍隊なはずだ。

土居明夫

荒尾興功

井上貞衛

最後に一人、土佐の武人をと言われれば、島本正一《しまもとまさいち》（21期）を上げておきたい。彼が土佐ッポらしさを発揮しなければ、満州事変は緒戦でどうなったかわからないからである。

葛目直幸

昭和六年九月十八日深夜、奉天駐屯の独立守備隊第二大隊長の島本は、「攻撃は最良の防御なりと信じ直ちに攻撃を命じたり」と手勢五百人を率いて、張学良軍一万人がとぐろを巻く北大営に突っ込んだ。

張学良軍は、夜間は武装していないなど、その実情をよく知っていても、だれにでもできる芸当ではない。それを島本正一はやってのけたのである。それが日本の歴史にプラスになったかどうかは判断が分かれるところだが、島本個人としては誇ってよい戦功であることは間違いない。

奉天の英雄、島本正一は広島幼年学校出身で、陸士、陸大とも石原莞爾（山形）と同期であった。東北人しかも仙台幼年学校出身者にしか心を開かなかった石原としては珍しく島本とは親しく、陸大時代、渋谷で同じ下宿のときもあったそうだ。石原は酒を飲まないが、島本は酒豪で宴会芸は裸踊りと、陰と陽で気が合ったのだろう。

島本正一は陸大恩賜を逃したものの、ロシア駐在のキャリアーがあり、正統派のロシア屋であった。彼が佐官のときは、ロシア屋が失業中で、しかも軍縮のころである。島本も配属将校に出されるが、行き先が大変だった。なんと、第一高等学校、通称「一高」である。末は博士か大臣かという秀才の集団に鉄砲を担がせての教練も疲れる話だ。「貴様ならできる」とおだてられて配属将校になった島本だが、すぐにもばからしくなったと思う。

そこではじまるのが転属運動だが、高知県出身者ならば陳情相手にはこまらなかっただろう。そこに、「おいで、おいで」と招いてくれたのが、すでに関東軍の参謀に出ていた石原莞爾だった。これで嫁入りの条件がそろい、昭和六年八月の定期異動で、島本は独立守備隊第二大隊長として奉天に赴任することとなった。

それほど目立つ人物でもないし、定期異動だから、部内で話題にはならなかった。しかし、一高の配属将校は有名人であるし、県人会主催の壮行会も派手だったこともあり、部外の消息通の間では、「奉天でなにか起きるぞ」ともっぱらだったそうだ。

本人は事を起こそうとは思っていないし、謀略の首謀者たちも島本正一には計画を打ち明けていない。しかし、直情径行の土佐ッポの彼ならば、言われなくとも先陣切って北大営に殴り込んでくれると期待されていた。とくに昔から彼を知る石原莞爾は、

「島本なら突撃する」と確信していただろう。

「夜襲は無理だ、黎明を狙うのが常道だ」「軍司令官の筆記命令を見せろ」と、奉天の大隊長が理屈をこね出したならば、謀略は水泡に帰する。

そう考えると、それから十五年つづく戦争の口火を切ったのは、高知県人の島本正一となる。そして、その戦争の大赤字決算書を議会に提出したのは、同じく高知県人の下村定だったとは、妙な巡り合わせだ。

福岡県

総合三位のスコアー

福岡県は、筑前、筑後と豊前の一部が合わさった込み入っている地域だ。幕末の混乱期を経た明治二年の配置によると、筑前は福岡の黒田藩五十二万石と秋月の支藩五万石、筑後は久留米の有馬藩二十一万石と柳川の立花藩十二万石、豊前は小倉の小笠原藩十五万石とその支藩一万石となっている。

どこも武門の誉れ高い藩だが、幕末には時代に乗り遅れた感が強い。そのためか、明治維新を身近に感じる時代の福岡県人は、「俺たちは、本当は強いのだ。いまに見ていろ」と必要以上に肩肘を張るきらいがあるように見える。

軍事的には、関門海峡をかかえるためか、早くから重視された地域であった。明治四年四月、最初の鎮台として石巻に東海鎮台を、小倉に西海鎮台を置いた。関門海峡で九州勢の東上を押さえるという大村益次郎（山口、草創期）の深謀によるものであった。

西海鎮台は同年八月、熊本に移動するが、これは当分の間の措置で、本営は小倉とされた。佐賀の乱、西南戦争の後は大陸に目が向けられるが、明治二十一年五月に師団に切り替えられる際、小倉に第十二旅団が置かれ、さらに三十一年十月には第十二師団が開設された。真っ先に朝鮮半島に渡るのが、この小倉の部隊である。

このように福岡県は軍事的に重視されたし、大藩がそろっていたため士族階層が厚いこともあり、軍人を志望する者が多かった。また、大正末の人口は約二百三十万人と九州で一番、全国でも第六位という大きな県でもあったため、最終的に福岡県は、陸軍大将を七人生んだ。

これは山口県、鹿児島県に次ぐ三位で、元帥が奥保鞏《おくやすかた》と杉山元《すぎやまはじめ》の二人とはお見事。陸軍の将官の総数は約百七十人で、これも東京都、山口県に次ぐ三位となっており、鹿児島県を凌いでいる。ただ海軍大将がいないというのは不思議だ。

意外と地味な七人の大将

福岡県が生んだ大将七人は、先任順に奥保鞏（草創期）、小川又次《おがわまたじ》（草創期）、仁田《にた》原重行《はらしげゆき》（旧6期）、明石《あかし》元二《もとじ》郎《ろう》（旧6期）、立花小《たちばなこ》一郎《いちろう》（旧6期）、尾野《おの》実《み》信《のぶ》（旧10期）、杉山元（12期）となる。旧六期から三人というのも意外だが、昭和に入ってからは一人だけというのも驚きだ。

　福岡県と言えば、「黒田節、祇園山笠、無法松」と派手さが売り物だろうが、この七人の大将はだれも派手さがなく、地味な人ばかりというのも意外だ。

　奥保鞏は、幕末に城を長州の農民風情に取られるという失態を演じた小倉武士の名誉挽回と、佐賀の乱や西南戦争では進んで決死隊に加わるなど、部隊長一筋に生きた勇ましい人だった。日露戦争では満州軍の主力、第二軍司令官として苦労をかさねたためか、晩年は大成してまさしく元帥府の一員としての貫禄を示した。

奥保鞏

杉山元

　大正軍縮の際、元帥としての立場から反対論は述べるが、建設的なアドバイスも忘れない奥保鞏の姿勢は、部内外の好評を博した。彼は昭和五年七月に死去するが、これで帝国陸軍は最後の重しを失った感がある。

　小川又次は、明治五年に

少尉任官の古い人だが、幕僚勤務が長く、いわゆる作戦屋の走りといえる。日露戦争では第四師団長として出征し、遼陽会戦で負傷した。その慰労もふくめた名誉進級で大将に進んだ。

旧六期の三人だが、大将進級の背景を探るのはむずかしい。仁田原重行は、第五師団の参謀長として日露戦争に出征したが、ここで第四軍参謀長の上原勇作（宮崎、旧3期）との関係が深まった。軍事参議官になってからの大将進級であるから、全盛期の上原の口添えもあって名誉進級となったと見れる。

明石元二郎の場合、有名な対露謀略工作よりも韓国駐箚《ちゅうさつ》憲兵司令官として、朝鮮併合を円滑に進めたことが高く評価された。また、台湾総督に出るため、貫禄をつけるという意味もある。

立花小一郎は第四軍参謀副長として日露戦争に出征、上原勇作と濃密な関係にある。また、明石元二郎の後任の朝鮮駐箚憲兵司令官でもあり、関東軍司令官在任中の大将進級だからこれも対外的な権威づけの意味もあったのであろう。

尾野実信は日露戦争中、満州軍総司令部の幕僚となり、第三課（兵站）の主任であった。また、大山巌の元帥副官も務めたことからも、大分県人をのぞく九州連合軍の希望の星と見られていた。そのためか三官衙の要職をまんべんなく経験し、次官を経て大将に進級して関東軍司令官に転出した。三長官の資格十分だが、長州閥の全盛期だからこれが限界だった。

もちろん宇垣軍縮では、尾野実信は軍事参議官として反対票を投じたのだが、上原勇作や福田雅太郎（長崎、旧9期）のように感情的にならなかったことは、福岡県人のある一面を見る思いがする。ちなみに武藤章（熊本、25期）は彼の女婿であり、この取り合わせは意外だ。

そして、昭和十一年十一月に大将進級の杉山元となる。彼の父親は教育者で、東條英機（岩手、17期）の妻勝子は教え子、また杉山の二番目の妻は小川又次の息女だった。彼は「グズ元、ボケ元」と陰口されながらも、陸相、参謀総長、教育総監の三長官をすべて歴任し、昭和十八年六月には元帥府に列せられた。

明石元二郎

彼の栄光に満ちた軍歴は、帝国陸軍七不思議の一つになるだろう。どうしてか、同郷かつ同期の秦真次《はたしんじ》とからめて次項で紹介したい。

Pコロ対Dコロの決着

幼年学校出身者はパージェ（小姓）からPコロ（コロ

ンネ＝縦隊）、中学出身者はドルフ（村）からDコロと呼ばれ、その間のいがみあいは面白おかしく語られていた。一生、幼年学校出身にこだわり、中学出身者を見下していた人もいたが、大多数は士官学校を卒業するころには同化したようだ。

ただ三年も多く軍人精神をたたき込まれているということか、同じ成績ならばPコロ優先ということはあっただろう。地方幼年学校の一期生は陸士十五期であり、これから終戦まで陸軍大将は三十人、うち二十一人もがPコロであったことは、やはり差別があったとも思われる。

では、つねにPコロが制するかというと、その逆でDコロ大勝利ということも起きる。その有名な例が、この福岡県出身の杉山元と秦真次の場合だ。この二人、ともに小倉の出身で小学校が同窓だった。地方幼年学校ができる前の東京に一校だけの時期だが、秦は中学三年のときに幼年学校に合格、杉山は不合格であった。

杉山元は、中学五年を終えて士官学校に合格して一年の隊付を、秦真次は幼年学校を卒業して半年の隊付をへて、士官学校で合流した。そして結末は、Pコロの秦は師団長で待命、Dコロの杉山は三長官をすべて歴任するという記録をつくり、元帥府にも列せられることとなった。

秦真次は同期の先頭で陸大合格を果たして二十一期、杉山元は一期遅れて二十二期となった。二人とも恩賜を逃したが、秦はすぐに参謀本部第二部勤務となり、主流の欧州屋のコースに乗った。杉山は陸大卒業時、最初に口がかかった嫁入り先は士官学校の教官だったそうだから、秦よりも一つランクが落ちる。

どのようなことがあったのか、杉山元も第二部勤務となったものの、中学出身者は英語を履修しているから、陸軍では傍流の英米屋に回される。武官勤務は、秦真次はオランダ、杉山はインドで、どちらが上かと言えば、これまた秦となるだろう。

このままならばPコロの秦真次に軍配が上がったろう。ところが、明治四十五年、空中偵察要員として杉山元は気球隊で研修をうけたころから様子が違ってきた。新たな航空という分野に分け入り、注目されることとなった。

航空科は大正十四年五月に独立し、ちょうどこのときに杉山は少将に昇進したから、彼が航空科の最古参となる。

この分野の先駆者である井上幾太郎（山口、4期）とつながりができ、その縁もあって科学技術振興に熱心であった宇垣一成（岡山、1期）の恩顧もこうむることとなり、ついには「宇垣四天王」とまで言われるようになった。少し場違いな軍事課長の要職に就けたのも、宇垣がいればこそと言える。

一方、秦真次だが、欧州駐在が長いということは、この分野での元老である宇都宮太郎（佐賀、旧7期）の影響下に入ったことを意味する。その結果として、いわゆる薩肥連合の一員となり、ひいては皇道派の有力メンバーに育って行く。

昭和二年十月、秦真次は奉天特務機関長に就任した。彼が支那屋でないことを思えば、意外な人事だ。まして満蒙問題が切迫しているのにと思う。

そこで人脈を見ると納得する。関東軍司令官は宇都宮直系の村岡長太郎（佐賀、5期）、独立守備隊司令官は気心が知れた水町竹三（佐賀、10期）、さらに高級参謀の河本大作（兵庫、16期）は参謀本部第二部育ちの弟分であった。

昭和三年六月四日、張作霖爆殺事件が突発する。河本大作の独走なのか、関東軍ぐるみの策謀なのか、そして秦真次は知っていたのか、今日に至るも判然としていない。ただ、線香花火で終わった事実だけが残っている。

陸軍は頬被りを決め込んだものの、事は露見して昭和天皇の激怒をかい、粛清人事となって秦も左遷、師団付を二度もやらされたすえ、東京湾要塞司令官となり、待命だけを待つ日々を送っていた。

ところが、そこに満州事変が起こり、秦真次は兵器本廠付ながら次官補佐役に返り咲いた。次官は杉山元というのも皮肉な話である。

そして、昭和六年十二月、荒木貞夫（東京、9期）が陸相になり、秦の運はさらに開け、翌七年二月に憲兵司令官に就任した。荒木もこのポストに就いたこともあり、その重要性を知っていたから、ひょっとしたら荒木は秦を後継者にと考えていた可能性すらある。

昭和九年一月、荒木貞夫は陸相を辞任し、後任は林銑十郎（石川、8期）となり、その最初の定期異動で秦は第二師団長に栄転して、世間を驚かせた。第二師団は一等師団で、ここで終わりになるポストでない。ひょっとすると秦が次官、次長になって東京に戻って来かねない、いやまさかの三長官もと賑やかになった。

しかし、秦真次の強運もここまでであった。陸相を一年やって林銑十郎も自信をつけて、昭和十年八月の定期異動で大ナタを振るうことになる。一番のターゲットは、この秦であり、師団長のまま待命となった。この人事で部内は大もめにもめ、教育総監の真崎甚三郎（佐賀、9期）の罷免問題にまで拡大し、二・二六事件を不可避なものにしてしまった。

宇垣四天王の一人として睨まれていた杉山元は、荒木・真崎全盛時代を少々ボケたふりをして、うまく凌いだ。第十二師団長のとき、軍部横暴の論陣を張った福岡の新聞社の上空を爆撃機に旋回させて威圧したこともあった。それを聞いた荒木陸相は、「あのグズ元もやるではないか」と評価を改めて、航空本部長として中央に戻した。

それからの杉山元は、運に恵まれすぎる。二・二六事件時は参謀次長、事件後の粛軍人事で上級者が一掃されたため、教育総監のポストにはまり、大将に進級する。昭和十二年二月、林銑十郎内閣が成立して陸相に中村孝太郎（石川、13期）が就任するが、わずか一週間で病気を理由に辞任し、ピンチヒッターが杉山となった。

林内閣も三ヵ月で総辞職してしまい、後任首班が問題となった。候補は近衛文麿と杉山元であったとされる。むしろ杉山のほうが有力だったが、陸相からの横滑りはまずいということで、近衛にお鉢が回ったのだそうだ。近衛が衆望を担っての登場ではないこともわかるし、これも日本にとって運命の別れ道であった。

北支那方面軍司令官であった杉山元は、ノモンハン事件の後始末人事で関東軍司令官に転じることとなった。ところが着任直前、山東半島の青島で航空機事故に遭い、関東軍には梅津美治郎（大分、15期）が行くことになり、杉山は内地に帰って軍事参議官となって静養することとなった。

もし、予定どおり杉山が関東軍に行っていれば、梅津の例からも長期勤務となり、陸軍の高級人事はまた違ったものになっていた。

杉山元は、「グズ元、ボケ元」と陰口を叩かれつつも、昭和十五年十月から十九年二月までと長きにわたって参謀総長を務め、東條英機に対抗できる最先任者として君臨した。東條内閣が倒れてからは、陸士、陸大同期の小磯国昭（山形、12期）の下で陸相を務め、本土決戦を準備する段階では第一総軍司令官となった。

そして、昭和二十年九月六日、米第八軍司令官ロバート・アイケルバーガー中将と会見した杉山元は、同月十二日、市ヶ谷台上で自決した。

戦後に発見された『杉山メモ』を見ればよくわかるように、彼はなかなか緻密で鋭利な人だった。大山巌（鹿児島、草創期）のように、それを隠す芸当ができたと言えようが、なにかと表に出たがるように見られている九州人の知られざる一面なのであろう。

十月事件「桜会始末記」

派手で、お祭り好きな福岡県人の代表と言えば、桜会の橋本欣五郎《はしもときんごろう》（23期）と長勇《ちょういさむ》（28期）であろう。ただし橋本は岡山県生まれで、自己主張の強さはまさに岡山県人だ。しかし、本人は勇ましい九州男児であることを誇りにしていたから、自己申告どおりに福岡県の産としておこう。この二人とも気宇壮大が売り物の熊本幼年学校の出身らしい生き方をした。

橋本欣五郎は、陸大を卒業してから参謀本部第二部第五課（欧米課）の第二班いわ

橋本欣五郎

長勇

ゆるロシア班勤務を振り出しに、ハルビン、満州里の特務機関で勤務した典型的なロシア屋であった。

本来、陸軍は北向きで、ロシア屋が主流のはずだった。ところが、橋本が陸大を卒業した大正九年前後からは、ロシア革命の後遺症でソ連は沈滞し、ロシア屋の発言力が弱くなっていた。

長勇は、参謀本部第五課（支那課）を振り出しに、北京、漢口駐在を経験した支那屋である。元来、支那屋は傍流のうえ、昭和初頭から従来の対中工作では通用しなくなっており、ますます支那屋の発言力が低下していた。このような風潮に蛮勇を奮って挑戦したのが、この二人だったと言える。

昭和二年、橋本欣五郎はソ連と接するトルコの武官に出るが、ここで救国の英雄ケマル・アタチュルクに心酔する。自分もケマルのように国家革新に挺身するのだと決意を固めて帰国して、参謀本部第四課のロシア班長となったのが昭和五年六月のことであった。このとき、長勇は隣の第五課の部員にいた。

さっそく、これもロシア屋の東京警備司令部参謀だった樋口季一郎（岐阜、21期）と陸軍省調査班長だった坂田義朗（岐阜、22期）と語らい、国家革新をめざす秘密結社「桜会」となった。秘密結社ではないとする人もいるが、『軍人勅諭』に「世論に惑わされず、政治に拘わらず」とあるのだから、少なくとも聖旨には反している。

同志は順調に集まったのだが、理論づけができて筆が立つ者がいない。そこで坂田義朗が部下の田中清（北海道、29期）を連れてきて、慷慨の気あふれる名文の趣意書をつくらせた。

会だから規約もいるだろうとなり、これは参謀本部第九課（戦史課）にいた佐藤幸徳（山形、25期）がつくった。インパール作戦で独断後退を演じた第三十一師団長の佐藤である。彼はこの規約を書いたことを終生、自慢していたという。

昭和五年十月一日に第一回の桜会会合が九段の富士見軒で賑々《にぎにぎ》しく開かれた。そうではなく、同じ九段でも軍人会館、偕行社だとも聞いているが、どちらにしろ堂々とやったことは間違いない。クーデターをたくらむ秘密結社が賑々しくとは変な話だが、これが万事派手にやる福岡県人の性格の現われなのだろう。

席上まず橋本欣五郎が怪弁を振るい、「まったく同意」「ハシキン、言うとおり」の掛け声も騒々しく、趣意書が採択された。会の目的は、「国家改造のため武力の行使も辞せず」と危ないものて、会員は中佐以下にかぎるというのも橋本らしい。ようするに自分よりも上級者は入れない、自分がお山の大将になるということだ。

それからも会合は断続的に開かれる。いつも橋本欣五郎の独演会だが、話が勇ましくて面白いので寄席のような雰囲気が好評を博した。二次会も会費制というケチな話ではなく、お酌が付いてタダというのだから堪《こた》えられない。

そんなことで会員は急増して、昭和六年初頭には在京将校を中心に百五十名を数えるまでになった。部外からは、大川周明、北一輝、西田税などの豪華メンバー、海軍からの参加者もかなりの数に上ったという。

とにかく大っぴらの会合、近所迷惑の大宴会だから、すぐさま警視庁が察知し、この集団を「錦旗共産党」と名づけた。言い得て妙なネーミングだ。当時、共産党となれば大事で、政党から内務省、さらには宮内省にまで衝撃が走った。

ところが、当の陸軍当局は、若い者が集まって、なにやら気炎を上げているていどの認識でしかない。豪遊資金も全部ではないにしろ、陸軍の予算から出ていたと思われるから、なんとも乱れた話であった。

昭和六年一月ごろから浮上した、「宇垣一成を男にする」三月事件が計画だけで頓挫すると、話ばかりのダラ幹ぞろいと桜会自体も揺らぎ、脱落者が増えはじめた。理論が整理されていない、ビジョンが明確でないからと説明されている。

それ以上に、まったくつまらないことが致命傷となった。中心人物の橋本欣五郎、長勇、そして大川周明の酒癖がきわめて悪いことだったと聞いている。大言壮語はしかたがないにしろ、気に入らないと橋本は物を投げる、長は短刀を抜く、大川は野卑な言葉で罵倒する。これでは人は離れて行く。

そんな状況に焦っていた昭和六年九月十八日、満州事変が勃発した。満蒙問題先行派に先を越されたと焦りは倍増する。そこで急ぎ同年十月二十一日に決起することとした。

この十月事件の計画は派手なものだが、どことなく漫画的である。投入兵力は、近衛師団の中隊十個、第一師団の機関銃中隊二個までは順当なのだが、霞ヶ浦の海軍航空隊の爆撃機十三機と下志津の陸軍航空隊から三、四機、なにを爆撃しようとしたのかは不明。海軍から抜刀隊十名というのも面白い。

まず、長勇がこの抜刀隊を率いて閣議中の首相官邸に討ち入り、若槻礼次郎首相以下の閣僚を斬殺するというのがハイライト。陸軍省と参謀本部を包囲して協力を強制する。不良将校や不良人物に制裁を加えるとあるが、具体的にだれかは不明。

変なところは手回しが良く、閣僚名簿も用意していた。それによると首相兼陸相は荒木貞夫、内相は橋本欣五郎、外相は建川美次（新潟、13期）、蔵相は大川周明、海相は小林省三郎、警視総監は長勇。大川が経済に明るいとは知らなかったし、長が縛る方に回るとは笑える。

さて、この結末だが、挙事の前に露見して全員検束された。民間側が宮内省に売り込んだ、かぎつけた部内の者が通報した、同志が怖くなって自首したと、さまざまに語られてきた。それについては、福島県の項を参考にしてもらいたい。諸説で共通しているのは、対応策を講じたのは参謀本部第二課（作戦課）長の今村均（宮城、19期）だったことだ。

とにかく、首謀者が挙事を隠す気持ちがないのだから、露見するのも無理はない。そもそも露見という言葉を使うのもおかしい。新橋、築地の花柳界では、「長さん、警視総監になるんだそうね」ともっぱらだったと言うから、奇想天外なクーデター話であった。

では、この豪傑二人組の後日談。首魁の橋本欣五郎は、過激分子に突き上げられた面もあるとなり情状酌量で首がつながり、姫路の野砲兵第十連隊付に飛ばされた。長勇は過激分子の総本山だから許せないとなり、免官と決まりかけた。すると思いもかけないところから助け舟が出た。長が久留米の歩兵第四十八連隊で中隊長を務めていたときの連隊長、後宮淳（京都、17期）が第四師団の参謀長をしていたが、「長はここ一番のときに役立つ男です」と師団長の阿部信行（石川、9期）を説き、中央に働きかけて長の首もつながり、北京に押し込め、次いで漢口に流された。

昭和十一年の二・二六事件当時、橋本欣五郎は三島の野戦重砲兵第二連隊長、長勇は参謀本部第五課（支那課）の部員だった。長は殺されると思ったのか、表舞台には登場しない。橋本は裏面で動き回った。事件を知ると単身上京し、帝国ホテルに私設参謀本部を開設し、第二課長の石原莞爾（山形、21期）と陸大教官で事件の背後にいた満井《みつい》佐吉《さきち》（福岡、26期）を呼び出して、あれこれ大風呂敷を広げたものの、大勢には影響しなかった。

これでまた睨まれた橋本欣五郎は予備役となったものの、すぐに日華事変となり、召集されて野戦重砲兵第十三連隊長として南京攻略戦に従軍することとなった。

そこで昭和十二年十二月、揚子江にあった英砲艦レディーバードを砲撃してしまった。あれは不規弾だとかばうむきもあったが、とにかく「ハシキン」が当事者だから、狙って撃ったとなり、すぐさま召集解除となった。野に下った橋本欣五郎は、右翼団体を結成して気炎を上げていた。

皆が忘れていたころ、橋本欣五郎はA級戦犯として起訴された。なぜ彼がと思うが、さまざまな筋から密告されたのだろう。そして判決は終身刑、昭和三十年に仮釈放となった。もし、彼が獄死していたならば、靖国神社に合祀されていたわけだ。いわゆる今日の靖国問題も、さらに複雑かつ漫画的になり、関係者が困惑することは確実だ。

長勇の方は、いたく反省したのか、これがなかなか勤務精励で、朝鮮・咸興の歩兵第七十四連隊長もやらせてもらえた。ここで昭和十三年七月、張鼓峰事件に遭遇するが、現地の停戦協定に顔を出したものの、やることもないので野原で寝ていたそうだ。

そして太平洋戦争、長勇は外回りに終始していたが、ついにサイパンに米軍が上陸する事態となった。ここで一個旅団を逆上陸させて、一挙に米軍を殲滅するとの勇ましい作戦が立案された。

さて、この決死の旅団長をだれにするか。高級参謀次長の後宮淳は、「特急一番の長がいるではないか、長にやらせろ、やつならやる」の一言で決定。

この作戦もチャンスがつかめず、長勇は参謀本部付で暇をもてあましていた。沖縄の第三十二軍が編成されると、これまた後宮淳の意見で長が参謀長に送り込まれることとなった。そして昭和二十年六月、長勇は牛島満とともに玉砕した。

佐賀県

「葉隠」の本場だが

肥前の東半分が佐賀県となった。慶応元年の配置を見ると、唐津の小笠原藩六万石と佐賀の鍋島藩三十五万七千石、そして鹿島、小城、蓮池に鍋島の支藩があり、合わせると鍋島家は五十万石を超えていた。

大藩の士族はおおらかなものだが、鍋島藩士は違っていたというのが定説だった。「義」ではなく「利」に執着すると酷評するむきすらあった。

武士道の教範『葉隠』発祥の地なのに、どうしてこうなったのか。鍋島藩の士族は一万人を超え、石高のわりには台所が苦しかった。そこで家督相続するにあたり、藩の検定試験が実施され、一定の点数を取らないと家禄が削られる。そこで受験勉強が盛んになり、若者らしい撥剌《はつらつ》とした気風がそがれ、性格そのものも陰にこもるようになったとの説が有力だ。

明治七年二月の佐賀の乱を見ると、往時の佐賀県人の特質がよくわかる。九州人らしい血気はあるものの、いざとなると「利」の面がちらほらして腰砕けになり、簡単に縛についても恥じるところがない。この落差が誤解も生むし、性格の暗さが誤解を加速させる。昭和動乱の黒幕とされる真崎甚三郎《まざきじんざぶろう》（9期）はその典型だろう。

陸軍の草創期は、佐賀の乱の影響もあって、これといった佐賀県出身の軍人は見当たらない。これは海軍に人材が流れたことにもよる。全国で一番、海軍兵学校合格者を出すのは、佐賀中学だとされ、佐賀鹿島中学も有名であった。陸軍では「熊本中将」、海軍では「佐賀中将」と言われるほど将官を多数生んでいる。

終戦までに海軍大将は七十一人だが、佐賀県出身者は五人、村上格一（海兵11期）、百武三郎（海兵19期）、百武源吾（海兵30期）、吉田善吾（海兵32期）、古賀峯一（海兵34期）と、鹿児島県に次ぐ記録を残した。

さて、陸軍だが、士官学校の制度が確立し、西南戦争後から志望者が増え、最終的に大将は宇都宮太郎《うつのみやたろう》（旧7期）、武藤信義《むとうのぶよし》（3期）、緒方勝一《おがたかついち》（7期）、真崎甚三郎の四人、将官は合計約百三十人となった。大正末で佐賀県の人口は約六十八万人と、小さい県であったことを思えば、この数字は突出しているし、有名人も多い。

不満居士の策謀

明治九年三月に帯刀を禁止する廃刀令が出されるが、佐賀県ではあたかも刀を腰にしているかのように左肩をそびやかして歩くことが流行った。「刀は差していないが、おれは武士だぞ」という稚気に満ちた風潮で、真冬にも足袋をはかないのが「葉隠武士よ」とやっていた。

これが「佐賀左肩党」と呼ばれる徒党となり、これを陸軍に持ち込んだのが宇都宮太郎だったとされる。佐賀県と風土が似た九州各県や高知県の勇ましい人がこれに加わり、秘密結社めいたものに発展していった。

宇都宮太郎は、ただ豪傑風を吹かせるだけの人ではなく、陸大恩賜の秀才であった。

真崎甚三郎

武藤信義

日露戦争に先立ち、参謀次長であった田村怡与造（山梨、旧2期）に見込まれた彼は、イギリス駐在の武官に選ばれ、戦争の終始を通じてロンドンで諜報活動に従事した。田村が生きていれば事情も違ったであろうが、実戦経験がないということで、冷たくあつかわれつづけたと本人は不満を募らせていた。

公平な目で宇都宮太郎の軍歴を見れば、すばらしいの一言である。歩兵第一連隊長、参謀本部の第一部長と第二部長と、だれもがうらやむポストに就いた。ところが、中将になってからは第七師団長、第四師団長、朝鮮軍司令官と外回りばかり、しかも名誉進級のようなかたちで大将になったことが、我慢ならなかったようだ。

宇都宮太郎の信奉者によると、「三長官の器とだれもが認めているのに、このあつかいはなんだ。まさに長州閥横暴の現われだ」となったわけである。人事は巡り合わせと割り切らなければ軍人稼業は務まらないが、この常識は佐賀県人には通用しないようだ。

陸士三十九期の予科で退校した宇都宮徳馬は、宇都宮太郎の実子である。彼の生き方を見ると、父親の雰囲気もわかるような気がする。自民党の代議士になって当選をかさねたのだから、それで良いではないかと思う。それでなにが不満か、左翼じみた活動に入り、事もあろうに金日成と親交を深めるとはどういうことなのか。佐賀県人の悪い面ばかりを見せられた感がしてならない。

一人で不満を募らせているのは勝手だが、それをエネルギーにして横断的派閥を軍内につくるとなると問題である。宇都宮太郎は、あらゆる機会を捉えて人脈づくりにはげみ、参謀本部の部長時代に基盤を固めた。また、武官経験者の大御所ということで、武官を希望する者は、前もって宇都宮に挨拶するのが慣例だったそうである。これもまた彼の人脈を広げる武器となった。

この佐賀県人を中心とする血気盛んな人脈を見た上原勇作（宮崎、旧3期）は、人材が払底しつつある薩州閥との連携をはかり、いわゆる薩肥閥の成立となる。そしてこの薩肥閥は、大分県人をのぞく九州連合軍となって大正、昭和の陸軍に大きな影響をおよぼすことになる。

対ソ作戦屋集団

宇都宮太郎が培《つちか》った人脈の後事を同郷の武藤信義に託したのは、ごく自然なことであった。宇都宮が参謀本部第二部長のとき、武藤は同部第四課（欧米課）長であったし、目ぼしい佐賀県出身者は村岡長太郎《むらおかちょうたろう》（5期）までいなかったことにもよる。

武藤信義は、陸大首席の俊才であったばかりでなく、実績に裏付けられたロシア通で有名であった。日露戦争前にはウラジオストクに潜入して諜報工作に従事し、駐露武官も経験している。日露戦争中は近衛師団参謀、鴨緑江軍参謀で、戦後はふたたび駐露武官になっている。大正七年からのシベリア出兵では、ハルビン、オムスクの特務機関長を務め、対ソ諜報機関網を確立した情報のエキスパートであった。

情報屋と言えば、口八丁、手八丁のやり手を想像するのだが、武藤信義はまったく逆の超寡黙な人だった。部屋をノックしても、なかなか返事をしないというまで徹底しており、まさに「佐賀左肩党」そのものだった。それでよくも雷爺の上原勇作の下で部長、次長が務まったものだと思うが、それが「沈黙は金」ということなのだろう。

寡黙な人物は、その実像よりも大きく見えるもので、人を引き付ける。まして実績のあるロシア通ともなれば、助言をもとめたり、頼りにする人が集まる。そのなかの一人が話しだすと止まらない多弁な荒木貞夫（東京、9期）だった。真崎甚三郎が間に入ったにせよ、この取り合わせは面白い。

こうして対ソ作戦屋、たとえば福田雅太郎（長崎、旧9期）、小畑敏四郎（高知、16期）らも加わって、武藤信義を囲むようになる。ここにたんなる同郷というのではなく、専門分野による横断的な集団が、軍内に形成された。

陸軍はつねに北向きであり、主役は対ソ作戦屋だったかのように思われているが、彼らにも冬の時代があった。シベリア出兵後、ソ連は革命の痛手からかなり長期間立ち直れないという見解が一般的であった。だからこそ、大正軍縮が実施できたのである。

そんな風潮のなかで、いわゆるロシア通は、「スラブ民族の底力を甘く見るな、ソ連はすぐに立ち直る」と警鐘を鳴らしていたが、「自分たちが失業するから大袈裟に言う」と聞き流されていた。

ところが、昭和四年に衝撃的な事実が明らかとなった。同年七月、張学良は中ソ共同経営であった東支鉄道（中東鉄路）を一方的に回収した。すると、ソ連はただちに特別極東軍を編成して満州に進攻し、権益を取り戻した。

このとき、満州正面に展開したソ連軍は八個師団、航空機五十機であった。傍観者の立場にあったにせよ、関東軍は平時編成の二個師団規模、航空部隊はなかったのだから、これで平気かと慄然とするのが当然だ。ソ連軍将兵の練度も想像を超えた。西正面の満州里からハイラルに入った部隊は、酷寒時に露営で二百キロを四日で克服したことは、関東軍を啞然とさせたという。

昭和六年九月に満州事変がはじまると、極東ソ連軍の増強が急速に進む。八年夏の時点で十個師団と見積もられていたが、これでもまだ甘かった。正規部隊のほかにハバロフィアック軍団という一種の屯田兵組織が創設され、これだけでも十個師団を編成できたとされる。師団の装備も優秀で、重機関銃は日本軍師団の三倍、日本にはない野戦重砲を十二門も装備していたのである。

それまで冷笑されていた対ソ作戦屋は、「それ見たことか」と勢いづいた。まずなにより対ソ戦備を増強すること、それには国家革新しかないという一つの方向が示された。

さらに深刻な問題は、ソ連の満州赤化工作の進展であり、それが日本にもおよぶのを防止するためには、国体意識の確立だということにもなる。皇道派という集団があったとすれば、けっして観念的なものだけでなく、深刻な戦略認識によって結合したのである。

黒幕か、誤解か

侍に憧れる子供のような「佐賀左肩党」を起源とする人脈に、一夕会や桜会という軍部革新をめざす横断的結合がからんで問題が複雑になる。

前にも述べたように、昭和三年十月の第一回会合で示された一夕会綱領の第三項に、「荒木、真崎、林の三将軍を護り立てながら、正しい陸軍に建て直す」とある。

一夕会には佐賀県出身の中野直三《なかのなおぞう》（18期）、七田一郎《しちだいちろう》（20期）、牟田口廉也《むたぐちれんや》（22期）、土橋勇逸《つちばしゆういち》（24期）が加盟していたが、同郷のよしみで真崎甚三郎を盛り立てたのではなく、全国的なクラブである一夕会の総意だったのである。

では、なぜこの中央官衙のエリートが真崎甚三郎を選んだのであろうか。まず一点は、長州閥に取り込まれていないことが評価された。大正九年から十年にかけて真崎は軍務局軍事課長の要職にあったが、長州閥の牙城の中で苦労していたことは、だれもが知っていた。

それでも節を曲げずに孤高を守った真崎甚三郎の根性に、一夕会の猛者たちが惚れたということか。そして第二点は、大正十二年から昭和二年までの陸士本科長、教授部長兼幹事、そして校長という陸士勤務が素晴らしかったことだろう。

真崎甚三郎は敵の多い人でもあった。陸大の学生のとき、教官の金谷範三（大分、5期）となにかあり、真崎は陸大十九期の恩賜なのに、金谷はいつも「真崎はダメだ」と嫌いつづけていた。

牟田口廉也

土橋勇逸

宇垣一成（岡山、1期）が真崎を買うはずもないにしろ、「暗闇に牛を引き出したようだ」と酷評していた。

軍の革新をめざす立場から

見れば、元老に嫌われるような人物こそ新しい陸軍の中心にすえるべきだとなったのだろう。

ここまで期待されながら、最後には二・二六事件の黒幕として葬り去られた真崎甚三郎とは、どんな人物だったのかと興味が湧く。昭和初期に焦点となった人物だから、さまざまに語られているのだが、その評価は両極端に分かれる。

昭和の妖怪だの、二・二六事件の決起将校を裏切った許せない人から、勇将であり、これほど信義に篤い人はいないまでと真っ二つであり、それぞれ評価の根拠を示されているのだから、わけがわからなくなる。

二・二六事件での劇的な場面の一つだが、反乱軍が占拠する陸相官邸に真崎甚三郎が到着したときのことすら証言がまちまちだ。

挙事を告げ、善処をもとめる決起将校に、真崎甚三郎は、「とうとうやったか、お前たちの心はヨオックわかっとる、ヨオッーわかっとる」と答えたというのは磯部浅一（山口、38期）の獄中証言。

車から降り立った真崎甚三郎は、あたりを睥睨《へいげい》して、まことに不遜な態度だったというのは、経理局長であった平手勘次郎（埼玉、主計）の証言。

駆け寄ってきた決起将校に向かって、「馬鹿者、なんということをやったのだ」と怒鳴りつけたというのは、真崎甚三郎の警護にあたっていた憲兵伍長の証言。

事件後、「反乱者を利する」との容疑で真崎甚三郎は軍法会議に付されるが、判決理由を読めば明らかに有罪、ところが判決は無罪。

それぞれの立場で都合の良いところをつまんで、真崎はこんな人物だと論じているから、本当のことはわかるはずもない。ここでは彼が語っていたことを二つ紹介しておきたい。

真崎甚三郎は、大村の歩兵第四十六連隊の中隊長として日露戦争に出征し、功四級の金鵄勲章をうけている。戦争の話を訊くと、かならず鴨緑江の渡河戦の体験談で、「怖かった、足が震えてどこをどう歩いて渡河点まで行ったのか覚えていない。戦さはやるものではないぞ」と戒めるのを常にしていたそうである。

これも聞く人によって反応はさまざまだった。勇ましくない説教を垂れられ、拍子抜けして、「あれで佐賀の葉隠か」と反感を持つ者もいる。その逆に、「あの立場で、よく怖かったと言えるものだ」と崇拝する者も出てくる。盟友の荒木貞夫のように、歯切れよくやればまだしも、真崎甚三郎は訥弁《とつべん》だから、話が暗くなってしまうのも彼にとってマイナスにはたらいた。

前述の判決理由にもあるように、真崎甚三郎は陸士在職中において国体精神及び皇室観念の涵養に努めたことは有名だ。彼を擁護する人は、この点を強調しすぎて偏《かたよ》ったイメージにしてしまう。実際には、こんな話があるほど柔軟だった。

陸士のある授業で、万世一系の皇室の尊厳を説いた教官が、これについてどう考えるかと生徒に質問をした。指名されたある候補生は、「自分の家も万世一系でありますから、自分がここに存在しておると考えます」と哲学的にやってしまった。「こんなとぼけたやつがいる」と話題になったそうで、これが本科長の真崎甚三郎の耳に入った。すると真崎は、「そういう考え方があってもよい。祖先への崇敬の念の延長線上になにがあるかを考えさせよ」と教官を指導したそうである。

陸士で真崎甚三郎の薫陶をうけたのは、陸士三十六期生から四十三期生までとなり、それはまさに二・二六事件に参加した将校の主力であった。しかも、香田清貞《こうだきよさだ》（37期）、栗原安秀《くりはらやすひで》（41期）、中橋基明《なかはしもとあき》（41期）、中島莞爾《なかじまかんじ》（46期）の四人は佐賀県人である。だからと言って、二・二六事件の種は真崎がまいたと短絡するのはどうだろうか。

さすが『葉隠』

佐賀県出身の軍人は多いし、さすが『葉隠』と唸らせる勇ましい人もたくさんいてすべてを語れない。

ここでは戦史に残る四人、日華事変の緒戦、第十軍司令官として杭州湾上陸から南京攻略までを戦った柳川平助《やながわへいすけ》（12期）、ガダルカナル撤収をなしとげた第十七軍司令官の百武晴吉《ひやくたけはるよし》（21期）、インパール作戦で問題を残した牟田口廉也、第五十一師団長としてニューギニアで苦戦した中野《なかの》英光《ひでみつ》（24期）を取り上げる。

日華事変がはじまった昭和十二年度の陸軍動員計画令を見ると、最大で方面軍司令部二個、軍司令部八個を編成することになっており、大将二人、中将八人を用意しておかなければならなかった。

しかし、二・二六事件後の粛軍人事のため、それだけの人材が現役にプールされていなかった。これも計画的に侵略戦争を遂行したと言うのは、間違いだという状況証拠にはなる。

柳川平助

百武晴吉

中野英光

まず、戦火が華北から華中に飛び火し、上海の邦人保護のため上海派遣軍が編成され、軍司令官は予備役から召集された松井石根（愛知、9期）があてられた。上海の戦況が深刻なものとなり、さらに第十軍を編成して増援することとなった。

ところが、第十軍司令官に適任の現役将官が見当たらず、これまた予備役からの召集となり、柳川平助が起用された。

この人事は奇妙なものだった。柳川は陸大二十四期の恩賜の秀才だが、いかにも佐賀左肩党で、どんなときでも将校マントを着ない人で有名であった。騎兵一筋に軍歴をかさね、中央勤務は参謀本部第四課（演習課）長ぐらいだった。

それが荒木貞夫が陸相になると、次官に引っ張られて世間を驚かせた。この人事からも柳川平助が、いわゆる皇道派の中堅であると目されていたことがわかる。次官を下番してからの昭和九年八月から十年十二月まで第一師団長であった。このときに第一師団の青年将校の間で決起への動きが本格化したわけである。

二・二六事件当時、柳川平助は台湾軍司令官であったが、事件後の粛軍人事で最大のターゲットになり、昭和十一年九月に予備役に編入された。この人をすぐさま召集して軍司令官に補するというのは、なんとも頷《うなず》けない。

人事局長の阿南惟幾（大分、18期）が強く推薦したにしろ、どうして陸相の杉山元

（福岡、12期）が納得したのか。参謀総長の閑院宮載仁が「騎兵の柳川ならば同意」ということとしか考えられない。

柳川平助が指揮する第十軍は、杭州湾に上陸して膠着した戦線を打ち破り、南京まで猛進した。さすが騎兵科出身と感心されたものの、そのあつかいが不可解だった。当局は第十軍司令官の氏名を極秘とし、高級幹部の記念写真から柳川平助の姿を消去するまでの措置を講じた。そこまでやっても、覆面将軍は柳川とみな知っているのだから面白い。

なぜ隠したかと言えば、皇道派の将軍を起用したことが明るみに出れば、政治的にまずいとなったのだろう。さらに深読みすれば、予備役の将官を召集しなければならないほど台所が苦しいのかと思われたくなかったとなる。

氏名を公表されずに写真まで消されても、敵の首都攻略に参加できたのだから、柳川平助は満足であったろう。

それに引き換え、軍司令官ですら握り飯一つ満足に食べられずに餓死一歩手前、そこまでしたのに撤退しなければならないとは、これほどの悲劇はない。そんな目に遭ったのが百武晴吉であった。

そろって海軍大将になった百武兄弟の実弟が百武晴吉であるが、陸軍部内では暗号の権威として有名であった。百武は少佐のとき、ポーランドに派遣されて現代の暗号というものを学んだ。この分野を引き継いだのが樋口季一郎（岐阜、21期）や宮崎繁三郎（岐阜、26期）であった。

陸軍の暗号は無限乱数方式を採用し、海軍や外務省のものよりはるかに硬く、ほとんど解読されなかったとされる。これこそ百武晴吉の功績である。

この暗号という分野は、少々偏執狂的なところが必要で、その点、佐賀県人に合っていたかもしれない。このような人を適職な通信兵監から、南の果ての第十七軍司令官に持って行くのだから、陸軍も人の使い方を知らない。

ガダルカナル戦の責任の大半は、海軍にあったことは周知の事実だ。兄貴二人が海軍大将なのだから尻拭いしろというわけではないにしろ、百武晴吉が貧乏クジを引くこととなった。しかし、海軍も多少の敬意を表して、駆逐艦や潜水艦まで使って補給してくれたとも思える。

また、予想より一年も早い米軍の反攻にうろたえた大本営は、入れ替わり立ち替わり参謀を送り込んできたことも、軍司令官としてやりにくかった。それでも承詔必謹、足腰も立たない将兵を撤退させたのだから、百武晴吉は『葉隠』の実践者であった。

頑固と執念の違い

インパール作戦は、ガダルカナル戦以上の悲劇であった。それを指揮した第十五軍司令官の牟田口廉也は、戦後の回想を見ても、それほど悲劇だとは感じていないようだ。すべての責任は、隷下三人の師団長にあり、もう少しで勝てた作戦であったと強弁し、あれほど凝り固まる人は佐賀県人でも珍しいと評された。

もちろん、牟田口廉也が非難する三人の師団長にも問題はあった。抗命して独断退却した第三十一師団長の佐藤幸徳（山形、25期）は政治色が濃く、自分が東條英機（岩手、17期）の後釜に座るという妄想にかられていた。作戦中に作戦中止を具申した第三十三師団長の柳田元三（長野、26期）は、陸大恩賜の秀才だが、本来は情報畑育ち。第十五師団長の山内正文（滋賀、25期）は、駐米武官もした米国通だが、どう見ても野戦向きではないし病気がち。そんなことで三人とも作戦中に罷免されるという珍事となった。

そもそもインパール作戦はなぜ強行されたのか、そのあたりからして不可解さがつきまとう。この構想は、昭和十七年七月ごろからあった。しかし当時、第十五軍司令官であった飯田祥二郎（山口、20期）は難色を示し、第十八師団長であった牟田口廉也本人ですら渋っていた。

それなのに牟田口廉也は、軍司令官になると積極的になった。インドに攻め入り、その独立を促し、戦争終結の糸口をつかむという夢みたいな話へと衝き動かしたものは、彼の奇妙な責任感であった。

牟田口廉也は、支那駐屯歩兵第一連隊長として盧溝橋事件の渦中にいた。だから、この戦争のはじまりに責任があり、終結の決め手を演じるのは自分の責任だと思い込んだ。しかも当時、上司であった支那駐屯歩兵旅団長の河邊正三（富山、19期）は、今度も上司のビルマ方面軍司令官だ。

二人してやるんだと言うよりも、あのとき、冷たかった河邊正三に見せてやるんだと、牟田口廉也は気負い立ったのである。一言加えれば、盧溝橋事件のときの支那駐屯軍司令官の田代皖一郎《たしろかんいちろう》（15期）、現地で田代が病没し、その後任の香月清司《かづききよし》（14期）の二人ともに佐賀県人だったのは奇遇だ。

そんな責任を感じる必要はどこになかったし、戦線の西端で三個師団ぐらい動かしたところで大勢が決まるはずがない。ところがひとたび思い込むと、それに凝り固まる性格の牟田口廉也は、その道理に納得できなかったのだろう。この偏執的で頑固な性格を見て、なるほど佐賀県人と思う人は多いはずだ。

この三人、柳川平助、百武晴吉、牟田口廉也には、それなりに注目された舞台があったが、救いがないのはニューギニア戦線で戦いつづけた中野英光であった。

彼は本来、支那屋であり、吉林、済南、広東で特務機関長を務めている。その中国通ぶりを買われて満州国軍政部最高顧問となり、昭和十六年十一月、満州にあった第五十一師団長に補され、なんと終戦までこの職務にとどまった。

太平洋戦争開戦時、第五十一師団は香港攻略の第二十三軍に増援され、華南にあった。そこにガダルカナル戦となり、予定では昭和十八年一月ごろに同島奪還作戦に投入されるはずだった。そのため第五十一師団は第十七軍の隷下に入り、ラバウルに集中したが、ガダルカナル撤収となり、行き場を失った格好となった。

しかし、ニューギニア戦線も危機に瀕していたので、急ぎ第十八軍に入り、ニューギニアに向かうこととなった。その輸送船団がダンピール海峡で壊滅的打撃をうけたのが、昭和十八年三月上旬のことであった。中野英光は、奇跡の駆逐艦「雪風」に乗っていたため無事にラエにたどりついた。

香月清司

幸運もそこまでであり、三十ヵ月にもおよぶ苦闘が待ち受けていた。補充も補給もいっさいない、見捨てられたかのような戦いであった。中野英光は、中将ながら連隊の先頭に立って切り込んだこともたびたびであった。

そして第五十一師団は、連合軍の空挺作戦によって退路を断たれ、昭和十八年九月、標高四千メートルを超えるサラワケット山系を一ヵ月かけて越えたのである。いっさいの山岳装備もなく、食料も乏しく、夏の衣類のまま、これは戦史ではなく、探検史の部類に入る。

険しい山中、師団長に暖を取らせようとしても、燃やすものがない。しかたなく小銃の銃床を削って焚き火を起こしたという。この歴史的な行軍で、二千二百人の将兵が斃れた。

さらに第五十一師団の苦戦はつづき、東部ニューギニアのウエワク付近で戦闘中、終戦をむかえた。第十八軍は最盛期十四万人を数えたが、無事、復員できた者は一万三千人と記録されている。第十八軍の中核兵団を最初から最後まで指揮した中野英光には、『葉隠』などの賛辞よりも、執念の軍人と言うほうが合っているように思う。

長崎県

佐賀に食われた土地柄

肥前の西半分と対馬が合わさって長崎県となった。慶応元年の配置を見ると、平戸と同新田を合わせた松浦藩（七万二千石）、大村の大村藩（二万八千石）、五島の五島藩（一万三千石）、島原の松平藩（一万石）に、なぜか対馬の宗藩十万石が加わる。なんと対馬の宗藩が最大だったとは意外だ。

小藩ばかりのうえに、隣の鍋島藩は四十五万石の大藩で、天領の長崎警備は鍋島藩の担当であった。そんなことから長崎は佐賀に食われた印象が強い。

しかし、面積的には佐賀県の二千四百四十平方キロに対して、長崎県は四千百十三平方キロと広い。しかも大正末の長崎県の人口は百十六万人と佐賀県の倍ちかくあった。大村には歩兵第四十六連隊が衛戍し、軍港の佐世保をかかえている。

日露戦争の軍神、橘周太《たちばなしゅうた》（旧9期）は長崎県人だ。さぞや軍人が多いと思いきや、陸軍の将官は三十人ほど、海軍大将はいない。

陸大を卒業した者は全部で十名ほどで、知るかぎり恩賜は高月保《たかつきたもつ》（33期）だけだ。参謀本部第二課の作戦班長も務めて将来を嘱望されていた高月だったが、のちに述べる北部仏印進駐問題で更迭され、北支那方面軍司令部の作戦参謀のとき、北京で抗日ゲリラに狙撃されて戦死した。

尚武の九州であるし、かなり気の強い風土なのに、どうしてこうなのかと考えると、これまた隣の佐賀県人に食われたと見える。

たとえば、古武士然としていた柳川平助（佐賀、12期）は、佐賀県人とはされているが、生まれは長崎県で、佐賀県に養子に行った人だった。このように肥前と言えば佐賀県、通りが良いので佐賀県に戸籍を移した人も多いようだ。

妥協なき戦略論争

長崎県出身でただ一人、陸軍大将になった福田雅太郎《ふくだまさたろう》（旧9期）は、早くから三長官の器と言われた逸材であった。

彼の陸大九期は卒業生十四人という小人数なため、上位三人が恩賜ということで、福田はその選にもれたものの、すぐにドイツ留学となったのだからエリートコースには乗っていた。彼の場合、成績優秀なばかりでなく、剣道の達人でもあったから人の目を集めていた。

日露戦争の当初、福田雅太郎は第一軍司令部の作戦主任参謀であった。ところが、第一軍司令部は参謀長の藤井茂太（兵庫、旧3期）のリーダーシップ不足から部内がなかなかまとまらず、遼陽会戦の最中、参謀副長の松石安治（福岡、旧6期）が更迭される騒ぎとなった。

松石の後任が福田である。満州軍総司令部の作戦主任は田中義一（山口、旧8期）であり、二人の仲はきわめて良かったとされる。

日露戦争後、福田雅太郎はオーストリア武官となり、帰国後は参謀本部第四課（欧米課）長となった。上司の第二部長は日露戦争中からの因縁がある松石安治であった。

ここでひと波乱あったのは確実で、福田雅太郎はわずか二ヵ月で連隊長に出された。日露戦争後で人事が停滞していた時期からか、福田は連隊長を二度務め、久留米の歩兵第二十四旅団長、そして関東都督府参謀長と外回りに終始した。

その間も福田雅太郎と田中義一の交友はつづき、なにかと福田が田中の仕事をサポートしていたといわれる。ところが大正三年五月、福田が参謀本部第二部長となり、翌四年十月に田中が参謀次長になると穏やかでなくなる。

大正四年十二月、参謀総長が長谷川好道（山口、草創期）から上原勇作（宮崎、旧3期）に代わり、長州閥と薩肥閥の暗闘が表面化した。これで福田雅太郎と田中義一の仲が悪化した。しかし、両人とも明朗な性格であったし、田中は長州閥を越えた人脈をつくって首相をめざしていたのだから、廊下で顔を合わせても挨拶すらしないほど険悪な仲になったには、よほど深刻な問題があったことをうかがわせる。それはなにかと考えれば、『帝国国防方針』の補修が関係していることは確実だろう。

明治四十年四月に制定された『帝国国防方針』の原案を作成したのは田中義一であり、その内容だが、基本方針は「開国進取・速戦即決」、想定敵国はロシア、米国、フランスの順、戦時の所要兵力は五十個師団、平時は二十五個師団というものであった。

大正四年八月ごろから日中関係が悪化したため、『帝国国防方針』の補修が必要となり、その作業の主務者はまた田中であった。七年六月に決定したものの内容は、方針は従来どおり、想定敵国の順はロシア、米国、中国、戦時所要兵力は四十個師団というもので、平時の兵力は既存の二十一個師団というものであった。

この補修にあたり、戦時四十個師団を第一次世界大戦の戦訓を加味して二十個軍団にするという意見もあったが、見送りとなった。また、大正七年度の動員計画では三十二個師団にとどまっており、戦時四十個師団を達成するためには、動員基盤の整備のためにも既存の二十一個師団ではたりないという意見もあったようである。このような論議の基本となるのが、第二部長の福田雅太郎が提出する情勢判断であるから、二人の間にさまざまな摩擦が生じるのも無理はない。

その後の福田雅太郎は、第五師団長、参謀次長、台湾軍司令官を経て軍事参議官のとき、大正十二年九月の関東大震災に遭う。すぐに関東戒厳司令官になるが失点つづきだった。まず、民衆救護が遅れたと非難され、今日でいうプレスセンターを設けたことが宣伝ばかりしていると冷笑され、揚げ句は大杉栄一家の殺害事件が起きて責任を取らされた。後任の戒厳司令官は山梨半造（神奈川、旧3期）となった。

この戒厳司令官は損な役回りで、形式的にしろ立法、行政、司法の三権を握るので、部外とのしがらみができる可能性があるため、その後は要職に当てないという不文律があったそうだ。

そのため、大正十三年一月、清浦奎吾内閣の組閣の際、いくら元帥の上原勇作が強く福田雅太郎を陸相に推しても無理だったのである。こうも不運がつづくと鬱積し、長崎県人らしくもなく不満を爆発させる。

大正十三年八月、陸相の宇垣一成（岡山、1期）は、四個師団廃止を骨子とする軍備整理案を軍事参議官会議に提出した。この会議で福田雅太郎は激高して反対した。詳細な記録はないが、福田は、「戦力の基盤となる常設師団を四個も廃止して国防が成り立つのか」「国軍を政党に売り渡すつもりか」と宇垣に迫ったといわれる。

しかし、宇垣のほうが役者が一枚上で、例の人を食った態度で、「福田閣下、感情を交えないでいただきたい」といなし、多数決に持ち込んで軍備整理案を可決させた。軍の近代化のため必要な措置だったとしても、それからの人事が苛烈だったことが大きな禍根を残した。大正十四年五月の人事異動で軍備整理に反対した福田雅太郎、尾野実信（福岡、旧10期）、町田経宇（鹿児島、旧9期）の大将が待命となった。

さらに中将では、大野豊四（佐賀、3期）、石光真臣（熊本、1期）、井戸川辰三（宮崎、1期）らが待命となり、まさに宇垣一成の全盛時代となる。もちろん反動は必然で、上原勇作を頂点とする薩肥閥の抵抗は陰にこもり、結局は陸軍を二分する動きに結び付いて行く。

太平洋戦争緒戦の二人

菅原道大《すがわらみちなお》（21期）は、長崎県出身には珍しく幼年学校は仙台だった。長崎県人は明るく、気さくなところがあると言われるが、彼はそうでもなかったと言われるには、やはり仙台幼年学校で学んだことが関係しているように思う。ただ、新しもの好きな県民性からか、彼は陸大卒業後、すぐに歩兵科から航空科に転科している。彼の陸士二十一期では、技術の安田武雄（岡山）と運用の菅原と、航空科で名を成した双璧だった。

太平洋戦争開戦にあたり、内地の第一飛行集団長であった菅原道大は、南方進攻作戦に向かう第三飛行集団長となった。当時、陸軍は各種飛行中隊を百五十一個保有していたが、そのうち七十個中隊を南方に向けた。その中核がマレー作戦を支援する第三飛行集団であったから、菅原は武運に恵まれた。

シンガポールは予定よりも早く攻略し、万事めでたしで終わったように見える。しかし、地上を突進した第二十五軍と第三飛行集団は始終もめていた。

菅原道大

第三飛行集団は南方軍直轄で、第二十五軍と対等な関係にある。当初の司令部はプノンペンにあって戦場から遠い。地上部隊の進撃は早く、航空部隊の基地推進がそれに追いつかないために、イギリス空軍のゲリラ的攻撃がつづく。

第二十五軍司令官の山下奉文（高知、18期）は、体に似合わず細かい人で、あれこれ航空部隊に注文をつける。それが実行されないとなると、航空部隊を第二十五軍の指揮下に入れろと談じ込む。菅原道大としては、堪《たま》らない毎日をすごしたと思う。

昭和十八年五月、内地に帰還した菅原道大は、航空士官学校長、航空総監部次長を経て航空総監兼本部長に就任したが、すぐに組織改編があって昭和十九年七月に教導航空軍司令官となり、次いで本土西方面の第六航空軍司令官となり、沖縄決戦の天号作戦を指揮した。

昭和二十年三月二十五日にはじまり、五月二十六日に終わった陸軍の天号作戦で、陸軍特攻機約九百五十機が敵艦に突入した。そのほか義号作戦、奥山道郎（三重、53期）を隊長とする義烈空挺隊百二十人が沖縄に突っ込んだ。

いくら最後の航空総監にしろ、天号航空作戦の敗退や特攻の責任を菅原道大にもとめるのは酷な話だ。しかし、海軍側のカウンターパートであった第五航空艦隊司令長官の宇垣纒（岡山、海兵40期）が終戦直後に特攻で自決したかたちとなったので、菅原は変な目で見られることになってしまった。戦後、彼は埼玉県で養鶏業を営み、隠棲していたが、マスコミの取材に応じては、「特攻は志願であった」と強弁したことも彼の評価にマイナスとなった。

　華やかな太平洋戦争の緒戦時、フィリピンでさんざんな目に遭った奈良晃《ならあきら》（23期）も長崎県人であった。彼は中学出身で米国駐在の経験もある。地味な人だったが、日華事変の当初、関東軍の独立歩兵第十二連隊長で、急ぎ華北に駆けつけて支那駐屯軍の苦境を救って注目された。

　このときの連隊付中佐が奈良晃と陸士同期で、のちにニューギニアで苦戦して戦死した掘井富太郎（兵庫）であった。掘井は中国語に堪能であったため、独立歩兵第十二連隊の作戦が円滑に進んだとされる。また、支那駐屯歩兵第一連隊付中佐は、のちにノモンハン事件で戦死する森田徹（熊本、23期）であったから、この同期のつながりは、なにかと役立っただろう。

奈良晃

　この華北の戦功で、奈良晃は二選抜で進級をかさね、昭和十六年三月に中将昇任と同時に広島師管区で編成された第六十五旅団長に補職された。中将で旅団長とは奇異に感じるが、第六十五旅団はフィリピン攻略の第十四軍の警備部隊として予定され、おそらく奈良にはマニラ防衛司令官の含みがあったのだろう。

ところが、第十四軍はマニラ一帯にあった米軍の捕捉に失敗し、バターン半島に入らせてしまった。しかも、第十四軍の主力であった第四十八師団はジャワ攻略に抽出されてしまった。

割りを食ったのは第六十五旅団で、第四十八師団の代わりにバターン半島攻略に当てられた。応召兵主体の警備部隊が、大口径砲を備えて要塞化されたバターン半島に進めば、結果ははじめからわかっていた。第一次攻撃は頓挫した。

緒戦の大勝利に沸き立っていたこともあり、この失敗は見過ごせないこととなり、軍司令官の本間雅晴（新潟、19期）もろとも奈良晃は予備役に編入された。こうして中学出身の英米通の二人は、これからその知識が必要になるときに陸軍を去ることになった。

喜劇的な悲劇

長崎県人の評価すら左右しかねないほどの悪評をふりまいたのが冨永恭次《とみながきょうじ》（25期）だった。彼はソ連駐在の経歴を持つ対ソ作戦屋の育ちであった。それが政治将校の典型とまで言われるようになったのには、東條英機（岩手、17期）との関係を語らなければならない。

冨永恭次

この二人の縁は古く、東條が陸大に入る前、陸士の区隊長をしていたが、その時期に冨永は候補生であった。また冨永は陸大三十五期で、その一年ほど東條が教官であった。いわゆる教官と学生のマグ（磁石）の関係にあったことになる。

昭和十一年の二・二六事件の直後、冨永恭次は参謀本部庶務課長代理となった。事件後の粛軍人事は難航すると思われたが、予備役編入願を手際よく集めてきたのが冨永であった。これには人事局長であった後宮淳（京都、17期）は驚き、関東軍にいた東條英機も教え子の手柄に喜んだ。この功績で冨永は、参謀本部第三課（当時は作戦課）長の金的を射止めた。

しかし、冨永恭次がこの重責を担える人でないことは明らかで、在任わずか四ヵ月で陸士同期の武藤章（熊本）と交替して、関東軍付となり、すぐに同第二課長となった。この昭和十二年三月の異動で関東軍参謀長に就任したのが東條であった。この東條・冨永コンビは、日華事変拡大路線を推進し、この二人の結び付きがいよいよ強まった。

昭和十三年三月、冨永恭次は内地に帰り、近衛歩兵第二連隊長となる。これも破格な厚遇だろう。追いかけ帰国した東條英機は陸軍次官となると、冨永は一年で連隊長を卒業して、参謀本部第四部（戦史）長、次いで同第一部（作戦）長の顕職に就く。

そして、南進の踏切台となった北部仏印進駐となる。本来、この作戦目的は南寧にあった第五師団を平和的に仏印を通過させ、ハイフォンから海路で上海付近にもってくるということにあった。

フランスと交渉のため大本営は、西原一策（広島、25期）を長とする仏印監視団をハノイに送り込んだ。これを契機に南進を促進しようとしたのか、それとも同期の秀才に対抗意識を燃やしたのか、冨永恭次は現地指導と称してハノイに乗り込み、必死に調停する西原の努力を踏みにじり、武力進駐にさせてしまった。西原が痛憤を込めて、「統帥乱れて信を世界に失う」と大本営に報告したのも無理はない。

参謀本部第一部の独走は大きな問題となり、冨永恭次以下の主要メンバーは更迭された。ところが、この指揮系統を無視した幕僚統帥の元凶は、のちにすべて中央部に復活する。

第二課長であった岡田重一（高知、31期）は冨永恭次の後任の人事局長に、部員の荒尾興功（高知、35期）は陸軍省の中枢、軍務局軍事課長となった。作戦班長の高月保も、前に述べたように北京で戦死しなければ、中央部に返り咲いたであろう。

そして冨永恭次は、昭和十六年四月に人事局長となった。しかも東條内閣の末期には陸軍次官も兼務した。人事と予算を握った冨永の権勢は東條英機を凌ぐまでになり、東條内閣が総辞職すると、後任陸相の最右翼は冨永であったというのだから言葉を失う。

小磯国昭（山形、12期）内閣組閣時、米内光政（岩手、海兵29期）は、「冨永が陸相になるのならば、自分は入閣しない」とまで語ったといわれる。

東條英機が去ってから、この冨永恭次をどうあつかうかが戦争以上の問題となった。手のつけようがないと思われたが、退任した東條の私用ために官用車を提供したとかで責任を追及され、フィリピンの第四航空軍司令官に転出することになった。

厄介者を追い出した陸相の杉山元（福岡、12期）は、名人事と自慢していたそうだ。しかし、旅団長や師団長もやっていない歩兵の人を、決戦正面の航空軍司令官にあてるとは無責任だ。

もちろん、ここまで栄達した人だから、なかなか演技も上手く、新聞記者のあつかいも心得ており、着任当初の冨永恭次の評判も上々であった。また、文藻もあり、「空駆ける皇国のおのこよ、今こそ征け」と滑走路の脇で軍刀を振り回して特攻隊を見送ったり、「屋上の鳩よりも掌中の雀を撃て」となかなかで、そのうえ達筆だった。

しかし、それらと軍事的才能とは別物であるし、軍人として腹がすわっていることとは関係ないことを冨永恭次は身をもって証明した。

米軍のルソン島上陸が差し迫った昭和二十年一月一日、第四航空軍は南方軍直轄から第十四方面軍の指揮下に入った。第十四方面軍の作戦によると、マニラを放棄して山岳地帯で持久をはかるというものであった。

だが、冨永恭次は、特攻隊を送り出した自分がおめおめマニラを捨てられるか、ここを死守すると言って、方面軍の命令にしたがわない。

ところが、米軍輸送船団がリンガエン湾に入ったと知ると、一月七日に第四航空軍司令部は大慌てでマニラを去った。関係部隊への連絡もなく、機密書類もそのまま、冨永は看護婦連れで逃げ出した。

この時点で、第四航空軍が保有する航空機は四機であったという。これでは隷下部隊に地上戦闘を命じて、司令部がエチアゲに下がったまではしかたがないとも思える。だが、一月十六日、冨永は忽然と台湾に現われた。第十四方面軍司令部もまったく知らなかった。

台湾に下がって戦力を整備するためとか、病気で幕僚に拉致されるかたちで台湾に飛んだとか言われるが、どうであれ、第十四方面軍に一言あるべきである。

「なんであれ部下を置き去りにしたのは許せない」と激怒したのが山下奉文、それをなだめるのに苦労したのが同期の武藤章であった。中央部も「将官としての徳義に悖《もと》る」として、ただちに冨永恭次を待命とした。

人事局長が以前、冨永恭次の下で補任課長、作戦課長を務めた岡田重一だったからか、また参謀長の隈部正美（東京、30期）の必死な嘆願があったからか、軍法会議だけは勘弁してもらえた。

しかし、岡田の後任の人事局長が人事畑一筋の額田坦（岡山、29期）で、これは厳しく、まず五月に予備役編入、すぐに召集で関東軍の第百三十九師団長とされた。シベリアに抑留されるために行ったようなもので、それで罪滅ぼししたということか。

これで一件落着とはいかなかったのが悲劇であった。この問題で強く責任を感じていた隈部正美は、終戦の翌日に自決したのである。冨永恭次はハバロフスクでの戦犯裁判で日本に不利になる証言をし、自決することもなく、また病死することもなく、昭和三十年四月に生還した。

熊本県

売りは第六師団

肥後の国は、熊本、人吉、宇土の三つの城地からなり、一国そのままで熊本県となった。慶応元年の配置を見ると、人吉の相良藩二万二千石、熊本の細川藩五十四万石、宇土と熊本新田の細川支藩であり、支藩も合わせると細川藩は六十万石を超える大藩だった。これだけの大藩になると士族が多く、軍人も多くなる。

しかも、ここは加藤清正以来、古くから尚武の土地柄だ。さらには明治六年一月、熊本に鎮台が置かれ、西南戦争の攻防戦を経て、二十一年五月に第六師団に改編された。中将の師団長は勅任官の従三位だから、県知事よりも上席だ。そのうえ熊本の場合、師団司令部の外に旅団司令部があり、師団直轄諸隊がすべて集中していた。さらに三十年四月には、熊本陸軍幼年学校が開校した。戦後になっても「六師《ろくし》団《だん》」という居酒屋が繁盛した軍都である。

さぞや軍人が多いと思うだろう。事実、陸軍には「熊本中将」という言葉すらあった。ところが調べてみると、これが意外と少なくて陸軍の将官合計約百二十人、大正末の人口が約百三十万人であったから、西日本の基準では少ない。

とくに不可解に思うのは、草創期の将官を出していないことで、先任の将官は、大正元年九月に中将に昇進した平井正衡《ひらいまさひと》（旧2期）だった。これは先輩の引きがないことを意味するから、熊本県出身の将軍は、みな実力だったとも言えるだろう。

熊本県出身の陸軍大将は、林仙之《はやしなりゆき》（9期）と古荘幹郎《ふるしょうもとお》（14期）の二人だけだったとは意外だ。しかも、林は待命時に大将進級、古荘は軍事参議官就任時に進級したのだから、ともに名誉進級と言うべきであった。海軍大将はいない。

古荘幹郎

軍人の本場かと思いきや、これは一体どうしたことかと探ってみると、熊本県人の隠された一面が浮かび上がってくる。

超秀才の限界

幼年学校は恩賜、陸士と陸大は首席の三冠王が古荘幹郎だ。日露戦争には近衛歩兵第四連隊付で出征して負傷している。ドイツに駐在し、第一次世界大戦では観戦武官、帰国後は山県有朋の元帥副官を勤め上げた。そして、参謀本部では第一課（編制動員課）長、総務部長、第一部長、陸軍省では兵務課長、軍事課長、人事局長、次官と、これは空前の記録となった。加えて航空本部長までやっている。

このように省部の要職を総なめにした人は、往々にして部隊勤務が抜けるものだ。ところが、古荘幹郎は違う。近衛歩兵第二連隊長、歩兵第二旅団長、第十一師団長、さらには台湾軍司令官、第五軍司令官、第二十一軍司令官と、正統なステップを踏んでいるのだから驚かされる。昭和期の軍人で最高の軍歴を誇る人であり、彼についてもっと語られるべきだと思う。

空前の秀才、古荘幹郎が参謀本部第一部長に就任したのは昭和七年二月であった。満州事変と上海事変に区切りをつけて、さて陸軍の新たな進路を定める重要な時期であった。まさに古荘が適任なのだが、彼を取り巻く人脈があまりに複雑であった。

ほぼ同じ時期の第二部長が永田鉄山（長野、16期）、同じく第三部長が小畑敏四郎（高知、16期）、それだけならまだしも、第一課長が東條英機（岩手、17期）、第二課長が鈴木率道（広島、22期）と一癖も二癖もある連中である。

挫折を知らない温室育ちの秀才、しかも情にもろく、攻めには強いが守りに弱い熊本県人の古荘幹郎がコントロールできるはずもなかった。

昭和十年八月、永田鉄山斬殺事件が起きたため、陸相の林銑十郎（石川、8期）と次官の橋本虎之助（愛知、14期）が退任した。後任の陸相は無色透明な川島義之（愛媛、10期）となった。さて、次官の人選が難航した。思い切った若返り人事で、河邊正三（富山、19期）という声もあったそうである。

しかし、川島義之は無難なところと思ったのか、その経歴に注目したのか、第十一師団長で一年過ぎた古荘幹郎を選んだ。川島は軽い脳梗塞で口がもつれるし、軍務局長の今井清（愛知、15期）は秀才ながら単純な作戦屋で、しかも病弱であった。参謀総長は閑院宮載仁で列外だし、次長は杉山元（福岡、12期）で、はっきりしないことで有名な人だった。

省部の首脳陣がこれでは、二・二六事件の首謀者が、一撃を加えるだけでクーデターは成功すると思い込んだのも無理はない。

古荘幹郎にとっては、第一部長当時につづく不運だが、危機はチャンスでもある。二・二六事件の決定的な場面、たとえば決起将校が川島陸相に決起趣意を伝えたとき、どちらでもよいから古荘が九州男児らしく、「エーイ、ヤッ」とやれば、だれもが、

「あの秀才が言うのだから」と妙に納得してしまい、その方向に雪崩が起きたはずである。

そういう果敢な性格の持ち主は、おおむね学校の成績が悪い。また、熊本県人は、言われているほど豪傑ではない。どちらにも情が移り、両方に義理が立つような言動をする。ともかく決起の真意を聞こうと、「ウーム、フーム」とやっていた。このどっちともつかない態度が良かったのか、古荘幹郎は二・二六事件後の粛軍人事でも生き残り、航空本部長、台湾軍司令官を歴任する。陸相要員を確保しておこうという配慮の結果なのだろう。

日華事変が勃発すると台湾軍司令官兼第五軍司令官となり、中国南部への上陸にそなえたが、作戦中止となった。つづく昭和十三年十月に第二十一軍司令官としてバイアス湾上陸を敢行し、広東を攻略した。工兵の軍歌にもある勇壮な上陸作戦であったものの、内実はなかなかむずかしいものであったようだ。

第二十一軍の参謀副長は、藤室良輔（広島、27期）であった。藤室は古荘幹郎とよく似た秀才で、陸幼、陸士で恩賜、陸大は三十五期の首席であった。彼が有名になったのは、二・二六事件の軍法会議の判士をやり、北一輝と西田税（鳥取、34期）の極刑を、さらに真崎甚三郎（佐賀、9期）の有罪を主張したことによる。

秀才によくあるタイプだが、この手合いほど中国を甘く見る傾向にある。藤室良輔は広東攻略に当たり、珠江のデルタ地帯を遡江して直接、広東にぶつかるという奇想天外な作戦を立案した。若手の参謀たちは藤室案を熱烈に支持し、大本営は無理だとして強く反対した。間に立った古荘幹郎はこまりはてたことだろう。

結局はバイアス湾に上陸して陸路、広東に向かうこととなった。昭和十三年十月末、広東を目前にして古荘は脳溢血を起こして後送された。帰国後の十四年五月、軍事参議官となって大将に進級したが、健康を回復できずに翌十五年七月に死去した。不思議なことに藤室良輔も健康を害し、十七年八月に早逝している。

古来から中国では、「華南で兵を動かすな」と言われてきたそうだが、やはり昔からの伝承は傾聴すべきなのだろう。

戦争への人事

対英米戦をいつ決意したか諸説あるようだが、少なくとも陸軍の高級人事から見れば、昭和十四年八月末成立の阿部信行（石川、9期）内閣のときだった。

組閣の際、陸相をだれにするかもめた。関東軍参謀長の磯谷廉介（兵庫、16期）か、第三軍司令官の多田駿（宮城、15期）に絞られた。そこに昭和天皇が、「梅津美治郎

（大分、15期）か畑俊六（福島、12期）にせよ」との介入があり、侍従武官長わずか三ヵ月の畑が陸相となった。

畑俊六は次官の山脇正隆（広島、18期）と協議のうえ、ノモンハン事件の後始末もふくめて、かなりの規模の人事異動を九月から十月にかけて行なった。陸軍省では、次官が山脇から阿南惟幾（大分、18期）、軍務局長は町尻量基（子爵、21期）から武《む》藤章《とうあきら》（熊本、25期）、人事局長は飯沼守（愛知、21期）から野田謙吾《のだけんご》（熊本、24期）となった。

参謀本部では、次長が中島鉄蔵（山形、18期）から沢田茂（高知、18期）、第一部長は橋本群（広島、20期）から冨永恭次（長崎、25期）、総務部長が笠原幸雄（東京、22期）から神田正種（愛知、23期）となった。冨永は仏印進駐問題で翌十五年九月に更迭されるが、ほかはほぼこの陣容で太平洋戦争の計画を練ったことになる。

このなかで陸軍省の両輪となる軍務局長と人事局長が熊本コンビであったことは、偶然にしろ面白い。しかもこの二人、「静」の野田謙吾、「動」の武藤章と対照的なことがまた興味を引く。野田が一期先輩になるが、ともに熊本幼年学校出身、陸大は三十二期の同期で、勤務上の接点はないものの、顔なじみだった。

「人事を握る者が組織を支配する」と言われ、人事局長は部内に隠然たる勢力を誇る。

陸相が権力を振るえるのも、人事局長を介して人事を差配できるからだ。そこで陸相は、腹心を人事局長に当てるケースが多い。たとえば、荒木貞夫（東京、9期）は松浦淳六郎（福岡、15期）、杉山元は阿南惟幾、東條英機は冨永恭次という具合である。

ところが畑俊六は、そのようなことはしないで、中立で人事畑育ちでもない野田謙吾を人事局長にすえたので、畑自身の評価も上がった。

野田謙吾は、陸士、歩兵学校、教育総監部を回る地味な教育畑の人であった。彼が部内の注目を集めるようになったのは、歩兵第三十三連隊長として上海から南京戦に従軍してからだった。南京事件の主役となった第十六師団のなかで、野田は軍紀を厳正にする努力をはらっていた。

武藤章

それを教育総監であった畑俊六は記憶していたのである。また、野田謙吾が教育総監部に勤務していたときの上司、山脇正隆も彼の名前を失念していなかった。それらがかさなり、場違いの感がある野田の人事局長が実現した。

開戦に先立つ昭和十六年四月、野田謙吾は人事局長を、神田正種は総務部長を下番したが、太平洋戦争緒戦の人事配置は、この二人の方策から出たものだった。南方攻略にあたる五人の軍司令官を見るだけでも、適切な人事だったと言えるだろう。東條英機が首相兼陸相の下で、山下奉文（高知、18期）と今村均（宮城、19期）を起用することだけでも勇気のいることだ。

人事局長を下番した野田謙吾は、畑俊六の下で支那派遣軍総参謀副長、関東軍の第十四師団長、教育総監部本部長などを務めて、九十九里浜防衛の第五十一軍司令官で終戦をむかえた。教育畑に徹し、上司の信頼をかち得た軍歴だったといえる。

前に述べた古荘幹郎にも感じることだが、律義さや純粋さが、熊本県人の隠された一面なのだろう。

強腕幕僚の素顔

さて、「動」の武藤章については語り尽くされた感がある。張られたレッテルも、「政治将校の典型」「統制派の寵児」「日華事変拡大派の元凶」「東條を操った策士」と事欠かない。

逸話もさまざま残っている。態度がいつも大きいためか、佐官の武藤に将官が間違って先に敬礼したというのは本当にしろ、「グッと睨んだらスズメが落ちた」と真顔で語られたのだから、その迫力がどんなものであったか想像できる。

個人的に付き合ったりして、武藤章をよく知る人は、彼をけなさない。略歴ていどの知識しかない人ほど、武藤をけなし、軍国主義の権化と忌み嫌う。

武藤によく似た石原莞爾（山形、21期）は、武藤のケースとまったく逆になる。石原をよく知る人は、けっして彼を評価しない。また聞きていどの人ほど石原を礼讃し、彼は平和主義者だと突拍子もない評価を下す人すらいる。人物を中心にして歴史を考えるむずかしさを感じる。

開戦時の軍務局長、それが災いしてA級戦犯として刑死して、武藤章の名前が歴史に残った。しかし、そうでなくとも希有な軍歴によって、陸軍史に彼の名前が残ったはずだ。

歩兵科ならばだれでも経験する小隊長だが、ドイツ語ができるということで青島戦捕虜の収容所に臨時勤務でパス。

陸大を中尉で卒業し、陸士勤務を経てドイツ留学となったため中隊長をパス。少佐では病気したり、陸大の専攻学生になったりで大隊長はパス。中佐のときに歩兵第一連隊付を経験し、関東軍参謀に出て大佐に進級、すぐに参謀本部第二課長、日華事変がはじまり、中支、北支の参謀として転戦したため連隊長はパス。少将に進級して軍務局長、情勢多難なためはずすことができないので旅団長もパスして中将に昇進。

昭和十七年四月、武藤章は軍務局長を下番して、スマトラの近衛師団長に就任するが、これが最初の部隊長とは驚きだ。おおむね幕僚一筋の人は、指揮官になると評判が悪いものだ。ところが武藤の師団長ぶりは、南方軍でも評判になるくらい良かった。大きなスマトラを歩き回り、陣地の構築から自給自作の施策まで指導した。その自信からか、昭和十九年六月の米軍サイパン上陸の報を聞いた武藤章は、「戦争は負けた。しかし、ここスマトラは負けない」と語ったという。いかにも強気な熊本県人である。

そしてまた幕僚で、第十四方面軍参謀長に転じて終戦をむかえた。まったく希有な軍歴である。これを裏返して見れば、武藤章がどれほどまでに使える幕僚であったかの証明でもある。

武藤章は、相手が上司でもズケズケとものを言う。昭和十一年十一月、参謀本部第二課（当時は戦争指導課）長であった石原莞爾は、関東軍の内蒙工作の中止を命じるため新京に出張した。すると関東軍司令部第二課長であった武藤は、「これは異なことを承る。あなたと同じことをしているのに」とやり、石原はただ苦笑いするだけだったという逸話は有名だ。

ここまで皮肉られれば、石原莞爾が武藤章に悪い感情をいだくのが自然だ。ところが石原は、彼が参謀本部第一部長に就任する際、キーになる第三課長（当時は編制動員課と合体した作戦課）にはぜひ、武藤をと所望し、この恋愛人事が成立した。もちろんのことだが、石原もひとかどの人物であった一つの証明である。

永田鉄山が参謀本部第二部長のとき、武藤章はその下の第四課（欧米課）総合班長、また永田が軍務局長のとき、軍事課高級課員であったためか、永田直系の統制派の寵児と見られていた。それに対して皇道派の巨星が山下奉文というのが、当時のマスコミの色分けだった。

この二人、昭和十三年七月に北京で顔を合わす。山下奉文は北支那方面軍参謀長、武藤章は同参謀副長、そして司令官は寺内寿一（山口、11期）であった。「これはひと波乱ある、三つ巴で空中分解」と見る人もいたが、何事も起こらない。寺内の後任は杉山元だが、この奇妙なトリオでも和気藹々としている。そして、山下が米軍の侵攻が迫るフィリピンの第十四方面軍司令官に就任する際、参謀長には武藤を名指しで希望したのである。

この二つの例だけでも、陸軍の人間関係は通説だけでは割り切れないことを痛感させられる。もちろん武藤章という人物が特別だったので、上司が遠慮して使ったから丸くおさまったこともあろう。ただ、あまり知られていないことは、彼は強腕なだけでなく、いかにも熊本県人らしく明朗で茶目っ気があったから、だれでも彼を幕僚として使いたくなったのだ。

スマトラの近衛師団長で各地を指導してまわっていたときの話である。水田でエサをついばむ鶴の群を見つけた武藤章は、「今晩は鶴のスキ焼きだぞ。おれは拳銃の名人なのだ」と、師団長みずから拳銃片手に鶴を追い回した。ところが、鶴にいいようにあしらわれ、泥だらけで手ぶらの武藤は、「鶴もバカじゃないな」とため息をついて、周囲の爆笑を誘ったという。

武藤章は中将ながらA級戦犯として起訴された。戦場を法廷に変えても武藤の戦意は旺盛であった。また、巣鴨プリズンで発行されていた『スガモ新聞』へあまり上手とも言えない俳句を投稿しつづけ、その数は一番だったそうである。

そして、絞首刑となるのだが、法廷で孤独な戦いを強いられている彼に慰問の手紙を出した同期生は、磯田三郎（群馬）ただ一人であったと武藤は寂しげに獄中記に記している。やはり彼も熊本県人、情にもろいところがあったことがうかがえる。

肥後モッコスの本領

帝国陸軍八十年のなかでも珍しい超エリートの軌跡ばかりを追いすぎたが、熊本県人の本領は無天組の勇士によく現われている。鹿児島県人もそうだと思うが、「我こそは九州男児」と大見えを切った以上、責任は取るという気風が見られる。

たとえば、ガダルカナル島の歩兵第四連隊長、中熊直正《なかぐまなおまさ》（27期）、ペリリュー島で粘りに粘った歩兵第二連隊長、中川洲男《なかがわくにお》（30期）がいる。日清戦争以来の古豪連隊を率いての戦いは、武人の本懐であったろう。また、インパール作戦の歩兵第二百十五連隊長、笹原政彦《ささはらまさひこ》（26期）、ニューギニアの歩兵第百五連隊長、十《と》時和彦《ときかずひこ》（26期）は、まさにボロボロになった部隊と運命をともにした。

中川洲男は一年課程の陸大専科六期だが、これも天保銭組としてあつかわれないから、この四人とも無天組となる。なにかと陸大出身者を優遇してきた当局も、この勇戦敢闘ぶりには頭を下げ、中川は二階級特進で中将を、ほか三人には少将を遺贈した。

中川洲男

ノモンハンの第一線に立ち、銃弾を浴びて散った森田《もりた》徹《とおる》（23期）も熊本県人だ。彼は大村の歩兵第四十六連隊の大隊長として第一次上海事変に出征し、二・二六事件のときは近衛歩兵第三連隊付として鎮圧に出動している。支那駐屯歩兵第一連隊付のときに盧溝橋事件に遭遇し、引き続いて平津地方の掃討作戦に従事している。そして、

木庭知時

ノモンハン事件だが、歩兵第七十一連隊長の長野栄二（兵庫、25期）が負傷したため、森田徹が後任となり、圧倒的なソ連軍の攻撃をうけて散華した。

戦況がそれほど逼迫していなかった当時、森田ほど第一線で使われた人はいないように思う。「この男を使ってみよう」「この男を使えば大丈夫だ」と思わせるなにかがあったのだろう。それは幕僚の場合でも言えることは前述したが、そう思わせるなにかとは、やはり勤勉で誠実、「おれが、おれが」とでしゃばっても、責任をとる姿勢にあるのだろう。それが熊本県人の良い一面といえる。

無事、内地に復員したものの、ビルマ戦線で地獄を見た木庭《こば》知時《ともとき》（25期）も熊本県の生まれの無天組だった。彼は歩兵第百十一連隊長として、ついで第五十四歩兵団長としてインパール戦後のビルマ戦線で苦闘した。

昭和二十年五月、第二十八軍は敵中に孤立した。あたかも猛烈な雨期、渡河資材もなく、多数の患者をかかえて、脱出はまず絶望的と思われた。それでも第二十八軍は三つの縦隊に分かれて東に進んだ。敵に近い北側を進む縦隊を木庭知時が指揮した。豪雨のなかの百六十キロ、すべて徒歩で、川も泳いで渡る。

だれもが北縦隊は密林に消えると思った。しかし、木庭知時は文字通り先頭に立って縦隊を引っ張って、不可能を可能にした。同郷で同期の武藤章とはまったく逆に、部隊勤務に明け暮れた人でなければできなかった一戦であった。豪雨の密林を青竹を振るって歩く木庭の姿を想像すると、「肥後モッコス」という言葉が浮かんでくる。

大分県

時代の節目に立った大将

豊前の一部と豊後が合わさって大分県となった。慶応元年の配置を見ると、豊前は中津の奥平藩十万石、豊後は岡の中川藩七万石、臼杵の稲葉藩五万石が目立つところで、ほかに小藩が五つもあった。また日田には代官所が置かれ、長崎と並んで中央の影響が強いところでもあった。

また、山がちな地形のため、外に目を向けるようになり、瀬戸内海の海運を通じて大阪と交流するようになったのだろう。そのことから「大分は九州ではなく関西だ」と言われる。大阪から瀬戸内海一帯となれば商業だから、そのなかでもまれて大分県人は商才に長《た》けるようになる。そこで生まれたのが「赤猫根性」という言葉で、大分県人は利己的だとなる。

そんなことで尚武の心がなく、軍人には向いていないという結論になりがちだ。実際に大分県が生んだ陸軍の将官は合計六十人ほどで、大正末の人口は九十二万人だから、九州の基準からすれば少ないと言えるだろう。

ところが、驚くべきことは大将が五人、これは全国的に見ると石川県、長野県と並ぶナンバー4だ。さすがに利口な大将が大分県人で、効率的な椅子取り合戦を演じたものだ。

しかも、この五人の大将は名誉進級や技術畑が一人もおらず、すべて陸相か参謀総長の経験者だから、お見事と言うほかはない。

海軍大将も一人、それがだいの陸軍嫌いの豊田副武（海兵33期）だから皮肉なものだ。

河合操

五人の大将とは就任順に、河合操《かわいみさお》（旧8期）、金谷範三《かなやはんぞう》（5期）、南次郎《みなみじろう》（6期）、梅津美治郎《うめづよしじろう》（15期）、阿南惟幾《あなみこれちか》（18期）となる。昭和六年九月、満州事変勃発のときは陸相が南、参謀総長は金谷、そして二十年八月の終戦のときは陸相が阿南、参謀総長が梅津ということで、十五年戦争の最初と最後を大分県人のコンビが差配したということになる。

九州連合に加わらない意地

小藩分立で士族が少なく、これと言った幕末の志士も出なかった土地柄のせいか、草創期で有名な人は、日露戦争の緒戦に韓国駐箚軍司令官だった原口兼済《はらぐちけんせい》ぐらいだろう。彼は元来、教育畑の地味な人で、派閥をつくるようなタイプでもないし、長州閥の全盛期だから、そんなことはできるはずもない。それからも大分県人は陸軍に入ったろうが、長らく名前の残る人は出なかった。

長州閥に入れなければ、同じ九州の薩摩閥があると思うが、大分県人にとってはそう簡単な話ではないようだ。いまもって、「あそこは九州ではない」と言われ、自分たちも「どうせ九州男児ではありませんよ」とひねくれるのだから、よそ者にはわからない風土である。

そんな独立独歩の方向性を定めたのが河合操ということになる。彼は日露戦争勃発時、満州軍の参謀に選ばれたのだから、大山巌（鹿児島、草創期）と児玉源太郎（山口、草創期）と薩長の眼鏡に適《かな》ったことになる。

戦地で能力を認められた河合操は、派遣のかたちで第四軍参謀、第三軍参謀副長にと忙しく使われた。第四軍は司令官が野津道貫（鹿児島、草創期）、参謀長が上原勇作（宮崎、旧3期）と派閥色が濃厚だった。河合の第四軍での勤務は三ヵ月ほどだったから、薩摩色に染め上げられることもなかったようだ。

河合操の士官生徒八期で大将にまでなったのは、大庭二郎（山口）、田中義一（山口）、長州と薩摩の間を飛び回ったコウモリの山梨半造（神奈川）、そして河合の四人である。河合がよくぞ大将になれたものと思うし、田中よりも先任だ。

引っ張ってくれる有力な先輩がいない大分県人としては大健闘であった。河合操は関東軍司令官のとき、大正十年四月に大将に昇進し、翌十一年五月に帰国して軍事参議官となって、つぎのレースにそなえることとなった。

上原勇作は大正四年十二月から十二年三月まで参謀総長であった。この長期政権で人事がむずかしくなった。上原としては薩肥閥の総帥である以上、福田雅太郎（長崎、旧９期）か町田経宇（鹿児島、旧９期）、さらには尾野実信（福岡、旧10期）を望んでいたことは明らかだ。

しかし、死に体となってからの意見は通らないもので、若返りすぎるなどと反論され、結局は河合操に落ち着いた。上原勇作としては、短期間ながら部下でもあったし、九州人だから河合でもよいかとなったのだろう。

ところが河合操は、上原勇作の思惑に反し、反薩肥閥の旗幟を鮮明にする。大正十三年八月、陸相の宇垣一成（岡山、１期）が提案する軍備整備案を審議する軍事参議官会議であった。

当時は戦略単位としていた師団四個を削減するという案に、参謀総長の河合は、そのポストからして猛反対するはずだった。ところが、逃げ隠れできない多数決となったとき、九州連合軍の絶対反対にもかかわらず、河合は賛成票を投じて軍備整備案が成立した。

二人の酒呑童子

昭和五年二月、鈴木荘六（新潟、1期）は停年をむかえて参謀総長を辞任し、翌年四月には宇垣一成が陸相を下番した。さて、この陸士一期の巨星コンビのあとを受け継ぐ者はだれか。満蒙情勢が切迫していたし、国内では政党の圧力が高まり、さらなる軍備整理がもとめられていた。

この難局を乗り切れる参謀総長と陸相は、だれかと下馬評も賑やかだった。しかし、事情通は金谷範三と南次郎の大分コンビになると早くから読み切っていた。鈴木と金谷、宇垣と南の関係が深いからだ。

鈴木荘六は明治二十六年に陸士の区隊長をしているが、このときの候補生の一人に金谷範三がいて、二人の縁がはじまった。三十三年、鈴木が陸大教官のとき、金谷は学生、さらに日露戦争前には二人そろって陸大教官であった。

そして、日露開戦で鈴木荘六は第二軍の作戦主任、金谷範三はその直属の参謀であった。凱旋後、一年ほど二人は陸大教官で机を並べていた。また、二人とも参謀本部第二課（作戦課）長、同第一部長を務め、まず金谷が参謀次長に就いて下準備をした後に鈴木が参謀総長に就任した。これだけを見ても、鈴木が総長のポストを金谷に渡したい気持ちはよくわかる。

宇垣一成の後任陸相は、早くから畑英太郎（福島、7期）だろうと見られていた。ところが、畑は関東軍司令官に在任中の昭和五年五月に病没してしまった。ではその替わりと見渡すと、陸士八期、九期まで広がる。

そこまで若返るのは問題となり、六期の南次郎で落ち着いた。南は金谷範三と同じ軍令系統の育ちだから難色を示す向きもあったが、軍務局騎兵課長をやったから陸軍省の雰囲気は多少知っているから務まるだろうとなった。

金谷範三

南次郎

人物評に厳しい宇垣一成が、南次郎で納得した理由は奥が深い。閑院宮載仁を仰ぎ、鈴木荘六を頂点とし、森岡守成（山口、2期）、田中国重（鹿児島、4期）に連なり、植田謙吉（大阪、10期）、建川美次（新潟、13期）へと流れる騎兵科閥の一員であったことが、南次郎が宇垣の衣鉢を継いだ大きな理由である。鈴木が推薦し、「宇垣四天王」の建川が献言すれば、宇垣も無下にはできない。

さらに探ると、また深くなる。南次郎は中尉のころ、一年ほど陸士の区隊長をやった。このとき、在校していたのが十二期生だった。宇垣一成をささえた杉山元（福岡）、二宮治重（岡山）、小磯国昭（山形）がいたわけで、畑英太郎の実弟、畑俊六（福島）もこの期だった。とくに小磯は南の区隊で、さまざま世話になった。

日露戦争後、大正三年まで南次郎は陸大教官であり、この間に前述の陸士十二期生を教えて、さらに人間関係が深まった。教官と学生が引き合う「マグ」（磁石）の関係が、人間関係をつくる最大の要因だろう。この点は金谷範三にも言えることだった。

宇垣一成が周囲に、「陸相適任はだれか」と問えば、「それは南さんです」と一斉に答える素地ができていたのである。

金谷範三と南次郎の大分コンビがベターだと考えられた背景には、さらに奥が深いものがある。

この二人、妙に気が合ったが、同郷というだけでなく、酒に目がないという共通点があった。とくに金谷は完全なアルコール依存症で、心配した宇垣一成は、「よいか、参謀総長になったら酒気を帯びて天子様の前に出るな」と説教したというから傑作だ。

神妙に「はい、酒はひかえます」と答えた金谷範三だが、これまた二升口の宇垣一成の説教だから守るはずもなく、参謀総長になっても朝から酒を飲んでいる。そこへ裏庭伝いに顔を出した南次郎は、「これは、これは、やってますな」と一緒になって飲みだす。そんな冷や酒の間に懸案事項の合意ができるのだから、これも「酒の四徳」か。

酒がとりもつ仲とは、なんとも情けない話にしろ、陸相と参謀総長がツーカーということは結構なことだ。

ことに当時、師団の編制を四単位から三単位にする、近衛師団を改編する、京都の第十六師団を朝鮮に移駐させるといった軍備整理案が懸案となっていたのだから、かならず陸軍省と参謀本部が激しく対立する。そこでトップの融和が強くもとめられていた。大分コンビにした理由も、そのあたりにあったのだろう。

しかし、そこに世代の断絶があった。金谷範三が陸大教官をしたのは大正元年まで、南次郎は三年一月までだった。陸大の期でいえば二十期代は詳しいが、三十期代になると具体的には知らないことになる。

だから満州事変が突発したとき、「板垣？　あー知っている。石原？　知らんなー、だれだそれは」ということになる。このあたりが大分コンドが関東軍の暴走を止められなかった真因なのだろう。金谷範三は長年の大酒がたたり、とかく健康がすぐれないまま、満州事変突発の三ヵ月後に退任し、昭和八年六月に死去した。また、南次郎も同じときに陸相を下番した。

そして終戦後、東京裁判が満州事変までその対象としたため、南次郎はA級戦犯となった。検事が、「陸相として事件を止める意志はあったのか」との問いに、「しかり」と答え、さらに「人事権を行使して止めなかった理由は」とさらに追及されると、「状況がそれを許さなかった」と弁明した。すると検事は、「それは結局、謀略を認めたことになるのでは」と問われ、南は「そうなる」と答えざるを得なかった。

この場面は、精彩を欠く東京裁判の数少ない緊張した一瞬であった。陸軍側被告の最長老として南次郎は終身刑を宣告されたが、昭和二十九年一月に仮釈放となった。

政治将校の系譜

大分県出身の中将で著名な人は、まず和田亀治《わだかめじ》（6期）と中島今朝吾《なかじまけさご》（15期）となる。和田は歩兵科、中島は砲兵科の出身で、二人ともフランスに駐在し、陸大勤務が長い。同郷の金谷範三や南次郎との関係があったのだろう。

　和田亀治は厳しいというよりは、ネチネチと学生にからむ教官として有名であった。ところが、上司の受けが良い。和田は陸軍省高級副官としてうるさ型の陸相、岡市之助（京都、旧4期）、大島健一（岐阜、旧4期）、田中義一に仕えて大過なかったとは見上げたものだ。彼を悪く言う人によれば、ここぞという場面で自由に落涙する特技があったからだとする。

　これが本当かどうかあやしいところだが、この高級副官時になんでも思いのままになる政治の味を覚えたことは本当だろう。和田亀治は陸大校長から第一師団長に出て、これはもう一つ職務をこなし、ひょっとしたら大将かと言われたが、師団長のまま予備役となった。

中島今朝吾

　昭和十二年一月に大命が宇垣一成に下ると、真っ先に組閣本部に駆けつけた予備役の中将が二人いた。和田亀治と林弥三吉（石川、8期）である。

　この二人があれこれ動いては、できるものもできなくなるともっぱらであった。林は裏面工作ばかりして、うさん臭く思われていたようで、和田は陸大時代の悪評がたたったようだ。二人とも宇垣の信任が厚かったことが、悪評を立てられる原因であったとも言える。

この宇垣内閣阻止で積極的に動いたのは、憲兵司令官であった中島今朝吾である。伊豆の長岡にいた宇垣一成は、急ぎ深夜に参内するため横浜から車で第一京浜を走っていた。その車に大手を広げて止め、乗り込んだ中島が大命拝辞を迫った逸話は有名だ。

ところが、役者が数枚上の宇垣一成に鼻先きであしらわれ、スゴスゴと車を降りたというのも傑作だった。

とにかく和田亀治はひいきの引き倒しをやらかし、中島今朝吾は正面から足を引っ張ると、大分県人も忙しい。

中島今朝吾は、昭和十二年に第十六師団長となり、南京攻略戦に参加して大きな問題を引き起こした。いわゆる南京事件であるが、第十六師団が最も行儀が悪く、略奪した物品を京都の偕行社に送ることまでした。もちろん都会の部隊は軍規の点でさまざま問題をかかえていたのだが、あそこまで問題が大きくなった以上、中島の資質そのものを問わなければならない。

南京の惨状を知った中支那方面軍司令官の松井石根（愛知、9期）は、慰霊祭の席で全高級幹部を前に涙を流して説諭した。その場でせせら笑った師団長が一人いた。中島今朝吾である。

南京の問題には、中央も頭をかかえた。しかし、補給が貧弱だから起きたとも言え、それを根本から改善する力は日本にないのだから、打つ手がなく、黙って隠そうとしたのだ

おかげで中島今朝吾も責任を追及されることなく、新設の第四軍司令官に栄転した。そして昭和十四年十月に予備役となり、二十年十月に死去した。まったく運の良い人で、もう少し寿命があったならば、中国に移送されて処刑されたであろう。

その身代わりとして、南京攻略時の第六師団長、同期の谷寿夫（岡山、15期）が銃殺となった。谷が『機密日露戦争史』をものした学究的な人であったから、なんとも言えない気持ちにさせられる。

帝大出のプランナー

河合操以来の大分県出身の将官を見てきたが、この少ないサンプルでも、政治性が豊かで頭が切れて、利にさとい関西的な県民性が現われていることがわかる。

そんな持って生まれた性格に、なんと東大で磨きをかけた政治将校とでもいうべき

池田純久

二人の中将がいる。秋永月三《あきながつきぞう》（27期）と池田《いけだ》純久《すみひさ》（28期）である。戦史の表面に出ない存在だが、太平洋戦争を遂行するうえで大きな役割を演じたのが、この二人であった。

秋永月三、池田純久はともに陸大卒業後に派遣学生として東京帝大経済学部で三年間学んでいる。技術畑の員外学生の制度は古いし、語学学生を派遣することもかなり以前から行なわれていた。文科系では派遣学生の制度で、陸士二十期あたりからはじまった。各期で数名ずつで多くは政治学科に派遣されており、経済学科は珍しく、この二人のほかは橋本秀信（愛媛、27期）と多田督知（東京、36期）ぐらいだと思う。

日華事変勃発直後、まず池田純久が資源局企画部第一課長、すぐに企画院調査官となり、昭和十四年八月までその職にとどまった。秋永月三は、十三年五月に臨時物資調整局計画課長、十四年八月に池田と交替で企画院調査官となり、十八年五月まで企画院にいた。池田は関東軍が長く、主に占領地行政を担当して満州国での総動員を手掛けた。秋永は主として内地にあり、二十年四月には内閣綜合計画局長官となり、七月に池田と交替する。

戦争遂行のための国家総動員のグランドデザインを描き、それを実行したのがこの秋永月三と池田純久だと極論しても間違いではないだろう。

さて、ここで歴史的な問題として考えるべきは、この陸大出身のエリートが東京帝大でなにを学んだかである。当時の経済学の主流は、マルクス経済学であったろうし、国力造成のモデルは、ソ連の五ヵ年計画しかなかった。もちろん基本は、ルーデンドルフ流の国家総動員にしろ、その手法は統制経済しか考えつかなかったはずだ。

これはなにを意味するかと考えれば、天皇絶対のウルトラ反共が一方にあり、また一方で、きわめて反資本主義的な経済政策があったということだ。石原莞爾（山形、21期）が高唱した「産業五ヵ年計画」も、転向右翼がソ連をモデルにしたものにすぎない。

もちろん、「敵と同じことをやっていれば間違いない」は正しいが、それでは国家の大義や理念というものを見失っていることを意味する。それだから戦争末期、航空機の生産が思うようにならないと、すべて国営として工場に番号をつけようと真剣に論議されることになる。いくら陸大、東大で学んでも、翻訳文化には限界があったと結論できるようだ。

終戦時の参謀総長

サイパン失陥とインパール作戦中止を契機とし、それまでとかく問題とされた東條英機首相の参謀総長兼務が昭和十九年七月十八日に解かれた。東條は参謀総長の後任に高級参謀次長であった後宮淳（京都、17期）を推薦したが、死に体となっていた東條の意見が通るはずもなく、後任は関東軍総司令官であった梅津美治郎となった。

そして、昭和十九年七月二十二日、東條内閣は総辞職し、小磯国昭内閣となった。小磯は後任陸相として山下奉文（高知、18期）か、阿南惟幾を望んだが、山下は第十四方面軍司令官、阿南は第二方面軍司令官で抜くことができないため、杉山元（福岡、12期）が教育総監から横滑りとなった。

沖縄決戦の帰趨が思わしくなく、残る道は本土決戦しかなくなった昭和二十年四月二十二日、小磯内閣が総辞職して、鈴木貫太郎内閣が成立した。陸相は航空総監であった阿南惟幾となった。この陸相人事は、杉山元が新編される第一総軍司令官に転出することにともなうもので、鈴木内閣成立の前に決まっていた。こうして陸軍の終焉を演出する大分コンビが生まれた。

梅津美治郎は、熊本幼年学校一期で恩賜、陸大二十三期の首席であった。つねに彼が注目されてきたことは、その部隊長職の経歴を見ればわかる。初任は歩兵第一連隊、連隊長は歩兵第三連隊、旅団長は歩兵第一旅団、支那駐屯軍司令官、第二師団長、第一軍司令官、そして関東軍司令官であった。彼は並の秀才でなく、陸大では永田鉄山（長野、16期）を押さえてのトップだから凄い。

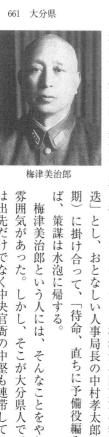

まさに大分県人の梅津美治郎は、興奮とか熱血には縁がなく、いつも沈着で「冷然」という言葉がピッタリの人物であった。参謀本部第一課（編制動員課）長のとき、机の上に実役停年名簿を一冊だけ置き、いつも瞑目している梅津を見た上司の第一部長の荒木貞夫は、「なんと不気味な男じゃ」と震えが来たという。

梅津美治郎

満州事変の際、梅津美治郎は参謀本部の総務部長であった。現地で策謀に躍った板垣征四郎、石原莞爾らにとって、最大の懸念は梅津がどう動くかにあったはずだ。総務部長は実質的に参謀の人事を握っているのだから、梅津が「関東軍の参謀は全員更迭」とし、おとなしい人事局長の中村孝太郎（石川、13期）に掛け合って、「待命、直ちに予備役編入」となれば、策謀は水泡に帰する。

梅津美治郎という人には、そんなことをやりかねない雰囲気があった。しかし、そこが大分県人で、この策謀は出先だけでなく中央官衙の中堅も連帯していることを知っているから、そこまでの決断を下さない。

二・二六事件をめぐる梅津美治郎の動きは、だれもが粛然となるものだった。事件突発時、第二師団長であった梅津は、ただちに「断固鎮圧」と意見具申の電報を打った。中央部のだれもが逡巡していたとき、この意見具申は決定的であった。

あの冷静な梅津美治郎がここまで言うからには、第二師団を率いて仙台から東京に突っ込んできかねないと思われ、その前に鎮圧となった面が大きい。事件後、粛軍となり陸相の寺内寿一（山口、11期）のネジを巻いたのが次官の梅津であった。「梅津は少尉まで銃殺にするのか」とだれもが慄然とした。

ノモンハン事件でガタガタになった関東軍司令部を立て直すため、杉山元が司令官になる予定だったが、杉山が航空機事故に遭って負傷したので、代わりに中将の梅津美治郎が送り込まれた。するとあれほど問題があった関東軍司令部は、まさに粛然として規律が生まれた。

大声を出すとか、書類を投げつけるということもなく、ただ冷然と座っているだけで、梅津美治郎には威圧感があり、この人に楯突いてはまずいという雰囲気になるのだから不思議なものだ。それが人格の重みというものなのだろう。それからは、まさに関東軍の方針「静謐《せいひつ》」が保たれたのである。

参謀総長になってからの梅津美治郎は健康を害しており、以前のような迫力は薄れていたというが、それでも無言の圧力はたいしたものだった。事実、終戦に際して陸軍省は多少ゴタゴタしたが、大本営は事故もなく、全員が黙々と書類の焼却作業をつづけるばかりであった。

ただ、九月二日の降伏調印式でだれがミズーリ号に行くかとなってゴタゴタした。梅津美治郎は、自分が行かされるならば腹を切るとまで渋ったそうだが、昭和天皇直々の指名もあり、軍刀をはずしてミズーリ号に赴いて降伏文書にサインをした。公平な目で見て、ダグラス・マッカーサー元帥と同じぐらいの冷静さと貫禄を示したことは、日本人として嬉しく思う。

終戦となってから梅津美治郎は、いかにも彼らしく楽観的であった。同郷で民間に顔が広い池田純久に、「なにか仕事はないか」と言って唖然とさせたそうだ。梅津としては、自分が戦犯になるなど考えもしなかったのだ。

池田の憂慮のとおり、梅津はA級戦犯として起訴された。終身禁固刑を宣告されたが、刑宣告のときは入院していて欠席というのも彼らしい。昭和二十四年一月に獄死し、靖国神社に合祀されている。

つねに難局に立つ

阿南惟幾は司法官の子弟で、東京は四ッ谷の生まれの育ちだから、陸士の門前の小僧だった。幼年学校も広島だから、彼を大分県人とするのには抵抗がある。しかし、定評とは異なる彼の実像、その怜悧《れいり》な官僚的な性格は、司法官の父親譲りで大分県人らしいとも思える。

初任は東京の歩兵第一連隊と、栄光のスタートを切ったものの、なかなか陸大に合格しない。同期の先頭グループより六年遅れて陸大に入り、卒業後は参謀本部第二課の演習班員となり、班長は小磯国昭（山形、12期）であった。そして昭和四年八月、その容姿を買われて侍従武官となる。当時の侍従長は鈴木貫太郎（千葉、海兵14期）である。この小磯と鈴木との関係が、終戦時の陸相、阿南惟幾を生んだ。

侍従武官後はこれといったこともなく、昭和九年八月に東京幼年学校長となり、少将に進級して予備役というコースだったのだろう。そこに二・二六事件が突発した。軍紀、風紀の引き締めをはかるため、兵務局が新設され、初代の局長に中立で昭和天皇の覚えも目出度い阿南惟幾が選ばれた。

次官は梅津美治郎、憲兵司令官は中島今朝吾、この大分トリオをつくったのは梅津に間違いない。ここまでやっても大分閥と批判を浴びないのが大分県人の上手いところだ。

　中村孝太郎（石川、13期）が陸相在任一週間という珍記録をつくり、後任は杉山元（福岡、12期）となり、人事局長の後宮淳（京都、17期）が軍務局長に横滑りして、後任には阿南惟幾があてられた。

　そして、日華事変がはじまり、戦時体制となって動員の季節をむかえ、停滞していた人事が大きく動き出した。予備役からの復活、それまでポストに恵まれなかった人にも日が当たるようになった。だれが人事局長でもこうなるのだが、実際に拾ってくれた人に感謝するもので、阿南惟幾の株はまた一段と上がった。

　ところが、昭和十三年六月、板垣征四郎（岩手、16期）が陸相になると風向きが変わる。山西省にあった第百九師団長の山岡重厚（高知、15期）が健康を害したため交替させることとなった。阿南惟幾がだれを候補にしても、板垣は同意しない。最後に阿南自身を候補にすると、すぐに決裁された。

　ていよく阿南惟幾は中央から追われたのだ。参謀次長は多田駿（宮城、15期）、参謀本部総務部長は中島鉄蔵（山形、18期）後任の人事局長は飯沼守（愛知、21期）

阿南惟幾

となれば、背後でだれが動いたか容易に想像できる。それは当時、関東軍の参謀副長であった石原莞爾（山形、21期）だともっぱらであった。

ノモンハン事件の後始末人事で阿南惟幾は、畑俊六陸相の次官となって中央に復帰した。ここから終戦時の陸相へのコースがひかれたように思う。太平洋戦争開戦に先立ち、彼は華中の第十一軍司令官となり、二次にわたる長沙作戦を行なった。本来、作戦畑の人ではないし、とかく精神至上主義に走りがちで、それでいて自分に対する評判を気にする人であった。

そんなことで、第十一軍司令官時の阿南惟幾に対する評価は、いま一つであったそうだ。それを関東軍のなかに新設された第二方面軍司令官に拾ってくれたのが梅津美治郎であった。同郷の先輩とはありがたいものだ。

第二方面軍司令部は豪北方面に転用されたが、阿南惟幾は昭和十九年十二月に航空総監となって東京に戻る。明らかに陸相要員としての帰還であった。

昭和二十年四月、第一総軍司令官となる杉山元の後任陸相が問題となった。阿南本人は、「航空総監として特攻隊を送り出した以上、自分は空中で討ち死する」と陸相就任を固辞していた。

また、部内では、河邊正三（富山、19期）を推す声もあったという。しかし、参謀総長は梅津美治郎、首相は侍従武官当時から縁のある鈴木貫太郎となるから、阿南は逃げようがなかった。そして、断固継戦の主張も受け入れられず、八月十五日の玉音放送の前に自刃した。

宮崎県

九州男児の例外

日向一国が宮崎県となった。慶応元年の配置を見ると、日向灘に面する海岸平野を北から、延岡（縣）の内藤藩七万石、高鍋の秋月藩二万七千石、佐土原の島津藩二万七千石、飫尾の伊東藩五万一千石となっていた。

豊後と薩摩の草刈場になった時代もあったが、おおむね平穏に過ぎた地域であった。温暖で肥沃な土地で、あくせく働いたり、よその国に出て行ってまで名を上げようとはしない。そんなことで「日向カボチャ」と言われるお国気質が育まれた。

このような土地柄だから、宮崎県が生んだ軍人は少ない。陸軍の将官は三十人を切っており、これは埼玉県や奈良県のレベルで、下から数えたほうが早い。とにかく陸大恩賜をものにした宮崎県人は、陸大五十期首席の近藤伝八《こんどうでんぱち》（41期）が最初とは驚かされる。人口が少ない結果かと思えば、そうでもない。大正末年の宮崎県の人口は約七十万人で、佐賀県や高知県とほぼ同じである。

それでも陸軍大将、海軍大将をそれぞれ一人ずつ生んでいるのだから、評価はむずかしい。陸軍は上原勇作《うえはらゆうさく》（旧3期）、海軍は財部彪（海兵15期）だ。宮崎県人に訊《き》けば、この二人、宮崎県の人ではないと言うだろう。実際、薩摩の影響を強くうけた人で、薩摩あっての大将だった。

後述するように上原勇作は、一つの時代を画した巨星であった。「あの人は薩摩だ」とは言うものの、上原ほどの先輩がいれば、彼を頼りに郷党の後輩が武窓をめざすものだが、宮崎県の場合はそれが見られない。上原は工兵科の元老でもある。普通ならば同郷の後輩がつづくのだが、宮崎県人で工兵科出身の将官はおらず、大佐も皆無である。

大分県もまた別な面で変わっているが、宮崎県人は九州のなかでまったく異色だ。阿蘇の東は九州ではないとまで思えてくる。

異色な巨星

穏やかで楽天的と言われる宮崎県人のなかで、それとまったく逆の生き方をしたのが上原勇作であった。

都城で生まれた上原は、野津道貫（鹿児島、草創期）の書生から身を興《おこ》し、三長官（陸相、参謀総長、教育総監）すべてを歴任し、元帥府に列せられ終身現役の地位を得た。

日清戦争で上原勇作は、第一軍の参謀として出征し、同参謀副長で凱旋した。当初の第一軍司令官は山県有朋であったが、病気のため野津道貫と交替した。上原は書生からの縁で野津の娘婿となっている。

日露戦争で上原勇作は第四軍の参謀長、軍司令官はまたも野津道貫であった。岳父とのコンビとは、戦国時代のような話だが、大山巌（鹿児島、草創期）と同輩の野津ならば、そのくらいのわがままが言える。

ほかの軍司令部は、まとまりに欠けたり、満州軍総司令部とぎくしゃくしたが、第四軍司令部はよく本来の機能を発揮したとされる。それもそのはず、軍司令官と参謀長が義理の親子の間柄、参謀副長は立花小一郎（福岡、旧6期）、参謀には町田経宇（鹿児島、旧9期）と九州連合軍だったからだ。

これで上原勇作の株は上がり、少将ながら功二級、男爵を授けられ、薩州閥の衣鉢を継ぐ者として自他ともに認められることとなった。この軍歴と工兵科という新しい分野の先駆者として栄進をかさねる。

そして、明治四十五年四月、上原勇作は陸相に就任した。薩肥閥が推したことは当然にしろ、長州閥の寵児、田中義一（山口、旧8期）までが、上原陸相を望んで運動したとされる。

陸相に就任した上原勇作は、まず懸案の朝鮮二個師団増設問題に取り組んだ。田中義一が策定した『帝国国防方針』の平時二十五個師団・戦時五十個師団の目標を達成するためにも、また新たな領土となった朝鮮防衛のためにも、この二個師団増設は陸軍としてゆずれない一線であった。

ところが、当時の第二次西園寺公望内閣は、緊縮財政を楯に応じない。そこで上原勇作は、とても宮崎県人とは思えない勇猛果敢さを発揮して、お公家さんに向けて突撃した。閣議で説明をもとめられた上原は、「首相が賛成するのならば説明しよう、反対する気のようだから説明しない」と最初から喧嘩腰であった。西園寺もびっくりし、命の危険すら感じたと思う。

上原勇作

結局、大正元年十一月三十日に朝鮮増師は閣議のレベルで門前払いとなった。すると上原は、山県有朋と協議のうえ、十二月二日に軍部大臣にのみ認められている帷幄《いあく》上奏権を行使して辞表を提出した。二個師団増設が認められないのならば、後任の陸相は出さないとなったため、西園寺内閣は総辞職せざるを得なかった。

この問題で終始、上原勇作のネジを巻いたのは、軍務局長の田中義一であった。結果的に上原は、長州閥に踊らされ、火中の栗を拾いそこねて自爆したことになる。しかし、壮烈な自爆ぶりで彼は男になり、部内の人気が急上昇した。のちに上原と鋭く対立する宇垣一成（岡山、1期）は当時、田中義一の下の軍事課長で、上原のネジを巻いた一人であり、自爆したときには快哉を叫んだはずである。

天皇が大命を下して首相にした者に楯突き、しかも辞表を叩きつけた上原勇作は、「この不忠者め」と即刻予備役編入となると思うが、そうでないのだから、当時は鷹揚な社会だった。なんと病気ということで待命、すぐに復帰して第三師団長、教育総監、そして大正四年十二月に参謀総長となる。十年には元帥府に列せられるが、これは「そろそろ後進に道を……」という謎掛けだが、勇将上原には通じない。

それから二年も粘り、足掛け九年も参謀総長にとどまった。退任記念パーティーは後楽園で開かれたが、答礼の挨拶に立った六十七歳の上原勇作は、「体はとにかく、頭と気力は大丈夫、これからも宜しく頼む」とやり、満座は「雷爺さん、まだやる気か」と白けたそうだ。

それからの上原勇作は、東京・大森に居を構え、熱心に洋書を読み、勉強を怠らなかったという。それは結構なことだが、終身現役を武器として人事に介入し、「大森の雷爺」は当局の頭痛の種となったことは、前述してきたとおり。その面ばかりが語られてきたが、彼は工兵科出身らしく、合理的で科学的な面もそなえていた。語られざるエピソードを一つ紹介しておきたい。

大正十年ころの話だ。ある日、参謀総長の上原勇作は東京湾要塞の視察に出掛けた。ちょうどそのとき、陸士の工兵科の候補生が訓練していた。工兵科の大先輩、総長閣下の目に留まるかも知れないということで、候補生はもちろん教官や助教まで張り切っていた。

訓練科目は、要塞攻略には不可欠な超壕。出初め式よろしく直立させた梯子の先に一人乗り、その梯子を対岸に倒して渡らせる。危ない訓練だが、皆面白がってやっていたそうだ。

すると怒声を張り上げながら駆け寄ってくる人がいる。上原勇作である。教官が報告する間もあたえず、「なにをしているのか。こんな危ないこと、だれがやれと言ったか。壕に落ちて候補生が死んだら、どう責任をとるつもりか」と叱責する。随員が追いついて来て、「閣下、こちらにお越し下さい、こちらです」と引き離そうとしても、まだ上原は怒っていたそうだ。

雷爺の面目躍如だが、人材を大事にする姿勢は見上げたもので、だからこそ彼は一家をなしたのである。

「支那屋」のルーツ

日露戦争中の謀略工作で有名なのは、ヨーロッパでの明石元二郎（福岡、旧6期）だろうが、形になった成果や影響の度合いでは、宮崎県出身の青木《あおき》宣純《のりずみ》（旧3期）にはかなわない。

清国が好意的中立を守ってくれなければ、満州での作戦の基盤そのものが成り立たなかった。それは青木が袁世凱と信頼関係を結んだことに負うところ大であった。日向カボチャそのものの容姿、南国育ちで狡《ずる》いところがないことで、中国人の心をつかんだのだろう。

青木宣純は中尉で参謀本部付となり、明治十七年から三年間、広東に駐在して地誌調査に従事した。二十年からは同期の柴五郎（福島）とともに北京一帯の地図を作成している。いわゆる支那屋の先達であった。

三十年十月から駐清公使館付となり、三十三年六月からの北清事変をむかえる。青木は袁世凱の顧問として天津にあり、柴は公使館付武官で北京に籠城した。これを契機に青木と袁は肝胆相照らす仲になったとされる。

日露開戦が必至となった明治三十六年十一月、参謀本部第二部長の福島安正（長野、草創期）は、清国の協力がなければ、ロシアとの戦争の前提がつくれないとし、青木宣純が袁世凱と接触する必要があると、参謀次長の児玉源太郎（山口、草創期）に進言した。

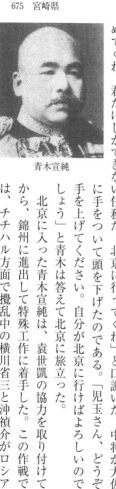

児玉源太郎は、その進言を受け入れたばかりか、みずから青木宣純の自宅を訪ねた。野砲兵第十四連隊長として出征するのを本懐としていた青木に、児玉は、「出世は諦めてくれ、君だけしかできない任務だ。北京に行ってくれ」と口説いた。中将が大佐に手をついて頭を下げたのである。「児玉さん、どうぞ手を上げてください。自分が北京に行けばよろしいのでしょう」と青木は答えて北京に旅立った。

青木宣純

北京に入った青木宣純は、袁世凱の協力を取り付けてから、錦州に進出して特殊工作に着手した。この作戦では、チチハル方面で攪乱中の横川省三と沖禎介がロシア軍に捕まり銃殺になるなど、さまざまな逸話が生まれた。

とにかく、清国の好意的中立、暗黙の協力関係があったからこそ、日露戦争における日本の勝利があった。青木の功績が表面に出ることはなかったが、それが諜報活動などに携わる者の宿命で、名前が表面に出ることは本物でない証明ともなる。

日露戦争後も青木宣純は北京にあり、後輩を育てていた。のちに支那屋として名をなす、坂西利八郎（鳥取、2期）、松井石根（愛知、9期）と七夫（11期）の兄弟、本庄繁（兵庫、9期）、土肥原賢二（岡山、16期）らは皆、青木の教え子と言えるだろう。そして一時期、旅順要塞司令官となって中将に進級したが、大正四年からまた対中工作にあたることとなった。行く先は上海、今度は反袁世凱運動を支援するためであった。

大正三年四月に成立した第二次大隈重信内閣は、反日的になりつつあった袁世凱を打倒し、孫文の南方派を支援することとなった。そのため袁世凱を熟知する青木宣純を起用したのだ。

理由もよくわかるが、これでは信義も誠意もあったものではない。工作活動が本格化する前、五年六月に袁世凱が死去したから良かったものの、もしそうでなかったならば、どうなったことだろう。この信義や誠意を重んじなくなったことが、対中政策の失敗のはじまりであった。

青木宣純の下で対中工作に従事した一人、井戸川辰三《いどがわたつぞう》（1期）も宮崎県出身であった。奉天会戦後のことだが、遼河流域の新民屯の軍政官となっていた井戸川のもとに、ロシア軍と通じている馬賊の頭領、張作霖が連れて来られた。本来ならば銃殺なのだが、これは使える男だと思った井戸川は、田中義一の助力を得て助命し、日本側に寝返らせた。それから張作霖は福島安正の下で活動し、満州王への第一歩を踏み出した。ところが、どう勘違いしたのか、張作霖は福島安正が命の恩人と思い込み、終生感謝していたという。田中義一は、「張はオラが助けてやった。オラの言うことは聴く」と思っていたようだが、張作霖はそこまでの恩を田中には感じていない。助命に奔走してくれた井戸川に対しては、「やつはワシに銃殺だとぬかしおった」と恨んでいたそうである。同文同種とは言うものの、中国人とのコミュニケーションはむずかしい。

宮崎にも及んだ革新運動

陸士二十八期生は太平洋戦争中、軍の中堅を担い、そのため六百五十一人の卒業生のうち四十人もの中将を輩出している。

この期で宮崎県出身の菅波一郎《すがなみいちろう》は、同期ではじめて陸大三十五期に入った四人のうちの一人であった。将来を嘱望され、駐英武官も経験するというエリートであったが、中将に進級することなく、戦争中に少将で予備役編入となった。どうしてかと言えば、実弟の菅波三郎《すがなみさぶろう》（37期）が二・二六事件に連座して免官、禁固五年に処せられたからだった。

ノンビリした宮崎県人にも時代の波が押し寄せ、過激な革新運動に走る者が出てくるが、その中心人物が菅波三郎であった。菅波は少尉のときには第二次山東出兵、中尉のときには第一次上海事変に出征し、無天組の悲哀を戦地で見聞した。そこに同期の理論家である村中孝次の影響もあって、軍部革新運動に走るようになった。

菅波三郎が麻布の歩兵第三連隊に勤務していたとき、同郷の四十四期生と接触して感化をおよぼしたとされる。そして昭和七年の五・一五事件が起きて、四十四期の士官候補生十名、四十五期の本科生徒一名が参加するが、そのうち二名が宮崎県出身であった。

五・一五事件は、なぜか軍民あげて歓迎する向きがあり、そのため士官学校からの参加者十一名は禁固四年という軽い判決となった。菅波三郎も新京の独立守備隊第一大隊に飛ばされただけですむ。

そして、昭和十一年の二・二六事件当時、菅波三郎は鹿児島の歩兵第四十五連隊の中隊長であった。事件を知った菅波は憲兵が監視していることに激高し、中隊をひきいて憲兵隊付近で夜間演習を行ない、鹿児島憲兵分隊長を脅迫した。また、熊本たれの同志と連絡して決起を促すなどし、これが反乱者を利する行為とみなされ、禁固五年を宣告され、軍を去った。

鹿児島県

可能性があった「陸海の薩州」

大隅と薩摩の二国が鹿児島県となったが、二国合わせて島津藩七十七万石である。行ったら帰ってこないという意味で、「薩摩飛脚」という言葉すらあるほど、厳重に二重鎖国をしていた地域だ。言葉まで変えたと言うのだから徹底しており、日本人離れしている。

関ヶ原の合戦で島津勢が演じて見せた壮烈な敵中突破の退却戦、いっさいの技巧を排して最初の一太刀にすべてを賭ける示現流、これもまた薩摩隼人が日本人離れしている証左であろう。分列行進曲『抜刀隊』にある「剽悍《ひょうかん》決死の士」と言うほかはない。

このようなパワフルで野性味あふれる人たちが加わらなければ、討幕、明治維新は形にならなかったはずだ。議論倒れの長州、能書きにこだわる肥前、反骨ばかりの土佐の三者連合では、幕府相手に勝ち目はない。

討幕軍の主力となったため、鹿児島県出身の大将は陸軍、海軍ともに群を抜いている。最終的なスコアーは陸軍大将十五人、海軍大将十六人であった。西南戦争で退場した桐野利秋《きりのとしあき》、篠原国幹《しのはらくにもと》、村田新八《むらたしんぱち》らは、そのまま行けば大将確実だった。政治家に転身した黒田清隆《くろだきよたか》、警察に回った川路利良《かわじとしよし》も陸軍に残っていれば大将だろう。

そうなると山口県の陸軍大将十九人を抜く可能性が大きくなる。そもそも西郷隆盛《さいごうたかもり》が五十二歳の若さで自決しなければ、「陸の長州」とはならず、「陸海の薩州」となっていたはずだ。

牛島満

陸軍大将十五人を時代別に見ると、草創期が九人、陸士になってからは大迫尚道《おおさこなおみち》(旧2期)、町田経宇《まちだけいう》(旧9期)、田中国重《たなかくにしげ》(4期)、菱刈隆《ひしかりたかし》(5期)、吉田豊彦《よしだとよひこ》(5期)、そして最後の陸軍大将となった牛島満《うしじまみつる》(20期)の六人となる。この先細りの傾向は海軍でも同じだ。大正以降、海軍大将になった者は、野間口兼雄(海兵13期)、竹下勇(海兵15期)、山本英輔(海兵24期)、野村直邦(海兵35期)の四人だ。これもたいしたスコアーにしろ、草創期を思えば寂しい。

陸軍の将官全体で見ると、鹿児島県のスコアーは百四十人ほど。これは東京都、山口県、福岡県につづく四位で、愛知県、広島県に肉薄されている。大正末の鹿児島県の人口は約百五十万人、やはり人口の多寡に関係するとは思うものの、意外な順位ではある。

土地柄と言葉の壁

どうして「陸海の薩州」にならず、また「薩州の海軍」が持続しなかったのか。その理由は、まず土地柄にもとめられる。九州人の全般に言えることだが、攻撃に強く、防御に弱い。まさに示現流で、最初の一太刀は威力絶大だが、あとがつづかない。

また、鹿児島県人は、海外との接触があったから、開明的であったことも関係しているのだろう。「薩摩だ、島津だ」と言いつづける連中は、海軍に入ったとも考えられる。そして、「薩摩の大提灯」という言葉もある。西郷隆盛のような巨星が現われると、それを中心に団結するものの、そのような大きな存在がないと団結しないという性癖である。

団結の核を失ったことは、西南戦争の後遺症であった。西郷隆盛を引き継ぐ大山《おおやま》巌《いわお》も大物には違いないが、やはり西南戦争の負い目があるせいか、一歩引いていたため、長州勢に圧倒された。そして、西南戦争と陸士の教育が本格的にはじまるまでの十年間に、鹿児島県が供給する人材に隙間が生まれたことが大きい。

鹿児島県人で切れ者の川上《かわかみ》操六《そうろく》が、明治三十二年、五十三歳で早世したことも、薩摩勢にとって痛かった。薩州閥というものがあったとすれば、それを受け継いだのが上原勇作（宮崎、旧3期）であった。しかし、いくら島津家発祥の地、都城の生まれで、野《の》津《づ》道貫《みちつら》の女婿といっても、「薩摩の大提灯」になり得る人ではない。

西南戦争の負い目を払拭しようとしてか、鹿児島県人はぞくぞくと武窓をめざした。鹿児島一中、川内中学と言えば、幼年学校、陸士、海兵の合格者を出すことで有名だった。大正九年から十五年の間、幼年学校と陸士に進んだ鹿児島県人は、合わせて百二十四名である。陸士の期で言えば三十四期から四十五期になり、採用数が最も少ない時期だから、この数字は大きいし、全国第四位も健闘だ。

それなのに、なぜか著名な人が出ない。理由は簡単で、陸大に進む人が少ない、

大山巌

野津道貫

さらには陸大恩賜が少ないからだ。田中国重が陸大十四期で恩賜をものにしてから、長らく鹿児島県人の陸大恩賜がおらず、陸大四十期の川上清志《かわかみきよし》(30期)まで待たなければならない。では、鹿児島県人は頭が悪いのかと言えば、そうでもない。これには薩摩のお国柄が関係している。

いまはそんなこともないだろうが、薩摩の男は「議を言うな」と教えられて育つ。「理屈をこねるな」「言い訳するな」ということだろう。「口舌の徒」になるなということでもある。

どの解釈をしても、これでは陸大に進む者も少なくなるし、まして恩賜はものにできない。そもそも陸大とは、理屈のこね方を教えて、口舌と筆で相手を言いくるめる秘訣を伝授するところだ。これは最初から性格的に薩摩隼人には合わない。

そして最大の障害は、言葉の壁である。とにかく薩摩弁は、他国の人に分からないようにと意図的につくられた方言だから難解だ。

陸士に入り、薩摩弁で話をしている連中を見て、中国かタイの留学生だと思ったそうだ。ところが高尾山へ遠足に行ったところ、この連中が、「あー、富士山だ」と叫んだので日本人だとわかったという笑い話も本当だろう。

これでは陸大の初審の筆記試験は合格できても、再審の口頭試問は突破できない。

教官とコミュニケーションがとれないとなると、恩賜は絶望的となる。

　この鹿児島弁についてのエピソードは多いが、ついでにもう一つ。明治三十七年十二月、第三軍による旅順攻略戦も大詰めとなった。軍予備となっていた第七師団を二百三高地に投入することとなった。師団長は有名な大迫兄弟大将の兄、大迫尚敏《おおさこなおとし》（草創期）である。

　軍司令部との電話で大迫尚敏は、なにやら大声を出しているが、まるで通じない。すると副官が代わり、「大迫は男だから、必ず二百三高地を確保するから、ご安心を願うと申しております」と通訳したそうだ。このやり取りで、軍司令部の緊張がほぐれたそうで、鹿児島弁も思わぬ効用があったことになる。

理想は野戦の将帥

薩摩隼人は理屈ではなく腹の勝負を本領とするようで、必然的に部隊指揮官こそ軍人という気風となり、中央官衙でも軍令系統の道を進む人が多くなる。その始祖が篠原国幹となる。彼にまつわるエピソードは、千葉県の項を見てもらいたい。

　西南戦争で優秀で勇敢な人材を多く失ったものの、それなりの陣容は維持していた。日清戦争では第一軍司令官の大山巌、先鋒となった第五師団長の野津道貫、第六師団長の黒木為楨《くろきためとも》の薩摩ラインナップは大きな戦果をおさめた。それに引き換え長州勢は振るわず、第二軍司令官の山県有朋は病気ということで野津と交替することとなった。日露戦争になると、さらに顕著となった。対露作戦計画の基礎をつくったのは川上操六である。彼が健在ならば、山県有朋の参謀総長はなかったはずだ。満州軍総司令官は大山巌、第一軍は黒木為楨、第四軍は野津道貫、鴨緑江軍は川村景明《かわむらかげあき》と、六人の野戦軍司令官のうち四人を鹿児島県人で占めた。

弓張嶺で師団夜襲を成功させた第二師団長の西寛二郎《にしかんじろう》、前にも述べた二百三高地を確保した大迫尚敏、難攻不落とされた東鶏冠山北堡塁を最終的に占領した第十一師団長の鮫島重雄《さめじましげお》と、鹿児島県人の師団長も戦史にその名を残した。

海軍では連合艦隊司令長官の東郷平八郎（草創期）、第二艦隊の上村彦之丞（海兵4期）、第三艦隊の片岡七郎（海兵3期）の薩摩トリオが勝利をもたらした。日露戦争という国難は、鹿児島県人によって克服されたといっても過言ではあるまい。

これら明治の鹿児島県出身の将帥には、明るさがあった。先陣を切って戦地に向かう黒木為楨を同郷の山本権兵衛（海兵2期）が新橋の駅で見送った。

山本が、「おーい、黒木、しっかり頼むぞ」と声をかけると、黒木は、「どにかなろーぜ」と言って車中の人になったそうだ。大山巌も始終、冗談を口にして周囲を笑わせ

牧野四郎

ていた。この明るさは、勃興期に特有なものなのか、薩摩の気風なのか、どちらかはっきりわからない。

野戦の指揮官を理想とする生き方は、薩摩の良き伝統として太平洋戦争にまで引き継がれた。その代表格は第三十二軍司令官として沖縄で玉砕した牛島満となる。西郷隆盛は総司令官という意味の大将にしろ初代には違いない。そして、帝国陸軍最後の大将、百三十四代になるのが牛島（昭和二十年六月二十三日進級）と、薩摩隼人の歴史を完結させた。彼については、知られざる一面として後述した

部隊長で陣没した鹿児島県人は目立つ。中園盛孝《なかぞのもりたか》（24期）は第三飛行師団長で広東で戦死。牧野四郎《まきのしろう》（26期）は第十六師団長でレイテで自決。千田貞季《せんださだすえ》（26期）は混成第二旅団長で硫黄島で玉砕。池田増雄《いけだますお》（27期）は歩兵第百四十五連隊長で硫黄島で玉砕。折田一雄《おりたかずお》（29期）は歩兵第五十一連隊長でビルマで戦死。前にも触れた陸大恩賜をものにした川上清志は第三航空軍参謀長で南方で戦死。硫黄島で玉砕した高級指揮官のうち二人までが鹿児島県人だったことは、あの健闘に頷《うなず》かせるなにかがあるように思える。

千田貞季の実父は、千田貞幹《せんださだもと》（旧1期）である。千田

千田貞季

貞幹は高崎の歩兵第十五連隊長として出征し、旅順要塞攻略戦で負傷している。彼の健闘ぶりは、高崎山という名前で残っている。千田貞季は教育畑が長く、高知の歩兵第四十四連隊長を三年務めてから、仙台幼年学校長となっていた。

第百九師団長として硫黄島に着任した栗林忠道（長野、26期）は、優秀な歩兵の指揮官をということで、名指しで千田貞季を望んだという。栗林は中学出身、騎兵で陸大恩賜のエリートであった。千田は親父こそ有名だが、東京幼年学校出身の歩兵で無天だから、この二人にはあまり接点はない。

それがどうして、栗林忠道が千田貞季を名指しで望んだのかよくわからない。昭和十九年十二月と戦局が押し詰まって、内地にいる戦さ上手となるとかぎられていたこともあるのだろう。

上司と部下が同期という関係は、妙なことに双方やりにくいものなのだそうだ。陸士当時は明らかに栗林忠道よりも千田貞季の方が幅を利かしていただろう。また、千田が任された混成第二旅団は老兵の寄せ集めで、なんと六十代の応召の大隊長がいたという。このやりにくさに堪えて、粘り強く戦いつづけたのだから、千田の手腕はたいしたものだ。栗林と同じく称賛されるべきだ。歩兵第百四十五連隊長として硫黄島で戦った池田増雄も部隊勤務に明け暮れた無天の人であった。彼が連隊長となったのは昭和十八年三月であった。

そして翌年六月、米軍がサイパンに上陸したため、混成旅団を編成して逆上陸する計画が立案された。旅団長に予定されていたのは長勇（福岡、28期）、主力は鹿児島の編成で精強な歩兵第百四十五連隊であった。連隊は中継点の小笠原諸島の母島に着いたものの、サイパン逆上陸は中止となり、行き先は硫黄島に変更されて同島に入ったのは昭和十九年七月であった。

池田増雄が硫黄島に入り、上司の混成第二旅団長が、同期の大須賀応（北海道、27期）で驚いたことだろう。ところが前述したように旅団長は千田貞季に代わり、大須賀は第百九師団付となって硫黄島に止まった。これと同じころ、第百九師団参謀長の堀静一（山口、29期）が更迭され、高石正（東京、30期）と交替した。更迭された堀は、混成第二旅団付となり、これまた硫黄島でたなざらしにされた。

いかに合理的な人事にしろ、人をモノあつかいして現場にとどめる仕打ちを、部隊経験が深く、人を動かす術を知っている千田貞季と池田増雄がどう眺めていたか興味のあるところだ。

語られざる薩摩隼人の一面

なんとも勇ましい人ばかりを紹介して来た。薩摩隼人だから、勇ましいのは当たり前。しかし、鹿児島県人はそれだけでないことも言及しなければならない。

まずは技術に明るい人が多いことは、鹿児島県人の意外な一面だ。大山巌も自分の幼名をとった弥助砲を設計したことや、村田経芳《むらたつねよし》（草創期）が村田銃を設計したなどはよく知られている。数理に明るいと、砲兵科を志望するもので、たしかに鹿児島県人には砲兵科出身の将官が多い。

士官生徒二期（旧2期）で鹿児島県出身の三人の中将、大迫尚道《おおさこなおみち》、伊地知幸介《いぢちこうすけ》、税所篤文《ざいしょとくふみ》は皆、砲兵科出身である。

日露戦争中、第三軍参謀長だった伊地知は、昭和になってから小説家に、無能だ、軍事音痴だと噛みつかれて災難だった。あの時代、本格的な要塞を攻略するとなると、ほかにどうするかという妙案を出さないかぎり、伊地知幸彦を批判するのはおかしいと思う。

吉田豊彦は砲工学校優等、陸大なんておかしくてという口で、見事、技術畑だけを歩いて大将となった。

技術的な問題にも興味を示すことからもわかるように、単なる血気だけではない。血気盛んであると、どうしても政治に傾斜するものだが、鹿児島県出身の軍人にはその傾向が見られない。これは意外なことだ。

長州閥を打破すると怪気炎を上げた一夕会に、鹿児島県出身の者は一人もいない。まさに九州男児の集団と思われる桜会でも、主要メンバーに鹿児島県人が見当たらない。両方の会でリクルートの対象となった中央官衙勤務の者がいなかったからかも知れないが、熱血の薩摩隼人なのにと疑問に思う。

では逆に、無天で部隊勤務一筋の者の復権運動にも関与するかと思えば、鹿児島県人はその意識も薄い。昭和七年の五・一五事件に参加した士官候補生十一人のうち、九州人は宮崎県二人、福岡県一人、大分県一人なのだが、鹿児島県人はいなかった。

伊地知幸介

この陸士四十四期生、四十五期生は、終戦時のクーデターの主力で血の気の多い人が多かったが、これにも鹿児島県人は参加していないようだ。

昭和十一年の二・二六事件では、銃殺となった丹生《にぶ》誠忠《せいちゅう》（43期）だけが鹿児島県出身であった。丹生の両親はともに鹿児島県出身で、彼も鹿児島県生まれだが、海軍大佐の父親に付いて歩き、中学は東京の麻布中学だから、生粋の薩摩隼人とは言いにくい。

幼いころから、「理屈をこねるな」と教えられてきただけあって、薩摩隼人には政治色がないのだろう。また、「薩摩の大提灯」で、よほどの人物が出ないかぎり、群れないとい性格もあるようだ。その点が長州と大きく異なる。南国らしく陰湿でないことも、政治から遠ざかる理由の一つだと思う。同じく大藩だが、石川県とも対照的だろう。

名副官の産地

これまた意外なことは、鹿児島県は良き女房役タイプの軍人が多いことだ。根が明るく、誠実だという特性が、組織のなかで副官のような業務に活きるのだろうか。名女房役の薩摩隼人となると、まずは古い話で、日露戦争での第一軍司令官の黒木為楨の副官を務めた西郷従徳《さいごうじゅうとく》（11期）がいる。西郷隆盛の実弟、西郷従道の長男である。

太平洋戦争では国際的に悪評ふんぷんたる帝国陸軍も、日露戦争のときはなかなか好評であった。各国の観戦武官や従軍記者が、日本に好意的だったからだ。なぜ好意的だったか、とくに第一軍の対応が丁寧をきわめたからだと言われる。黒木為楨の明るい人柄もあるのだが、多くは西郷従徳の尽力によるそうだ。

西郷従徳は、私費を投じて接待用の嗜好品をそろえて戦地に向かった。そして、戦場に緋毛氈《ひもうせん》をひき、「シャンペンをどうぞ、葉巻はいかが」と接待これ務めた。これには外国人も驚いて好意的になり、本国の世論を日本に有利なように誘導した。侯爵の家だからできたのだと言えばそれまでだが、そういった気配りの心がなければ、いくら資産があってもやらないものだ。

第三十二軍司令官として沖縄で散った牛島満は、本来、教育畑の人であった。それも念が入った経歴で、歩兵学校教官、鹿児島一中の配属将戸山学校の教育部長と校長、予科士官学校幹事と校長、公主嶺学校長、そして士官学校長である。

第三十二軍の戦闘を冷静に分析する人ほど、「牛島中将は陸士校長でその軍歴を閉じさせてやるべきだった。たとえ大将になれたとしても、沖縄の軍司令官をやらされたことは不幸だった」と感じているに違いない。ではなぜ、決戦正面の軍を任されることになったのか。それには長い物語がある。

昭和八年三月、戸山学校教育部長であった牛島満は、畑違いの陸軍省高級副官となった。陸相は荒木貞夫（東京、9期）で、荒木は熊本の第六師団長のとき、配属将校としての牛島の名声を耳にしていたので、この人事となった。牛島は酒が飲めない人で、これもまた副官に適するとなったのだろう。副官が酔っ払っていては仕事にならないからだ。

さて、この陸軍省高級副官は、厄介なポストだった。機密費の管理もその任務の一つだ。靖国神社の合祀も高級副官の業務だった。戦死者の名簿を整理して、例大祭で合祀する。ところが、同じ人を重ねて合祀するケースも出てくる。今日でも問題になっているようだが、いったん合祀するとはずせないと、神社なのにお役所仕事のような堅いことを言う。

そこで申し訳ないと高級副官が始末書を出す。すると考科表に赤点がつく。あれやこれやで陸軍省高級副官は鬼門で、三年まるまる勤め上げた人は少ないのだそうだ。

ところが牛島満は、三年無事に勤め上げた。仕えた陸相は、荒木貞夫、林銑十郎(石川、8期)、川島義之(愛媛、10期)の三人、しかも激動の時期だった。五・一五事件、二・二六事件を乗り切ったのだから、だれにでもできることではない。そして二・二六事件の直後、事件の渦中にあった歩兵第一連隊長に転出して部隊を立て直し、第一師団の北満移駐も仕上げた。

これらの労に報いるという意味もあり、牛島満は故郷の歩兵第三十六旅団長に補され、中将への道が開けた。そして日華事変となり、南京攻略戦に参加して野戦型の将帥と見られるようになった。

昭和十九年三月、沖縄防衛の第三十二軍が新設され、初代の軍司令官は渡辺正夫（東京、21期）であった。ところが渡辺は、「胃潰瘍だ、胃が痛い」と言いだしたため、急ぎ後任さがしがはじまった。

当初は華中の第二十軍司令官の坂西一良（鳥取、23期）で決まりかけていた。彼ならば、昔の関係で参謀長の長勇（福岡、28期）とも、また同郷ということで高級参謀の八原博道（鳥取、35期）とも上手くやれるはずと思われた。ところが、坂西も健康を理由に断わった。

当時、内地にいて手があいている古参の中将はと見ると、この層が薄い。大正軍縮の後遺症がここにも現われたのだ。そこで陸士校長であった牛島満にお鉢が回った。理由をつけて辞退することもできたはずだが、誠実な薩摩隼人にはそれができない。

恒例の宮中での親補式も行なわれないまま、牛島満は死地となる沖縄に飛んだ。陸軍省高級副官として名前が知られたがため、こういうことになったと思うと、複雑な心境になる。

硫黄島で戦死した池田増雄も、きめ細かい心遣いをする人だったそうだ。昭和二十年三月二十五日、最後の突撃に出る際、池田は、「本日全滅となると、兵の俸給の留

「守宅渡しは何時になるのか」と調べ出したそうだ。これから死地に突っ込むというとき、ここまでやれるとは驚きである。

最後まで粘り通したフィリピンの第十四方面軍の参謀副長だった宇都宮直賢《うつのみやなおかた》（32期）も鹿児島県人らしい人であった。彼は陸大卒業後、中国に駐在しているから支那屋の範疇ながら、英語の才能があり、太平洋戦争開戦時はブラジル駐在の武官であった。交換船で帰国すると、その語学の才能を買われてフィリピン勤務に終始した。

第十四方面軍司令部は、なかなかむずかしいところであった。司令官は山下奉文（高知、18期）、参謀長は武藤章（熊本、25期）、参謀副長は西村敏雄（山口、32期）や小沼治夫（栃木、32期）と、俊才には違いないものの、癖がある人ばかりだ。だれかがまとめなければ空中分解しかねないが、その役割を担ったのが宇都宮直賢だったのだろう。人物評にも厳しかった武藤すら、「宇都宮は律義」と高く評価していた。

そして敗戦、山下奉文は戦犯裁判にかけられた。裁判中、山下の副官を務めたのが宇都宮直賢であった。米陸軍の主力と対峙したフィリピンで、なんとか上手く終戦処理できた功績の多くは、語学力のある宇都宮に負うところが大きかった。

復員した宇都宮直賢は、戦史の翻訳に没頭し、多くの良書を世に出してくれた。「薩摩隼人とは、勇敢だけではないよ」と、宇都宮は身をもって証明したと言えよう。

沖縄県

琉球から沖縄へ

徳川幕府の命令で島津藩が琉球に出兵し、ここを同藩の所管としたのは慶長十四（一六〇九）年のことであった。それでも国際的には中国との帰属問題が残っていたが、明治十二年四月のいわゆる琉球処分によって、日本領土に編入されて沖縄県となった。

そして、昭和二十年四月からの沖縄戦をへて米軍政下となり、四十七年五月十五日にようやく施政権が返還されて、沖縄県が復活した。今日、在日米軍が占有する土地の七十五パーセントが沖縄県に集中している。この経緯からして、沖縄県人が一言あるのは無理からぬことだ。

軍事的な事柄は、琉球処分の際、熊本鎮台から派遣された二個中隊が首里城に入ったのが最初となる。沖縄県となってからも、新開地ということで徴兵令の施行は見送られていたが、明治二十九年一月に施行となった。実際に沖縄県人が徴兵で第六師団諸隊に入営したのは、三十一年のことだった。

部隊の配備だが、長らく一個中隊ほどの警備分遣隊が置かれるのみであり、明治三十一年にこれが沖縄連隊区司令部に改組され、兵役業務を司《つかさど》っていた。太平洋戦争が不可避と見られた昭和十六年九月、沖縄本島に中城湾要塞、西表《いりおもて》島に船浮要塞が設置されるものの、どちらも一個大隊ほどの規模であった。

このような環境であったから、武窓に進む者はごくかぎられていた。大正九年から十五年までの七年間で、沖縄県出身者で幼年学校に入った者は一名のみ、中学から陸士に入ったものなしとなっていた。昭和に入ってからは、多少は増えたものの、太平洋戦争で大きな役割を演じた軍人は、皆無といっても過言ではない。

錦州爆撃の真相

このような沖縄県でも、一人とは言え陸軍の将官を生んでいる。陸軍少将の長嶺亀《ながみねかめ》助《すけ》(18期)で、なかなか特色のある人であった。彼は歩兵科であったが、陸大卒業後に航空科に転科している。

長嶺亀助よりも先輩の航空科出身の将官といえば、杉山元（福岡、12期）以来、各期に数人といったところだ。長嶺の陸士十八期では、航空科出身の将官は五人で、航空科草創期の時代だった。彼は陸大二十八期で、同期には板垣征四郎（岩手、16期）や山下奉文（高知、18期）ら有名人が多く、沖縄戦を指揮した牛島満（鹿児島、20期）もこの期であった。

長嶺亀助が下志津の飛行学校主事から、平壌の飛行第六連隊長に転出したのは昭和五年十二月であり、翌六年九月の満州事変をむかえる。当時、関東軍には航空部隊がなかったから、最も近くにある飛行第六連隊が頼みの綱であった。

そこで、陸大同期の誼《よし》みで板垣征四郎が、「とにかく亀ちゃん、頼むよ、細かいことは言えないが、とにかく」と、得意の口説きが事前にあったかどうか、確認する術《すべ》は無いものの、有り得る話だ。

柳条湖での満鉄爆破の翌十九日、既定の作戦計画どおりに朝鮮軍が増援に動きだした。朝鮮軍司令官の林銑十郎（石川、8期）は積極的で、「張学良は百機も持っているそうじゃ。すぐに平壌から飛ぶのじゃ」と強く指示したという。連隊長の長嶺亀助は、すぐさま戦闘一個中隊、偵察一個中隊を奉天に向けて発進させた。

地上部隊の歩兵第三十九旅団を基幹とする混成旅団も平壌から軍用列車で北上した

が、奉勅命令を待てということで、鴨緑江の手前、新義州で停止させられた。しかし、機上無線機もない当時のことだから、発進した航空機はだれにも止められない。

　平壌を発進した航空部隊は、十九日中に占領直後の奉天飛行場に到着した。航空機を持っていなかった関東軍としては、これは心強い援軍であった。それにも増して、奉勅命令が出される前に、朝鮮軍の増援が既成事実になったことはなにより大きい。

　そして十月八日、張学良軍主力が集結していた西部の錦州爆撃となる。中央の意向を無視し、十一機が出撃して二十五キロ爆弾七十五発を投下した出来事だ。伝わっている話によると、事変の首謀者、作戦参謀の石原莞爾（山形、21期）が航空参謀の塚田理喜智（石川、28期）に指示して出撃させ、石原自身も同行したとなっている。

　この話は少々出来すぎているし、中佐の参謀が飛行場に出向いて指示したところで、爆弾の手配すらむずかしいし、とにかく飛行機は飛ばない。いくら命知らずな航空科の将校でも、「軍の命令を見せてくれ」ぐらいはもとめるはずだ。

　本当のところは、板垣征四郎が長嶺亀助を口説き、私物命令なりを出して、やってもらったのだろう。「とにかく亀ちゃん、やってくれよ。とにかく錦州になにか落としてくれれば、とにかくいいんだ」と、口癖の「とにかく」を連発しながら長嶺を口説いている板垣の姿が想像できる。

ともあれ、この錦州爆撃で日本政府の不拡大方針は吹き飛び、国際連盟理事会も硬化して連盟脱退へと進んで行く。長嶺亀助は隠れた主役を演じたことになる。

満州事変の謀略に加担したことを金看板にして、栄達の道を歩んだ人も多いなか、長嶺亀助は手柄話もすることなく、本来の航空の仕事に戻り、所沢の飛行学校や航空本廠などの地味な勤務をつづけた。そして昭和十一年八月、予備役編入となった。そんな長嶺の生き方こそが、軍人らしいと評するべきである。

義理を立ててくれた人

前にも述べたように、大正期に幼年学校に進んだ沖縄県出身者のただ一人が親泊《おやどまり》朝省《ちょうせい》（37期）である。彼は琉球王族の流れを引く名門の出で、熊本幼年学校二十二期、ガダルカナル撤収時、第八方面軍参謀であった井本熊男（山口）と同期であった。親泊は騎兵科で、満州事変にも騎兵第十連隊の中隊長として出征している。陸大は一年コースの専科七期であった。

親泊朝省

昭和十五年八月、親泊朝省は中国南部にあった第三十八師団の参謀となり、太平洋戦争の緒戦、香港攻略戦に参加したのち、ジャワを回ってガダルカナルに投入された。

親泊朝省はガダルカナルで重病となったが、辛くも撤収することができて本土に帰還し、健康になってからは陸士の教官となった。このときの陸士校長は、沖縄戦の牛島満であった。そして温厚な人柄、背こそ低いが堂々とした容姿を買われてか、昭和十九年三月から大本営の報道部員となった。

終戦をむかえた親泊朝省は、なんと妻、九歳の長男、二歳の長女とともに自決した。「草莽《そうもう》の文」と題する陸軍反省の遺書を残し、「ガ島で死ぬべき命」とした覚悟の最期であった。

命令のままに戦った大佐なのだから、自決するほどの責任を感じることもない。ほかにいくらでも自決して当然の人がいる。まして特殊な事情がある沖縄県人なのだから、そこまで日本に義理立てする必要もないと思う。

しかし、ガダルカナル島の地獄を体験し、郷里の沖縄戦を報道しなければならなかった立場から、そして沖縄県出身者の先任者として、家族とともに死を選ばなければならなかったのであろう。

テーマからはずれるものの、戦中と戦後を結ぶ話をしてみたい。沖縄返還にともない、昭和四十七年十月四日に沖縄に入った自衛隊第一陣の指揮官は、沖縄県出身の桑《くわ》江《え》良逢《りょうほう》（55期）であった。彼は広島幼年学校出身で、なにかと沖縄戦に縁が深い。桑江良逢が予科士官学校に学んだとき、校長は牛島満であった。

初任は山形の歩兵第三十二連隊で、連隊旗手も務めているが、この連隊は第二十四師団の隷下部隊として沖縄戦を戦い、終戦後まで組織的戦闘を継続していた。戦後、桑江は防衛大学校の教官をしたが、教え子に沖縄戦の海軍司令官であった大田実（千葉、海兵41期）の次男がいた。

桑江良逢は終戦時、メレヨン島にあった独立混成第五十旅団の中隊長であった。餓死者続出の地獄を体験したのに、彼は昭和二十七年に陸上自衛隊に入った。そのころは鹿屋にあった第十二普通科連隊で中隊長、滝川の第十普通科連隊長などを歴任し、沖縄返還を受けて第一混成群長となった。

なにかと問題のある沖縄への移駐が、これといった大きな不祥事もなかったのには、沖縄県出身の桑江良逢の存在は大きかったはずだ。第一混成群長から第一混成団長になった彼は、那覇駐屯地で退官の日をむかえた。退官式で桑江は、『星影のワルツ』を壇上で歌って参列者を驚かせた。

朝鮮半島

『鶏林八道』

明治四十三（一九一〇）年八月二十二日、日韓条約が調印されてから、朝鮮半島は日本の統治下に入った。それから終戦までの三十六年間、ほとんどの期間、朝鮮人には兵役義務がなかったのに、進んで日本の軍人となり、仇こそあれ義理もないのに、日本の国難に殉じてくれた人も多い。感謝を込めて語り継がなければならないだろう。

朝鮮半島と一口に言っても、総面積は二十二万平方キロもあり、昭和二十年の人口は約三千万人、地域性も多様であった。李氏朝鮮時代の行政区分は、北から咸鏡道《ハムギョンド》、平安道《ピョンアンド》、黄海道《ファンヘド》、江原道《カンウォンド》、京畿道《キョンギド》、忠清道《チュンチョンド》、慶尚道《キョンサンド》、全羅道《チョンラド》の八道であった。新羅の古称「鶏林《ケイム》」と合わせて「鶏林八道《パルド》」と言えば、朝鮮の雅称ともなる。朝鮮系の日本陸士出身者の親睦会は鶏林会と呼ばれ、つい最近までつづいていた。

この八道の地域性を語りだせば、優に一巻となるだろう。ここでは、北に行くにつれて気性が激しくなり、南ほど柔らかいが策略家が多いという一般論にとどめたい。

朝鮮人で日本軍の軍籍を持った人の系統は、なかなか複雑だ。陸軍士官学校は、明治十六年ごろから朝鮮人の留学生を受け入れており、日韓合併後は一般公募されていた。確認できる範囲だが、陸士二十三期から六十一期までで、朝鮮系の卒業生は八十五人とされる。

昭和十三年には「陸軍特別志願兵令」が施行され、終戦までに一万七千人が入隊している。十八年十月、「朝鮮人学徒特別志願兵令」が公布され、翌十九年一月に約四千四百人が入隊し、そのほぼ一割が甲種幹部候補生となり、将校になっている。一般を対象とした徴兵令は、昭和十八年三月公布で翌十九年四月徴集が最初であった。二十年度も徴集が行なわれ、両方で三十三万八千人が入営している。このなかで甲種幹部候補生と下士官になる乙種幹部候補生の人数は、はっきりしていない。

そのほか、満州国の軍官学校を卒業して、満州国軍の将校になった人もかなりいる。この場合、日本人と朝鮮人は、満州国軍の現役将校であると同時に、日本軍の予備員として扱われた。

一九六一（昭和三十六）年五月にクーデターを起こして大統領になった朴正熙《パクチョンヒ》（慶

尚道）は、満州国軍官学校の予科を修了し、本科は日本陸士に留学したため、五十七期生相当の日本軍予備役将校であった。

本当のキム・イルソン将軍

日韓合併後、朝鮮系で最初に陸士を卒業したのは二十三期（明治四十四年五月卒業）となる。この期は金光瑞《キムクワンサ》（咸鏡道）、一人だけであった。彼は咸鏡道北青の生まれで、私費で日本陸士に留学し、入学するときは金顕忠《キムヒョンチュン》であったが、在学中に名前を光瑞に改めた。

金光瑞は騎兵科、初任は東京の騎兵第一連隊であった。朝鮮王族や華族並みの扱いだが、当時の陸軍上層部は、志を持って異郷からはるばるやって来た人を遇する道を知っていたのだ。大正八（一九一九）年の独立運動、三一事件（万歳事件）の直前、彼は病気を理由に長期休暇をとって京城（ソウル）に帰り、三一事件の結末を見てから満州に脱出した。そして、陸士二十六期の池錫奎《チソクキュ》（李青天、京畿道）らと行動をともにして独立運動に入る。

当時、ロシア領の沿海州には大きな朝鮮人のコミュニティーがあり、そこから資金や武器を調達するため、金光瑞はシベリアに潜入した。ちょうど日米など各国軍がシベリアに出兵していた最中であり、彼は赤衛軍に身を投じて戦い、その勇戦ぶりは有名になった。これが朝鮮にも伝わり、抗日の英雄「キム・イルソン将軍」がまた現われたと密かに語られることとなった。「また」と言うには、つぎのような背景がある。

　金光瑞の故郷である北青の少し東に端川という町がある。日韓併合の前後、ここ端川の金昌希《キムチャンフィ》という人が同志を糾合して義軍を編成し、抗日運動を展開した。この人の号が「一成」でキム・イルソン将軍と呼ばれた。金光瑞は「撃天」と号したが、同郷の金一成将軍と混同されたのか、いつのまにか「キム・イルソン将軍」と呼ばれるようになった。

　各国軍がシベリアから撤収し、ソ連による厳格な統治がはじまると、金光瑞はこれを逃れて満州に入って吉林省で活動した。昭和四（一九二九）年ころまで生存が確認されているが、その後、消息を絶った。

　日本陸軍で騎兵科の訓練をうけた金光瑞は、まさに神出鬼没であり、日本軍の裏をかくのを得意としたのも当然だろう。

　一九九四年に死去した北朝鮮の主席、金日成《キムイルソン》にまつわる神話のほとんどは、金光瑞の戦歴の流用とされる。金

金光瑞

日成も、その子供の金正日《キムジョンイル》も「縮地法」を操って一日千里を行くなどと宣伝に努めているが、まさに騎兵のイメージそのものだ。そんな神話をつくって、世界でもまれに見る独裁体制を維持していることになる。

東洋の哲人

二十六期は十三人、二十七期は二十人と、朝鮮系はこの二つの期が飛び抜けて多い。明治四十（一九〇七）年八月、韓軍が解散させられるが、武官学校に在学中の者で希望者は日本の幼年学校に留学することとなり、四十二（一九〇九）年九月に二年生は幼年学校三年に、一年生は同じく二年に編入された。これが二十六期生と二十七期生である。

この両方の期の中で将官になったのは、洪思翊《ホンサイク》（京畿道、26期）である。彼は南陽洪氏、すなわち祖先発祥の土地は咸鏡道の南陽で、前を流れる豆満江を渡れば中国の図們だ。本人は京畿道の安城の生まれである。

朝鮮の知識階級では当然のことなのだそうだが、洪思翊は十代で四書五経を完全に暗記しており、白文の漢文をすらすらと読みこなしたという。陸士に在学中、同期生が亡くなったとき、彼は友の死を悼む漢詩を即興で詠じ、同期生ばかりか教官一同も舌を巻いたという逸話さえある。

中央幼年学校、陸士を通じての親友が和知鷹二（広島）だったというのも面白い。あの謀略専門の支那屋、和知が心服していたというのだから、洪思翊という人物は本物とするほかはない。

陸士を卒業した洪思翊は、歩兵第歩兵第一連隊付となった。赤坂の「歩一」ともなれば、だれでもというわけではないエリート・コースである。もちろん彼が成績優秀だったからこの配置になったのだが、同時に陸士二十九期生として入学してくる李王朝最後の王子である李垠《イギン》（29期）への配慮で東京に残されたということもある。

洪思翊は陸大三十五期であり、朝鮮王族を除けば天保銭の朝鮮系は彼一人であった。これも李垠のご学友として選ばれただけで、ほかに陸大合格者がいないのは差別の現われと指摘する人もいる。

洪思翊

李垠

洪思翊の二十六期生は七百四十二人、うち陸大を卒業した者は六十六人だから、語学のハンディを考えれば彼一人というのも無理はない。それ以降も語学のハンディが大きかったと思う。

陸大を卒業した洪思翊は、歩兵第三連隊で大隊長、歩兵学校教官をやり、大佐になってからは中国で調査関係の職務が長く、歩兵の天保銭ながら連隊長をやっていない。そもそも朝鮮出身者で連隊長をやったのは、李垠（宇都宮の歩兵第五十九連隊）だけである。天皇から親授される軍旗を朝鮮人に渡さないという狭い料簡《りょうけん》だったかも知れない。

弁解がましくなるが、洪思翊の二十六期生を見ても歩兵連隊長をやらなかった人がかなりいる。それも陸大出身で優秀な人が目立ち、若松只一（愛知）、雨宮巽（山梨）、矢崎勘十（長野）らである。むしろ逆に無天組が、戦争末期にようやく連隊長となっているのだから、洪思翊が差別されたということもないように思える。

昭和十六年三月、少将に昇進した洪思翊は華北の歩兵第百八旅団長、つづいて公主嶺の教導学校付となった。そして、十九年三月に南方総軍兵站監部付、同年末に第十四方面軍兵站監となった。教育畑の彼を、なぜこのような職務につけたかには、さまざまな背景が考えられる。

徴用された朝鮮人が南方で不穏な動きをして、これに対処するという人事だったという人もいる。また、人脈も関係している。幼年学校以来の親友である和知鷹二が南方軍総参謀副長だったこと、第十四方面軍司令官の山下奉文（高知、18期）が歩兵第三連隊長のときに洪思翊はその大隊長であったこと、第十四方面軍参謀長の武藤章（熊本、25期）とは古くからの顔見知りで、たがいに信頼し合っていたことなど、複雑な人間関係によるものだと思う。

フィリピンの戦線にあった洪思翊は、米軍がとくに重視した捕虜収容所の管理をしていたことが災いし、B級戦犯として追及され、フィリピンでは山下奉文、本間雅晴（新潟、19期）につづいて三人目の将官として刑死した。洪思翊が朝鮮出身という特殊な事情を米国に理解させ、死刑だけは免れさせられなかったのかと、残念なことであった。

それはともかく、洪思翊は裁判で一切弁明しなかったうえに、判決を「甲種（絞首）合格」と語る余裕すら見せた。そして日本人の教誨師《きょうかいし》が唸るほど見事な最期を遂げた。

日本に義理はないのに、どうしてと思うのは凡夫であり、軍服を身にまとっている以上、その軍服に忠誠を尽くすのが武人だという意識だったのだろう。そこに朝鮮民族の芯の強さ、東洋哲学の徹底さを見る思いがする。

韓国軍を創建した人たち

一九四五年十二月から韓国の再武装がはじまり、当初は警備隊であったが、四八年八月に韓国が独立して韓国軍となる。創建当初、軍事的経験のある人は日本軍、満州国軍、中国軍のいずれかに所属していた。そのなかでも、本格的に訓練され、かつ団結していた日本陸士出身者が、健軍の中心になるのも当然だった。

韓国陸軍の歴代参謀総長で日本陸士出身者は、初代の李応俊《イウンジュン》（平安道、26期）、二代と四代の蔡秉徳《チエビョントク》（平安道、49期）、三代の申泰英《シンテヨン》（京畿道、26期）、六代の李鍾賛《イジョンチャン》（京畿道、49期）、九代の李亨根《イヒョングン》（忠清道、56期）であった。

ちなみに五代と八代が丁一権《チョンイルゴン》（咸鏡道）、七代と十代が白善燁《ペクソンヨップ》（平安道）であり、二人とも満州軍官学校の出身である。十一代以降は志願兵出身や学徒出陣組となり、完全に日本陸軍と縁が切れるのは、一九八〇年代に入ってからである。

李応俊の原隊は麻布の歩兵第三連隊、終戦時は大佐で元山の停車場司令官であった。気性の激しい人が多い安州の出身だが、彼は温厚で徳のある人だった。そこを買われて軍創建の中心となった。朝鮮戦争の緒戦、第五師団長としてソウル付近で戦ったが、その後は後方に回った。なお、後述する李亨根の岳父である。

蔡秉徳については、香川県の項で紹介したように、上官を殴り倒すほど気性が激しかった。また、それだけに親分肌のところがあり、部下の信頼も篤かったとも言われるが、後述する李亨根とは顔を合わせても口をきかない、猛将で鳴る金錫源《キムソクウォン》（京畿道、27期）とは先輩なのに喧嘩別れとなった。

朝鮮戦争の緒戦、蔡秉徳は陸軍参謀総長として苦戦の果てに更迭され、南部で戦死した。さすがに軍人の家系だけあって、彼の孫は米国に帰化してウエスト・ポイントに入り、米陸軍に勤務したそうだ。

申泰英は中佐で解放をむかえたが、日本に協力した者として謹慎し、韓国軍入隊はかなり遅れた。それでも元老であるから重用されて中央官衙勤務をつづけ、朝鮮戦争中の一九五二年に予備役に編入されて国防部長官に就任している。彼の長男が韓国陸軍で砲兵の親と言われる申応均《シンウンキョン》（53期）である。申応均は重砲兵で、沖縄で戦った独

李応俊

李鍾賛

李亨根

金錫源

立重砲兵第百大隊の指揮班長であったが、無事に復員することができた。

李鍾賛は、日韓合併時の外相、李夏榮《イハヨン》の孫で、日本の子爵の家柄である。彼は船舶工兵で、太平洋戦争中はニューギニアや豪北戦線を転戦している。帰国後、祖父の関係もあって謹慎していたが、独立後に入隊し、朝鮮戦争勃発時には首都警備司令官であった。

一九五〇年九月、反撃に転じたときには東海岸の第三師団長であり、最初に三十八度線を突破した。それが一九五〇（昭和二十五）年十月一日で、これを記念してこの日が「国軍の日」となった。陸軍参謀総長になってからは、政治との関係に苦慮することとなるが、つねに軍の中立をはかったことは高く評価されている。

李亨根は、第三師団の野砲兵第三連隊で終戦をむかえている。帰国後、岳父の李応俊との関係や英語が得意ということもあって、当初から軍創建に携わった。基幹要員の教育をした軍事英語学校では、彼が英語の問題をつくって試験をし、それで序列をつけた。もちろん成績は、彼がトップ。そこで認識番号（軍番）は一番（一〇〇〇一番）となったのだが、「先輩を差し置いて一番とは何事だ」と非難が集中した。

陸士は先輩、後輩の順がやかましかったが、それが韓国軍にまで持ち込まれた格好となった。これが蔡秉徳と李亨根との確執のはじまりだが、平時にはたいした問題にはならない。ところが、朝鮮戦争がはじまると大変なこととなった。蔡秉徳は第一線で作戦指導にあたっていたが、そこに第二師団をひきいて李亨根が駆けつけた。状況は絶望的と見た李亨根は、漢江の南岸に下がるべきだと主張して蔡秉徳と激しく対立し、その場で師団長を免職させられることとなった。そんな人間関係が敗因ではないにしろ、韓国軍としては残念な出来事であった。

蔡秉徳と対立した人と言えば、日本でも広く知られている金錫源がいる。日華事変の当初、金錫源は第二十師団の大隊長として出動し、山西省東苑で中国軍一個師団と対戦した。軍国美談では、金山少佐は二個中隊を率いて白兵戦を演じて見事敵を撃退し、功三級の金鵄勲章をものにしたとなっている。

しかし、実際には弾薬もなくなり、増援の見込みもないとなり、これが最期と観念した金錫源少佐の命令で、おおっぴらに飲み食いをはじめて大宴会となってしまう。その騒ぎを見た中国軍は、増援が来るから喜んでいると誤解して包囲を解いたという。敵前で宴会してしまうとは、やはり度胸がある証拠である。

朝鮮戦争前の国境紛争でも金錫源は勇戦したが、ずっと後輩の蔡秉徳が参謀総長であることが気に入らなかったのか、いつももめ事を起こすため、朝鮮戦争前に予備役に編入されていた。そこに戦争がはじまり、北朝鮮が最も恐れる軍人ということで現役に復帰し、首都師団長、第三師団長として第一線に立った。

その勇姿は写真にも残っているが、現代戦では珍妙というしかない。横綱の土俵入りよろしく軍刀を捧持する副官を先に立て、背後からは従兵が大きな日傘を差しかける。これで戦場を往来し、ここぞという場所で軍刀をすらりと抜きはなち、「金錫源ここにあり、いざ征け大韓の男子よ」とやったのだそうだ。

もちろん、はじめのうちは演出効果もあるが、いつもやられると食傷気味となる。まして米軍の顧問などは、「あれはジャップか」となる。しかも戦闘指導も単純で突撃一本、火力の活用など念頭にない。

これでは、「金さんは大隊長は務まっても師団長は無理だ」となって、反撃に転じる前に陸軍本部付となって第一線を退いた。金錫源の場合は彼の特異な個性の発露であったが、旧陸士出身者の欠点も合わせ示しているようにも思える。

祖国の解放と韓国の独立を見ることなく、戦死した朝鮮出身者も多い。朝鮮民族は運動神経が優れているせいか、パイロットが多かった。そのなかには特攻隊で散った人もかなりいる。それだけでも、なんとも言えない気持ちにさせられる。

さらには、その方々は靖国神社に祀られており、その神社の存在そのものが政治問題になっている。他国を併合する、戦争をする、軍人を戦死させることの重さを実感せざるを得ない。

おわりに

参考にした文献はかなりの数になるものの、どれもごく一般的な市販書籍なので、列挙は省略させていただく。参考文献というより、強く啓発されたものとしては、『陸軍省人事局長の回想』(額田坦、芙蓉書房、昭和五十二年五月)と『軍国太平記』(高宮太平、酣燈社、昭和二十六年七月)の二巻である。

本文でも触れたが、『陸軍省人事局長の回想』は、補任課長、参謀本部総務部長、人事局長を歴任した額田坦中将(岡山、29期)の力作である。陸軍の人事というものに焦点を当てて俯瞰した数少ない一冊であろう。ここに収録されている大将ら著名な軍人の人物評は、部内の一般的な評価として見れるので興味深い。

しかし、やはり額田坦中将も陸軍士官学校の出身者で、同窓生をけなすことはしない。褒めようがない人については、「皆さん、よくご承知のように」と逃げるところは、人事一筋に生きた能吏らしいところだ。この一線を破らないと、真実には肉薄できないのだが、それを旧軍人にもとめることは無理である。

朝日新聞の政治部記者で長く陸軍省詰めであった高宮太平の『軍国太平記』も広く読まれ、復刻版も出ている。大正末から昭和十一年の二・二六事件までの陸軍裏面史に切り込んだ著作で、「新聞記者風情がここまで知っているはずがない」と激高する旧軍人もいたそうである。

この怒りはお門違いだ。高宮太平は同郷の縁で杉山元（福岡、12期）と親しく、またその縁で小磯国昭（山形、12期）とツーカーの間柄であった。高宮のニュースソースはこの二人だから、恥ずかしい話をばらしたと怒るならば、この二人の陸軍大将に矛先を向けるべきなのだ。

さらに掘り下げると、根はまだ深い。高宮太平の上司は緒方竹虎だった。緒方の父親は岡山県出身の内務官僚で、山形県庁に勤務しているときに緒方竹虎が生まれた。彼の父親は小磯国昭の父親と同僚のうえ、緒方の兄が小磯の弟と小学校の同級生で、山形時代に両家は行き来があった。それから緒方の父親は福岡に転勤となり、退職してからは銀行を経営して地方の名士となった。そして緒方の妻は、三浦梧楼（山口、草創期）の姻戚である。

岡山の縁で宇垣一成（岡山、1期）と、山形の縁で小磯国昭と、福岡の縁で杉山元と、こういう具合に緒方竹虎は二重にも、三重にも宇垣の影に縛られていたのだ。これを理解しておかないと、二・二六事件でなぜ朝日新聞だけが襲撃されたのかがわからない。

また、このような人間関係の背景を知っておれば、『軍国太平記』の読み方もまた違ったものになるだろう。地縁をさぐる重要性は、こんなところにもあるわけで、それが出身地別にくくって軍人を紹介した理由でもある。

最後に残念に思っていることについて一言。防衛庁防衛研修所戦史室（現在は防衛省防衛研究所戦史研究センター）が編纂した百二巻におよぶ『戦史叢書』は歴史的な出版である。作戦・戦闘の詳細な記録は絶賛すべきだが、史実に基づく評価はあえて避けているように見られる。当事者やその時代に生きた者が評価を下すべきではないという姿勢はまったく正しい。

しかし、あえて評価を下してくれていれば、そこから高級指揮官の個性などを導き出せたのにと惜しく思う。戦史室には、西浦進（和歌山、34期）や島貫武治（宮城、36期）ら、筋金が入った軍事のプロが集まっていたのだから、正当な評価を下し得たと思う。

ともあれ、これほど詳細な史書を残してくれたのだから、これを基礎として、だれもが興味を持つであろう人物中心の歴史物語はつくれるはずである。そういうものが読み継がれれば、おのずと歴史的認識も深まることと考える。この拙著がそのささやかな一助となれば幸甚の至りである。

平成十九年三月

藤井非三四

主要収録人名一覧

名前	出身地	陸士期	陸大期
［ア］			
相沢三郎	宮城	22期	
青木重誠	石川	25期	32期
青木宣純	宮崎	旧3期	
明石元二郎	福岡	旧6期	5期
秋草俊	群馬	26期	
秋永月三	大分	27期	36期
秋山紋次郎	埼玉	37期	48期
秋山義兌	京都	20期	32期
秋山好古	愛媛	旧3期	1期
朝香宮鳩彦	皇族	20期	26期
浅田信興	埼玉	草創期	
安達二十三	石川	22期	34期
阿南惟幾	大分	18期	30期
阿部信行	石川	9期	19期
雨宮巽	山梨	26期	37期
綾部橘樹	東京	27期	36期
荒尾興功	高知	35期	42期
荒木貞夫	東京	9期	19期
有末精三	北海道	29期	36期
有末次	北海道	31期	41期
有馬徴	大阪	29期	
安藤利吉	宮城	16期	26期
飯塚朝吉	群馬	18期	26期
飯塚国五郎	群馬	22期	
飯村譲	茨城	21期	33期
井口省吾	静岡	旧2期	1期
池田末雄	愛知	34期	
池田純久	大分	28期	36期
池田増雄	鹿児島	27期	
井桁敬治	東京	27期	37期

池谷半二郎	静岡	33期	41期
石川愛	埼玉	27期	39期
石川蓮平	秋田	10期	
石黒貞藏	鳥取	19期	
石田保秀	東京	20期	29期
石原莞爾	山形	21期	30期
石本新一	兵庫	旧1期	
石本寅三	兵庫	23期	34期
磯谷廉介	兵庫	16期	27期
磯田三郎	群馬	25期	33期
磯部浅一	山口	38期	
磯村武亮	滋賀	30期	39期
磯村年	滋賀	4期	14期
伊地知幸介	鹿児島	旧2期	
板垣征四郎	岩手	16期	28期
一木清直	静岡	28期	
一戸兵衛	青森	草創期	
井戸川辰三	宮崎	1期	
稲垣三郎	島根	2期	13期
井上貞衛	高知	20期	
井上仁郎	愛媛	旧7期	
井上与一郎	京都	8期	
今沢義雄	愛知	旧4期	
今村均	宮城	19期	27期
今村基成	愛媛	17期	
岩越恒一	大阪	12期	24期
植田謙吉	大阪	10期	21期
上原平太郎	香川	7期	17期
上原勇作	宮崎	旧3期	
上村清太郎	秋田	15期	28期
宇垣一成	岡山	1期	14期
宇佐美興屋	東京	14期	25期
牛島満	鹿児島	20期	28期
後宮淳	京都	17期	29期
内山英太郎	鳥取	21期	32期
内山小二郎	鳥取	旧3期	4期

宇都宮太郎	佐賀	旧7期	6期
宇都宮直賢	鹿児島	32期	42期
梅津美治郎	大分	15期	23期
絵野沢静一	埼玉	28期	
遠藤三郎	山形	26期	34期
大城戸三治	兵庫	25期	36期
大久保春野	静岡	草創期	
大迫尚敏	鹿児島	草創期	
大迫尚道	鹿児島	旧2期	
大沢界雄	愛知	旧4期	4期
大島健一	岐阜	旧4期	
大島久直	秋田	草創期	
大島浩	岐阜	18期	27期
大竹沢治	新潟	7期	16期
大谷喜久藏	福井	旧2期	
大谷敬二郎	滋賀	31期	
大野広一	岐阜	26期	38期
大山巖	鹿児島	草創期	

岡市之助	京都	旧4期	4期
岡崎清三郎	島根	26期	33期
岡部英一	東京	31期	41期
岡村寧次	東京	16期	25期
緒方勝一	佐賀	7期	
岡田菊三郎	京都	30期	39期
岡田資	鳥取	23期	34期
岡田安次	香川	37期	46期
岡部直三郎	広島	18期	27期
岡村誠之	和歌山	38期	48期
岡本連一郎	和歌山	9期	21期
岡芳郎	山口	25期	
小川小二郎	和歌山	30期	
小川恒三郎	新潟	14期	23期
小川又次	福岡	草創期	
奥保鞏	福岡	草創期	
奥山道郎	三重	53期	
小倉尚	茨城	25期	

落合豊三郎	島根	旧3期	2期
尾野実信	福岡	旧10期	10期
小畑敏四郎	高知	16期	23期
小畑信良	大阪	30期	36期
小畑英良	大阪	23期	31期
親泊朝省	沖縄	37期	
折田一雄	鹿児島	29期	
〔カ〕			
影佐禎昭	広島	26期	35期
笠原幸雄	東京	22期	30期
片岡一郎	東京	31期	
片倉衷	福島	31期	40期
加藤建夫	北海道	37期	
香月清司	佐賀	14期	24期
金谷範三	大分	5期	15期
金光恵次郎	岡山	少7期	
鎌田銓一	東京	29期	
唐川安夫	広島	29期	39期
河合操	大分	旧8期	8期
川上清志	鹿児島	30期	40期
川上操六	鹿児島	草創期	
川岸文三郎	群馬	15期	23期
川島虎之輔	和歌山	31期	43期
川島義之	愛媛	10期	20期
河辺忠三郎	和歌山	34期	45期
河邊正三	富山	19期	27期
河邊虎四郎	富山	24期	33期
川村景明	鹿児島	草創期	
川本芳太郎	広島	31期	40期
儀峨徹二	福井	19期	26期
菊池慎之助	茨城	旧11期	11期
木越安綱	石川	旧1期	
北白川宮永久	皇族	43期	
北白川宮成久	皇族	20期	27期
岸本綾夫	岡山	11期	

岸本鹿太郎	岡山	5期	15期
喜多誠一	滋賀	19期	31期
公平匡武	東京	31期	39期
木下敏	和歌山	20期	29期
木村民藏	青森	21期	29期
木村松次郎	奈良	27期	38期
久徳知至	大阪	22期	
金光瑞	朝鮮	23期	
金錫源	朝鮮	27期	
草場辰巳	滋賀	20期	27期
櫛淵鍹一	東京	24期	33期
楠瀬幸彦	高知	旧3期	
葛目直幸	高知	25期	
朽木綱貞	京都	7期	
久米精一	香川	31期	43期
蔵重康美	山口	26期	
栗林忠道	長野	26期	35期
栗山勝三	京都	旧2期	

黒川通軌	愛媛	草創期	
黒木為楨	鹿児島	草創期	
桑江良逢	沖縄	55期	
桑折勝四郎	愛媛	24期	
桑木崇明	広島	16期	26期
小磯国昭	山形	12期	22期
鯉登行一	群馬	24期	36期
洪思翊	朝鮮	26期	35期
河野健雄	岐阜	26期	
河本大作	兵庫	15期	26期
五島正	愛知	30期	
小沼治夫	栃木	32期	43期
木庭知時	熊本	25期	
小林恒一	茨城	22期	34期
小林信男	茨城	22期	
小松原道太郎	神奈川	18期	27期
菰田康一	静岡	21期	30期
近藤兼利	香川	26期	

〔サ〕

島村矩康	高知	36期	43期
島本正一	高知	21期	30期
清水規矩	福井	23期	30期
下村定	高知	20期	28期
浄法寺五郎	栃木	旧9期	11期
白川義則	愛媛	1期	12期
申応均	朝鮮	53期	
申泰英	朝鮮	26期	
菅原道大	長崎	21期	31期
菅波三郎	宮崎	37期	
杉田一次	奈良	37期	44期
杉山元	福岡	12期	22期
鈴木宗作	愛知	24期	31期
鈴木荘六	新潟	1期	12期
鈴木孝雄	千葉	2期	
鈴木貞一	千葉	22期	29期
鈴木鉄三	岐阜	26期	
鈴木美通	山形	14期	23期
鈴木率道	広島	22期	30期
須知源次郎	鳥取	旧6期	
須永鶴松	埼玉	27期	
澄田睞四郎	群馬	24期	33期
瀬川章友	山形	12期	24期
関谷銘次郎	岐阜	旧3期	
瀬島竜三	富山	44期	52期
瀬谷啓	栃木	22期	30期
千田貞季	鹿児島	26期	
千田貞幹	鹿児島	旧1期	
仙波太郎	愛媛	旧2期	1期
十川次郎	山口	23期	33期
〔タ〕			
高月保	長崎	33期	44期
高品彪	千葉	25期	34期
武内俊二郎	愛媛	23期	32期
武内徹	福井	旧9期	10期

竹下義晴	広島	23期	33期
武田馨	滋賀	25期	33期
田坂專一	愛媛	27期	38期
田代皖一郎	佐賀	15期	25期
多田駿	宮城	15期	25期
立花小一郎	福岡	旧6期	5期
立見尚文	三重	草創期	
建川美次	新潟	13期	21期
田中義一	山口	旧8期	8期
田中清	北海道	29期	37期
田中国重	鹿児島	4期	14期
田中弘太郎	京都	旧9期	
田中静壱	兵庫	19期	28期
田中新一	北海道	25期	35期
田中勝	山口	45期	
田中隆吉	島根	26期	34期
谷田繁太郎	大阪	4期	
田辺助友	青森	26期	35期

田村怡与造	山梨	旧2期	
多門二郎	静岡	11期	21期
秩父宮雍仁	皇族	34期	43期
長勇	福岡	28期	40期
塚田攻	茨城	19期	26期
塚本誠	兵庫	36期	
対馬勝雄	青森	41期	
辻政信	石川	36期	43期
土橋勇逸	佐賀	24期	32期
土屋光春	愛知	草創期	
筒井正雄	愛知	13期	21期
堤不夾貴	山梨	24期	34期
寺内寿一	山口	11期	21期
寺内正毅	山口	草創期	
寺田雅雄	福井	29期	40期
寺本熊市	和歌山	22期	33期
土居明夫	高知	29期	39期
土肥原賢二	岡山	16期	24期

東條英機	岩手	17期	27期
十時和彦	熊本	26期	
冨永恭次	長崎	25期	35期

［ナ］

中川洲男	熊本	30期	
中熊直正	熊本	27期	
中島今朝吾	大分	15期	25期
中島鉄藏	山形	18期	30期
中園盛孝	鹿児島	24期	34期
永田鉄山	長野	16期	23期
中野直三	佐賀	18期	29期
中野英光	佐賀	24期	32期
長野祐一郎	島根	24期	37期
長嶺亀助	沖縄	18期	28期
中村孝太郎	石川	13期	21期
中村覚	滋賀	草創期	
中村雄次郎	三重	草創期	
中山惇	香川	23期	33期
那須弓雄	栃木	25期	35期
奈良晃	長崎	23期	32期
奈良武次	栃木	旧11期	13期
西竹一	東京	36期	
西義一	福島	10期	21期
丹生誠忠	鹿児島	43期	
西浦進	和歌山	34期	42期
西尾寿造	鳥取	14期	22期
西寛二郎	鹿児島	草創期	
西田税	鳥取	34期	
西村敏雄	山口	32期	41期
仁田原重行	福岡	旧6期	4期
額田坦	岡山	29期	40期
根本博	福島	23期	34期
野口正義	茨城	20期	
野津道貫	鹿児島	草創期	
野田謙吾	熊本	24期	32期

信氏良吉	京都	27期	
〔ハ〕			
橋本欣五郎	福岡	23期	32期
橋本虎之助	愛知	14期	22期
橋本群	広島	20期	28期
畑英太郎	福島	7期	17期
畑俊六	福島	12期	22期
秦真次	福岡	12期	21期
秦彦三郎	三重	24期	31期
八田郁太郎	愛知	旧10期	
服部卓四郎	山形	34期	42期
花本盛彦	和歌山	34期	44期
林桂	和歌山	13期	21期
林光道	大阪	23期	
林銑十郎	石川	8期	19期
林仙之	熊本	9期	20期
林弥三吉	石川	8期	17期
林義秀	和歌山	26期	35期
原口兼済	大分	草創期	
原田一道	岡山	草創期	
原田熊吉	大阪	22期	28期
原守	大阪	25期	34期
坂西一良	鳥取	23期	30期
坂西利八郎	東京	2期	14期
東久邇宮稔彦	皇族	20期	26期
樋口季一郎	岐阜	21期	30期
百武晴吉	佐賀	21期	33期
平田正判	島根	25期	34期
福田雅太郎	長崎	旧9期	9期
藤井茂太	兵庫	旧3期	1期
藤江恵輔	兵庫	18期	26期
藤田朋	和歌山	22期	34期
藤田雄藏	青森	33期	
二見秋三郎	神奈川	28期	37期
古荘幹郎	熊本	14期	21期

古屋健三	和歌山	30期	43期
不破博	大阪	39期	50期
堀丈夫	奈良	13期	
堀内旭	埼玉	31期	44期
本郷忠夫	兵庫	32期	45期
本郷房太郎	兵庫	旧3期	
本郷義夫	兵庫	24期	31期
本庄繁	兵庫	9期	19期
本間雅晴	新潟	19期	27期
〔マ〕			
前田利為	石川	17期	23期
前田正実	奈良	25期	34期
牧野四郎	鹿児島	26期	34期
真崎甚三郎	佐賀	9期	19期
松井石根	愛知	9期	18期
松井庫之助	秋田	旧10期	
松井七夫	愛知	11期	20期
松井順	福井	10期	
松井命	福井	16期	
松川敏胤	宮城	旧5期	3期
松谷誠	福井	35期	43期
三国直福	福井	25期	33期
水上源蔵	山梨	23期	
南次郎	大分	6期	17期
三宅光治	三重	13期	22期
宮崎繁三郎	岐阜	26期	36期
宮崎周一	長野	28期	39期
美山要蔵	東京	35期	45期
牟田口廉也	佐賀	22期	29期
武藤章	熊本	25期	32期
武藤信義	佐賀	3期	13期
村岡恒利	京都	旧7期	
村上啓作	栃木	22期	28期
村治敏男	滋賀	25期	34期
村瀬文雄	大阪	10期	

村中孝次	北海道	37期	
室兼次	大阪	9期	20期
物部長鉾	秋田	26期	33期
森巖	愛知	31期	
森岡皐	広島	22期	32期
森田徹	熊本	23期	

［ヤ］

安井藤治	富山	18期	25期
安田利喜雄	香川	26期	
柳川平助	佐賀	12期	24期
柳川悌	香川	23期	34期
柳田元三	長野	26期	34期
矢野音三郎	山口	22期	33期
矢野桂二	福井	45期	
山口一太郎	静岡	33期	
山県栗花生	山口	23期	
山崎保代	山梨	25期	
山下奉文	高知	18期	28期
山田乙三	長野	14期	24期
山田国太郎	愛知	27期	40期
山田茂	茨城	23期	
山田清一	岐阜	26期	35期
山田長三郎	宮城	20期	28期
山梨半造	神奈川	旧8期	8期
横山与助	静岡	24期	
吉田悳	東京	20期	29期
吉田豊彦	鹿児島	5期	
吉橋戒三	埼玉	39期	50期
吉橋徳三郎	埼玉	2期	13期
吉原矩	茨城	27期	35期
吉本貞一	徳島	20期	28期

［ラ］

李応俊	朝鮮	26期	
李亨根	朝鮮	56期	

＊本書は『都道府県別に見た陸軍軍人列伝【東日本編】』（二〇〇七年五月）と『同【西日本編】』（同年六月、いずれも光人社刊）を合わせて文庫化、改題したものです。

ＮＦ文庫

都道府県別　陸軍軍人列伝

二〇二三年九月二十四日　第一刷発行

著　者　藤井非三四

発行者　赤堀正卓

発行所　株式会社　潮書房光人新社

〒100-8077　東京都千代田区大手町一-七-二

電話／〇三-六二八一-九八九一(代)

印刷・製本　中央精版印刷株式会社

定価はカバーに表示してあります

乱丁・落丁のものはお取りかえ致します。本文は中性紙を使用

ISBN978-4-7698-3325-3　C0195

http://www.kojinsha.co.jp

NF文庫

刊行のことば

第二次世界大戦の戦火が熄《や》んで五〇年――その間、小社は夥しい数の戦争の記録を渉猟し、発掘し、常に公正なる立場を貫いて書誌とし、大方の絶讃を博して今日に及ぶが、その源は、散華された世代への熱き思い入れであり、同時に、その記録を誌して平和の礎とし、後世に伝えんとするにある。

小社の出版物は、戦記、伝記、文学、エッセイ、写真集、その他、すでに一、〇〇〇点を越え、加えて戦後五〇年になんなんとするを契機として、「光人社NF（ノンフィクション）文庫」を創刊して、読者諸賢の熱烈要望におこたえする次第である。人生のバイブルとして、心弱きときの活性の糧《かて》として、散華の世代からの感動の肉声に、あなたもぜひ、耳を傾けて下さい。